셀프트래블

호주

셀프트래블

호주

개정 3판 1쇄 | 2025년 4월 15일

글과 사진 | 앨리스 리, 조윤희

발행인 | 유철상
편집 | 김정민, 김수현
디자인 | 주인지, 노세희
마케팅 | 조종삼
콘텐츠 | 강한나

펴낸 곳 | 상상출판
주소 | 서울특별시 동대문구 왕산로28길 37, 2층(용두동)
구입 · 내용 문의 | **전화** 02-963-9891(편집), 070-8854-9915(마케팅)
팩스 02-963-9892 **이메일** sangsang9892@gmail.com
등록 | 2009년 9월 22일(제305-2010-02호)
찍은 곳 | 다라니
종이 | ㈜월드페이퍼

※ 가격은 뒤표지에 있습니다.

ISBN 979-11-6782-199-7 (14980)
ISBN 979-11-86517-10-9 (SET)

www.esangsang.co.kr

프리미엄 해외여행 가이드북

셀프트래블

앨리스 리, 조윤희 지음

상상출판

PROLOGUE

광활하고도 아름다운 섬, 호주. 일상을 여행처럼 살아보고자 이곳에 정착한 지도 20년이 되었습니다. 시드니행 국제선 비행기에 오르던 그때의 설렘과 아는 사람 한 명 없는 새로운 곳에서 살아가야 한다는 두려움 가득했던 20년 전이 아직도 생생하게 떠오르는데, 어느새 이렇게 세월이 흘러갔는지요. 그때만 해도 호주를 이 정도로 사랑하게 될거라곤 상상도 못했는데 말입니다.

매일 아침 마주하는 호주의 하늘은 때론 숨 막힐 정도로 맑고 푸르며, 때론 무섭게 이동하는 구름층과 쏟아지는 비로 넋을 놓고 바라만 보게 됩니다. 하지만 가벼울 것 같은 이 일상이 호주를 더욱 사랑하게 되는 이유가 아닐까 생각해 봅니다.

주말이면 뚜벅이로 시드니 이곳저곳을 다녔던 것이 어느새 2박 3일, 3박 4일의 근교 여행이 되었고 나도 모르게 발 담그게 되었던 여행업을 하며 호주 곳곳을 누비는 기회도 얻었습니다. 그러다 온 코로나 시기에는 아들과 함께 7개월간의 호주 로드 트립을 하며 웅장하고도 멋진 호주의 자연과 크고 작은 도시들, 그동안 만나보지 못했던 또 다른 모습의 호주를 보고 느낄 수 있었습니다. 특히, 아들과 함께한 시간은 그 무엇과도 바꿀 수 없을 정도로 소중한 추억으로 남기게 되었습니다.

이 모든 것들이 2025년 『호주 셀프트래블』의 새 개정판을 더욱 특별하게 느껴지게 합니다.

『호주 셀프트래블』은 사랑하는 호주를 많은 분께 알려드리고자 좋은 기회가 있을 때마다 책으로 엮어냈던 것들 중 세 번째 책입니다. 호주의 도시에서부터 알려지지 않았던 대자연까지 100가지 매력을 소개한 『호주에서 꼭 가봐야 할 여행지 100』, 호주에서의 일상과 여행담을 에세이로 풀어낸 『세상 어디에도 없는 멋진 호주 TOP 10』, 그리고 『호주 셀프트래블』입니다.

『호주 셀프트래블』은 저보다는 조윤희, 이은혜, 김지혜 세 분의 작가가 아니었다면 세상 밖으로 나오지 못했을 것이기에 감사하단 말씀을 드립니다. 특히 이번 개정판에서는 저와 함께 조윤희 작가님이 더 고생해 주셨습니다. 충분히 바빴을 하

루하루에 책 작업까지 더해져, 정말 수고 많으셨습니다.
코로나로 인해 많은 곳이 문을 닫거나 운영 시간이 변경되었고 또 새롭게 오픈한 곳들도 있어 소개해 드리고 싶었습니다. 호주의 여행지와 볼거리, 먹거리, 쇼핑, 숙소 등 최근의 정보들을 싣고자 발로 뛰어 노력한 만큼『호주 셀프트래블』이 호주 여행을 준비하는 분들에게 많은 도움이 되길 바랍니다.

앨리스 리

아무것도 모르면서 갑자기 호주로 떠났던 게 벌써 15년 전입니다. 전혀 다른 일을 하다가 여행사에 근무하게 됐고, 덕분에 운 좋게도 호주 곳곳을 여행하며 호주의 매력에 빠지게 되었습니다. 책을 쓰며 예전에 쓴 일기를 뒤적여보니 날씨, 영어, 말도 안 되는 인터넷 사정 등 새로운 생활에 적응하느라 정신없었던 기억이 떠오릅니다. 물론 그게 전부는 아니었지요. 한국과는 다른 여유, 좋은 날씨처럼 친절했던 사람들, 거짓말 같았던 화이트 헤븐 비치, 아직도 연락하는 여행 친구들까지……. 호주를 이미 한 바퀴 돌았지만 가봤던 곳은 좋아서, 안 가본 곳은 새로워서 아직 여행하고 싶은 곳이 많습니다.
코로나19로 많은 어려움을 겪었지만, 개정판을 준비하면서 사랑했던 곳들이 사라진 것을 더 크게 느끼게 되었습니다. 하지만 그 자리에 또 다른 것들이 채워지고 있어서 그다음이 궁금하고 기대됩니다.
이 책을 읽는 여러분께 제가 호주를 사랑하는 이유가 잘 전달되었으면 좋겠습니다.
이 세상에서 가장 사랑하는 딸 정지우, 가족들, 그리고 앨라호주 식구들에게 감사한 마음을 전합니다.

조윤희

CONTENTS

목차

Mission in Australia

Enjoy Australia

01

호주의 랜드 마크
시드니
SYDNEY

02

남반구의 유럽
멜버른
MELBOURNE

03

여유가 넘치는 도시
브리즈번
BRISBANE

Step to Australia

일러두기

❶ 주요 지역 소개

『호주 셀프트래블』은 호주의 시드니, 멜버른, 브리즈번, 골드코스트, 케언스, 애들레이드, 다윈, 앨리스 스프링스 & 울룰루, 퍼스, 태즈메이니아 등 크게 10곳의 지역을 다룹니다. 또한, 인접한 근교 지역까지 다양하게 다루고 있습니다. 지역별 주요 스폿은 관광명소, 액티비티, 식당, 쇼핑, 숙소 순으로 소개하고 있습니다.

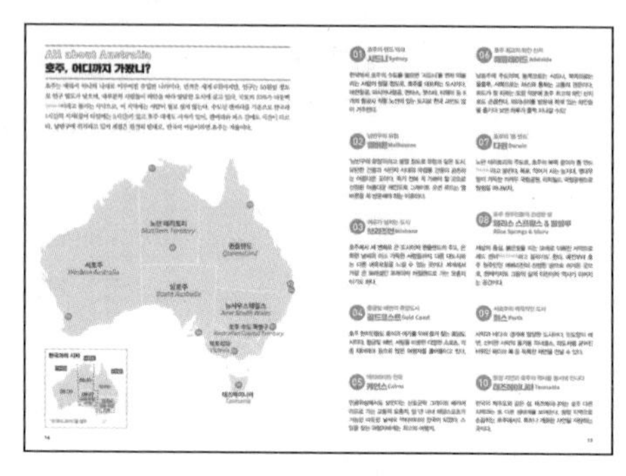

All about Australia
호주, 어디까지 가봤니?

❷ 알차디알찬 여행 핵심 정보

Mission in Australia 호주에서 놓치면 100% 후회할 볼거리, 음식, 쇼핑 아이템 등 재미난 정보를 테마별로 한눈에 보여줍니다. 여행의 설렘을 높이고, 필요한 정보만 쏙쏙! 골라보세요.

Enjoy Australia 호주의 지역별 주요 명소와 도시별 일정을 상세하게 소개합니다. 주소, 가는 법, 홈페이지 등 상세정보는 물론 알아두면 좋은 Tip도 수록했습니다.

Step to Australia 호주의 기본 정보부터 기념일과 축제, 역사, 쇼핑과 숙소 등 호주로 떠나기 전 알아두면 유용한 여행 정보를 모두 모았습니다. 출입국수속부터 차근차근 설명해 호주에 처음 가는 사람도 어렵지 않게 여행할 수 있습니다.

Mission 1 Best 10 in Australia
호주의 베스트 10
시드니 비치

❸ 원어 표기 및 상세정보

최대한 외래법을 기준으로 표기했으나 몇몇 지역명, 관광명소와 업소의 경우 현지에서 사용 중인 한국어 안내와 여행자에게 익숙한 단어를 택했습니다. 또한 도서 내 모든 내용은 '만 나이'를 기준으로 하며, 시내의 숙소 정보는 쉬운 비교를 위해 '시내 중심' 부분에 한꺼번에 소개했습니다.

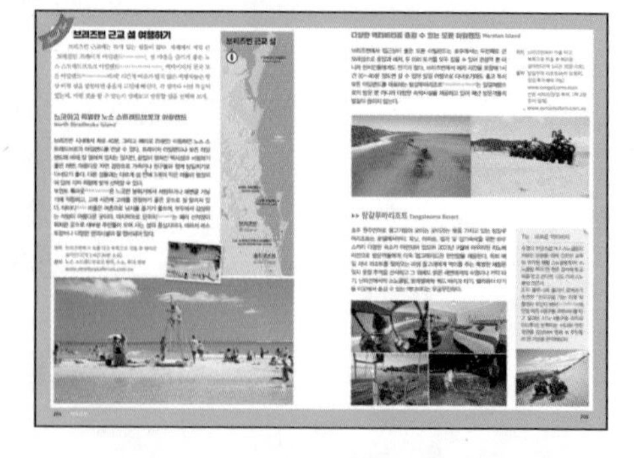

브리즈번 근교 섬 여행하기

❹ 정보 업데이트

이 책에 실린 모든 정보는 2025년 4월까지 취재한 내용을 기준으로 하고 있습니다. 현지 사정에 따라 요금과 운영 시간 등이 변동될 수 있으니 여행 전 한 번 더 확인하시길 바랍니다.

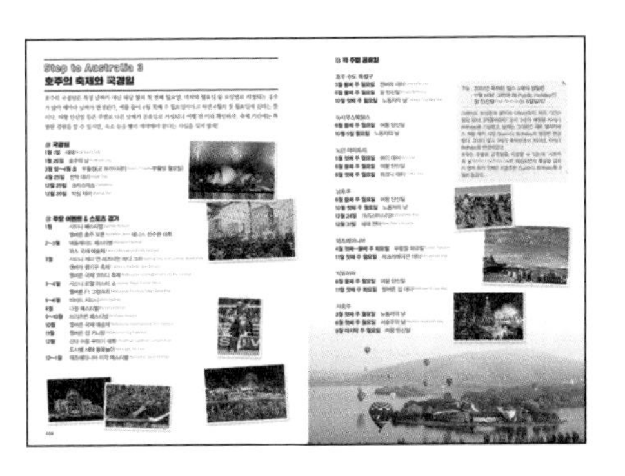

❺ 구글 맵스 GPS 활용법

이 책에 소개된 모든 관광명소와 식당, 숍, 숙소에는 구글 맵스의 GPS 좌표를 표시해두었습니다. 스마트폰 앱 구글 맵스Google Maps 혹은 www.google.co.kr/maps로 접속해 검색창에 GPS 좌표를 입력하면 빠르게 위치를 체크할 수 있습니다. '길찾기' 버튼을 터치하면 현재 위치에서 목적지까지의 경로도 확인 가능합니다.

❻ 지도 활용법

이 책의 지도에는 아래와 같은 부호를 사용하고 있습니다.

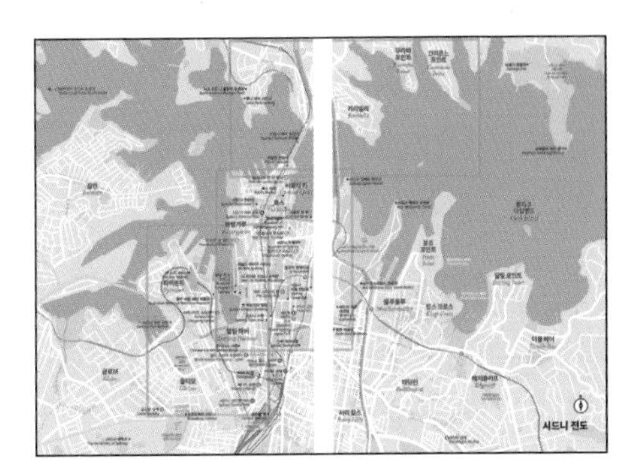

주요 아이콘

- 기차
- 페리
- 트램
- ● 관광명소, 기타 명소
- Ⓡ 레스토랑, 카페 등 식사할 수 있는 곳
- Ⓢ 쇼핑몰 등 쇼핑 장소
- Ⓗ 호텔, 백패커, 팜 스테이 등 숙소
- Ⓐ 서핑, 스쿠버다이빙 등 액티비티 관련 장소

All about Australia
호주, 어디까지 가봤니?

호주는 대륙이 하나의 나라로 이루어진 유일한 나라이다. 면적은 세계 6위이지만, 인구는 55위일 정도로 인구 밀도가 낮으며, 대부분의 사람들이 해안을 따라 발달한 도시에 살고 있다. 국토의 35%가 아웃백 Outback이라고 불리는 사막으로, 이 지역에는 사람이 별로 살지 않는다. 수도인 캔버라를 기준으로 한국과 1시간의 시차(섬머 타임에는 2시간)가 있고 호주 내에도 시차가 있어, 캔버라와 퍼스 간에도 시간이 다르다. 남반구에 위치하고 있어 계절은 완전히 반대로, 한국이 여름이라면 호주는 겨울이다.

01 호주의 랜드 마크
시드니 Sydney

한국에서 호주의 수도를 물으면 '시드니'를 먼저 떠올리는 사람이 많을 정도로, 호주를 대표하는 도시이다. 대한항공, 아시아나항공, 콴타스, 젯스타, 티웨이 등 5개의 항공사 직항 노선이 있는 도시로 한국 교민도 많이 거주한다.

02 남반구의 유럽
멜버른 Melbourne

'남반구의 유럽'이라고 불릴 정도로 유럽과 닮은 도시. 모던한 건물과 식민지 시대의 유럽풍 건물이 공존하는 아름다운 곳이다. 죽기 전에 꼭 가봐야 할 곳으로 선정된 아름다운 해안도로 그레이트 오션 로드는 멜버른을 꼭 방문해야 하는 이유이다.

03 여유가 넘치는 도시
브리즈번 Brisbane

호주에서 세 번째로 큰 도시이자 퀸즐랜드의 주도. 온화한 날씨와 미소 가득한 사람들까지, 다른 대도시와는 다른 여유로움을 느낄 수 있는 곳이다. 세계에서 가장 큰 모래섬인 프레이저 아일랜드로 가는 요충지이기도 하다.

04 황금빛 해변의 휴양도시
골드코스트 Gold Coast

호주 현지인들도 휴식과 여가를 위해 즐겨 찾는 휴양도시이다. 황금빛 해변, 서핑을 비롯한 다양한 스포츠, 각종 테마파크 등으로 많은 여행자를 끌어들이고 있다.

05 액티비티의 천국
케언스 Cairns

인공위성에서도 보인다는 산호군락 그레이트 배리어 리프로 가는 교통적 요충지. 일 년 내내 해양스포츠가 가능한 따뜻한 날씨로 액티비티의 천국이 되었다. 스릴을 찾는 여행자에게는 최고의 여행지.

06 호주 최고의 와인 산지
애들레이드 Adelaide

남호주의 주도이며, 동쪽으로는 시드니, 북쪽으로는 울룰루, 서쪽으로는 퍼스와 통하는 교통의 관문이다. 포도가 잘 자라는 토양 덕분에 호주 최고의 와인 산지로도 손꼽힌다. 와이너리를 방문해 특색 있는 와인들을 즐기다 보면 하루가 훌쩍 지나갈 수도!

07 호주의 '톱 앤드'
다윈 Darwin

노던 테리토리의 주도로, 호주의 북쪽 끝이라 톱 앤드 Top End라고 불린다. 폭포, 악어가 사는 늪지대, 열대우림이 가득한 카카두 국립공원, 리치필드 국립공원으로 탐험을 떠나보자.

08 호주 원주민들의 신성한 땅
앨리스 스프링스 & 울룰루 Alice Springs & Uluru

세상의 중심, 붉은빛을 띠는 모래로 이뤄진 사막으로 레드 센터Red Centre라고 불리기도 한다. 예전부터 호주 원주민인 애버리진이 신성한 땅으로 여겨온 곳으로, 현재까지도 그들의 삶의 터전이자 역사가 이어지는 공간이다.

09 서호주의 매력적인 도시
퍼스 Perth

사막과 바다의 경계에 발달한 도시이다. 인도양의 해변, 신비한 사막의 돌기둥 피너클스, 파도처럼 굳어진 바위인 웨이브 록 등 독특한 자연을 만날 수 있다.

10 청정 자연과 호주의 역사를 동시에 만나다
태즈메이니아 Tasmania

한국의 제주도와 같은 섬. 태즈메이니아는 호주 다른 지역과는 또 다른 생태계를 보여준다. 청정 지역으로 손꼽히는 호주에서도 특히나 깨끗한 자연을 자랑하는 곳이다.

Australia Q & A

호주에 가기 전 가장 많이 묻는 질문 7가지

Q1. 호주는 언제 여행하는 게 좋은가요?

A1. 호주는 1년 평균 강우량이 600mm 미만으로 가장 건조한 대륙이자 겨울에도 영하로 떨어지는 경우가 극히 드물어서 1년 내내 여행하기 좋은 나라로 꼽힌다. 남반구에 있는 나라로 북반구의 한국과는 계절이 정반대이며, 크게 9~11월이 봄, 12~2월은 여름, 3~5월은 가을, 6~8월은 겨울로 나눌 수 있다. 하나의 나라이지만 가장 작은 대륙이기도 해서 각 지역마다 기후 차이가 크다. 북반구가 겨울인 12~2월을 성수기로 꼽히지만, 햇볕은 따뜻하고 바람은 선선한 봄과 가을을 더 추천하기도 한다. 여름에는 울룰루 쪽 사막의 경우 너무 뜨겁고, 호주 서북쪽(브룸~다윈)은 우기로 길이 끊겨 이동이 어려우니 여행 준비 시 각 지역의 날씨를 확인해야 한다.

Q2. 비자는 꼭 필요한가요?

Tip ETA 비자를 받으면 1년 동안 호주에 무제한으로 입국할 수 있지만, 재입국 사이의 텀이 너무 짧은 경우 입국심사가 까다로워질 수 있다. 예를 들어 3개월간 호주를 여행하고 3일간 뉴질랜드로 출국했다가 다시 호주로 입국하는 경우이다. 이때는 다시 호주를 입국하는 이유와 여행 계획, 예약된 바우처나 항공 티켓 등을 요구하기도 한다.

A2. 한국 여권을 소지한 경우, ETA(전자 관광 허가 비자, Electronic Travel Authority visa-subclass 601)를 신청하면 발급일로부터 1년 동안 호주를 무제한으로 입국할 수 있다. 입국 시 한 번에 최대 3개월까지, 관광이나 방문 목적으로 체류가 가능하며 일은 할 수 없다. ETA 비자는 호주 ETA 앱(애플스토어 및 구글플레이스토어에서 앱을 다운받아 신청)을 통해서만 신청할 수 있고 문제가 없는 경우 신청 후 12시간 이내에 발급된다. 수수료는 A$20. 하지만 범죄 이력이 있거나 비자가 거절되는 경우에는 대사관으로 문의해야 하므로 여유를 두고 신청하자.

Q3. 환전은 어떻게 할까요? 카드 사용이 가능한가요?

A3. 호주 도시를 여행한다면 캐시 프리로도 여행이 가능하다. 쇼핑센터나 식당에서 대부분 카드를 사용할 수 있지만 소비자가 카드 수수료를 부담해야 하는 곳이 많다. 카드 수수료를 내야 하는 경우, 비자, 마스터카드는 1~2.5%, 아멕스카드는 5% 정도가 추가된다. 식당에 따라서 현금으로 결제할 경우 최대 5% 할인을 해주기도 한다. 환전은 한국에서 미리 하는 게 호주에 도착해서 하는 것보다 저렴하다. 여행 경비가 크면 분실의 위험이 있으니 일부는 한국에서 호주 달러로 미리 환전해 가고, 일부는 신용카드로 사용해도 좋다.

Q4. 여행 경비는 얼마나 들까요?

A4. 여행 경비는 1일 예산(숙박, 식비, 입장료)×여행 날짜+항공권 비용+기타 비용(투어, 교통, 쇼핑, 용돈)으로 대략 계산할 수 있다. 식사를 해먹을 것인지 모두 사먹을지, 투어나 액티비티를 얼마나 하는지에 따라 경비가 매우 달라지므로, 여행 전 계획을 꼭 세워보자. 대략적인 물가는 아래와 같이 생각하면 된다.

숙박 호스텔, 도미토리 A$45~$55, 호텔 A$150~
식비 아침 A$20, 점심 A$20~30, 저녁 A$35~50
(커피 1잔 A$4~5, 맥도날드 세트 메뉴 A$14~)
투어 일일 투어 A$130~200

Tip 렌터카로 여행하면 기름 값은 얼마나 들까 궁금할 때, 해당 도시의 평균 기름값을 계산해 주는 사이트가 있다. 시드니에서 멜버른으로 이동한다고 가정하고, 이동 거리 880km를 입력해보자. Fuel Efficiency는 차량 연비로, 보통 승용차는 100km에 5리터, 캠핑카는 10리터 정도를 책정한다. 그럼 편도 예상 기름값은 A$90! 톨게이트 비용은 포함되어 있지 않으며, 차량에 따라 연비도 다르고, 도로 사정에 따라서도 값이 달라지니 참고용으로만 사용하자.
홈피 **Numbeo** www.numbeo.com/gas-prices

Q5. 무료 와이파이를 사용할 수 있나요?

A5. 대부분의 공항에서 무료 와이파이를 사용할 수 있다. 점점 많아지고는 있으나 호텔에서는 무료 와이파이를 제공하지 않는 곳이 많으니 공항에 도착하면 선불 심 카드Prepaid Sim를 구입해서 사용하는 걸 추천한다. 대표적인 통신사로는 텔스트라Telstra, 보다폰Vodafone, 옵터스Optus 등이 있다. 28일 동안 10GB 데이터와 호주 내 무제한 전화와 문자, 한국으로의 국제전화까지 무제한으로 사용할 수 있는 요금제가 A$30 정도. 단, 울룰루, 서호주, 섬 등의 도시와 떨어진 지역에서는 신호가 잘 연결되지 않을 수 있다.

Q6. 항공권은 언제, 어떻게 예약하는 게 좋을까요?

A6. 극성수기 여행이 아니라면 3~4개월 전에 구매하는 것을 추천한다. 스카이스캐너 등 가격 비교 사이트에서 비교 후 구매하면 된다. 연말에 한국에서 출발하는 항공편의 경우, 특가가 나올 가능성이 희박하므로 예약이 시작되는 1년 전에 바로 구매해도 된다.

Q7. 라면이나 김치, 담배를 들고 가도 되나요?

A7. 호주는 검역이 까다로운 나라로 손꼽힌다. 신선식품이나 과일, 달걀, 육류 등은 반입이 금지된다. 음식물이 있는 경우 입국신고서에 꼭 체크를 하자. 라면이나 김치의 경우 한국에서 공장에서 나온 포장식품은 신고 후 반입이 가능하다.
술은 2.25L, 담배는 25개비까지 면세로 반입 가능한데, 호주에서 담배가 한 갑에 만 원이 넘다 보니 담배를 몰래 들여오려는 사람이 많다. 식품이나 면세 범위 이상의 물품을 호주로 밀반입하는 경우 몰수는 물론 A$3,000 이상의 벌금을 낼 수도 있다. 흡연자의 경우 한국 면세점에서 담배를 보루로 구입하고 세금을 내는 게 호주에서 구입하는 것보다 더 저렴하다고 하니 참고하자.

Try Australia 1

7일 시드니+골드코스트 호주 핵심 코스

호주 여행의 가장 기본적인 코스이자 사람들이 가장 많이 선택하는 코스로 가족 여행, 허니문, 혼자 하는 여행 등 누구에게나 좋다. 호주 핵심을 볼 수 있지만 일정이 짧으므로 꼭 보고 싶은 것들을 미리 생각해둘 것!

시드니 3일 → 골드코스트 3일 → 브리즈번 1일

브리즈번
골드코스트
시드니

1 DAY 시드니 시내 관광 (IN)

한국에서 출발하는 직항은 모두 오전에 도착한다. 수속 후 숙소에 도착하는 데까지는 2시간 정도로 잡으면 무난하다. 바로 체크인을 하지 못하는 경우가 대부분이니 숙소에 짐을 맡기고 시드니 시내 관광을 떠나자.

2 DAY 블루 마운틴 투어

몇억 년 전부터 형성된 고대 원시림으로, 유칼립투스 나무가 빽빽하게 들어서 있다. 푸른빛의 산을 보며 맑은 공기를 한껏 들이마셔 보자.

3 DAY 포트 스티븐스 투어

시드니에서 차량으로 3시간 정도 떨어진 항구 도시로, 바다에서 야생 돌고래를 만나고 사막에서 모래 썰매를 타는 체험을 동시에 할 수 있다.

4~5 DAY 골드코스트 (IN)

시드니에서 국내선을 타고 골드코스트로 이동(비행기로 약 1시간 30분 소요)하면 시드니와 또 다른 호주를 만날 수 있다. 해변이 바로 옆에 있어 다양한 해양 스포츠를 즐길 수 있고, 고래 시즌에는 가까운 바다에서 고래를 관찰할 수 있는 크루즈도 있다.

6 DAY 골드코스트 → 브리즈번 시내 관광 (IN)

코알라를 안고 호주 인증샷을 남기고 싶다면 골드코스트나 브리즈번의 동물원을 방문하자. 주마다 법이 달라 시드니에서는 코알라 옆에 서서 사진을 찍는 것만 가능하다. 골드코스트에서만 숙박하고 브리즈번은 출국을 위해 들르는 경우가 많지만, 퀸즐랜드의 주도인 브리즈번도 놓치면 아쉽다. 휴양도시 느낌이 가득한 골드코스트와 달리 퀸즐랜드 문화센터에서는 다양한 전시가 열리고, 포티튜드 밸리, 차이나타운의 밤거리, 브리즈번 시티 보타닉 가든 등 브리즈번만의 활기찬 분위기를 즐길 수 있다.

7 DAY 브리즈번 (OUT)

Try Australia 2

9일 퍼스+울룰루+멜버른 지구의 배꼽, 아웃백 탐험

호주에서 네 번째로 큰 도시이지만, 인구 100만 명이 넘는 도시 중 가장 외딴 지역이기도 한 퍼스. 퍼스에서 가장 가까운 도시가 2,104km 떨어진 남호주의 애들레이드일 정도이다. 그만큼 다른 지역 어디서도 볼 수 없는 아름다운 자연을 만날 수 있다. 지구의 배꼽으로 알려진 울룰루도 함께 즐기자.

퍼스 3일 → 울룰루 3일 → 멜버른 3일

1 DAY 퍼스 시내 관광 (IN)

퍼스 시내에 도착해서 짐을 풀고 꼭 가야 하는 곳은 킹스 공원. 퍼스 전경을 내려다볼 수 있는 언덕에 있는 공원으로 세계에서 가장 큰 도심 공원이다. 스완강과 퍼스의 스카이라인을 감상하거나 『어린왕자』 속 신기한 나무인 바오밥나무 앞에서 사진을 찍어보자.

2 DAY 로트네스트 아일랜드 투어

셀카로 유명해진 '세상에서 가장 행복한 동물' 쿼카가 사는 곳. 퍼스에 갔다면 쿼카와 함께 꼭 셀카를 찍어야 한다. 인도양의 아름다운 섬을 자전거를 타고 여행하고 스노클링을 즐길 수도 있다.

3 DAY 피너클스 사막 투어

풍화작용으로 생긴 거대한 돌기둥들! 투어에 따라 사막에 쏟아지는 별을 보는 것도 가능하다.

4 DAY 앨리스 스프링스 (IN)

퍼스에서 울룰루 여행을 위한 가장 가까운 도시인 앨리스 스프링스로 이동하자(비행기로 약 2시간 40분 소요).

5~7 DAY 울룰루 2박 3일 캠핑 투어 → 멜버른 (IN)

울룰루를 여행하는 사람들이 가장 많이 선택하는 방법. 세계 각국에서 모인 사람들과 2박 3일 동안 울룰루의 일몰과 일출을 보고 킹스 캐니언, 카타추타를 함께 여행한다. 투어 일정을 앨리스 스프링스 출발-울룰루 도착으로 예약하는 경우 에어즈 록 공항에서 멜버른으로 바로 이동할 수 있다(비행기로 약 2시간 40분 소요).

8 DAY 그레이트 오션 로드 드라이브

멜버른에 왔다면 절대 놓치지 말아야 할 곳. 가장 아름다운 해안도로로 꼽히는 그레이트 오션 로드를 달려보자. 투어에 참가하거나 렌터카로 드라이브할 수 있다.

9 DAY 멜버른 (OUT)

Try Australia 3
6일 시드니의 별을 찾아 떠나는 여행

한국이 있는 북반구와 정반대에 위치한 남반구는 하늘 역시 정반대의 모습이다! 시드니에서 쏟아지는 별을 찾아 우주극장으로 떠나보자. 특별하고도 로맨틱한 여행이 될 것이다.

시드니 6일

1 DAY 시드니 시내 관광 (IN)
시드니에 도착했다면 일단 가볍게 몸을 풀고 시내를 둘러보자. 오페라 하우스와 하버 브리지를 감상하고, 시원한 호주 맥주 한잔을 마시며 본격적인 우주 여행에 앞서 몸을 풀 것!

2 DAY 워럼벙글 천문대
시드니에서 북서쪽으로 약 490km를 달려 호주 내륙 지역으로 들어간다. 우선 쿠나바나브란Coonabarabran 관광안내 센터에 들러 오래된 생명체의 흔적인 공룡 유적을 둘러보자. 다음으로 워럼벙글 천문대Warrumbungle Observatory에서 별 관측 나이트 투어로 남반구의 아름다운 별을 관측하자.

3 DAY 사이딩 스프링 천문대
워럼벙글 국립공원Warrumbungle National Park에는 사이딩 스프링 천문대Siding Spring Observatory가 위치해 있다. 이곳에서 태양계 행성의 거리를 축소시켜 만든 솔라 시스템 드라이브를 달리며 토성에서 명왕성까지 행성 간의 거리를 계산해 보는 독특한 체험을 할 수 있다. 워럼벙글 국립공원의 울창한 숲 또한 온몸으로 느낄 수 있다.

4 DAY 더 디쉬 → 머지
영화로도 만들어진 거대한 접시 모양 전파망원경인 더 디쉬The Dish와 우주 관련 다양한 모형을 관람하자. 시드니로 돌아오는 길에는 뉴사우스웨일스의 뜨고 있는 와인 산지인 머지Mudgee에서 로컬 와인을 맛보자.

5 DAY 블루 마운틴 투어
호주의 그랜드 캐니언인 블루 마운틴에서 웅장한 자연을 감상하자. 원주민의 슬픈 전설이 내려오는 세 자매봉과 링컨스 록의 아찔한 절벽에서 인생샷은 필수이다!

6 DAY 시드니 (OUT)

Try Australia 4

6일 퍼스 고대 지층 자연탐사

원시 대기에서 처음 광합성 작용으로 산소를 만난 미생물인 시아노박테리아가 광합성을 하면서 '스트로마톨라이트'라는 원소가 만들어졌다. 지구 생명의 근원과 탄생의 역사를 밝힐 수 있는 열쇠로 불리는 스트로마톨라이트를 서호주에서 직접 만나보자. 과학적인 사고를 키울 수 있는 아주 특별한 여행이 될 것이다.

퍼스 6일

1 DAY 퍼스 (IN)

2 DAY 칼바리 국립공원

인디언 오션 드라이브를 경유하여 칼바리 국립공원Kalbarri National Park으로 출발한다. 호주에는 말 그대로 분홍빛으로 빛나는 핑크호수가 여러 군데 있는데 그중 하나가 바로 서호주에 있는 포트 그레고리Port Gregory이다. 핑크빛 호수에서 인증샷을 남기자.

3 DAY 칼바리 → 몽키 미아

야생 자연이 가득한 칼바리 지역에서는 석회암 절벽인 아일랜드 록, 자연의 창 협곡이 특히 유명하다. 푸른 하늘과 바다가 어우러진 몽키 미아Monkey Mia에서도 여유를 즐기자.

4 DAY 하멜린 풀

하멜린 풀Hamelin Pool에서 지구의 역사를 볼 수 있는 스트로마톨라이트를 만날 수 있다.

5 DAY 피너클스 → 스완 밸리

자연이 빚은 사막의 조각품인 피너클스를 만나보자. 모래바람으로 수백 년에 걸쳐 만들어진 돌기둥이 있는 이곳은 1960년대부터서야 대중에 공개되기 시작하여 더욱더 오염되지 않은 자연을 만날 수 있는 장소이다. 이어서 서호주 대표 와인 산지 중 하나인 스완 밸리를 방문하며 퍼스 근교 여행을 마무리하자.

6 DAY 퍼스 (OUT)

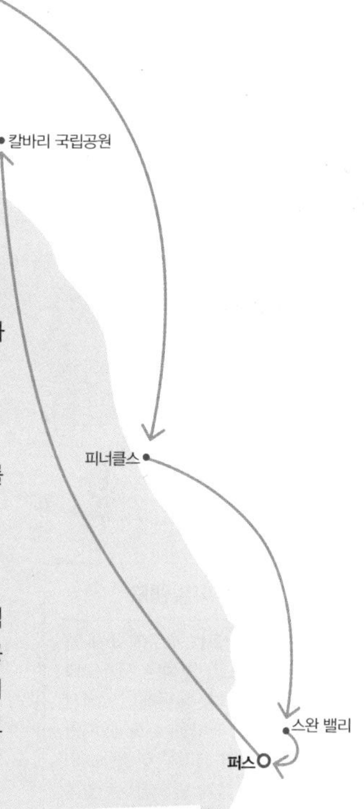

Try Australia 5
12일 캠핑카 & 렌터카 셀프 드라이브 여행

세계에서 가장 아름다운 자동차 여행지로 손꼽히는 호주. 빅토리아 주의 그레이트 오션 로드를 따라 남동쪽 해안가를 달리면서 자연 경관을 감상해 보자. 태즈메이니아는 차도 많지 않고 도로도 시원하게 뚫려 있어서 캠퍼밴으로 여행하기 딱 좋은 곳이다. 호주의 드라이빙 루트는 대부분 어렵지 않게 운전할 수 있지만 운전법규를 미리 확인하는 건 필수이다.

애들레이드 3일 → 멜버른 2일 → 태즈메이니아 6일 → 시드니 1일

Tip | 캥거루 아일랜드

캥거루 아일랜드는 호주에서 세 번째로 큰 섬으로, 면적은 제주도의 두 배가 넘는다. 애들레이드에서 일일 투어로 다녀올 수도 있지만 일정이 된다면 캥거루 아일랜드의 자연을 자유롭게 만끽할 수 있는 렌터카 여행도 추천한다. 애들레이드에서 캥거루 아일랜드로 들어가는 페리를 타는 케이프 저비스Cape Jervis까지는 100km, 차로 약 1시간 40분이 소요된다. 시즌에 따라 하루 5회 이상 운행하니 출발 전 미리 페리 시간을 확인하자. 페리 비용은 왕복 A$120 정도.
홈피 www.sealink.com.au

1 DAY 애들레이드 시내 관광 (IN)
애들레이드에 도착해서 공항에서 렌터카를 빌려 글레네그 비치에서 여유로운 시간을 즐겨도 좋고, 바로사 밸리로 와인 여행을 떠나자. 애들레이드 보타닉 가든, 런들 몰 등 시내를 둘러보고 센트럴 마켓에서 활기찬 현지 시장 분위기를 느껴보자.

2 DAY 그램피언스 국립공원
아침 일찍 출발해서 오늘의 숙박지인 홀스 갭Halls Gap에서 점심을 먹은 후 그램피언스 국립공원Grampians National Park으로 떠나자. 국립공원에서는 에뮤, 캥거루, 왈라비 등 야생동물을 쉽게 볼 수 있다. 맥킨지 폭포McKenzie Water Falls, 더 발코니The Balconies, 리드 전망대Reed Lookout는 꼭 방문하도록 하자.

3 DAY 그램피언스 국립공원 → 그레이트 오션 로드

그램피언스 국립공원에는 다양한 트레킹 & 하이킹 코스가 있다. 아침 일찍 일어나 일정과 체력에 맞는 코스를 선택해 산 위에서 신선한 공기를 마셔보자. 오후에는 그레이트 오션 로드로 떠난다. 런던 브리지, 로크 아드 협곡을 지나 12사도에서 헬리콥터를 타고 그레이트 오션 로드의 일몰을 감상하자.

4 DAY 그레이트 오션 로드 → 멜버른 (IN)

세계에서 가장 오래된 온대우림을 만날 수 있는 그레이트 오트웨이 국립공원, 아름다운 해변마을 아폴로 베이를 들려보자. '서핑의 수도'라고 불리우는 벨 비치Bells Beach나 토르케이Torquay 같은 유명한 비치에서 서핑을 즐길 수도 있다.

5 DAY 멜버른 시내 & 모닝턴 페닌슐라 온천

느지막이 일어나서 멜버른의 여유를 즐겨보자. 오후에는 모닝턴 페닌슐라에 있는 야외 온천으로 떠나자. 석양이 지는 시간에 맞춰 가면 언덕 꼭대기의 온천에서 붉게 물든 평원을 감상할 수 있다.

6 DAY 호바트 (IN)

멜버른에서 태즈메이니아로 항공 또는 페리로 이동할 수 있다. 스피릿 오브 태즈메이니아 페리가 질롱에서 데본포트 사이를 운항한다.

7 DAY 호바트 → 스트라한

태즈메이니아의 서쪽인 스트라한으로 이동. 중간에 마운트 필드 국립공원에서 세계에서 두 번째로 큰 톨 트리를 만나보자.

8 DAY 스트라한 → 크래들 마운틴 → 론서스턴

태즈메이니아 여행의 하이라이트는 바로 크래들 마운틴이다. 일정이 된다면 6일 정도 소요되는 오버랜드 트레킹에 도전해보는 건 어떨까? 호주에서 가장 깊은 호수인 클레어 호수에서 사진 찍기는 필수이다.

9 DAY 론서스턴 → 비체노

불처럼 빨간 돌이 있는 베이 오브 파이어Bay of Fire. 칼로 자른 듯한 모습의 돌이 인상적이다.

10 DAY 프레이시넷 국립공원

와인 잔 모양이라 와인글라스 베이라는 이름이 붙은 해변을 만날 수 있는 곳. 프레이시넷 국립공원의 트레킹 코스를 따라 걸어 올라가보자.

11 DAY 호바트 → 시드니 (IN)

12 DAY 시드니 (OUT)

Tip | 캠퍼밴 여행

캠퍼밴은 크게 작은 집을 차에 옮겨둔 모터홈Motorhome 타입의 캠퍼밴과 세미 캠퍼밴으로 나눌 수 있다. 사이즈는 2~6인승까지 있고 차량 크기, 연식, 대여 및 예약 시기에 따라 금액이 달라진다. 모터홈 캠퍼밴 업체는 인수합병으로 사실상 거의 한 회사이고, 여러 브랜드가 있다고 보면 된다. '앨라호주'에서는 일반 사이트 금액보다 최대 5% 할인된 금액으로 예약이 가능하다.

홈피 앨라호주 ellahoju.com
캠퍼밴 회사
maui.com.au(마우이)
www.apollocamper.com (아폴로)
www.jucy.com.au(쥬시)

more & more 캠핑카 여행

로드 트립을 계획 중이라면 '이동하는 집'인 캠핑카를 이용해보자. 보통 최소 렌털 기간(Minimum Hire)은 5~7일이며, 픽업 장소와 반납장소가 멀어질수록 최소 렌털 기간이 길어진다. (최소 렌털 기간은 최장 20일이나 된다!)

픽업 장소와 반납 장소가 다를 경우 원웨이 피Oneway Fee가 별도로 발생하며, 픽업 장소 및 시간에 따라 추가 요금이 붙기도 한다.

렌터카도 그렇지만 특히 캠퍼밴은 예약일에 가까워질수록 금액이 높아진다. 비수기에 비해 성수기 금액이 높고, 특히 12월 말~1월 중순인 극성수기에는 비수기 가격의 7배까지 올라가기도 한다. 6개월 전에 예약하면 얼리버드로 5% 추가 할인이 가능하기도 하고, 정해진 기간에 차량을 옮겨주는 대신 하루 A$1에 캠퍼밴을 빌릴 수 있기도 하니 홈페이지를 참고하자.

월별 가격: 5~9월 < 10월 < 4월 < 11월 < 12~2월

픽업 장소

픽업 장소는 케언즈, 브리즈번, 시드니, 멜버른, 호바트, 아들레이드, 앨리스 스프링스, 퍼스, 브룸, 다윈에서 가능하다. 지역에 따라 오피스를 운영하지 않는 기간이 있으니 일정을 짜기 전에 확인 필수(예를 들어 다윈-브룸은 우기에는 오피스가 오픈하지 않는다).

주의사항

캠핑카를 대여하면 취사 장비가 포함되어 있으나, 야외용 의자, GPS, 팬 또는 히터, 카시트 등은 추가 비용이 발생한다. 호주는 아동의 카시트 설치가 의무이다. 캠핑카에 따라 카시트 설치가 불가능한 차량이 있으니 사전 확인이 필수.

1. 세미캠퍼밴

보통 8인승인 토요타 에스티마를 개조하여 2~4인이 잘 수 있게 만든 차량으로, 모터홈에 비해 차량이 작아서 운전이 편리하다. 일반 캠퍼밴에 비해 렌트 비용이 저렴하고 주유비도 적게 든다. 하지만 차량이 작다 보니 화장실은 없고, 부엌이 트렁크 부분에 있다. 짧은 기간에 캠핑카 여행을 느끼기에 좋다.

홈피 쥬시 www.jucy.com/au/en
스페이스쉽 spaceshipsrentals.com.au
요금 2인승(1일) A$125 내외, 4인승(1일) A$140 내외

2. 캠퍼밴

세미캠퍼밴과 모터홈의 중간 사이즈. 캠퍼밴과 모터홈 회사의 양대 산맥이었던 아폴로, 마우이의 합병으로 사실상 한 사이트에서 거의 모든 캠퍼밴, 모터홈 검색이 가능하다. 마우이, 브리츠, 마이티는 모두 같은 회사의 캠퍼밴 브랜드이다. 마우이 브랜드로 새 차를 1~2년간 사용하고, 2년이 넘으면 브리츠로 개조해서 2년간 타다가 다시 개조해서 마이티로 사용한다. 가격도 마우이 〉 브리츠 〉 마이티 순! 기왕 탈 거 좋은 새 차 타고 싶으면 마우이, 비용을 절감하고 싶다면 마이티, 그 중간급을 원한다면 브리츠를 선택하면 된다. 아폴로도 마찬가지로 아폴로 〉 치파 캠파 〉 히피 순으로 가격이 저렴해진다.

요금 2인승(1일) A$170~220, 4인승(1일) A$140 내외

3. 모터홈

일반적으로 우리가 생각하는 캠핑카. 침대, 주방과 화장실과 샤워실이 설치되어 있다. 그래서 차량도 매우 크다. 카니발, 스타렉스의 전장(차 길이)이 5.15m, 화장실이 딸린 모터홈은 전장이 최대 7.25m이다. 캠퍼밴을 픽업해서 가다가 운전을 못해서 주행 중 경찰에게 키를 빼앗긴 사람도 있을 정도이니 심사숙고해서 차량을 선택하자!

홈피 마우이 www.maui.com.au
아폴로 www.apollocamper.com

캠핑은 어디에서?

캠핑카라고 아무 곳에나 주차하고 숙박할 수 없다. 지정된 캠핑 장소에서만 가능!
호주에는 무료 또는 저렴한 비용으로 캠핑을 할 수 있는 국립공원이 많다. 하지만 전력공급이나 온수 사용이 불가능한 경우가 많다. 배터리는 운전하는 동안 충전이 가능하지만, 추가 전력을 이용하는 경우에는 전원이 공급되는 캐러밴 파크에 캠핑을 해야 한다. 캠핑카 회사에서 제공하는 애플리케이션에서 근처에 있는 캐러밴 파크 등을 검색하고 예약할 수도 있다.

요금 1일 A$30~50 내외
홈피 **캐러밴파크 예약 사이트**
빅4 www.big4.com.au
디스커버리 파크 www.discoveryholidayparks.com.au

Tip | 캠핑카 예약

앨라호주에서는 캠핑카 예약 시 홈페이지 가격에서 최대 5% 할인된 금액으로 예약이 가능하다.
홈피 앨라호주 www.ellahoju.com

Try Australia 6

15일 아름다운 해변을 따라서, 호주 동부 배낭여행

시드니에서 케언스까지 보름 동안 호주 동부를 종단하는 루트이다. 아름다운 비치를 특히 많이 볼 수 있는 코스로, 호주의 완벽한 바다를 만끽하고 싶다면 도전해 보자. 투어 버스인 그레이하운드나 프리미어 버스를 타고 이동하면서 호주 동부의 핵심 도시를 여행하자.

**케언스 2일 → 에얼리 비치 3일
→ 허비 베이(프레이저 아일랜드) 2일 → 브리즈번 1일
→ 골드코스트 2일 → 바이런 베이 2일 → 시드니 3일**

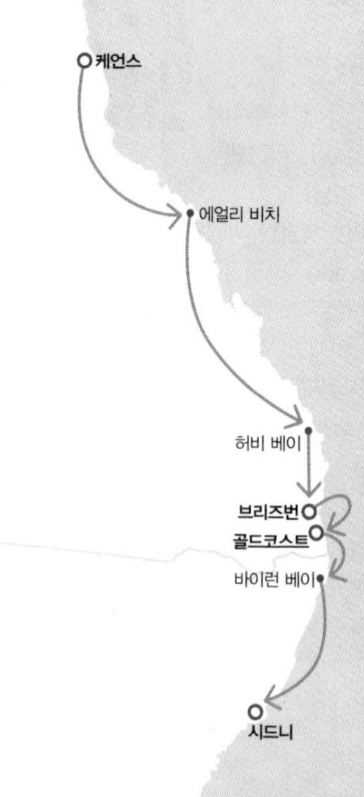

1 DAY 케언스 IN

액티비티의 천국 케언스! 도착하는 시간과 취향에 따라 스카이다이빙, 래프팅, 번지점프, 쿠란다 투어 등 다양한 액티비티를 선택할 수 있다.

2 DAY 그레이트 배리어 리프 투어

케언스에 왔다면 산호초 섬인 그레이트 배리어 리프는 반드시 봐야 한다. 가까운 그린 아일랜드나 피츠로이 아일랜드부터 멀리 아우터 리프까지! 산호초 사이의 니모를 찾아보자.

3~5 DAY 에얼리 비치 IN

케언스에서 야간버스를 타고 세일링의 도시 에얼리 비치Airlie Beach로 이동하면 시간과 비용을 아낄 수 있다. 에얼리 비치에는 100개가 넘는 세일링 투어 프로그램이 있으므로 이곳에서 3일 정도를 여유를 부려보자. 가장 좋은 방법은 72개의 섬으로 이루어진 휫선데이 아일랜드Whitsunday Island 사이를 요트로 여행하는 것! 바다에서 밤하늘에 쏟아지는 은하수를 보고 싶다면 1박 2일 이상 세일링하는 것을 추천한다. 다양한 국적의 여행객들이 함께 배에 타게 되는데, 성향에 따라서 혼자 여유를 즐길 수도, 여행자들과 왁자지껄하게 어울릴 수도 있다. 바다로 지는 석양을 보며 마시는 맥주 한잔은 여행을 잊지 못할 순간으로 만들어준다.

6~7 DAY 허비 베이 IN

프레이저 아일랜드로 가는 관문. 버스 터미널에서 바로 프레이저 아일랜드로 가는 버스를 탈 수도 있다. 세계에서 가장 큰 모래섬인 프레이저 아일랜드를 제대로 여행하려면 2박 3일 이상을 투자하는 게 좋다. 여유가 없더라도 최소 1박 2일 투어는 필수. 만약 단 하루밖에 시간이 없다면, 모튼 아일랜드, 브리비 아일랜드 등 브리즈번과 가까운 섬들로 일정을 바꿔도 된다.

8 DAY 브리즈번 (IN)
버스를 타고 퀸즐랜드의 주도인 브리즈번으로 이동해 숙박하자.

9~10 DAY 골드코스트 (IN)
황금빛 모래 해변에서 즐기는 서핑은 정말이지 최고! 골드코스트의 또 다른 이름, 서퍼스 파라다이스에 걸맞는 곳이다. 시 월드, 드림월드, 무비월드 등 다양한 테마파크와 워터파크는 골드코스트의 또 다른 즐길 거리이다.

11~12 DAY 바이런 베이 (IN)
호주의 최동단에 위치한 바이런 베이. 뉴사우스웨일스 주이지만 느낌은 퀸즐랜드 주에 가깝다. 이곳에 잠깐 머물면서 여유에 취해보자. 바이런 베이에서 시드니까지는 버스로 16시간 정도 걸려, 이번 일정 중 가장 긴 구간이다. 오후 6시경 출발하는 야간 버스를 타면 오전 7시경 시드니에 도착한다.

Tip | 야간 버스 여행 시 챙기면 좋은 것들

차량 내에 큰 배낭을 들고 타기는 힘들기 때문에 꼭 필요한 물건만 작은 가방에 옮겨놓자. 세면도구 등을 챙겨놓으면 중간중간 내리게 되는 휴게소에서 유용하다. 에어컨을 틀어놓는 경우가 많기 때문에 덮을 만한 것은 꼭 준비할 것! 물과 간식도 있으면 좋다. 기본적인 소음이나 불빛에 예민하다면 귀마개와 안대를 챙기면 도움이 된다.

13~15 DAY 시드니 (OUT)
호주의 랜드 마크인 오페라 하우스가 있는 시드니는 세계 3대 미항으로 꼽힌다. 시드니에 머무는 시간이 길지 않으므로 '선택과 집중'을 해야 한다. 골목을 구석구석 탐험해도 좋고, 블루 마운틴이나 포트 스티븐스, 헌터 밸리 등 시드니 근교를 여행해도 좋다. 호주에 머무는 마지막 시간인 만큼 이곳에서 쇼핑을 즐겨도 좋다!

more & more 호주에서 최고의 휴식을 누리고 싶다면?!

에얼리 비치 Airlie Beach

74개의 섬으로 이루어진 휫선데이 아일랜드의 관문. 이곳에서 가장 유명한 건 요트 세일링이다. 키를 잡고 요트를 운전하거나 다 같이 돛대를 내리는 등 특별한 경험을 할 수 있으며 바다 위에서 열리는 파티를 즐기거나 에메랄드빛 바닷속으로 뛰어들 수도 있다.

해밀턴 아일랜드 Hamilton Island

지상 최대 낙원이라고 불리며, 세계 1%의 상류층들이 선호하는 휴가지이기도 하다. 이곳에서 헬기나 경비행기를 타고 그레이트 배리어 리프의 산호를 내려다보면 로맨틱한 하트 모양의 산호Heart Reef를 발견할 수 있어서, 특히 커플과 신혼여행객에게 인기이다.

Try Australia 7
60일 완전 정복! 호주 일주 코스

퍼스에서 다윈까지는 투어를 이용해 24일간 이동한다. 워낙 일정이 길고 중간중간 오프로드 길도 많으므로 개별적으로는 이동이 어렵기 때문이다. 브룸에서 다윈까지 구간은 우기(11~4월) 시즌에는 길이 끊겨 투어를 진행하지 않으니 계획을 짤 때 참고하자. 다윈에서는 카카두 국립공원, 리치필드에 꼭 다녀오자.
울룰루 여행 후 애들레이드까지 비행기로 이동할 수도 있지만, 버스 투어에 참여하면 사막 한복판에 있는 핑크빛 호수이자 호주에서 가장 큰 호수인 에어 호수와 오팔 광산 동굴 안에서 숙박할 수 있는 쿠버페디 등에 갈 수 있다. 애들레이드에서는 바로사 밸리, 캥거루 아일랜드 등에 다녀오자.
태즈메이니아는 항공편이 가장 많은 멜버른과 시드니 사이에 여행하는 것이 편리하다. 섬이지만 남한 정도의 크기로 한 바퀴를 여행하는 데 6~7일이 소요된다. 다음으로는 브리즈번에서 케언스까지 버스를 타고 이동하면서 호주 동부의 작은 도시들을 여행하자.
60일을 기준으로 안내했지만 퍼스에서 애들레이드까지 끝없는 지평선을 달리는 눌라보르, 다윈에서 앨리스 스프링스 사이의 악마가 만든 바위라는 전설이 있는 데블스 마블 등 다양한 아웃백 지역을 탐험한다면 일정은 더 길어질 수 있다.

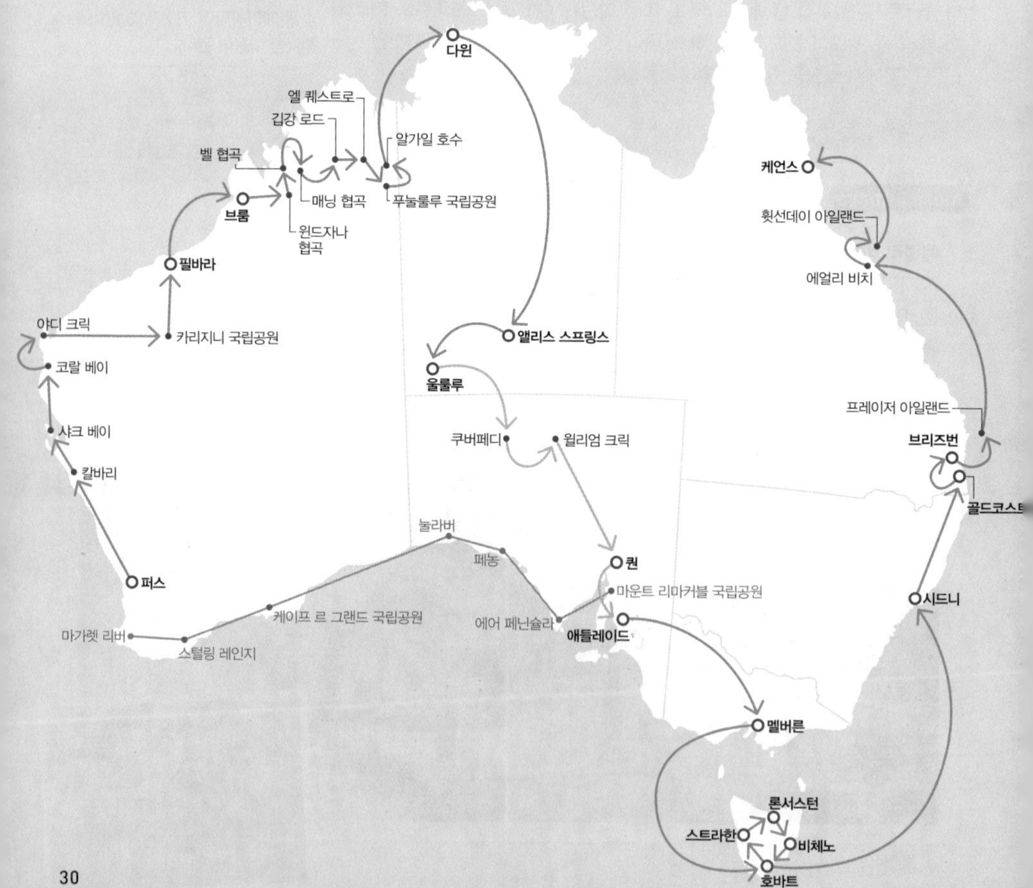

DAY 1 퍼스 (IN)

DAY 2 퍼스 → 칼바리(피너클스 사막)

Day 3 몽키 미아 → 샤크 베이

Day 4~5
닝갈루 리프(만타레이, 고래상어, 고래 수영)

Day 6~8 카리지니 국립공원

Day 9 필바라

Day 10~14 브룸 (IN)

Day 15 윈드자나 협곡

Day 16 벨 협곡

Day 17 매닝 협곡

Day 18 깁강 로드 → 엘 퀘스트로

Day 19 엘 퀘스트로 투어

Day 20~21
푸눌룰루 국립공원(벙글벙글) 투어

Day 22 알가일 호수

Day 23 알가일 호수 → 캐서린

Day 24 다윈 (IN)

Day 25 카카두 국립공원

Day 26 리치필드 국립공원

Day 27 다윈 → 앨리스 스프링스 (IN)
* 비행기로 약 2시간 소요

Day 28 카타추타~울룰루

Day 29 울룰루
* 울룰루의 일출 감상

Day 30 킹스 캐니언

Day 31 앨리스 스프링스 → 케언스 (IN)

Day 32~33 케언스

Day 34 에얼리 비치

Day 35~36 휫선데이 아일랜드 세일링

Day 37 허비 베이 → 에얼리 비치

Day 38~39 프레이저 아일랜드

Day 40 브리즈번

Day 41 골드코스트

Day 42 골드코스트 → 시드니 (IN)
* 비행기로 약 1시간 소요

Day 43 시드니 시내 관광

Day 44 블루 마운틴 투어

Day 45 포트 스티븐스 투어

Day 46 시드니 → 호바트 (IN)
* 비행기로 약 1시간 소요

Day 47 포트 아서 투어

Day 48 스트라한 투어

Day 49 웨스트 코스트

Day 50 크래들 마운틴

Day 51 론서스턴~비체노

Day 52 프레시넷 국립공원 → 호바트

Day 53 호바트 → 멜버른 (IN)
* 비행기로 약 1시간 소요

Day 54 멜버른 시내 관광

Day 55 퍼핑 빌리 & 필립 아일랜드

Day 56~57 멜버른~애들레이드
* 그레이트 오션 로드 경유

Day 58 바로사 밸리

Day 59 캥거루 아일랜드

Day 60 애들레이드 (OUT)

1

Mission in Australia

호주에서 꼭 해봐야 할 모든 것

Mission 1 Best 10 in Austraila
호주의 베스트 10

호주는 세련되고 발전된 도시부터 천혜의 자연, 맛있는 음식까지 당신이 꿈꾸는 모든 것이 있는 곳이다. 이곳에서 당신이 꼭 누려야 할 10가지를 꼽아보았다.

01 시드니 Sydney Opera House

시드니 오페라 하우스에서 오페라 감상 (p.80)

'호주' 하면 가장 먼저 떠오르는 시드니 오페라 하우스는 절대 놓치지 말아야 할 베스트 스폿이다. 항구를 따라 주변을 산책하며 오페라 하우스를 바라봐도 좋겠지만, 이왕이면 오페라 하우스 본연의 기능을 즐겨보자! 오페라 이외에도 뮤지컬, 콘서트 등 다양한 공연이 펼쳐진다.

02 멜버른 Great Ocean Road

그레이트 오션 로드를 드라이브하기 (p.172)

드라이브를 즐기는 사람이라면 누구나 한 번쯤 로망을 가져봤을 그곳! 멜버른 남부 해안을 따라 펼쳐지는 해안도로인 그레이트 오션 로드이다. 아름다운 바다와 기암괴석을 배경으로 4시간 이상을 막힘없이 달리다 보면 마음까지 뻥 뚫릴 것이다.

03 브리즈번
Fraser Island

세계 최대의 모래섬인 프레이저 아일랜드에서 여유를~ (p.206)

호주 동부 해안을 따라 123km로 길게 뻗어 있는 프레이저 아일랜드는 수천만 년 동안 모래 한 알 한 알이 쌓여서 만들어진 섬으로, 세계문화유산으로 등재되어 있다. '자연영화관'이라고도 불릴 만큼 아름다운 이곳에서 여유를 만끽해 보자!

04 골드코스트
Surfers Paradise

서퍼스 파라다이스에서 서핑하기 (p.216)

이름처럼 황금빛 모래사장이 길게 이어지는 곳, 골드코스트에 왔다면 반드시 서핑을 즐겨야 한다. 초보자도 배울 수 있으니 걱정은 금물!

05 케언스
Great Barrier Reef

그레이트 배리어 리프에서 니모 만나기 (p.258)

길이 2km가 넘는 세계 최대의 산호초 단지! 맑고 따뜻한 물속을 누비며 색색깔의 산호와 귀여운 물고기들을 만나보자! 애니메이션 〈니모를 찾아서〉 속에 들어온 듯 행복할 것이다.

06 애들레이드 Kangaroo Island

호주 최대의 야생동물 서식지, 캥거루 아일랜드를 온몸으로 만나기 (p.286)

캥거루 아일랜드는 '호주 그레이트 워크' 중 하나로 선정되었을 만큼, 트레킹을 즐기기 좋은 곳이다. 특히 바다사자, 펭귄, 물개 등 호주의 야생동물을 만날 수 있어서 더 아름다운 곳이다.

07 다윈 Kakadu National Park

카카두 국립공원에서 애버리진 벽화 찾기 (p.302)

세계에서 세 번째로 큰 이 국립공원은 자연 그 자체로도 아름답지만, 2만 년 전 호주 원주민들이 그린 벽화를 발견할 수 있어 더욱 흥미로운 곳이다. 지금도 선명하게 남아 있는 암각화를 찾아보며 호주의 역사를 몸소 느껴보자.

08 울룰루 Uluru

세상의 중심 울룰루에서 일몰을! (p.322)

영화 〈세상의 중심에서 사랑을 외치다〉에서 주인공이 가보기를 간절히 소망하는 곳. 붉은 바위는 바라보는 것만으로도 대자연의 경이로움을 느끼게 한다. 실제로 호주 원주민들도 신성하게 여겼던 땅이다. 울룰루에서 일출과 일몰을 감상하는 것은 필수!

09 퍼스 Rottnest Island

로트네스트 아일랜드에서 쿼카와 사진 찰칵~ (p.359)

아름다운 해변과 느긋한 분위기에서 제대로 힐링할 수 있는 곳! 현지인들도 스노클링, 낚시 등 휴식을 취하기 위해 자주 찾는 곳이다. 귀여운 동물 쿼카와 셀카도 찰칵!

10 태즈메이니아 Tasmania

캠핑카를 타고 태즈메이니아 일주 (p.393)

호주 남쪽에 위치한 태즈메이니아는 호주의 가장 큰 섬이다. 섬이라고는 하지만 제대로 즐기려면 일주일도 부족하다. 도시 대부분이 국립공원으로 지정되어 있는 만큼 때 묻지 않은 자연이 남아 있는 곳이다.

Mission 2 Animal in Australia
귀엽거나 특이하거나! 호주의 동물들

호주는 가장 오래된 대륙으로 꼽히는데, 오랫동안 고립되어 있었던 만큼 독특한 토종동물이 많다. 육식동물이 적어 조류가 특히 많은데, 세계에서 서식하는 800종 이상의 조류 중 절반 이상이 호주에서만 발견된다!

캥거루 Kangaroo

호주를 대표하는 동물이다. 두 다리로 통통 뛰어다니는 것이 특징. 레드 캥거루는 몸길이 1.5m, 꼬리길이 1m 정도로 크다. 캥거루와 비슷하지만 약간 작은 왈라비, 나무에서 생활하는 나무타기 캥거루 등 다양한 종이 있다.

코알라 Koala

캥거루와 함께 호주의 가장 대표적인 동물. 영장류가 아니면서 지문이 있는 유일한 동물이다. 유칼립투스 숲에서 서식하며, 그 나뭇잎만 먹는 특징 때문에 적절한 환경이 조성된 지역에만 살 수 있어 다른 나라에서는 보기 힘들다. 유칼립투스 숲이 줄어들고, 모피를 위해 난획되어 개체 수가 계속 줄어들고 있다.

가시두더지 Echidna

고슴도치처럼 몸이 가시로 덮여 있으며, 포유류이지만 파충류와 비슷하다. 알을 낳지만 배에 알주머니가 생겨 그 속에서 새끼를 키운다. 개미 등을 핥아 먹는다. 게임 '소닉'의 너클즈 캐릭터의 모티프.

오리너구리 Platypus

가시두더지와 함께 현생 포유류 중 가장 원시적인 동물로 입에는 부리가, 발에는 물갈퀴가 있다. 강가에 살며, 포유류이지만 알을 낳는다. 과학자들이 처음 오리너구리를 발견했을 때, 부리를 분리하려 했다.

딩고 Dingo

호주의 거의 유일한 육식동물. 3,500~4,000년 전 동남아시아에서 온 것으로 추정한다. 여러 가지 색이 있지만 황갈색이 가장 많다. 진돗개와 비슷하지만 공격적이어서, 딩고가 서식하는 지역에서는 어린아이 혼자만 두지 말라고 경고하기도 한다.

태즈메이니안 데빌 Tasmanian Devil

작은 반달곰처럼 생긴 호주의 육식동물 중 하나이다. 1936년 태즈메이니안 호랑이가 멸종한 후 세계에서 가장 큰 육식 유대류.

파충류

호주에는 다양한 파충류가 서식한다. 다른 대륙보다 독사가 많으며, 전 세계 바다거북 7종 중 6종이 호주에서 발견된다.

에뮤 Emu

키가 2m인 대형 조류로 날지 못한다. 호주 50센트 동전에도 등장하며 시속 50km로 달릴 수 있다.

포섬 Possum

호주에 사는 유대목 동물로 '주머니여우'라고 불린다. 배에 새끼를 넣을 수 있는 주머니가 있다.

쿠카부라 Kookaburra

사람이 웃는 독특한 울음소리를 가지고 있다. 시드니 올림픽의 마스코트 중 하나.

쿼카 Quokka

호주의 로트네스트 아일랜드에만 사는 동물로, 항상 웃는 얼굴 때문에 '세상에서 가장 행복한 동물'이라고 불린다.

코카투 Cockatoo

머리에 노란색 벼슬 모양의 깃털이 있는 앵무새이다. '큰 유황앵무'로 불린다.

고래상어 Whale Shark

세계적 멸종 위기종. 매년 4~7월 서호주의 닝갈루 리프에서 고래상어와 수영 가능.

다윈 악어

케언스 화식조, 오리너구리

엑스머스 고래상어

아웃백 이뮤, 낙타

몽키 미아 돌고래

허비 베이 고래

프레이저 아일랜드 딩고

로트네스트 아일랜드 쿼카

퍼스 고래

포트 링컨 백상어

캥거루 아일랜드 씨라이온

필립 아일랜드 미니 펭귄

전역 코알라, 캥거루, 왈라비, 거미, 고래, 앵무새, 뱀, 가시두더지

태즈메이니아 태즈메이니안 데빌, 웜뱃

Mission 3 Activity in Australia
호주를 더욱 짜릿하게! 호주의 액티비티

호주는 넓은 대륙만큼이나 즐길 수 있는 액티비티의 종류도 다양하다. 그중에서도 호주의 깨끗하고 광활한 자연을 그대로 느낄 수 있는 액티비티를 몇 가지 소개한다. 호주의 바다와 하늘을 누비다 보면 호주를 떠나고 싶지 않아질 수도~!

스카이다이빙 Skydiving

호주 전역에서 즐길 수 있는 액티비티. 케언스에서 멜버른까지 호주 동부 대부분의 지역과 퍼스 근교, 울룰루에서 가능하다. 다른 나라에 비해 가격도 저렴한 편이고 사막, 해변, 섬, 도시 등 선택지도 다양하다. 7,000ft부터 15,000ft까지 선택할 수 있으며 15,000ft를 선택할 경우 자유낙하 시간은 1분 이상으로, 하늘을 나는 듯한 기분을 제대로 느낄 수 있다.

스노클링 & 스쿠버다이빙 Snorkeling & Scubadiving

호주의 바다를 제대로 탐험하고 싶다면~ 호주에서는 그레이트 배리어 리프가 가장 유명하지만 그 외에도 많은 스노클링, 스쿠버다이빙 포인트가 있다. 잔잔한 앞바다에서 스노클링을 즐기거나 배를 타고 먼 바다로 나가서 스쿠버다이빙으로 깊은 바다를 여행하는 것도 좋다.

서핑 Surfing

서퍼의 천국이라는 뜻의 '서퍼스 파라다이스Surfers Paradise'라는 지명이 있을 정도로 서핑을 사랑하는 사람이 많은 호주. 잔잔한 파도는 서핑을 배우는 초보들에게, 집채보다 큰 파도는 짜릿함을 찾는 서퍼들에게 좋다. 파도가 있는 곳이면 어디서든 서핑을 즐기는 호주인을 쉽게 발견할 수 있다. 서호주, 퀸즐랜드, 빅토리아, 뉴사우스웨일스 주와 태즈메이니아의 서핑 포인트를 찾아가자.

야생동물과 함께하는 수영 Swiming with wild animals

호주 많은 지역에서 돌고래나 바다사자 등을 발견하는 것은 어렵지 않은 일이다. 그중에서도 특정 동물이 많이 서식하는 지역에서는 야생동물과 수영을 할 수 있는 액티비티가 있다. 퍼스 근교에서는 돌고래 수영, 서호주 엑스마우스에서는 고래상어 수영, 남호주에서는 백상아리 수영과 바다사자 수영이 가능하다.

열기구 Hot-air Balloon

해가 뜨기 직전의 대기가 잔잔한 시간, 열기구에 몸을 맡기고 하늘로 올라가 보자. 짙은 어둠이 천천히 걷히며 해가 뜨는 모습을 감상하다 보면 가슴속 깊은 곳에서 벅차오르는 감동을 느낄 수 있다. 스카이라인, 평원, 포도밭, 계곡 등 호주의 다양한 지역에서 열기구를 탈 수 있다.

Mission 4 Australian Food
전 세계의 모든 맛이 이곳에, 호주의 음식

호주는 이민자들이 만든 나라인 만큼 다양한 나라의 음식이 공존한다. 그만큼 어떤 음식을 먹어도 기본은 하는 편! 깨끗한 자연 환경에서 자란 신선한 재료로 만들었다는 게 가장 큰 장점이다. 호주만의 전통음식부터 호주라서 더 맛있는 퓨전음식 등 여러 가지 맛을 소개한다.

스테이크 Steak

호주에는 많은 수의 소를 방목해 키우므로 건강하고 맛있을 뿐 아니라 가격도 저렴한 편이다. 따라서 호주 청정우로 만든 스테이크는 호주에서 꼭 먹어야 할 음식. 펍에서 접할 수 있는 스테이크부터 고급 레스토랑의 코스요리까지 다양한 가격대를 선택할 수 있다.

미트 파이 Meat Pie

유럽, 특히 영국에서 온 이민자가 많다 보니 호주에도 영국 음식인 미트 파이를 파는 곳이 많다. 파이에 고기가 들어 있다는 게 어색할 수 있지만 일단 맛보면 생각이 달라질 것이다. 한 개에 A$5 정도의 저렴한 가격이므로 간단한 식사 대용으로도 좋다.

캥거루 고기 Kangaroo Meat

풀만 먹고 사는 캥거루의 특성상 고기에 지방이 거의 없어, 건강식으로 꼽힌다. 레스토랑에서 캥거루 스테이크를 선택할 수도 있지만, 호불호가 갈리기 때문에 우선 마트에서 양념된 캥거루 고기나 캥거루 소시지를 구입해서 먹어보는 걸 추천한다.

피시 앤 칩스 Fish and Chips

호주 음식이라고 할 수는 없지만 깨끗한 바다에서 잡힌 생선으로 만든 호주의 피시 앤 칩스는 단연 최고다. 맛없는 음식이라는 편견이 있을 수 있으나 갓 튀겨낸 피시 앤 칩스를 먹어보면 생각이 달라질 것. 특히 바라문디(대구)로 만든 피시 앤 칩스는 꼭 먹어보자.

해산물 요리 Seafood

호주의 청정 해안에서 잡힌 싱싱한 해산물 요리를 맛보자. 랍스터, 굴 등이 특히 유명하다.

수제버거 Burger

호주에서 꼭 먹어야 하는 음식. 고기가 워낙 맛있다 보니 버거도 맛있는 곳이 많다. 각 도시마다 손꼽히는 버거 가게가 있으니 한 끼는 꼭 버거로 먹자!

커피 Coffee

호주의 커피는 여행을 마치고 돌아오면 가장 생각나는 음식 중 하나이다. 스타벅스 82개 지점 중 20개만 살아남을 정도로 호주인들은 '커피부심'이 대단하다. 에스프레소에 미세한 입자의 스팀 밀크를 혼합해 만드는 플랫화이트Flat white의 원조! 프랜차이즈 커피숍보다 특색 있는 작은 카페들이 많으며 보통 아침 일찍 문을 열고 오후 일찍 닫는다. 아침을 따뜻한 커피와 함께 시작해 보자.

아시안 요리 Asian Food

각국의 이민자가 모인 나라인 만큼 호주 곳곳에는 차이나타운과 코리안타운이 있고, 아시안 요리도 다양하게 만날 수 있다. 호주 스타일이 가미되어 이곳에서만 먹을 수 있는 음식들이다.

베지마이트 Vegemite

호주에서만 맛볼 수 있는 잼. 초콜릿 같은 색깔이지만 여러 가지 채소를 섞어 만든 잼으로, 짭짤한 맛에서 된장 느낌이 나기도 한다. 호불호가 심한 편이나 호주에 왔다면 한 번쯤 도전해보자! 보통 식빵을 토스트해서 살짝 발라 먹는다.

래밍턴 Lamington, 파블로바 Pavlova 등 다양한 디저트

호주에서 만들어진 디저트에는 한 입 크기의 스폰지 케이크에 초콜릿 코팅을 하고, 그 위에 코코넛가루를 뿌린 레밍턴, 머랭을 구워 만든 파블로바 등이 있다. 특히 레밍턴에는 로드 레밍턴이라는 고위 관료의 하녀가 스펀지 케이크를 실수로 초콜릿에 빠뜨리며 탄생했다는 재미있는 뒷이야기도 있다. 그 외에도 빵이나 마카롱 등 다양한 디저트류도 맛있다.

Mission 5 Australian Beer
하루를 마무리하는 완벽한 방법! 호주의 맥주

호주에서는 각 지역마다 특색 있는 맥주가 많으며, 펍에서도 다양한 맥주를 맛볼 수 있는 샘플러 메뉴를 쉽게 찾아볼 수 있다. 같은 라거라도 한국보다 향이 강한 편이고, 에일이나 스타우트도 종류가 많다. 펍에서는 맥주 한 잔에 A$10 정도, 보틀 숍에서는 한 병에 A$4~5 정도로 판매한다. 스몰 브루어리에서 그곳만의 특별한 맥주를 즐기는 것도 좋고, 각 도시에서 유명한 브루어리를 방문하는 것도 즐거운 여행 방법이 될 것이다. 여기서는 펍에서 쉽게 볼 수 있는 지역별 대표 맥주를 만나보자!

❶ 브이비 VB

빅토리아 주에 호주 최대 양조장을 가지고 있는 포스터 그룹의 맥주. 4.6%의 라거로 톡 쏘는 맛이 강하다.

❷ 포엑스 XXXX

미국식 맑은 라거로 노란 라벨처럼 금빛을 띠고 있는 청량한 맥주. 브리즈번에서 브루어리 투어에 참여할 수도 있다(p.203).

❸ 쿠퍼스 Coopers

에일과 스타우트 종류를 많이 만드는 브랜드로, 홉의 향을 느낄 수 있는 페일 에일을 추천한다.

❹ 퓨어 블론드 Pure Blonde

하얀 라벨이 인상적인 저칼로리 맥주. 뒷맛이 깔끔해서 더 술술 넘어가는 맥주이다.

❺ 리틀 크리처스
Little Creatures

큐피드가 그려진 아기자기한 라벨이 눈에 띄는 맥주로, 한국에서도 유통되고 있다. 서호주의 프리맨틀에서 꼭 가야 하는 곳 중 하나가 바로 리틀 크리처 브루어리 (p.362).

❻ 캐스케이드
Cascade

태즈메이니아에서 생산되는 맥주로, 물이 깨끗한 지역인 만큼 맥주 맛도 깔끔하다. 라벨에는 지금은 멸종된 태즈메이니안 타이거, 혹은 아름다운 케스케이드 브루어리 건물이 그려져 있다(p.383).

❼ 제임스 보그
James Boag's

태즈메이니아에서 생산되는 맥주로, 캐스케이드와 마찬가지로 맛이 무척 깔끔한 편이다(p.386).

❽ 칼턴 Carlton

호주에서 가장 쉽게 만날 수 있는 맥주. 포스터 그룹의 맥주로, 멜버른 지역에서 생산된다. 가장 대중적인 맛의 맥주.

❾ 한 Hahn

시드니 지역의 맥주로, 라거를 주로 만드는 브랜드이다. 가볍고 깔끔한 맛이다.

Tip | 알고 마시면 더 맛있는 맥주 상식

라거 가장 흔하게 마시는 종류로 낮은 온도에서 발효시켜 효모가 밑으로 가라앉는다. 탄산이 강해 더운 날씨에 시원하게 들이킬 수 있는 맥주!

에일 높은 온도에서 발효시킨 종류로, 효모가 위로 떠오른다. 거품이 풍부하고 부드러우며, 다양한 향이 난다. 쌉싸름한 맛이 강해 맥주 자체의 맛을 즐기기에 적격!

Mission 6 Australian Wine
맛과 향을 찾아서, 호주의 와인 & 와이너리

세계 와인 산업은 크게 구세계와 신세계 와인으로 나뉜다. 오랜 역사를 자랑하는 유럽의 구세계 와인과 미국, 칠레 호주 등 유럽인이 이주하면서 와인을 생산하기 시작한 신세계 와인. 호주는 신세계 와인을 생산하는 곳 중 대표적인 곳으로 꼽힌다. 유럽에 비하면 와인 역사는 얼마 되지 않았지만, 특유의 깨끗한 자연환경에서 자란 포도와 진보적인 기법 덕분에 강렬하고 짙은 풍미를 자랑한다. 호주 전역에는 60곳의 와인 산지와 2,000여 곳의 와이너리가 있으며 모든 종류의 와인을 만든다. 호주의 대표적인 와인 산지와 와이너리를 알아보자.

남호주 : 바로사 밸리 Barossa Valley

호주 와인의 절반 이상이 생산되는 곳으로 애들레이드에서 차량으로 동북쪽 1시간 거리에 있다. 150개의 와이너리가 있으며 펜폴즈Penfolds, 울프 블라스Wolf Blass, 제이콥스 크릭Jacob's Creek 등 한국에서도 유명한 와인이 이 지역에서 생산된다. 특히 울프 블라스 와이너리는 박물관 수준의 규모와 전시품을 자랑해서 와인 시음뿐 아니라 호주 와인의 역사도 배울 수 있어 와이너리 투어에서 빠지지 않는 곳이다. 호주 와인을 대표하는 쉬라즈, 까베르네 쇼비뇽 등 레드 품종과 리즐링, 세미뇽 등의 화이트 품종을 많이 재배한다(p.285).

서호주 : 마가렛 리버 Margaret River, 스완 밸리 Swan Valley

퍼스에서 차량으로 남쪽 3시간 거리에 있는 마가렛 리버는 프리미엄 와인과 음식으로 잘 알려져 있다. 호주에서 유일하게 인도양과 맞닿아 있는 곳으로, 토양과 독특한 지중해식 기후가 프랑스 보르도와 닮아 이곳의 주품종인 카베르네 쇼비뇽, 멜롯, 세미뇽, 쇼비뇽 블랑 등을 기르게 되었다. 호주 와인의 3% 이하를 생산하지만 프리미엄 와인 생산량은 20% 이상. 유명 와이너리로는 호주 최고의 화이트 와인으로 꼽히는 르윈 에스테이트Leeuwin Estate, 호주 최대 지하와인 저장고로 유명한 보이저 에스테이트Voyager Estate가 있다.

스완 밸리는 퍼스에서 북쪽으로 차량 40분 거리에 있다. 겨울철에 비가 집중되는 건조한 날씨 덕분에 소비뇽, 쉬라즈 등 레드와인이 대표적이다. 스완강을 따라 와인 테이스팅을 하면서 크루즈를 즐기는 와인 크루즈로 여행할 수도 있다(p.356).

Tip | 와이너리를 120% 즐기는 법

각 지역에서 열리는 와인 축제에서는 다양한 음식과 와인을 한 자리에서 맛볼 수 있으니 여행 전 어떤 축제가 있는지 미리 확인하고 가는 게 좋다. 와이너리에 따라 테이스팅은 무료이거나 A$5 정도의 비용을 받는다.

와이너리가 있는 대부분의 지역은 대중교통을 이동할 수 없으므로 렌터카나 투어를 이용해야 한다. 하지만 렌터카로 가는 경우, 운전자는 술을 마실 수 없는 만큼 각 도시에서 출발하는 와이너리 일일 투어에 참여하는 편이 편리하다.

빅토리아 : 야라 밸리 Yarra Valley

멜버른에서 차량으로 1시간 이내의 거리로 와인 산지이자 주말 휴양지로 인기 있는 곳. 빅토리아 주의 가장 오래된 와인 지역으로 서늘한 기후를 특징으로 하며 샤도네이, 피노누아 품종이 유명하다. 야라 밸리에서도 가장 오래된 와이너리인 예링 스테이션Yering Station과 도메인 샹동Domaine Chandon은 꼭 방문해야 할 와이너리로 꼽힌다. 도메인 샹동은 세계적 주류회사 모엣 헤네시 그룹의 와이너리 중 하나로 흔히 찾아보기 어려운 로제 스파클링 와인을 생산하며, 다양한 시음 및 식사를 제공한다(p.167).

뉴사우스웨일스 : 헌터 밸리 Hunter Valley, 머지 Mudgee

헌터 밸리는 호주의 가장 오래된 와인 생산지로, 시드니에서 북쪽으로 차량 2시간을 달리면 닿을 수 있다. 규모가 큰 와이너리보다는 아기자기한 부티크 와이너리가 많은 편이다. 호주에서 두 번째로 많은 와인을 생산하는 머지는 새롭게 떠오르는 곳으로 시드니에서 차량으로 북서쪽 4시간 거리의 내륙에 위치하고 있다. 헌터 밸리보다 고도가 높고 따뜻해서 독특한 풍미를 자랑하는 와인을 만들어낸다(p.112).

Mission 7 Shopping in Australia
호주에서 꼭 사와야 하는 쇼핑 리스트

여행자들이 호주에서 가장 많이 구입하는 아이템은 호주의 깨끗한 자연에서 만들어진 영양제와 기초 화장품 등이다. 성분도 믿을 만한데 가격도 한국에서 사는 것의 반 가격이니 안 사오는 게 오히려 손해다. 그 외에 실용적이면서도 가격도 저렴한 선물용 아이템들도 놓치지 말자!

영양제

비타민, 프로폴리스, 폴리코사놀, 피시 오일, 달맞이꽃 등 다양한 영양제를 한국의 거의 반 가격으로 구입할 수 있다. 한국의 '올리브영' 같은 프라이스라인 Priceline, 케미스트웨어하우스Chemist Warehouse 등의 드러그스토어가 시내에 많으니 꼭 한 번 방문해보자. 대표적인 영양제 브랜드로는 스위스Swisse, 블랙모어스 Blackmores 등이 있다.

스미글 Smiggle

강남 필통, 강남 책가방으로 알려진 스미글! 초등학생들의 눈높이에 맞는 화려한 색깔, 예쁜 디자인으로 인기를 끌기 시작했다. 다양한 문구류를 팔며, 필통은 하드톱 재질로 튼튼하고 가방은 정말 가볍다. 초등학교 입학 선물로 특히 추천한다.

티투 T2

호주의 차Tea 브랜드로 호주 전 지역에서 만날 수 있다. 엄청나게 많은 종류의 블렌드 티를 판매하고 있으며 매장에서 시음해 볼 수도 있다. 차를 좋아하는 사람이라면 혹할 만한 알록달록한 티웨어가 많아서 구경하는 것만으로 시간이 훌쩍 간다. 다양한 가격대의 차가 예쁜 박스로 포장되어 있어서 선물용으로도 좋다.

꿀

호주 청정 지역에서 채취한 꿀은 100% 자연산에다가 가격도 저렴하다. 특히 뉴질랜드에서만 생산되는 것으로 알려진 마누카는 사실 호주 자생종으로 호주산 마누카꿀도 구매가 가능하다. 위장 건강에 도움이 되는 것으로 유명한데, 항균 효과가 얼마나 높은지에 따라 지수가 높아지며, 지수가 높을수록 가격도 높아진다. 유명한 브랜드로는 콤비타Comvita와 마누카 헬스 Manuka Health 등이 있다.

포포크림 Pawpaw Cream

호주인이라면 하나씩은 다 가지고 있는 '호주 국민연고' 포포크림. 파파야 열매에서 추출한 성분이 포함되어 있어 건조한 피부, 갈라진 입술에 특히 많이 사용하며 발진이나 상처난 부위에 바르기도 한다. 여러 브랜드가 있지만 원조는 빨간색의 루카스Lucas 포포크림. 한 개에 A$6~7 정도로 선물용으로 구입하기도 좋다.

선크림

호주는 자외선이 강해서 전 세계에서 피부암 발병률 1위인 나라로, 초등학교 때부터 모자가 없으면 야외 활동을 금지할 정도로 자외선 차단 교육에 힘쓴다. 호주 정부에서 암 협회와 함께 만든 캔서 카운실Cancer Council은 그래서 더 믿음이 가는 브랜드. 백화점이나 마트, 약국에서 쉽게 볼 수 있고 크림, 로션, 스프레이, 롤 타입 등 다양한 형태로 판매한다. 가격도 A$10~20이라 호주에서 구입해서 바로 사용하기에도 좋다.

양 태반 크림

인체와 가장 유사해 거부 반응이 없고 흡수가 빠른 양 태반 크림! 특유의 보습효과로 어머님들의 쇼핑 리스트 및 선물로 꼭 꼽힌다. 성분에 따라 가격이 다르지만, 저렴한 제품은 약국에서 A$10 아래로 구매할 수도 있다.

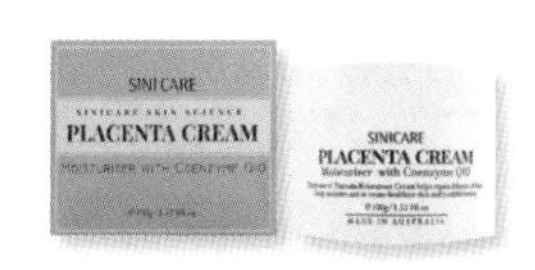

캄포 도마 Camphor Cutting board

항균 작용이 뛰어난 것으로 캄포 도마. 주말마켓에 가면 수공예 도마를 저렴한 가격에 구입할 수 있다. 백화점 등에서 구입하지 않고, 각 지역의 공장에 방문해서 구입하면 한국의 반값!

어그 부츠

드라마 〈미안하다 사랑한다〉에 나와서 한국에 알려지기 시작한 양털부츠! 그 시작이 바로 호주이다. 서핑 후 보온을 위해 신기 시작한 신발로 다양한 브랜드가 있는데, 사실 가장 유명한 UGG 브랜드는 현재는 미국 브랜드이다. 하지만 호주에서 여전히 한국보다 저렴하게 구입할 수 있다. 디자인, 양털의 재질 등에 따라 가격이 모두 다르니 잘 살펴보고 구입하자.

판도라 Pandora

다양한 참을 추가해서 나만의 팔찌를 만들 수 있는 액세서리 브랜드인 판도라는 전 세계에서 호주가 가장 저렴한 것으로 유명하다. 다양한 리미티드 에디션을 판매하고 있고 크리스마스 시즌 등에는 2+1 또는 특별 선물을 제공하기도 하니 방문 전 어떤 이벤트가 있는지 미리 확인하자.

팀탐 Timtam

'악마의 과자'로 불리는 과자. 비스킷 사이에 초콜릿 크림을 넣고 초콜릿으로 다시 한 번 코팅한 것으로, 한번 먹기 시작하면 끝을 보게 된다고 유명하다. 한국에서 유통되는 팀탐은 호주에서 생산된 제품이 아니라 맛이 조금 다르고, 호주에서만 파는 카라멜, 민트, 헤이즐넛 등 다양한 맛이 있어서 선물용으로 구입하기도 좋다.

2

✖

Enjoy Australia

호주를 즐기는 가장 완벽한 방법

호주의 랜드 마크 시드니

SYDNEY

01

호주 하면 가장 먼저 떠올리게 되는 도시. 오페라 하우스와 하버 브리지가 있는 곳. 시드니는 이탈리아의 나폴리, 브라질의 리우데자네이루와 함께 세계 3대 미항 도시로 손꼽힌다.
호주에서 가장 큰 도시인 시드니는 대도시이지만 아름다운 자연이 잘 어우러져 있다. 오페라 하우스와 하버 브리지가 한 폭의 그림 같은 풍경을 자랑하는 아름다운 항구 서큘러 키Circular Quay, 로맨틱한 분위기의 노천카페와 레스토랑이 있는 달링 하버Darling Harbour, 5성급 호텔 크라운의 오픈으로 새로운 명소로 떠오르고 있는 바랑가루Barangaroo, 색색깔의 꽃이 만개하는 시드니 로열 보타닉 가든Sydney Royal Botanic Gardens, 도심 속 쉼터가 되어주는 하이드 공원Hyde Park, 아름다운 시드니의 전망을 감상할 수 있는 시드니 타워 전망대 등 볼거리가 다양하다.
또한 야생 돌고래 크루즈, 사막에서의 모래 썰매, 코알라 보호구역에서 코알라들과 함께 아침 맞이하기, 세상에서 가장 가파른 궤도열차 등 시드니의 근교에서의 또 다른 즐거움이 기다리고 있다.

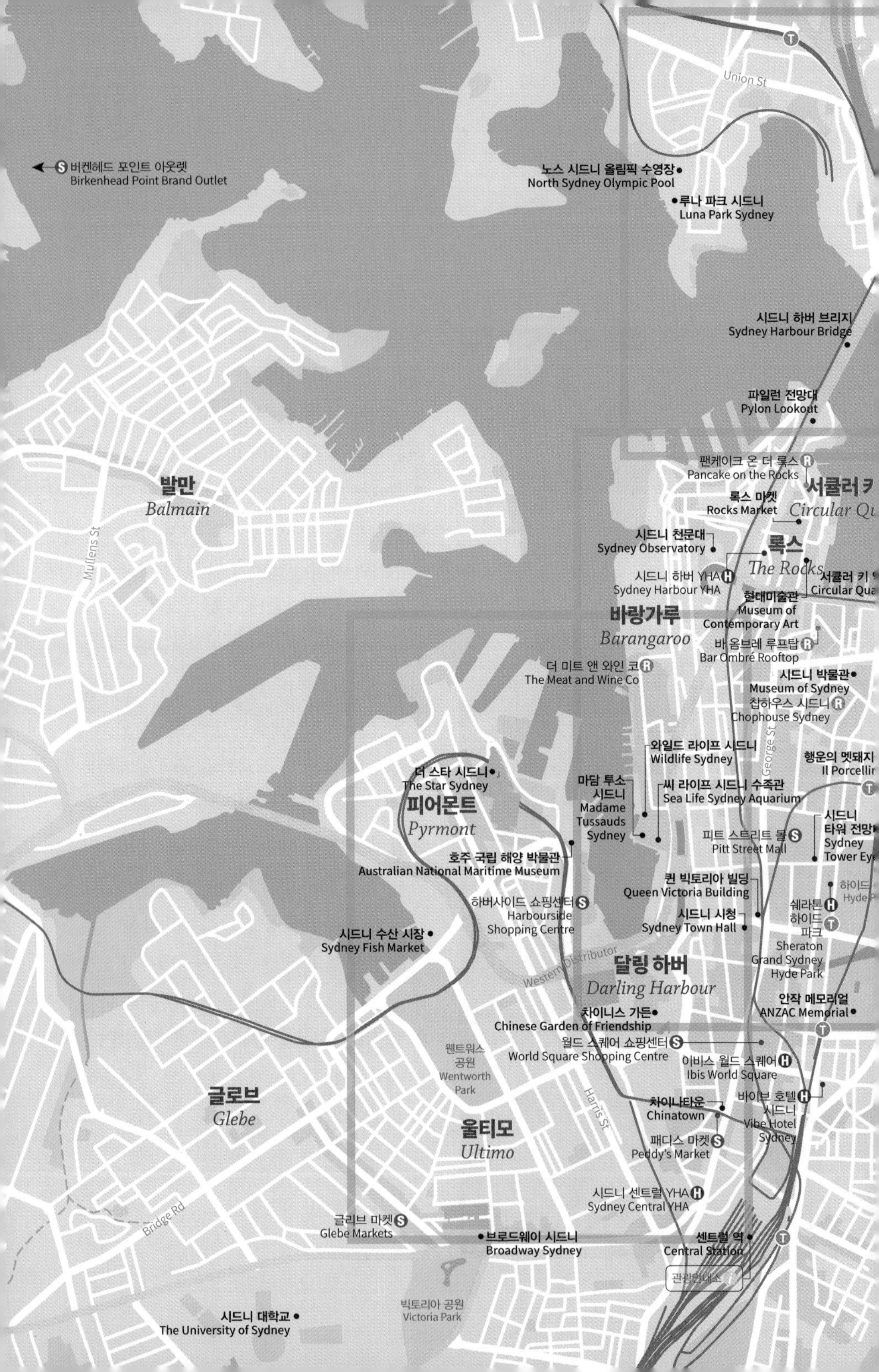

버켄헤드 포인트 아웃렛
Birkenhead Point Brand Outlet
노스 시드니 올림픽 수영장
North Sydney Olympic Pool
루나 파크 시드니
Luna Park Sydney
Union St
시드니 하버 브리지
Sydney Harbour Bridge
파일런 전망대
Pylon Lookout
팬케이크 온 더 록스
Pancake on the Rocks
록스 마켓
Rocks Market
발만
Balmain
Mullens St
시드니 천문대
Sydney Observatory
록스
The Rocks
시드니 하버 YHA
Sydney Harbour YHA
현대미술관
Museum of Contemporary Art
바랑가루
Barangaroo
바 옴브레 루프탑
Bar Ombré Rooftop
더 미트 앤 와인 코
The Meat and Wine Co
시드니 박물관
Museum of Sydney
찹하우스 시드니
Chophouse Sydney
George St
와일드 라이프 시드니
Wildlife Sydney
더 스타 시드니
The Star Sydney
피어몬트
Pyrmont
마담 투소 시드니
Madame Tussauds Sydney
씨 라이프 시드니 수족관
Sea Life Sydney Aquarium
피트 스트리트 몰
Pitt Street Mall
호주 국립 해양 박물관
Australian National Maritime Museum
퀸 빅토리아 빌딩
Queen Victoria Building
하버사이드 쇼핑센터
Harbourside Shopping Centre
시드니 시청
Sydney Town Hall
시드니 수산 시장
Sydney Fish Market
쉐라톤 하이드 파크
Sheraton Grand Sydney Hyde Park
Western Distributor
달링 하버
Darling Harbour
안작 메모리얼
ANZAC Memorial
차이니스 가든
Chinese Garden of Friendship
월드 스퀘어 쇼핑센터
World Square Shopping Centre
웬트워스 공원
Wentworth Park
이비스 월드 스퀘어
Ibis World Square
글로브
Glebe
Harris St
차이나타운
Chinatown
바이브 호텔 시드니
Vibe Hotel Sydney
울티모
Ultimo
패디스 마켓
Peddy's Market
시드니 센트럴 YHA
Sydney Central YHA
Bridge Rd
글리브 마켓
Glebe Markets
브로드웨이 시드니
Broadway Sydney
센트럴 역
Central Station
관광안내소
빅토리아 공원
Victoria Park
시드니 대학교
The University of Sydney

시드니 전도

쿠라바 포인트
Kurraba Point

크리몬느 포인트
Cremorne Point

타롱가 동물원
Taronga Zoo

시드니 하버 국립공원
Sydney Harbour National Park

키리빌리
Kirribilli

브레들리 헤드 등대
Bradleys Head Lighthouse

시드니 오페라 하우스
Sydney Opera House

미세스 맥쿼리 포인트
Mrs. Mcquaries Point

클라크 아일랜드
Clark Island

시드니 로얄 보타닉 가든
Sydney Royal Botanic Gardens

포츠 포인트
Potts Point

엘리자베스 베이
Elizabeth Bay

달링 포인트
Darling Point

뉴사우스웨일스 미술관
Art Gallery of New South Wales

러쉬카더스 베이
Rushcutters Bay

울루물루
Woolloomooloo

킹스 크로스
Kings Cross

세인트 메리 대성당
St Mary's Cathedral

호주 박물관
Australian Museum

더블 베이
Double Bay

William St

예지클리프
Edgecliff

패딩턴
Paddington

트럼퍼 공원
Trumper Park

N

서리 힐스
Surry Hills

Oxford St

패딩턴 마켓
Paddington Market

시드니 드나들기

✣ 시드니로 이동하기

항공

• 국제선

인천 국제공항에서 출발하는 직항편이 매일 운행한다. 대한항공, 아시아나항공, 콴타스항공, 젯스타, 티웨이가 있으며, 저녁 시간대에 출발해 다음 날 아침에 도착한다. 직항으로 대략 10시간 30분 정도 소요된다.

도시	소요 시간	항공사	요금
인천 ↔ 시드니	약 10시간 30분	대한항공(KE)	A$850~
		아시아나항공(OZ)	A$700~
		콴타스항공(QF)	$A650~
		젯스타(JQ)	A$450~
		티웨이(TW)	A$400~

Tip | 비행기 예매 시

항공권 금액 조회 시 호주–한국 국제선은 스카이스캐너, 호주 내 국내선은 웹젯(홈페이지)를 추천한다. 다양한 직항 및 경유 편을 금액대별로 비교하기 좋다. 또한 각 항공사마다 제공하는 수하물 무게가 다르니 사전에 꼭 확인하자.

홈피 **웹젯(호주 국내선 조회 사이트)** www.webjet.com.au

• 국내선

호주 내 다른 도시에서 콴타스항공(QF), 버진오스트레일리아(VA), 젯스타(JQ), 리즈널익스프레스(ZL) 등의 국내선으로 이동할 수 있다.

홈피 **시드니 공항** www.sydneyairport.com.au
대한항공 www.koreanair.com **아시아나항공** www.flyasiana.com
콴타스항공 www.qantas.com **젯스타** www.jetstar.com.au
티웨이 www.twayair.com
버진오스트레일리아 www.virginaustralia.com

버스

그레이하운드, 프리미어, 파이어플라이 등 장거리 버스를 타고 다른 도시에서 시드니로 도착하거나 시드니에서 다른 도시로 이동하는 경우, 시드니 센트럴 역에서 버스를 이용하게 된다. 항공보다 이동 시간은 오래 걸리지만 여행 기간과 여행 지역에 따라 무제한 버스 패스를 활용하여 저렴하게 여행할 수 있다.

홈피 **그레이하운드** www.greyhound.com.au
프리미어 www.premierms.com.au
파이어플라이 www.fireflyexpress.com.au

기차

호주 여러 지역과 시드니 사이에 기차가 운행되므로 기차 여행도 가능하다. 구간별 금액과 시간표는 뉴사우스웨일스 주의 교통 사이트에서 확인 가능하다.

홈피 www.transportnsw.info

✥ 공항에서 시내로 이동하기

기차

가장 빠르고 저렴한 방법이다. 시드니 공항 역에서 시내 센트럴 역까지는 기차로 단 네 정거장이다.

요금 A$20.28(약 15분 소요) **홈피** www.transportnsw.info

셔틀버스

동시간대 예약한 인원을 공항에서 한 차량으로 픽업해 숙소 앞에 내려준다. 숙소의 위치와 탑승 인원에 따라 시간이 좀 더 소요될 수 있다. 셔틀버스 업체에 미리 신청할 경우, 단독 트랜스퍼도 이용 가능하다.

요금 A$29(약 25~30분 소요) **홈피** www.con-x-ion.com

택시

인원이 2~3명이라면 추천. 인원이 많은 경우에는 봉고차 크기의 Maxi 택시를 이용해야 한다. 주말이나 심야 시간에는 추가 요금이 발생한다. 홈페이지에서 시간대에 따라 예상되는 택시 요금을 확인할 수 있다.

요금 A$25~65(약 25분 소요) **홈피** www.taxifare.com.au

우버 또는 디디

공항에서 짐을 찾고 나오면 쉽게 우버 또는 디디의 픽업 장소를 찾을 수 있고 택시보다 저렴해 최근 많은 방문객들이 이용하고 있다. 우버 또는 디디 애플리케이션을 다운로드해 예약된 숙소 주소 기입 후 금액을 확인하고 이용하면 된다. **요금** A$35~45(약 20~30분 소요)

Tip | 오팔 카드

기차, 버스, 페리 등 시드니 대중교통 이용을 위해서는 시드니의 교통카드인 오팔 카드Opal Card가 필요하다. 별도 카드구입비 없이 기차역 등에서 구매할 수 있으며 다인승 결제는 불가하다. 비접촉 결제가 가능한 Visa 또는 Mastercard나 애플페이, 삼성페이로도 탑승 가능하니 참고할 것!

✥ 시내에서 이동하기

시드니 시내에서는 거리에 따라 버스, 기차, 트램, 페리로 이동한다. 시드니 대중교통 애플리케이션 '트립뷰TripView'에서 버스, 기차, 트램, 페리의 정류장과 시간표를 확인할 수 있으니 미리 다운받는 것을 추천한다.

홈피 www.transportnsw.info/apps/tripview

시드니 트레인

시드니 시내 중심을 한 바퀴 도는 노선(시티 서클)이 포함되어 있으며 Inner West & Leppington Line(하늘색), Bankstown Line(빨간색), Airport & South Line(초록색)으로 나뉜다. 센트럴 역부터 시청, 서큘러 키, 하이드 공원 등 주요 명소에 모두 들린다.

홈피 transportnsw.info/sydney-trains-network-map
transportnsw.info/routes/details/sydney-trains/t2/020T2

T1 North Shore & Western
T2 Inner West & Leppington
T3 Bankstown
T4 Eastern Suburbs & Illawarra
T5 Cumberland
T6 Eastern Suburbs & Illawarra
T7 Olympic Park
T8 Airport & South
T9 Northern Gordon

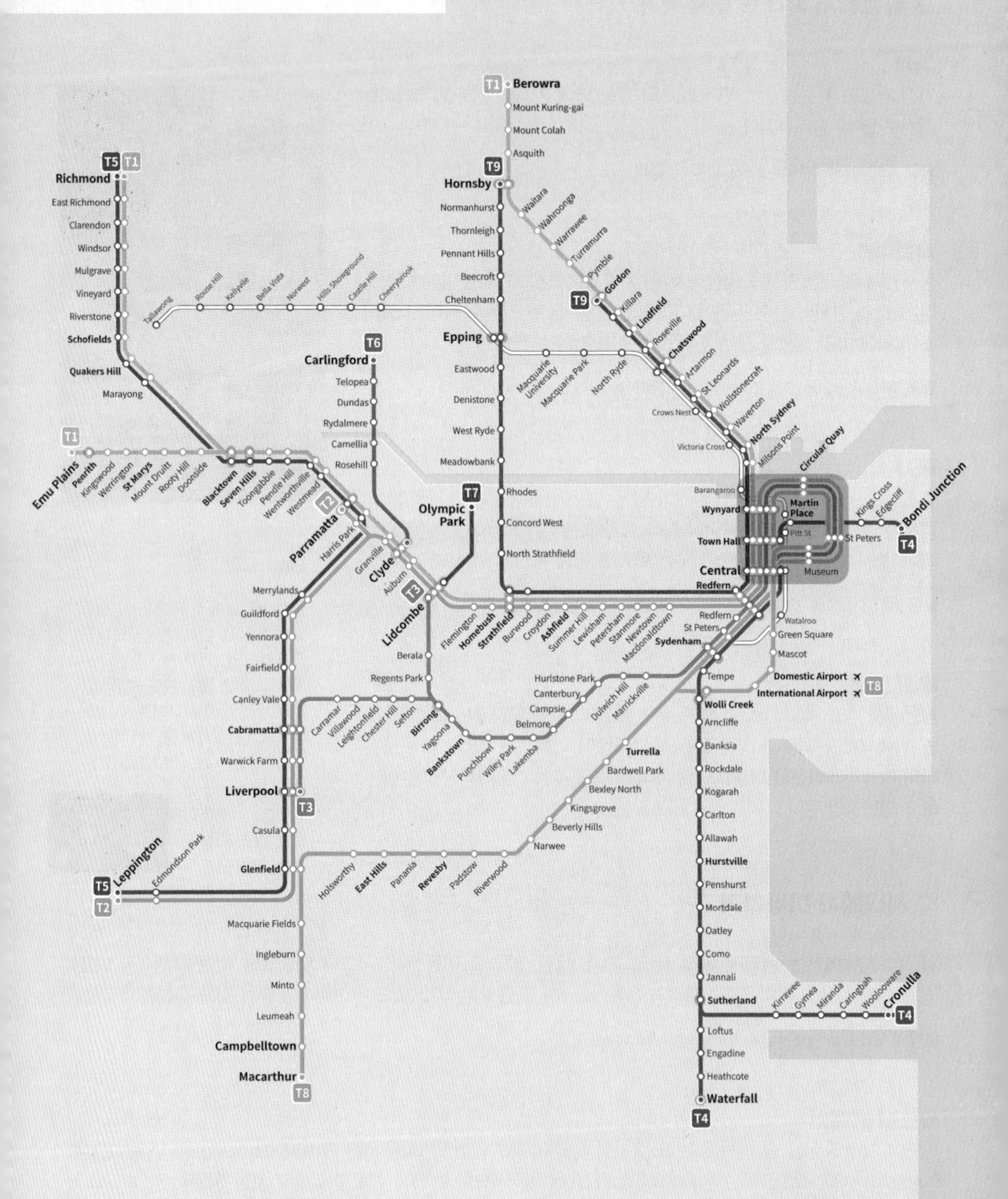
T1 Berowra
Mount Kuring-gai
Mount Colah
Asquith
T9 Hornsby
Waitara
Wahroonga
Warrawee
Turramurra
Pymble
T9 Gordon
Killara
Lindfield
Roseville
Chatswood
Artarmon
St Leonards
Wollstonecraft
Crows Nest
Waverton
North Sydney
Victoria Cross
Milsons Point
Circular Quay
Barangaroo
Wynyard
Martin Place
Town Hall
Pitt St
Kings Cross
Edgecliff
Bondi Junction
T4
St Peters
Museum
Central
Redfern
Normanhurst
Thornleigh
Pennant Hills
Beecroft
Cheltenham
Epping
Eastwood
Denistone
West Ryde
Meadowbank
Rhodes
Concord West
North Strathfield
Macquarie University
Macquarie Park
North Ryde
T5 T1 Richmond
East Richmond
Clarendon
Windsor
Mulgrave
Vineyard
Riverstone
Schofields
Quakers Hill
Marayong
Tallawong
Rouse Hill
Kellyville
Bella Vista
Norwest
Hills Showground
Castle Hill
Cherrybrook
T6 Carlingford
Telopea
Dundas
Rydalmere
Camellia
Rosehill
T1 Emu Plains
Penrith
Kingswood
Werrington
St Marys
Mount Druitt
Rooty Hill
Doonside
Blacktown
Seven Hills
Toongabbie
Pendle Hill
Wentworthville
Westmead
T2 Parramatta
Harris Park
Granville
Clyde
Auburn
T3 Lidcombe
T7 Olympic Park
Flemington
Homebush
Strathfield
Burwood
Croydon
Ashfield
Summer Hill
Lewisham
Petersham
Stanmore
Newtown
Macdonaldtown
Redfern
St Peters
Sydenham
Watalroo
Green Square
Mascot
Domestic Airport
International Airport
T8
Tempe
Wolli Creek
Arncliffe
Banksia
Rockdale
Kogarah
Carlton
Allawah
Hurstville
Penshurst
Mortdale
Oatley
Como
Jannali
Sutherland
Kirrawee
Gymea
Miranda
Caringbah
Woolooware
Cronulla
T4
Loftus
Engadine
Heathcote
Waterfall
T4
Merrylands
Guildford
Yennora
Fairfield
Canley Vale
Cabramatta
Warwick Farm
Liverpool
T3
Casula
Glenfield
T5 Leppington
T2
Edmondson Park
Berala
Regents Park
Carramar
Villawood
Leightonfield
Chester Hill
Sefton
Birrong
Yagoona
Bankstown
Punchbowl
Wiley Park
Lakemba
Belmore
Campsie
Canterbury
Hurlstone Park
Dulwich Hill
Marrickville
Turrella
Bardwell Park
Bexley North
Kingsgrove
Beverly Hills
Narwee
Riverwood
Padstow
Revesby
Panania
East Hills
Holsworthy
Macquarie Fields
Ingleburn
Minto
Leumeah
Campbelltown
Macarthur
T8

시드니 트레인 노선도

시드니 라이트레일(트램)

서큘러 키, 퀸 빅토리아 빌딩, 타운 홀, 센트럴 역, 차이나타운, 패디스 마켓, 컨벤션 센터, 카지노, 수산시장 등을 연결한다. 2019년 노선 연장 공사 완공으로 기존 노선보다 더 다양한 곳을 방문할 수 있다. 트레인은 기차역에서, 라이트레일은 도로의 라이트레일 정류장에서 타면 된다. 라이트레일 정류장은 버스정류장과 비슷하며 'Lightrail'이라고 표시되어 있다.

홈피 transportnsw.info/sydney-lightrail-network-map

페리

서큘러 키 역에서 타롱가 동물원, 왓슨스 베이, 맨리 비치로 가는 가장 빠른 노선이다. 일반 대중교통 페리보다 빠른 My Fast Ferry, 더 다양한 노선을 운행하는 Captain Cook Ferry 등도 있으니 이동하는 루트에 맞게 선택하자. My Fast Ferry와 Captain Cook Ferry도 오팔 카드로 교통비 결제가 가능하다.

홈피 transportnsw.info/sydney-ferries-network-map

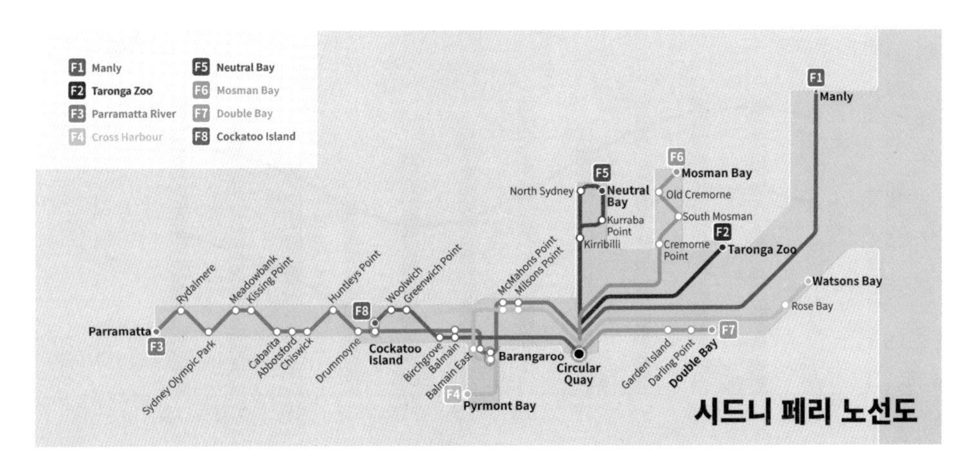

버스

버스는 시내와 근교까지 이어지는 다양한 노선이 있다. 특히 여행자들이 많이 이용하는 333번 버스는 서큘러 키에서 출발해 시내를 지나 근교의 본다이 비치까지 이어지는 노선으로 시드니 트레인보다 간편하고 빠르게 이동할 수 있다.

홈피 transportnsw.info

✲ 평균 기온과 옷차림

한국과 계절이 반대로 사계절 대부분이 화창하고 야외 활동을 하기에 적합하다. 여름철에는 햇볕이 뜨겁고 강하니 자외선 차단제와 모자, 선글라스를 필수로 준비해야 한다. 겨울철에는 한국만큼 기온이 낮게 떨어지지는 않으나 일교차가 심한 경우가 있어 경량 패딩 등 겹쳐 입기 좋은 겉옷을 여러 벌 준비하는 것이 좋다.

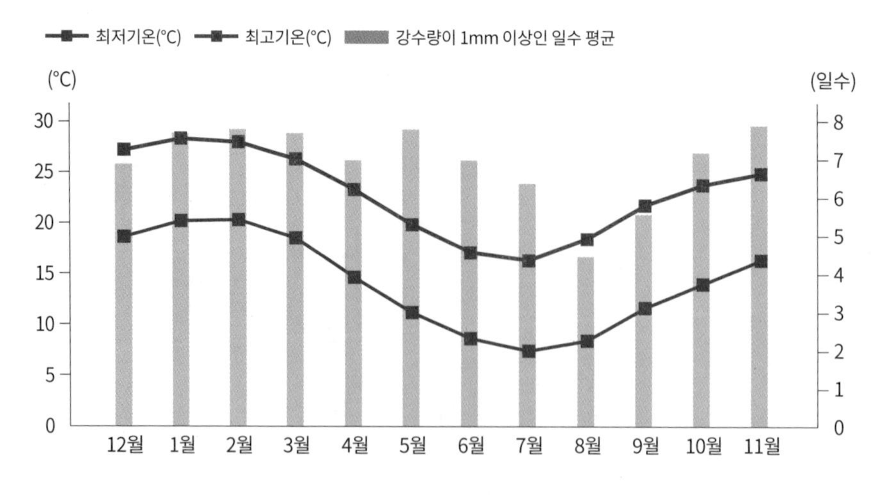

시드니 추천 코스

시드니의 시청에서부터 달링 하버, 차이나타운, 서큘러 키, 록스, 바랑가루는 도보로 충분히 이동할 수 있다. 걷다가 힘들면 중간중간 버스나 기차를 타자. 탁 트인 항구 옆 아름다운 스카이라인을 자랑하는 고층 빌딩 숲과 이민 역사가 담긴 오래된 건축물, 향긋한 내음 가득한 정원으로의 도보 여행을 떠나보자!

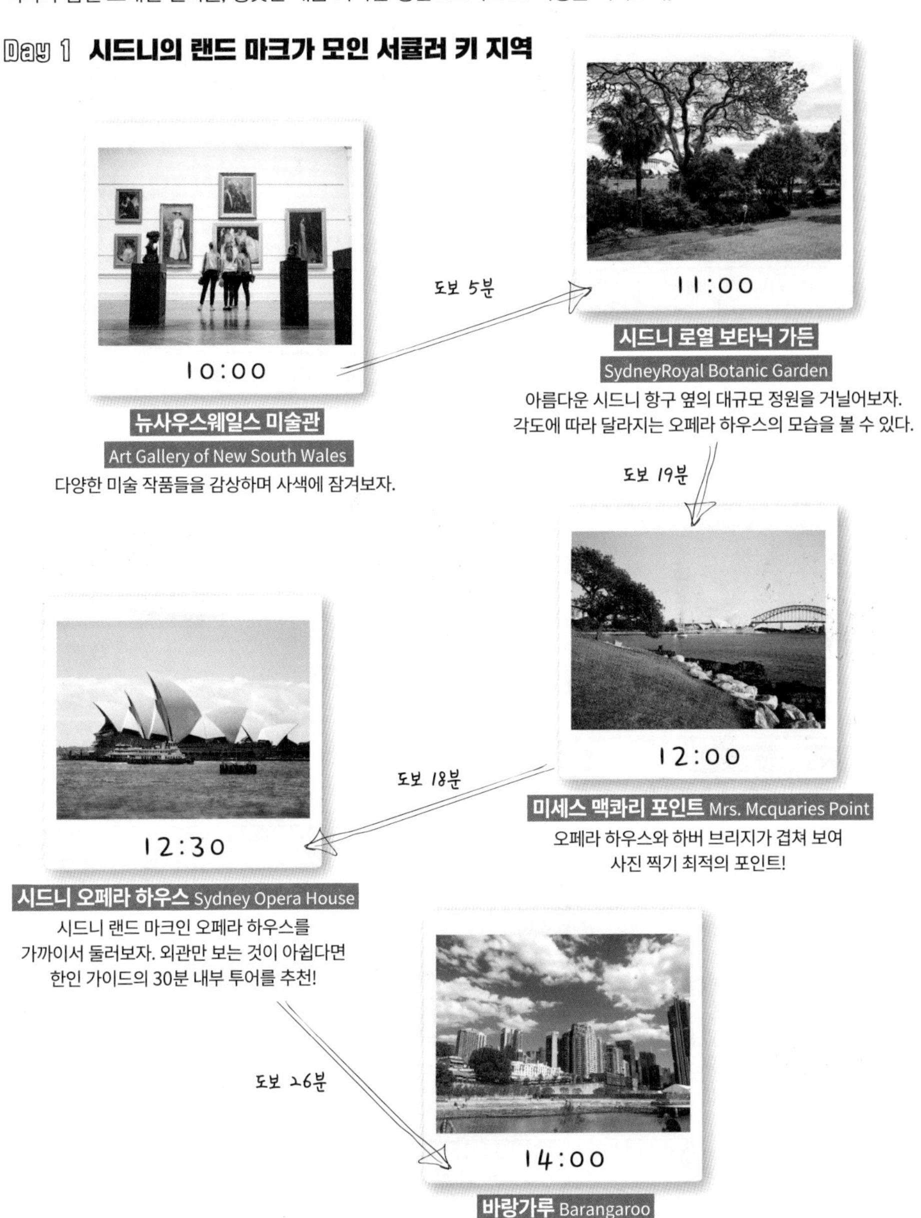

Day 2 시드니 시내 중심 돌아보기

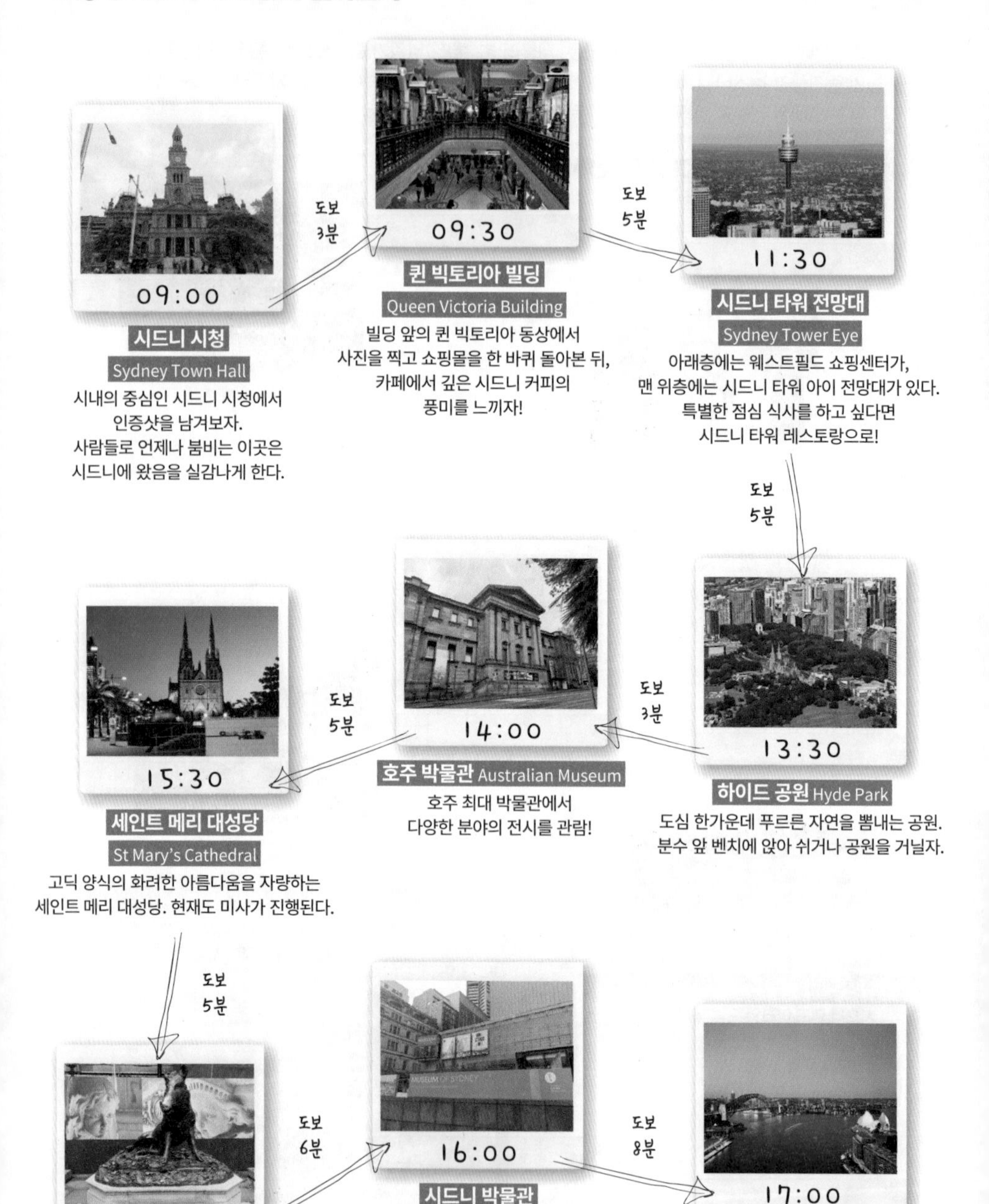

09:00
시드니 시청 Sydney Town Hall
시내의 중심인 시드니 시청에서 인증샷을 남겨보자. 사람들로 언제나 붐비는 이곳은 시드니에 왔음을 실감나게 한다.

도보 3분

09:30
퀸 빅토리아 빌딩 Queen Victoria Building
빌딩 앞의 퀸 빅토리아 동상에서 사진을 찍고 쇼핑몰을 한 바퀴 돌아본 뒤, 카페에서 깊은 시드니 커피의 풍미를 느끼자!

도보 5분

11:30
시드니 타워 전망대 Sydney Tower Eye
아래층에는 웨스트필드 쇼핑센터가, 맨 위층에는 시드니 타워 아이 전망대가 있다. 특별한 점심 식사를 하고 싶다면 시드니 타워 레스토랑으로!

도보 5분

13:30
하이드 공원 Hyde Park
도심 한가운데 푸르른 자연을 뽐내는 공원. 분수 앞 벤치에 앉아 쉬거나 공원을 거닐자.

도보 3분

14:00
호주 박물관 Australian Museum
호주 최대 박물관에서 다양한 분야의 전시를 관람!

도보 5분

15:30
세인트 메리 대성당 St Mary's Cathedral
고딕 양식의 화려한 아름다움을 자랑하는 세인트 메리 대성당. 현재도 미사가 진행된다.

도보 5분

15:50
행운의 멧돼지 상 Il Porcellino
행운을 주는 멧돼지의 코 만지기~

도보 6분

16:00
시드니 박물관 Museum of Sydney
시드니 개척시대와 현대의 예술을 볼 수 있는 곳.

도보 8분

17:00
오페라 바 Opera Bar
오페라 하우스와 하버 브리지를 배경으로 하루 여행을 마무리!

Day 3 시드니의 낭만이 머무는 록스 지역

10:00

현대미술관 Museum of Contemporary Art

현대미술품 관람 후 오페라 하우스와 하버 브리지가 보이는 미술관 내 카페에서 모닝커피 한잔!

도보 3분

11:30

록스 마켓 Rocks Market

금~일요일에만 열리는 록스 마켓을 둘러보거나 이민 역사가 긴 록스 지역을 둘러보자.

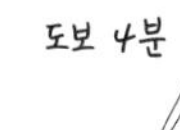

도보 4분

13:30

시드니 하버 브리지

Sydney Harbour Bridge

오페라 하우스와 함께 시드니의 랜드 마크인 하버 브리지에 직접 올라보자!

하버 브리지 위

15:30

파일런 전망대 Pylon Lookout

하버 브리지에 있는 전망대에서 시드니 타워와는 또 다른 느낌의 전망을~

도보 11분

17:00

시드니 천문대 Sydney Observatory

별 관측 역사를 알아보고 다양한 망원경 전시 보기! 야경 감상도 필수!

Day 4 어트랙션이 가득한 달링 하버로!

10:00

씨 라이프 시드니 수족관 Sea Life Sydney Aquarium

주변 어트랙션을 2곳 이상 방문하면 콤보로
저렴하게 입장권 구매가 가능하다. 특별한 경험을 원한다면
와일드라이프 시드니 동물원에서 코알라와 아침 식사를!

도보 16분

12:30

시드니 수산 시장 Sydney Fish Market

시드니 신선한 해산물로 점심 식사를 해보자.
한국에서는 보기 드문 종도 있으니
다양하게 골라 먹는 것을 추천!

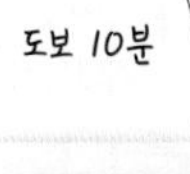

14:00

더 스타 시드니 The Star Sydney

카페, 레스토랑, 호텔, 각종 상점,
카지노가 있는 곳으로 여가 시간을 보내기 좋다.

도보 4분

15:30

호주 국립 해양 박물관
Australian National Maritime Museum

직접 선내에 들어가 옛 선실을 볼 수 있고,
각종 해양 관련 전시도 볼 수도 있는 곳.

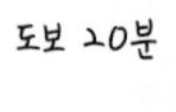

19:00

차이니스 가든 Chinese Garden of Frandship

호주에서 보기 드문 동양적인 명소로
평온한 동양의 정원을 잘 꾸며 놓았다.
입장은 유료이니 꼭 보고 싶은 것이 아니라면 패스.

도보 1분

20:00

텀바롱 공원 Tumbalong Park

잔디밭 옆에 분수와 놀이터가 있어
어린 아이가 있는 가족이 특히 많이 찾는 곳.
야외 영화 상영을 할 때도 있다.

Day 5 시드니의 푸르른 비치를 찾아서~!

10:00

서큘러 키 역 Circular Quay Station

아름다운 오페라 하우스와 하버 브리지가 보이는
서큘러 키 역에서 페리를 타고 출발!

페리 12분

10:30

타롱가 동물원 Taronga Zoo

호주뿐 아니라 전 세계 다양한 동물이 모여 있는 타롱가 동물원.
케이블카를 타고 내려다보는 시드니 항구의 전망도 최고!

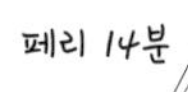

페리 14분

13:00

왓슨스 베이 Watsons Bay

절벽과 바다가 어우러진 갭 공원의 아름다운 전망 감상!
*Captain Cook 페리, My Fast 페리로 갈 수 있다.

페리 15분

15:00

맨리 비치 Manly Beach

아름다운 해변, 맨리 비치에서 즐거운 오후를 보내자.

페리 30분

19:00

서큘러 키 역 Circular Quay Station

서큘러 키 역으로 돌아와 아름다운 야경 감상~!

시드니 시내 중심

호주 하면 누구나 시드니를 떠올릴 만큼, 시드니는 호주에서 가장 잘 알려진 도시이다. 그중에서도 시내 중심 지역은 시청, 세인트 메리 대성당 등 앤티크한 아름다움이 있는 역사적인 건물과 항구 옆으로 멋진 스카이라인을 만드는 모던한 빌딩이 잘 어우러진 곳이다. 푸르른 항만과 도심 속 초록빛 가득한 정원이 아름다운 이곳, 바로 시드니의 시내 중심가이다.

☑ to do list

1. 시드니 타워 전망대에서 아름다운 시드니 전망 보기
2. 하이드 공원 산책하기
3. 아름다운 쇼핑몰인 QVB를 둘러보고 티 타임 갖기

시드니 시내 중심
N
록스
The Rocks
서큘러 키
Circular Quay
시드니 오페라 하우스
Sydney Opera House
시드니 천문대
Sydney Observatory
시드니 하버 YHA
Sydney Harbour YHA
현대미술관
Museum of Contemporary Art
Circular Quay
Oz 제트보트
Oz Jet Boating
DFS
Hickson Rd
Kent St
Circular Quay
시드니 로얄 보타닉 가든
Sydney Royal Botanic Gardens
불레틴 플레이스 바
Bulletin Place Bar
우체국
맥쿼리 플레이스 공원
Macquarie Place Park
더 미트 앤 와인 코 (서큘러 키)
The Meat and Wine Co
Grosvenor St
랑 공원
Lang Park
Bridge St
더 미트 앤 와인 코(바랑가루)
The Meat and Wine Co
시드니 박물관
Museum of Sydney
Barangaroo
Jamison St
우체국
바랑가루
Barangaroo
Margaret St
Wynyard
윈야드 공원
Wynyard Park
Darling Harbour
Erskine St
뉴사우스웨일스 주립 도서관
State Library of New South Wales
Pitt St
York St
Castlereagh St
Martin Place Station
행운의 멧돼지 상
Il Porcellino
시드니 병원
와일드 라이프 시드니 동물원
Wildlife Sydney Zoo
마담 투소 시드니
Madame Tussauds Sydney
George St
Macquarie St
King St
씨 라이프 시드니 수족관
ea Life Sydney Aquarium
피트 스트리트 몰
Pitt Street Mall
뉴사우스웨일스 미술관
Art Gallery of New South Wales
Elizabeth St
주 시드니 대한민국 총 영사관
시드니 타워 전망대
Sydney Tower Eye
피어몬트 브리지
Pyrmont Bridge
Market St
St James
세인트 메리 대성당
St Mary's Cathedral
쉐라톤 하이드 파크
Sheraton Grand Sydney Hyde Park
퀸 빅토리아 빌딩
QVB, Queen Victoria Building
Western Distributor
하이드 공원
Hyde Park
Druitt St
시드니 시청
Sydney Town Hall
Town Hall
Park St
해리스 카페 드 휠
Harry's Cafe de Wheels
캡틴 쿡 동상
Captain Cook Statue
호주 박물관
Australian Museum
달링 하버
Darling Harbour
서리 힐즈
Surry Hills
안작 메모리얼
ANZAC Memorial
텀바롱 공원
Tumbalong Park
Liverpool St
이비스 월드 스퀘어
Ibis World Square
140m
Museum

★★☆ GPS -33.872846, 151.206191

시드니 시청 Sydney Town Hall

시드니의 행정 업무를 담당하는 곳이며, 앤티크한 느낌의 아름다운 건물이 인상적이다. 19세기에 지어졌으며, 문화유산으로 등록되어 있기도 한 이곳은 시드니의 역사를 가장 잘 느낄 수 있는 장소이다. 시청 기차역에서 나오면 입구 앞에 바로 위치해 있어 찾기 쉬우며, 주변에 세상에서 가장 아름다운 백화점이라고 불리는 퀸 빅토리아 빌딩, 대형마트 등이 몰려 있어 시드니 관광의 중심지라고도 할 수 있다. 현지인들의 만남의 광장으로 누군가를 기다리는 사람들을 많이 볼 수 있다.

주소 483 George St, Sydney NSW 2000
위치 퀸 빅토리아 빌딩에서 도보 약 2분
전화 02 9265 9333
홈피 www.sydneytownhall.com.au

만남의 광장 역할을 하는 시청 앞

★★★

GPS -33.873035, 151.211266

하이드 공원 Hyde Park

영국 런던의 하이드 공원의 이름을 딴 공원이다. 고층 빌딩 사이 푸른 공원이 도심 속의 쉼터가 되어준다. 시드니에서 가장 큰 공원이자 호주에서 가장 오래된 공원이며, 이곳에 심어진 나무들 역시 나이를 알 수 없을 정도로 오래됐다. 굵은 나무둥치는 성인 두세 사람이 함께해야 안을 수 있고, 높이 솟은 줄기와 무성한 잎은 공원에 아치형 지붕을 만들어준다.

공원의 남쪽에는 아르데코 양식의 콘크리트 구조물인 안작 전쟁 기념관ANZAC War Memorial이 있다. 제1차 세계대전에 참전했던 지원병들을 의미하는, 금으로 만들어진 12만 개의 별이 돔 형식의 천장에 장식되어 있어 눈여겨볼 만하다.

주소 Elizabeth St, Sydney NSW 2000
위치 시내 중심

Tip | 아치볼드 분수

공원의 중심에 자리 잡고 있는 아치볼드 분수Archibald Fountain는 1932년 호주 연합군이 제1차 세계대전의 프랑스 참전을 기리기 위해 설계되었고, 이후 호주로 기증되었다.

★★★

GPS -33.870914, 151.213315

세인트 메리 대성당 St Mary's Cathedral

현재도 미사가 진행되는 성당으로, 약 100년 동안 공사가 진행된 영국식 고딕 양식의 성당이다. 화려하고 웅장한 느낌을 주는 이곳은 1865년 화재로 파괴됐다가 1868년에 재건축을 시작하여 2000년에 완공됐다. 스테인드글라스가 화려하며, 내부 장식 또한 아름다워 호주인들이 결혼식 장소로 가장 선호하는 공간 중 하나이다. 하이드 공원과 마주보고 있어 함께 즐기기에 좋다.

주소 St Marys Rd, Sydney NSW 2000
위치 하이드 공원에서 도보 약 4분
운영 월~금 06:30~18:30, 토~일 06:30~19:00

★★★ GPS -33.871383, 151.206676

퀸 빅토리아 빌딩 QVB, Queen Victoria Building

세상에서 가장 아름다운 쇼핑몰 중 하나로 꼽히는 곳이다. 1898년, 빅토리아 여왕의 이름을 따 만들어진 비잔틴 양식의 건물로 외부와 내부 모두 아름답다. 주변에 들어선 현대적인 건물들과 조화를 이루며 시드니의 역사와 전통을 상징하고 있다. 건물 중심부의 거대한 돔과 매 정각 시간을 알려주는, 고풍스러운 천장 시계가 특징! 현지인처럼 물건도 둘러보고, 여유를 즐기며 커피도 한잔 즐겨보자.

주소 455 George St, Sydney NSW 2000
위치 시드니 시청에서 도보 약 2분
운영 월~수·금~토 09:00~18:00, 목 09:00~21:00, 일 11:00~17:00
홈피 qvb.com.au

퀸 빅토리아 빌딩에 들어왔다면 가장 먼저 천장을 보자!

★★★

GPS -33.870157, 151.208771

시드니 타워 전망대 Sydney Tower Eye

시드니를 한눈에 볼 수 있는 전망대이다. 호주에서 두 번째로 높은 건물로, 높이 자체는 오클랜드의 스카이 타워가 더 높으나 전망대는 시드니 타워 쪽이 50m 이상 더 높은 곳에 위치해 있다고 한다. 건물 중 가장 높은 위치에 전망대를 설계해 시드니의 멋진 전망을 즐길 수 있도록 한 것! 낮 풍경도 아름답고, 화려한 불빛이 펼쳐지는 야경도 볼 만하다. 전망대 입장권에는 4D 시네마 관람이 포함되어 있어서, 타워 전망대로 가는 길에 시드니 풍경을 4D로 체험해 볼 수 있다.

주소 100 Market St, Sydney NSW 2000
위치 피트 스트리트 몰 근처
운영 10:00~19:00 (마지막 입장 18:00)
요금 성인 A$40, 아동 A$30
전화 1800 258 693
홈피 sydneytowereye.com.au

Tip | 콤보 이용권

씨 라이프 시드니 수족관, 와일드 라이프 동물원, 마담 투소 중 방문할 곳이 있다면 시드니 타워 전망대 입장권과 콤보로 구매하자. 훨씬 저렴하게 이용할 수 있다.

★☆☆ GPS -33.874051, 151.213188

호주 박물관 Australian Museum

1827년 설립된 역사적인 박물관으로, 호주의 역사를 비롯해 방대한 규모의 전시를 관람할 수 있다. 인류사와 자연사를 모두 포괄하는 전시 내용으로 세계 5대 박물관 중 하나로도 손꼽힌다. 특히 공룡 화석이 많은 곳이니 아이들과 함께한다면 꼭 방문해 보자. 호주 원주민인 애버리진의 역사도 자세히 기록해 놓아 안타까움과 함께 수탈자들에 대한 경각심도 느낄 수 있다. 보수공사로 2020년 봄까지 운영을 잠시 중단했다가 재오픈했다.

주소 1 William St, Sydney NSW 2010
위치 하이드 공원 근처
운영 10:00~17:00
요금 무료(특별 전시회 제외)
전화 02 9320 6000
홈피 australian.museum

★☆☆ GPS -33.863243, 151.211462

시드니 박물관 Museum of Sydney

시드니 이민 역사를 포함해 시드니라는 도시의 방대한 역사를 알 수 있는 곳이다. 시드니가 어떻게 변화해 왔는지를 한눈에 알 수 있다. 시드니 페리를 모티브로 한 종이배 만들기 체험 등 그림 그리기나 만들기를 해볼 수 있는 크리에이티브 랩Creative Lab이 있어, 아이들과 방문하기에 좋다.

주소 Corner Phillip and Bridge St, Sydney NSW 2000
위치 시드니 로열 보타닉 가든에서 도보 약 6분
운영 10:00~18:00 (마지막 입장 16:30, 부활절 금요일 및 크리스마스 휴무)
요금 무료
전화 02 9251 5988
홈피 mhnsw.au

★☆☆

GPS -33.868510, 151.217457

뉴사우스웨일스 미술관 Art Gallery of New South Wales

하이드 공원과 로열 보타닉 가든에서 가까운 미술관이다. 마치 그리스 신전 같이 생긴 외관부터 눈길을 끈다. 호주에서 두 번째로 큰 미술관이며, 19세기 건축 양식을 바탕으로 1909년에 완공되었다. 호주의 유명한 예술상인 '아치볼드 상'의 수상작을 전시하는 공간이며 호주 예술가들의 작품뿐 아니라 빈센트 반 고흐, 파블로 피카소 등 유명 작가의 작품도 있으니 둘러보기 좋다. 대부분의 전시가 무료이며 매주 금요일 오전 11시에는 무료 한국어 안내도 있다.

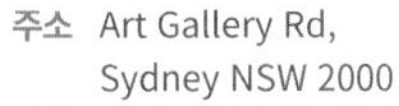

주소 Art Gallery Rd, Sydney NSW 2000
위치 세인트 메리 대성당에서 도보 약 8분
운영 10:00~17:00(부활절 금요일 및 크리스마스 휴무, 수 ~22:00)
요금 무료(특별 전시회 제외)
전화 02 9225 1700
홈피 artgallery.nsw.gov.au

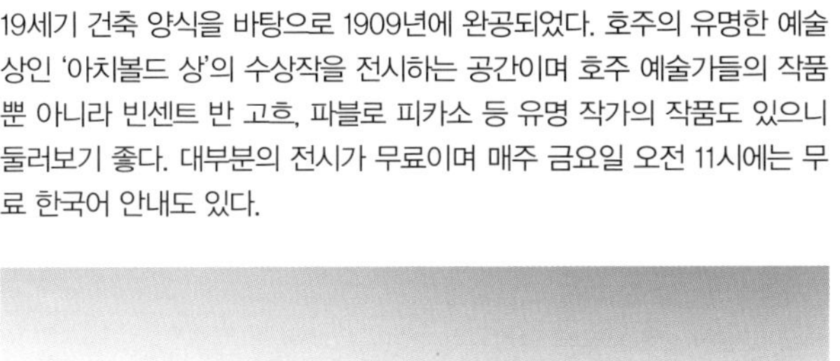

★☆☆

GPS -33.867751, 151.212382

행운의 멧돼지 상 Il Porcellino

시드니 병원 앞에는 익살맞은 모습의 멧돼지 상이 서 있다. 일명 행운의 멧돼지 상! 돼지의 코를 만지면 복이 온다는 설이 전해져 내려오는 덕분에 코 부분만 맨질맨질하게 칠이 벗겨져 있는 모습이다. 시드니 시내에서 우연히 행운의 멧돼지를 만난다면 꼭 한 번 코를 만지며 소원을 빌어보자!

주소 Hunter St to St James Rd, SYDNEY NSW 2000
위치 시드니 병원 앞

피트 스트리트 몰 Pitt Street Mall

시드니 시내 중심가에 위치한 대형 쇼핑 지역으로 넓게는 퀸 빅토리아 빌딩에서 시작하여 마이어Myer 백화점, 데이비드 존스David Jones 백화점, 웨스트필드Westfield 쇼핑센터, 미드시티Midcity 쇼핑센터, 스트랜드 아케이드Strand Arcade를 아우른다. 디자이너 브랜드에서부터 부티크 샵, 다양한 리테일 샵들과 명품샵들이 조화롭게 어우러져 있으며, 그 중 스트랜드 아케이드는 1891년에 오픈한 빅토리아 양식의 건물로 유산에 등재되어 있기도 하다. 특히 피트 스트리트를 에워싼 마켓 스트리트와 킹 스트리트, 캐슬러 스트리트에는 반클리프, 티파니등의 유명한 보석 브랜드들과 프라다, 디올, 에르메스 등 명품샵들로 많은 사람들의 오픈런 하는 모습들을 종종 마주할 수 있다. 또한 피트 스트리트는 보행자 전용도로로 설정되어 있어 쇼핑센터를 드나드는 사람들과 거리 공연을 하는 버스커들로 언제나 발 디딜 틈이 없다.

주소 182 Pitt St, Sydney NSW 2000
위치 시드니 타워 전망대 근처
운영 월~수·금~일 09:00~20:00, 목 09:00~21:00
홈피 pittstreetmall.com.au

시드니 숙소 선택 Tip

시드니에서 대중교통과 일일 투어를 이용해 자유여행을 할 경우, 즉 시내 관광을 하거나 일일 투어 출발 장소로 이동하기에는 시드니 시내 중심이 좋다. 시드니 시내 중심은 우편번호 2000에 해당되는 지역으로, 이를 약간 벗어나더라도 시내에서 근접하다면 여행이 수월하다. 외곽의 숙소를 잡으면 숙소 경비를 절약할 수 있다는 장점이 있으나 이동 시간이 많이 소요된다는 단점이 있다.

5성급 **GPS** -33.871322, 151.210014

쉐라톤 하이드 파크 Sheraton Grand Sydney Hyde Park

훌륭한 부대시설을 갖춘 5성급 호텔이다. 로비가 넓고 멋져 한국 여행객들의 취향에 특히 잘 맞는다. 파크뷰 룸에서는 도심 속 아름다운 하이드 공원의 푸르른 뷰를 객실에서 바로 즐길 수 있다. 수영장은 유리천장으로 되어 있어 하늘을 보며 수영할 수 있다.

주소 161 Elizabeth St, Sydney NSW 2000
위치 시내 중심 **요금** A$261~
전화 02 9286 6000 **홈피** www.marriott.com

4성급 **GPS** -33.878430, 151.209538

바이브 시드니 Vibe Hotel Sydney

브라운과 블랙 컬러의 세련된 인테리어로 최근 업그레이드되었으며, 방 면적이 넓은 편이다. 타운 홀 역, 뮤지엄 역과 가까운 시내 중심에 위치해 대중교통 이용이 편리하고 주요 관광 명소에 도보로 이동할 수 있다. 특히 쿼드룸이 가성비가 좋다.

주소 111 Goulburn St, Sydney NSW 2000
위치 시내 중심 **요금** A$209~
전화 02 8272 3300 **홈피** www.vibehotels.com

3성급 **GPS** -33.877621, 151.207713

이비스 월드 스퀘어 Ibis World Square

이비스 월드 스퀘어는 호텔 체인 아코 그룹의 3성급 브랜드로 시내 중심에 위치하고 있다. 이동의 접근성이 좋으며 짧은 일정으로 시드니 여행을 계획하는 여행자들에게 인기가 많다.

주소 382/384 Pitt Street Sydney NSW 2000
위치 시내 중심 **요금** A$176~
전화 02 9282 0000
홈피 all.accor.com/Australia

백패커 **GPS** -33.859679, 151.206961

시드니 하버 YHA Sydney Harbour YHA

숙소 건물에서 시드니 항구의 아름다운 전망을 볼 수 있는 호스텔이다. 호스텔 체인 YHA답게 시설이 깔끔하게 유지되고, 직원들의 서비스도 좋은 편이다. 서큘러 키와 록스 쪽 어트랙션으로 접근성이 좋고, 시내 다른 지역으로도 이동하기도 수월하다.

주소 110 Cumberland St, The Rocks NSW 2000
위치 서큘러 키 역에서 도보 약 9분
요금 다인실 A$59.50~
전화 02 8272 0900
홈피 www.yha.com.au

서큘러 키 & 록스

시드니의 랜드 마크인 오페라 하우스와 하버 브리지가 있는 곳이자 세계 3대 미항으로 꼽히는 지역이다. 식민지 시절의 역사를 품고 있는 록스 지역과 조개껍질을 닮은 건물 자체가 예술품인 오페라 하우스, 그 뒤로 펼쳐진 로열 보타닉 가든이 항구를 사이에 두고 나란히 마주보고 있다. 당신이 그리던 시드니의 모습을 그대로 간직한 곳이다.

to do list

1. 오페라 하우스의 바에서 경치 즐기기
2. 페리를 타고 여행하기
3. 하버 브리지에 올라보기

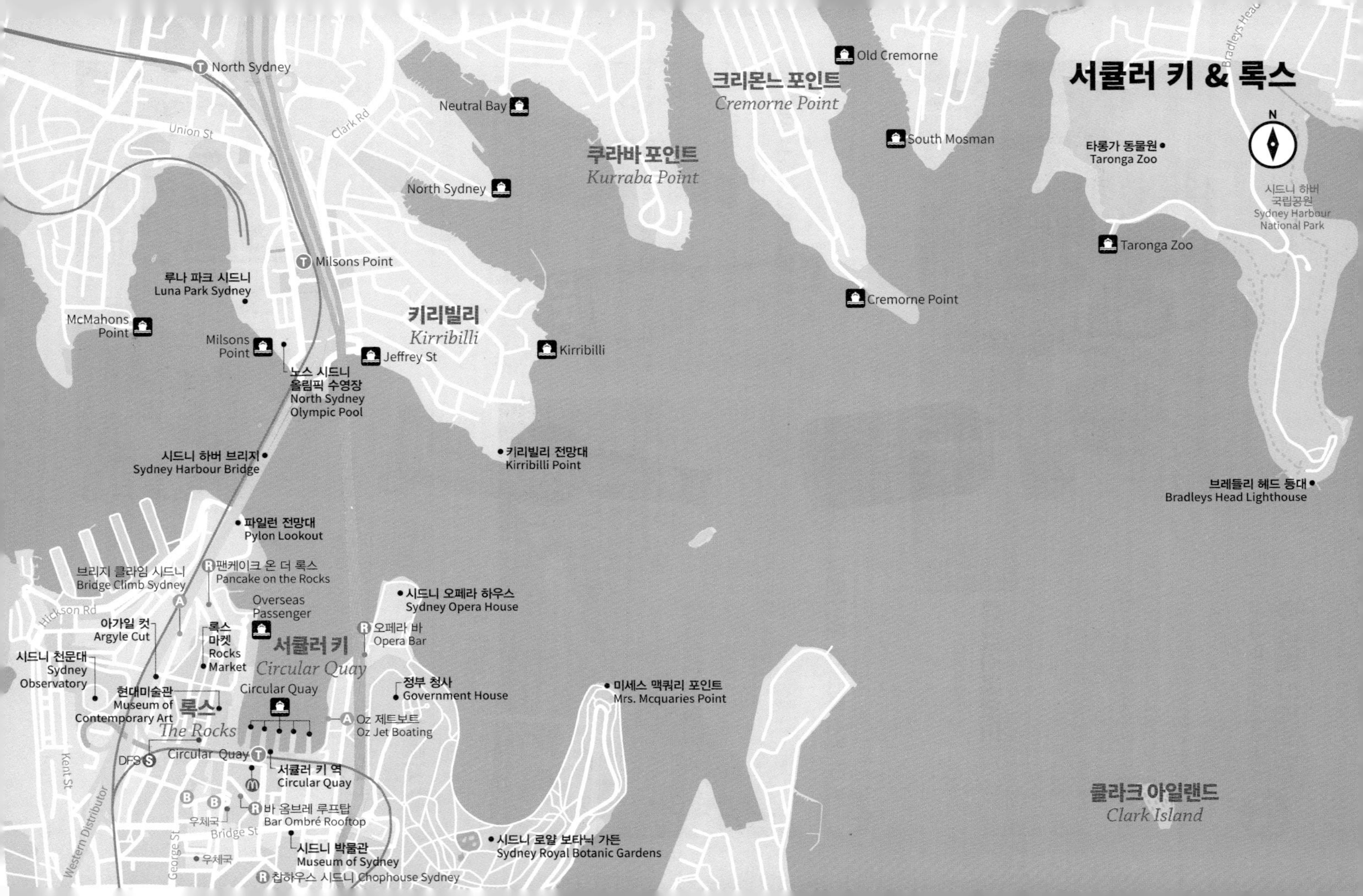
서큘러 키 & 록스
N
North Sydney
Union St
Clark Rd
Neutral Bay
North Sydney
Old Cremorne
크리몬느 포인트
Cremorne Point
South Mosman
쿠라바 포인트
Kurraba Point
타롱가 동물원
Taronga Zoo
시드니 하버 국립공원
Sydney Harbour National Park
Taronga Zoo
Bradleys Head
Milsons Point
루나 파크 시드니
Luna Park Sydney
McMahons Point
Milsons Point
키리빌리
Kirribilli
Jeffrey St
Kirribilli
Cremorne Point
노스 시드니 올림픽 수영장
North Sydney Olympic Pool
시드니 하버 브리지
Sydney Harbour Bridge
키리빌리 전망대
Kirribilli Point
브레들리 헤드 등대
Bradleys Head Lighthouse
파일런 전망대
Pylon Lookout
브리지 클라임 시드니
Bridge Climb Sydney
팬케이크 온 더 록스
Pancake on the Rocks
시드니 오페라 하우스
Sydney Opera House
Hickson Rd
Overseas Passenger
아가일 컷
Argyle Cut
록스 마켓
Rocks Market
오페라 바
Opera Bar
서큘러 키
Circular Quay
시드니 천문대
Sydney Observatory
정부 청사
Government House
미세스 맥쿼리 포인트
Mrs. Mcquaries Point
현대미술관
Museum of Contemporary Art
록스
The Rocks
Circular Quay
Oz 제트보트
Oz Jet Boating
Kent St
DFS
Circular Quay
서큘러 키 역
Circular Quay
클라크 아일랜드
Clark Island
우체국
Bridge St
바 옴브레 루프탑
Bar Ombré Rooftop
시드니 박물관
Museum of Sydney
Western Distributor
George St
우체국
시드니 로얄 보타닉 가든
Sydney Royal Botanic Gardens
찹하우스 시드니 Chophouse Sydney

★★★

GPS -33.863888, 151.216551

시드니 로열 보타닉 가든 Sydney Royal Botanic Gardens

이국적인 분위기의 다양한 식물로 꾸며진 거대한 규모의 식물원. 식물원을 따라 이어지는 산책로가 아름답다. 산책로를 걸으며 강 건너편의 오페라 하우스를 볼 수 있다.

주소 Mrs Macquaries Rd, Sydney NSW 2000
위치 서큘러 키
운영 07:00~18:00
전화 02 9231 8111
홈피 www.botanicgardens.org.au

★★★

GPS -33.859363, 151.222544

미세스 맥콰리 포인트 Mrs. Mcquaries Point

영국 총독 맥콰리의 부인이었던 미세스 맥콰리가 시드니 항구로 들어오고 나가는 배가 잘 보이는 이곳에서 남편을 기다렸다고 하여 붙여진 이름이다. 이곳에서 시드니를 내려다보면, 시드니의 상징인 오페라 하우스와 하버 브리지가 한눈에 들어오니 꼭 한번 들러보자. 평평한 의자 모양 바위는 미세스 맥콰리의 의자Mrs. Mcquaries Chair로 불린다.

주소 1d Mrs Macquaries Rd, Sydney NSW 2000
위치 시드니 로열 보타닉 가든에서 시드니 항구 방향

★★☆

GPS -33.861067, 151.210848

서큘러 키 역 Circular Quay Station

기차역과 페리 선착장, 크루즈 선착장이 모여 있는 곳으로 시드니 교통의 중심지이다. 아름다운 하버 브리지와 오페라 하우스를 가장 가까이서 볼 수 있는 곳이기도 하다.

주소 Circular Quay Railway Station, Alfred St, Sydney NSW 2000
위치 시드니 박물관에서 도보 약 4분

★★★

GPS -33.842399, 151.241303

타롱가 동물원 Taronga Zoo

서큘러 키 역에서 페리를 타고 갈 수 있는 타롱가 동물원은 코알라, 캥거루 등 호주 동물뿐만 아니라 아프리카 동물들까지 만날 수 있는 대규모 동물원이다. 동물원 안의 케이블카를 타고 내려다보는 오페라 하우스와 시드니 항구의 전망이 아주 멋지다. 페리 선착장에서 동물원 아래쪽 입구로 입장해 우선 케이블카를 타고 정상까지 올라가자. 다음으로 걸어 내려오면서 동물원을 구경하면 좋다. 동물원 내에서 돌고래 쇼도 진행되니 시간표를 참고하여 관람하는 것도 좋다.

주소 Bradleys Head Rd, Mosman NSW 2088
위치 시내에서 페리로 약 12분
운영 09:30~17:00 (9~4월)
09:30~16:30 (5~8월)
요금 성인 A$51,
4~15세 아동 A$30
전화 02 9969 2777
홈피 taronga.org.au

Tip | 동물원에서 하룻밤을?!

타롱가 동물원에서는 글램핑을 즐기며 동물 친구들과 함께 잠들 수 있는 로어 앤 스노어Roar and Snore 프로그램이 있다. 개장 전후의 조용한 동물원에서 나만을 위한 특별한 투어가 이뤄진다는 것이 가장 큰 장점! 요금은 A$495~.

• 일정(상황에 따라 변경될 수 있음)

1 Day
18:15 캠핑장 도착
18:45 간식 시간
19:00 동물원의 동물 만나기
19:45 뷔페 스타일의 저녁 식사
20:45 사파리 가이드 투어
22:00~23:00 디저트 타임 후 취침

2 Day
06:30 아침 식사
07:30 '비하인드 더 신' 투어
09:30 종료

★★★ **GPS** -33.856473, 151.215286

시드니 오페라 하우스 Sydney Opera House

시드니의 랜드 마크로, 조개껍질을 닮은 외관이 아름다운 곳이다. 1957년 디자인 공모를 진행하여 출품된 작품들 가운데 현재 디자인을 선정해 지어졌다. 이름처럼 오페라 공연 및 다양한 콘서트가 활발하게 열리고 있다. 오페라 하우스의 내부는 공연을 관람하거나 오페라 하우스 내부 투어를 통해 둘러볼 수 있다. 한인 가이드의 내부 투어도 있으며, 약 30분 동안 진행된다.

주소 Bennelong Point, Sydney NSW 2000
위치 서큘러 키
운영 한국어 내부 투어(30분) 11:15, 12:15, 13:45, 14:45, 15:45
요금 A$33(만 5세 미만 무료)
전화 02 9250 7111
홈피 sydneyoperahouse.com

more & more 오페라 하우스의 모든 것

❶ 오페라 하우스를 감상하는 법

오페라 하우스를 감상하는 법은 다양하다. 미세스 맥콰리 포인트에서 하버 브리지가 오페라 하우스와 겹쳐진 엽서 같은 풍경을 볼 수도 있고, 파일런 전망대에서 내려다볼 수도 있다. 시드니 타워 전망대에 올라 시드니 전체와 어우러진 모습을 봐도 좋다. 그뿐인가, 크루즈나 페리를 타고 선상에서 감상할 수도 있고, 브리지 클라임을 통해 하버 브리지 정상에서 볼 수도 있다. 헬리콥터를 타고 하늘에서 감상하는 방법도 있다. 시드니의 랜드 마크답게 오페라 하우스를 감상하는 방법은 이처럼 무궁무진하다.
외관을 자세히 보고 싶다면 오페라 하우스를 따라 한 바퀴 걸어보는 것을 추천한다. 내부를 감상하고 싶다면 오페라 하우스에서 운영하는 한인 가이드 30분 투어를 이용하면 좋다. 물론 오페라 하우스를 즐기는 가장 좋은 방법은 이름처럼 오페라 공연을 한 편쯤 관람하는 것이다!

❷ 오페라 하우스의 특징 & 역사

세계에서 가장 유명한 건축물 중 하나인 오페라 하우스는 하얀 돛을 닮기도, 조개껍질을 닮기도 한 독특한 외관으로 건축의 명작이라 불린다. 공사 기간만 16년이 걸린 오페라 하우스는 1973년 완공되었으며, 지붕 모양은 국제 디자인 공모전에서 우승한 덴마크의 건축가 요른 우촌JØrn Utzon의 디자인으로, 오렌지 껍질에서 연상했다고 한다. 2007년 유네스코 세계유산에 선정되었으며, 현재까지 오페라 극장과 콘서트 홀 등 여러 공연장, 전시관이 활발히 운영되고 있다.

❸ 오페라 보는 방법

오페라 하우스에서는 공연마다 영어 자막이 제공된다. 실제로 공연을 감상하며 화면의 영어 자막을 같이 보면 줄거리 이해에 꽤 도움이 된다. 그러나 오페라 공연은 관람하며 내용을 이해하기보다는, 미리 줄거리를 알고 가서 음악과 연기를 위주로 감상하는 편이 전체적인 내용을 따라가기 쉽고 몰입도 잘 되는 편이다. 따라서 공연 관람 전 해당 공연의 줄거리를 찾아보고 가는 것을 추천한다.

❹ 대표 오페라 소개

시즌별로 다양한 오페라가 공연되는 오페라 하우스의 공연 스케줄은 홈페이지에서 확인할 수 있으며, 대표적인 공연으로는 〈라 보엠〉, 〈라 트라비아타〉, 〈카르멘〉, 〈토스카〉등이 있다. 오페라가 아직 어렵게 느껴진다면 유명 오페라의 아리아만을 모은 〈그레이트 오페라 히트〉 공연을 추천한다. 또한 1년에 한 시즌, 오페라 하우스와 하버브리지를 배경으로 미세스 맥콰리 포인트의 야외 특설 무대에서 진행되는 '한다 오페라'도 있다. 공연 중 불꽃놀이까지 덤으로 감상할 수 있는 특별한 공연으로 2025년에는 브로드웨이 최고의 뮤지컬 중 하나로 1950년대 뉴욕 맨해튼의 다채롭고 생동감 넘치는 쇼걸과 갱스터들의 세계, 뮤지컬 〈아가씨와 건달들〉이 진행된다.

★★★

GPS -33.852137, 151.210794

시드니 하버 브리지 Sydney Harbour Bridge

세계에서 두 번째로 긴 아치형 다리로 오페라 하우스와 함께 시드니의 랜드 마크이다. 기차선로와 차도, 자전거도로, 도보가 함께 있어서 상징성은 물론 시드니 시내와 노스 시드니를 연결하는 중요한 역할을 한다. 매년 12월 31일에 시드니 불꽃 축제가 대규모로 진행되는데, 이 하버 브리지에서도 불꽃이 터져 나온다. 그 광경을 보기 위해 매년 많은 사람이 시드니로 몰려들 정도! 또한, 하버 브리지를 오르는 액티비티도 있으므로, 시드니를 완전 정복하고 싶다면 꼭 한 번쯤 도전해 보자.

주소 Sydney Harbour Bridge, Sydney NSW
위치 서큘러 키

more & more **하버 브리지에서 즐겨야 할 것!**

❶ 시드니 불꽃 축제
시드니에서는 12월 31일, 한 해를 마감하며 성대한 불꽃놀이가 펼쳐진다. 특히 하버 브리지 위로 불꽃이 터져 나오는 것이 장관! 연말에 호주에 간다면 절대 놓치지 말아야 할 풍경이다.

❷ 브리지 클라임
하버 브리지를 직접 오르내릴 수 있는 액티비티가 있다. 시드니에서만 할 수 있는 이색 체험! 자세한 내용은 p.86을 참고하자.

★★★

GPS -33.854261, 151.209524

파일런 전망대 Pylon Lookout

하버 브리지에 있는 전망대로 하버 브리지의 역사가 담긴 전시와 영상을 볼 수 있다. 무엇보다 항구 중앙에서 시드니의 전망을 볼 수 있다는 것이 큰 장점이다. 브리지 클라임 액티비티에 참가할 경우, 요금에 파일런 전망대 입장권도 포함되어 있으니 참고하자.

주소 Sydney Harbour Bridge, Sydney NSW 2000
위치 시드니 하버 브리지 내
운영 토~월 10:00~18:00 (마지막 입장 17:00), 화~금 10:00~16:00 (마지막 입장 15:00)
요금 성인 A$29.95, 아동 A$15
전화 02 9240 1100
홈피 pylonlookout.com.au

★★☆

GPS -33.858233, 151.208518

록스 마켓 Rocks Market

매주 주말마다 록스 지역에서 열리는 마켓으로 다양한 수공예품, 골동품, 의류, 먹거리 등을 판매한다. 저렴하고 독특한 기념품을 구매하기 좋다.

주소 George St, The Rocks NSW 2000
위치 록스 중심
운영 토~일 10:00~17:00 (월~금요일 휴무)

★★★

GPS -33.859668, 151.208976

현대미술관 Museum of Contemporary Art

호주를 대표하는 현대미술관으로, 독창적이고 다양한 주제의 전시가 끊임없이 열리고 있다. 미술관 내 카페에는 아주 넓은 테라스가 있어서 이곳에서 오페라 하우스와 하버 브리지를 아주 가깝게 볼 수 있다. 미술관 전시를 관람하고 오페라 하우스와 하버 브리지가 어우러진 시드니 항구의 전망을 즐기며 커피 한잔을 해보는 것은 어떨까?

주소 140 George St, The Rocks NSW 2000
위치 서큘러 키 역에서 도보 약 5분
운영 수~월 10:00~17:00(화요일 휴무)
요금 무료(특별 전시회 제외)
전화 02 9245 2400
홈피 mca.com.au

★★☆

GPS -33.847545, 151.209790

루나 파크 시드니 Luna Park Sydney

시드니 항구를 배경으로 짜릿한 놀이기구를 즐기고 싶다면 루나 파크를 방문해 보자. 놀이기구를 탈 수 있는 여러 종류의 입장권이 있으며, 아동의 경우 놀이기구별로 키 제한이 있으니 참고하자. 루나 파크 옆에는 아름다운 전망의 수영장인 '노스 시드니 수영장'이 있는데, 루나 파크 자유이용권을 구입하면 함께 이용할 수 있다. 대중교통 중에서는 기차를 타고 밀슨스 포인트 역에서 내리면 되며, 휴무일과 개장 시간이 매일 다르니 미리 확인할 것. 홈페이지에서 티켓을 미리 구입할 경우 할인된다.

주소 1 Olympic Dr, Milsons Point NSW 2061
위치 시내에서 버스를 타고 약 6분
운영 일~월 10:00~18:00, 목 10:00~15:00, 금~토 10:00~20:00 (화~수 휴무)
요금 **자유이용권** 성인 A$75, 아동 A$65
전화 02 9922 6644
홈피 www.lunaparksydney.com

★★★

GPS -33.859334, 151.204747

시드니 천문대 Sydney Observatory

내부 전시관에서 천문 관련 전시가 열리며, 밤에는 나이트 투어를 진행하는 천문대이다. 과거에는 요새로 사용하던 공간을 천문대로 바꾸어 활용하고 있으며, 호주에서 가장 오래된 천문대이자 호주에서 가장 오래된 망원경이 보존된 곳이기도 하다. 천문대의 위쪽에 달린 노란 공 모양 물체는 타임벨Time bell로, 오후 1시가 되면 위로 올라가 시간을 알려준다. 나이트투어는 90분간 진행되며 오후 6시 30분, 7시, 8시 30분, 9시에 각각 시작되고(변동될 수 있음, 요일에 따라 출발 시간 다름) 천문대 돔 투어, 망원경으로 별 관측하기가 포함되어 있다.

주소 1003 Upper Fort St, Millers Point NSW 2000
위치 서큘러 키 역에서 도보 약 12분
운영 수~토(예약에 한해 오픈 및 방문)
요금 성인 A$36, 아동 A$24
전화 02 9217 0222
홈피 maas.museum/sydney-observatory

시드니 천문대에서 바라보는 야경

Tip | 천문대 언덕 공원 Observatory Hill Park

천문대가 위치한 곳이 꽤나 높은 언덕으로 이곳 공원에서는 시드니의 멋진 뷰를 파노라마처럼 감상할 수 있다. 시드니 북쪽과 시드니항, 그리고 하버 브리지까지 최근 인스타그램 사진 찍기 포인트로 더 핫해진 곳이다. 낮에 방문하기도, 밤의 야경을 감상하기에도 좋은 이곳에서 피크닉과 함께 인생샷을 찍어보길!

브리지 클라임 시드니 Bridge Climb Sydney

시드니의 명물 하버 브리지를 직접 오를 수 있다?! 브리지 클라임 전문 가이드와 함께 안전 장비를 하고 하버 브리지를 오르는 이 경험은 많은 여행자의 버킷 리스트이기도 하다. 브리지의 아치 정상에 올라 바라보는 시드니 전망은 전망대에서 보는 것과는 또 다른 감동을 선사한다. 다리를 오르내리는 코스와 시간대에 따라 소요 시간과 금액이 다르니 자신의 성향에 맞춰 선택하자. 낮에 오르는 데이 클라임, 해 질 녘 오르는 트와일라잇 클라임, 새벽녘에 오르는 돈 클라임, 짧은 코스로 오르는 익스프레스 & 샘플러 클라임 등이 있다.

주소 3 Cumberland St, The Rocks NSW 2000
위치 시드니 하버 브리지 시작점
운영 09:00~17:00
요금 데이 클라임 A$354~
전화 02 8274 7777
메일 admin@bridgeclimb.com
홈피 www.bridgeclimb.com

GPS -33.860164, 151.212668

제트보트 Jet Boat

오페라 하우스와 하버 브리지를 볼 수 있는 서큘러 키에서 즐기는 제트보트! 30분간 스릴 있는 제트보트를 타보자. 물이 많이 튀어 옷이 몽땅 젖을 수 있으니 여벌의 옷을 준비하는 것을 추천한다.

Oz 제트보트 Oz Jet Boating
주소 The Eastern Pontoon-Circular Quay
위치 서큘러 키 역에서 도보 약 3분
운영 09:00~17:00 요금 A$89~
전화 02 9808 3700 메일 ozjet@ozjetboating.com.au
홈피 www.ozjetboating.com.au

GPS -33.861813, 151.210158

바 옴브레 루프탑 Bar Ombré Rooftop

가벼운 식사 및 다양한 엔터테인먼트를 자랑하는 바 옴브레 루프탑은 시드니, 서큘러 키 선착장 근처에 위치한 몇 안 되는 루프탑 바이다. 하버 브리지와 함께 시드니 시티와 항만을 함께 감상할 수 있는 곳이다

주소 Level 3, Alfred St, Sydney NSW 2000
위치 서큘러 키 페리 선착장 앞
운영 월~수 12:00~21:00, 목~일 12:00~22:00
요금 엔트리 A$10~, 메인 A$20~ **전화** 02 8216 1833
홈피 www.barombre.com.au

GPS -33.864656, 151.210123

찹하우스 시드니 Chophouse Sydney

뉴욕 스타일의 스테이크를 맛볼 수 있는 시드니의 스테이크 맛집. 따뜻한 조명과 빈티지한 인테리어, 양질의 고기와 다양한 와인을 맛볼 수 있다.

주소 25 Bligh St, Sydney NSW 2000
위치 윈야드 역에서 도보 7분
운영 월~수 12:00~21:00, 목~금 12:00~21:30, 토요일 17:30~21:30(일요일 휴무)
전화 02 9231 5516
홈피 www.chophousesydney.com.au

GPS –33.857015, 151.208750

팬케이크 온 더 록스 Pancake on the Rocks

늦은 밤, 시드니 현지인의 음주 후 주린 배를 채워주는 록스의 명소이다. 달링 하버에도 지점이 있지만 록스 본점만 24시간 영업을 하고 있다.

주소 22 Playfair St, The Rocks, Sydney NSW 2000
위치 파일런 전망대에서 도보 약 4분
운영 일~목 07:30~12:00, 금~토 07:30~02:00
요금 팬케이크 A$12.95 **전화** 02 9247 6371
홈피 pancakesontherocks.com.au

GPS -33.868954, 151.221175

해리스 카페 드 휠 Harry's Cafe de Wheels

할리우드의 '셀럽'들이 시드니를 찾을 때마다 들르는 것으로 유명하며, 핫도그와 호주식 미트 파이가 특히 손꼽히는 맛집이다. 길가 테이블이나 항구가 보이는 길거리에 서서 먹는 핫도그 또한 별미로 느껴질 것이다. 컨벤션 센터와 캐피탈 스퀘어에도 지점이 있다.

주소 Cowper Wharf Road & Dowling St, Woolloomooloo NSW 2011
위치 로열 보타닉 가든에서 도보 약 20분
운영 월~목 09:00~22:00, 금 09:00~01:00, 토 10:00~01:00, 일 10:00~22:00
요금 핫도그 드 휠 A$10.50, 더 타이거 파이 A$15.30
전화 02 9357 3074
메일 enquiries@harryscafedewheels.com.au
홈피 harryscafedewheels.com.au

GPS -33.860506, 151.208229

DFS

고풍스러운 건물에 위치한 시드니의 대표적인 면세점이다. 이름 그대로 면세점이기 때문에 다양한 명품 코너와 기념품 상점이 한 건물에 함께 존재한다. 대형 버스로 실어 나르는 중국인 관광객들로 가득 차기도 하지만 명품들을 면세 가격으로 살 수 있다는 장점을 무시할 수는 없을 것이다.

주소 155 George St, The Rocks NSW 2000
위치 서큘러 키 역에서 도보 약 4분
운영 11:00~19:00
전화 02 8243 8666 **홈피** www.dfs.com/en/sydney

Special Tour

시드니 하버를 즐기는 다양한 방법

시드니 하버는 수백 킬로미터에 달하는 해안선과 국립공원 그리고 여러 유적지로 둘러싸인 세계 최고의 자연 항구 중 하나로 호주에서 가장 유명한 곳이라고 해도 과언이 아니다. 아름다운 이곳을 즐기는 방법은 여러 가지가 있으니 각자 개인의 취향과 여행 경비에 맞게 골라보도록 하자.

1. 뚜벅이지만 괜찮아

타이트한 여행 경비로 허리띠를 졸라매더라도 튼튼한 두 다리와 거뜬한 체력이 있다면 달링 하버Darling Harbour에서부터 킹 스트리트 와프King Street Wharf, 바랑가루Barrangaroo, 록스Rocks, 오페라 하우스Operahouse, 도메인 파크Domain Park, 미세스 맥콰리 포인트Mrs. Macquarie Point 그리고 하버 브리지Harbour Bridge를 건너 밀슨스 포인트Milsons Point와 키리빌리Kirribilli까지 따스한 햇볕뿐 아니라 시원한 바람, 시드니 하버를 드나드는 페리와 크고 작은 크루즈들까지 감상할 수 있다. 중간 너무 힘이 든다면 바랑가루에서 대중교통으로 이용되는 페리를 타고 오페라 하우스나 밀슨스 포인트로 이동할 수도 있다.

2. 런치 크루즈 및 디너 크루즈 즐기기

시드니 하버의 킹 스트리트 와프와 서큘러 키Circular Quay에서는 코스 식사 및 뷔페 식사가 포함된 다양한 크루즈들이 출발한다. 물론 식사가 포함되지 않은 1시간가량의 사이트싱 크루즈도 있지만 선상에서 제공되는 맛있는 식사와 함께 2~3시간의 크루즈를 즐기며 시드니 하버를 감상하다 보면 마치 영화 속 주인공이 된 것 같다.

more & more 알아두면 쓸모있는 크루즈 정보

오스트레일리안 크루즈 그룹 Australian Cruise Group

다양한 맛을 제공하는 뷔페식이 포함된 매지스틱 크루즈Magistic Cruise, 고급스러운 코스 식사와 함께 360 글라스 뷰를 감상할 수 있는 클리어뷰 크루즈Clearview Cruise, 잊지 못할 밤을 선사할 멋진 공연과 식사를 함께 즐길 수 있는 쇼보트 크루즈Showboat Cruise가 런치 및 디너 크루즈로 운영된다.

주소 32 The Promenade Sydney NSW 2000
홈피 www.australiancruisegroup.com.au

캡틴 쿡 크루즈 Captain Cook Cruise

하이티 크루즈, 칵테일 크루즈 및 코스 식사를 제공하는 캡틴쿡 크루즈. 식사가 포함된 크루즈뿐 아니라, 5월에서 10월까지의 겨울 시즌에는 돌고래 왓칭 크루즈도 운영된다.

홈피 www.captaincook.com.au

3. 문화와 역사 탐방

시드니 하버에 위치하고 있는 포트 데니슨Port Denison, 샤크 섬Shark Island, 클락 섬Clark Island, 코카투 섬Cockatoo Island을 포함한 여러 섬들은 호주에서 문화적으로나 역사적으로 매우 중요한 의미를 지니고 있다. 특히 코카투 섬은 유네스코 세계유산 목록에 포함된 11개의 호주 죄수 유적지 중 하나로 대중교통인 페리를 타고 방문하여 섬을 한 바퀴 둘러보거나 유적지를 볼 수 있는 가이드 투어에 참여할 수도 있으며 캠핑을 즐길 수도 있다.

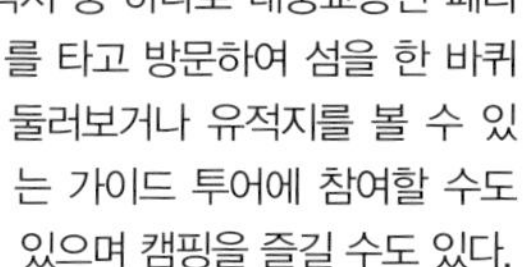

4. 상공에서 즐기는 시드니 하버

가장 비용이 많이 들지만 그만큼 "와우" 포인트가 있는 방법은 헬리콥터 투어와 씨플레인 투어로 상공에서 시드니 하버를 즐기는 것이다. 시드니 공항에서 출발하는 헬리콥터 투어는 약 20분간 비행하며 로즈 베이Rose Bay 터미널에서 출발하는 씨플레인 투어는 약 15분간 비행한다. 본다이 비치Bondi Beach, 하버 브리지, 오페라 하우스 등 하늘에서 바라보는 스펙타큘러한 시드니 하버는 잊지 못할 경험이 될 것이다.

홈피 헬리콥터 투어 www.sydneyhelitours.com.au
씨플레인 투어 www.seaplanes.com.au

달링 하버 & 센트럴

서큘러 키와는 또 다른 매력을 지닌 로맨틱하고 아름다운 달링 하버. 시내 빌딩과 항구가 어우러진 전망을 감상할 수 있는 바, 레스토랑, 카페가 줄지어 있고, 다양한 크루즈가 출발한다. 수족관, 동물원, 마담 투소, 호주 국립 해양 박물관 등 많은 즐길 거리가 있는 이곳은 하루 종일 보내기에도 부족함이 없는 곳이다. 잔잔한 항구를 배경으로 따뜻한 커피 한잔, 시원한 맥주 한잔을 즐기며 힐링해 보자.

☑ to do list

1. 로맨틱한 분위기의 디너 크루즈 타기
2. 달링 하버의 야경과 주말의 불꽃놀이 감상하기
3. 동물원, 마담 투소, 씨 라이프 수족관, 호주 국립 해양 박물관 등 즐기기

달링 하버 & 센트럴
존스터스 베이
Johnstons Bay
피라마 공원
Pirrama Park
Bowman St
John Street Square
The Star
더 스타 시드니
The Star Sydney
피어몬트 베이 공원
Pyrmont Bay Park
Pyrmont Bay
Pyrmont Bay
씨 라이프 시드니 수족관
Sea Life Sydney Aquarium
호주 국립 해양 박물관
Australian National Maritime Museum
팬케이크 온 더 록스
Pancake on the Rocks
피어몬트 브리지
Pyrmont Bridge
Pyrmont St
하버사이드 쇼핑센터
Harbourside Shopping Centre
허리케인스 그릴
Hurricane's Grill
닉스 씨푸드 레스토랑
Nick's Seafood Restaurant
Convention Centre
Harris St
시드니 수산 시장
Sydney Fish Market
Wentworth
해리스 카페 드 휠(달링 하버)
Harry's Cafe de Wheels
달링 하버
Darling Harbour
시드니 컨벤션 센터
텀바롱 공원
Tumbalong Park
피어몬트
Pyrmont
차이니스 가든
Chinese Garden of Friendship
웬트워스 공원
Wentworth Park
Wentworth Park Rd
Wentworth St
시민문화회관
William Henry St
해리스 카페 드 휠(얼티모)
Harry's Cafe de Wheels
글리브 마켓 Glebe Markets
브로드웨이 시드니 Broadway Sydney
Wattle St
얼티모
Ultimo
메리 앤 스트리트 공원
Mary Ann Street Park
Glebe St
테크놀로지 시드니 대학
University of Technology Sydney
UTS 도서관
UTS Library
Ultimo Rd
더 미트 앤 와인 코
The Meat and Wine Co
Grosvenor St
랑 공원
Lang Park
바랑가루
Barangaroo
Wynyard
윈야드 공원
Wynyard Park
Erskine St
George St
와일드 라이프 시드니 동물원
Wildlife Sydney Zoo
마담 투소 시드니
Madame Tussauds Sydney
Kent St
주 시드니 대한민국 영사관
Western Distributor
퀸 빅토리아 빌딩
Queen Victoria Building
Sussex St
Druitt St
시드니 시청
Sydney Town Hall
Town Hall
홈 타이
Home Thai
바이브 호텔 시드니
Vibe Hotel Sydney
월드 스퀘어 쇼핑센터
World Square Shopping Centre
Pier St
서울리아
Seoul Ria Restaurant
Goulburn St
마막 Mamak
그리니치 잉글리시 대학
Greenwich English College
해피 셰프 누들 레스토랑
Happy Chef Noodle Restaurant
챗 타이
Chat Thai
에비스 바 앤 그릴
Yebisu Bar and Grill
차이나타운
Chinatown
해리스 카페 드 휠 (해이 마켓)
Harry's Cafe de Whee
패디스마켓
Peddy's Market
Capitol Square
우체국
연방 정부 사무소
포 파스퇴르
Pho Pasteur
벨모어 공원
Belmore Park
시드니 센트럴
YHA Sydney Central YHA
Pitt St
Central
관광안내소
센트럴 역
Central Station

★★☆ GPS -33.869350, 151.202138

씨 라이프 시드니 수족관 Sea Life Sydney Aquarium

물고기뿐만 아니라 상어, 펭귄 등 다양한 해양 생물을 만날 수 있는 곳. 그레이트 배리어 리프 테마 전시관에서 산호초와 애니메이션에 등장할 것만 같은 니모 등 호주에 서식하는 해양 생물들을 관찰할 수 있다. 또한 이곳에는 다른 수족관에서 보기 힘든 듀공Dugong이 있으니 놓치지 말자.

주소 1-5 Wheat Rd, Sydney NSW 2000
위치 시드니 시청에서 도보 약 10분
운영 09:00~17:00(마지막 입장 16:00)
요금 성인 A$53, 아동 A$38
홈피 sydneyaquarium.com.au

천연기념물 듀공과 인사해~!

듀공은 몸 길이 약 3m의 바다소목 포유류로, 덩치는 크지만 순한 초식 동물이다. 고기는 물론 기름, 가죽 등 활용도가 많아 무분별하게 포획됐고, 현재는 전 세계에 몇백 마리밖에 남지 않은 천연기념물이다. 긴 꼬리지느러미의 신비로운 모습 덕분에 인어 전설의 주인공이 되기도 했다. 씨 라이프 수족관에서는 듀공을 해저터널 안에서 만나볼 수 있다. 먹이인 양상추를 물고 다니거나 장난감을 가지고 노는 귀여운 모습을 볼 수 있으므로 놓치지 말자!

★★☆ GPS -33.869324, 151.201778

마담 투소 시드니 Madame Tussauds Sydney

세계 곳곳에 있는 밀랍인형 전시관인 마담 투소가 시드니에도 있다. 호주의 유명 배우, 운동선수는 물론 할리우드 스타, 정치인까지 만날 수 있으니 함께 사진을 찍어보자. 특히 시드니의 마담 투소에는 호주의 '국민 배우'인 니콜 키드먼 등 호주인들이 사랑하는 여러 유명인사 인형이 있다. 아이들과 함께하는 여행이라면 추천! 여행사에서 판매하는 어트랙션 콤보 이용권으로 더 저렴하게 이용할 수 있다.

주소 1-5 Wheat Rd, Sydney NSW 2000
위치 시드니 시청에서 도보 약 10분
운영 10:00~17:00
요금 성인 A$50, 아동 A$36
홈피 www.madametussauds.com/sydney/

★★★

GPS -33.869155, 151.201692

와일드라이프 시드니 동물원 Wildlife Sydney Zoo

시드니 시내 한가운데에 위치해 있는 동물원이다. 접근성이 좋으니 일정상 교외의 동물원을 방문하지 못한다면 이곳으로 가자. 규모는 그리 크지 않지만 호주 대표 동물인 코알라, 캥거루는 물론 열대 우림의 동물과 악어까지 있어 볼거리는 쏠쏠하다.

주소 1-5 Wheat Rd, Sydney NSW 2000
위치 시드니 시청에서 도보 약 10분
운영 10:00~17:00 (마지막 입장 16:00)
요금 성인 A$50, 아동 A$36
전화 02 9333 9200
홈피 wildlifesydney.com.au

★★☆

GPS -33.869135, 151.198623

호주 국립 해양 박물관 Australian National Maritime Museum

씨 라이프 시드니 수족관에서 피어몬트 브리지를 건너면 국립 해양 박물관이 나온다. 호주에서 가장 오래된 항구 도시인 시드니의 해양 역사가 전시되어 있으며, 정박되어 있는 군함 내부도 둘러볼 수 있다. 바다에서 수거된 폐기물로 만들어진 장식품, 멸종 위기에 처한 상어를 상징하는 전시물 등도 있어 환경 보호에 대한 경각심을 불러일으킨다. 아이들과 함께하면 더 좋은 박물관이다.

주소 2 Murray St, Sydney NSW 2000
위치 시드니 시청에서 도보 약 10분
운영 10:00~16:00
요금 무료(특별 전시회 제외)
전화 02 9298 3777
홈피 sea.museum

Tip | 피어몬트 브리지

시드니 시내에서 피어몬트로 가는 지름길이며, 일몰과 불꽃놀이를 감상하기 좋은 포인트이다. '스윙 브리지'로 간혹 다리가 회전해 열리는 모습을 볼 수 있다.

★☆☆ GPS -33.882759, 151.206899

시드니 센트럴 역 Sydney Central Station

시드니 교통의 중심이 되는 곳으로, 한국의 서울역과 같이 사람이 많고 복잡한 역이다. 다양한 노선의 기차와 버스가 출도착하며 시드니 공항과도 연결돼 있다. 고풍스러운 시계탑 덕분에 멀리서도 눈에 띈다.

주소 Railway Colonnade Dr, Haymarket NSW 2000
위치 해이 마켓 근처

★☆☆ GPS -33.867922, 151.195415

더 스타 시드니 카지노 The Star Sydney Casino

달링 하버에서 피어몬트 브리지를 건너 국립 해양 박물관의 뒤편인 피어몬트 지역으로 가면 더 스타 시드니 카지노가 있다. 거대한 규모의 건물에 카지노는 물론 호텔, 다양한 음식점 등이 위치해 있으니 들러보자. 카지노를 방문할 예정이라면 반바지나 너무 편한 신발은 삼가야 한다.

주소 20-80 Pyrmont St, Pyrmont NSW 2009
위치 피어몬트 베이 공원 근처
운영 각 상점별로 상이
전화 1800 700 700
홈피 www.star.com.au/sydney

★☆☆ GPS -33.872716, 151.192626

시드니 수산 시장 Sydney Fish Market

SYDNEY FISH MARKET

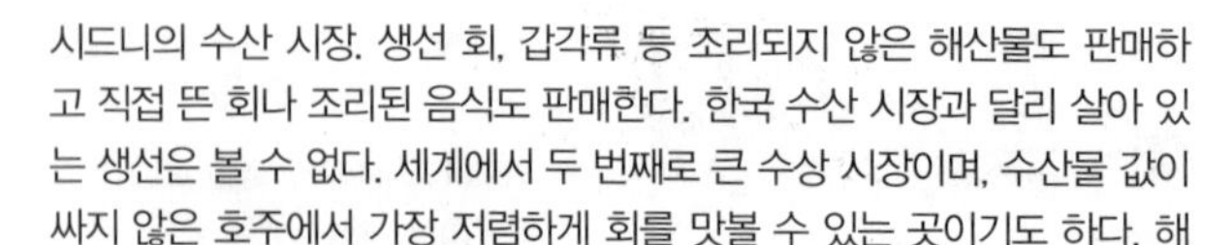

시드니의 수산 시장. 생선 회, 갑각류 등 조리되지 않은 해산물도 판매하고 직접 뜬 회나 조리된 음식도 판매한다. 한국 수산 시장과 달리 살아 있는 생선은 볼 수 없다. 세계에서 두 번째로 큰 수상 시장이며, 수산물 값이 싸지 않은 호주에서 가장 저렴하게 회를 맛볼 수 있는 곳이기도 하다. 해산물 손질법을 알려주는 '시푸드 스쿨'이 열리기도 하므로, 현지 시장을 둘러보고 싶을 때나 해산물이 먹고 싶을 때 가볍게 들러보자. 자유롭게 페리를 타고 내리며 여행하는 홉 온 홉 오프Hop on Hop off 패스 루트에도 포함되어 있다.

주소 Corner Pyrmont Bridge Rd &, Bank St, Sydney NSW 2009
위치 웬트워스 공원 근처
운영 07:00~16:00(크리스마스 휴무)
금액 연어 회 1팩 A$28
전화 02 9004 1100
메일 reception@sydneyfishmarket.com.au
홈피 www.sydneyfishmarket.com.au

★☆☆ GPS -33.876332, 151.202789

차이니스 가든 Chinese Garden of Friendship

1988년에 체결된 시드니와 중국 광저우의 자매결연을 기념하기 위해 지어진 곳으로 도교의 원리인 음양 이론과 땅, 불, 물, 나무, 금의 5가지 속성을 골고루 조화시켜 중국 현지의 건축가가 직접 디자인하고 건축했다.

주소 Pier St Cnr Harbour St, Darling Harbour NSW 2000
위치 달링 하버
운영 10:00~17:00(부활절 금요일, 크리스마스 휴무)
요금 성인 A$12, 아동 A$8
전화 02 9240 8888

★☆☆ GPS -33.878837, 151.204553

차이나타운 Chinatown

훠궈, 마라샹궈, 딤섬 등을 판매하는 중국 음식점이 많다. 또 늦은 시간까지 영업하는 곳도 많은 편이다. 익숙한 중화요리나 국물요리가 먹고 싶어질 때 이곳을 찾자! 주변에 기념품을 구입할 수 있는 패디스 마켓 등 쇼핑할 곳도 많으니 두 눈을 크게 뜨고 돌아다닐 것!

주소 82/84 Dixon St, Haymarket NSW 2000
위치 텀바롱 공원에서 도보 약 6분

Special Tour

지금 바로! 시드니의 가장 힙한 곳

다양한 볼거리로 유명한 시드니지만 때로는 관광객의 발길이 적은 곳, 현지인들에게 가장 유행인 곳에 가고 싶을 때가 있다. 왁자지껄한 청춘으로 빛나는 대학가를 걸어보고, 힙한 카페에서 브런치를 즐기거나 커피를 마셔보자. 특별한 일 없어도 모든 것이 특별한, 기억에 남는 하루가 될 것이다.

브로드웨이 시드니 & 글리브 Broadway Sydney & Glebe

브로드웨이 쇼핑센터에는 대규모 할인 매장, 슈퍼마켓과 전자제품, 의류, 침구류, 문구류, 의약품 등을 판매하는 상점들이 들어서 있고, 일식, 이탈리안, 브라질리안, 멕시칸 등 다양한 나라의 음식을 판매하는 레스토랑과 푸드 코트가 있어 쇼핑과 맛있는 음식을 즐기기 제격이다. 위치상 시드니 대학과도 가까워 하루에 같이 둘러보기 좋다.

호주 최고의 대학이 바로 앞에 있는 쇼핑센터 근처의 글리브 포인트 로드에는 다양한 맛집과 독특한 콘셉트의 카페 및 편집 숍이 많아 호주 젊은이들의 감성을 느껴볼 수 있다.

또한 토요일마다 글리브 마켓이 들어서는데, 유니크하면서도 저렴한 아이템을 판매하므로 여행을 특별하게 만들어줄 기념품을 득템하기 좋다. 타운 홀 역 기준으로 도보 약 25분, 버스를 이용하면 약 15분이 소요된다.

브로드웨이 시드니 Broadway Sydney

주소 1 Bay St, Ultimo NSW 2007
위치 울티모 내
운영 월~수·금 10:00~19:00,
목 10:00~21:00,
토 09:00~18:00,
일 10:00~18:00
전화 02 8398 5620
홈피 www.broadwaysydney.com.au

시드니 대학 The University of Sydney

주소 Camperdown NSW 2006
위치 캠퍼다운
홈피 www.sydney.edu.au

글리브 마켓 Glebe Markets

주소 Derby Place, Glebe Point Rd, Glebe NSW 2037
위치 글리브 중심
운영 토 10:00~16:00(월~금요일 휴무)
전화 02 9999 2226
메일 david@glebemarkets.com.au
홈피 www.organicfoodmarkets.com.au

분위기 좋은 브런치 카페, 개성 있는 원두를 사용하는 카페, 의류부터 전자기기까지 다양한 물건을 판매하는 스트리트 마켓, 독특하고 매력적인 디자인의 의상을 판매하는 편집 숍 등 볼거리와 즐길 거리가 넘쳐나는 곳이다. '시드니의 가로수길'이라 불릴 정도로 젊은 층에게 특히 인기가 많은 지역. 시내에서 가깝고, 대중교통 중 기차로 쉽게 갈 수 있다. 타운 홀 역에서 세 정거장으로 약 10분, 센트럴 역에서 두 정거장으로 약 5분 정도 소요된다.
뉴타운은 '캄포스 커피'라는 카페로도 유명하다. 산미가 강하고 깊은 맛의 원두가 인기 있어 시드니의 많은 카페에서 원두를 받아 사용할 정도이다. 캄포스 커피의 본점이 이곳에 있으니 뉴타운에 왔다면 꼭 들러보자. 아이스크림 위에 에스프레소 샷을 끼얹은 아포가토가 유명하니 한번 맛보는 것을 추천한다.

캄포스 커피 Campos Coffee Newtown

주소 193 Missenden Rd, Newtown NSW 2042
위치 뉴타운 내
운영 월~금 07:00~16:00, 토 08:00~17:00, 일 08:00~16:00
요금 롱블랙 A$4.5
전화 02 9516 3361
홈피 camposcoffee.com

Tip | 그래피티 포토 스폿!

'힙스터'가 많이 찾는 동네인 만큼 뉴타운에는 감각적인 그래피티도 많은 편이다. 자유분방한 매력의 그래피티를 찾아다니는 취미가 있다면, 혹은 근사한 배경 앞에서 멋진 사진을 찍고 싶다면 이곳을 찾자.

바랑가루 Barangaroo

시드니 시내 중에서도 개발되지 않고 있던 마지막 황무지가 모던한 건물들로 180도 변신했다. 바랑가루는 최근 시드니에서 가장 힙한 동네이다. 현재는 각각 217m, 178m, 168m에 이르는 세 개의 인터네셔널 타워가 세워져 있으며 건물 아래쪽에는 다양한 레스토랑과 상점으로 언제나 인산인해를 이루고 있다.

최근 페리 터미널이 새롭게 설치되어 달링 하버로 바로 들어가던 페리 이용자들이 항상 이곳을 거치게 되었다. 현재 바랑가루 리저브와 연결되는 지역에 멜버른의 크라운 카지노 소속의 건물이 5성급 호텔로 오픈했다. 크라운 호텔에서부터 서큘러 키까지 해안 길을 따라 산책로가 멋지게 완성되어 많은 사람의 발길을 이끈다.

위치 원야드Wynyard 역에서 도보로 약 10분
홈피 www.barangaroo.com

Tip | 호주의 날 Australia Day

'호주의 날'인 1월 26일은 아서 필립Ather Phillip이 시드니에 도착한 날로, 호주라는 국가의 시작을 기념하는 국경일이다. 하지만 평화로웠던 원주민들의 땅을 일방적으로 약탈한 날이라는 의견도 존재한다. 원주민에 대한 인식을 바로잡는 기념행사 중 하나인 'Wugulora Indigenous Morning Ceremony'가 호주의 날 아침, 바랑가루에서 가장 먼저 시작된다. 이 행사는 땅과 인간에게서 나쁜 기운을 떨쳐내기 위한 호주 원주민들의 의식에서 비롯됐다.

서리 힐 & 옥스포드 스트리트 Surry Hills & Oxford Street

센트럴 역을 경계로 시내의 반대쪽에 위치하고 있는 구도심이다. 자유분방한 LGBTQ의 천국답게 곳곳에 다양하고 재미있는 콘셉트의 상점과 카페, 레스토랑이 숨어 있어 찾는 재미를 느낄 수 있다. 구도심 지역이기 때문에 모던하고 높은 건물보다는 전통적이고 낮은 높이의 건물들이 늘어서 있어, 시내와는 또 다른 느낌을 준다. 매년 2월 말에서 3월 초 사이에는 옥스포드 스트리트를 중심으로 마디 그라 퍼레이드가 개최되어, 축제를 즐기려는 수많은 관광객과 현지인으로 발 디딜 틈이 없을 정도이다.

마디 그라 Madi Gras
위치 옥스포드 스트리트
운영 매년 2월 말~3월 초
홈피 www.mardigras.org.au

more & more 시드니 게이 앤 레즈비언 마디 그라 Sydney Gay and Lesbian Mardi Gras

2월 말~3월 초에 열리는 '시드니 게이 앤 레즈비언 마디 그라'는 동성애자만을 위한 축제라기보다 국적, 성별 가릴 것 없이 남녀노소 모두가 함께 즐기는 화끈한 축제이다. 시작은 시드니의 동성애자와 트랜스젠더가 동성애 차별법에 대항하기 위한 것이었으나 1994년, ABC 방송국에서 마디 그라 퍼레이드를 호주 전역으로 방송한 것이 이슈가 되었다. 이를 계기로 시드니의 관광 수입이 늘어났고, 시드니 주민과 단체, 지방의회가 후원하기 시작하면서 세계적인 축제로 발전했다.
축제 기간 동안 전시, 영화제, 콘서트 등 여러 가지 행사가 시드니의 낮과 밤을 뜨겁게 달구지만, 하이라이트는 마지막 날에 열리는 퍼레이드! 세계 각국의 사람들이 그들을 상징하는 무지개 깃발과 함께 다양한 콘셉트로 무장하고 옥스퍼드 스트리트에서 퍼레이드를 진행한다. 시드니 시내의 하이드 공원과 옥스퍼드 스트리트가 만나는 곳에서 시작되며, 퍼레이드 한두 시간 전부터 자리를 잡고 기다리는 것이 좋다. 물론 편견과 차별을 버리고 오픈 마인드로 함께 즐기는 것이 마디 그라 축제를 즐기는 진정한 방법이다.

GPS -33.877419, 151.205467

서울리아 Seoul Ria Restaurant

호주여행 중 한국 음식이 그립다면 한국 교민과 현지 로컬들 모두가 좋아하는 곳, 서울리아로 가보자. 다양한 찌개 메뉴부터 요리, 전골, 바비큐까지 타국이지만 한국의 맛을 느껴볼 수 있다.

주소 Level 2, 605-609 George St, Sydney NSW 2000
위치 시드니 시내 월드스퀘어에서 도보 2분
운영 11:30~22:30
요금 삼겹살 A$24, 김치찌개 A$24
전화 02 9269 0222
홈피 www.kpos.com.au/seoulria

©Seoul Ria Restaurant

GPS -33.877499, 151.204179

마막 Mamak

시드니 시청 쪽에서 차이나타운 입구를 바라봤을 때 사람들이 줄을 서 있는 곳이 보이면 그곳이 유명한 말레이시아 전문 식당 마막이다. 어느 시간에 가도 말레이시아 전통 로띠를 먹기 위해 기다리는 사람들로 인산인해를 이룬다.

주소 15 Goulburn St, Sydney NSW 2000
위치 차이나타운 입구
운영 월~목 11:30~14:30, 17:30~22:00,
금~토 11:30~24:00, 일 11:30~22:00
요금 로띠 카나이(기본) A$10 전화 02 9211 1668
홈피 mamak.com.au

GPS -33.877977, 151.204512

해피 셰프 누들 레스토랑 Happy Chef Noodle Restaurant

차이나타운 중심의 서섹스 센터 푸드 코트에 위치해 있다. 락사에서부터 싱가폴 누들까지 동남아시아 각국의 다양한 국수 요리를 저렴한 가격에 맛볼 수 있다.

주소 f3/401 Sussex St, Haymarket NSW 2000
위치 차이나타운 중심
운영 10:00~20:00
요금 해물 만두 국수 A$24.2 전화 02 9281 5832

GPS -33.878892, 151.206406

챗 타이 Chat Thai

캐피탈 스퀘어가 있는 캠벨 스트리트는 태국 관련 상점과 식당이 모여 있어 '타이타운'으로 불린다. 이곳에 위치한 챗 타이 본점은 저렴한 가격과 맛으로 문전성시를 이룬다. 시내와 서큘러 키에도 지점이 오픈하여 현지인들의 사랑을 듬뿍 받고 있다.

주소 20 Campbell St, Haymarket NSW 2000
위치 시드니 시청에서 도보 약 9분
운영 일~목 10:00~21:30, 금~토 10:00~22:00
요금 팟 타이 A$21, 쏨 땀 타이 A$20
전화 02 9211 1808 **홈피** chatthai.com.au

GPS -33.874311, 151.204197

홈 타이 Home Thai

시드니 중심에 위치한 또 다른 태국 음식 레스토랑으로 이곳도 항상 줄을 서서 기다리는 사람들로 가득하다. 정통 태국 레스토랑이라기보다는 말레이시아와 중국 남부 지역의 풍미가 가미된 음식을 제공한다.

주소 Shop 1/2/299 Sussex St, Sydney NSW 2000
위치 시드니 시청에서 도보 약 3분
운영 11:00~20:30
요금 그린 커리 치킨 A$16, 똠얌 해물 국수 A$19
전화 02 9261 5058 **홈피** homethai.net.au

GPS -33.880546, 151.204659

포 파스퇴르 Pho Pasteur

맛있기로 소문난 베트남 쌀국수 전문점으로, 저렴한 가격에 쌀국수뿐만 아니라 다양한 베트남 음식을 맛볼 수 있다. 차이나타운 근처 조지 스트리트에 위치해 있다.

주소 709 George St, Haymarket NSW 2000
위치 차이나타운 근처 **운영** 10:00~22:00
요금 소고기 쌀국수 스몰 A$15
전화 02 9212 5622

GPS -33.871555, 151.202173

닉스 씨푸드 레스토랑 Nick's Seafood Restaurant

달링 하버 지역에 다양한 레스토랑을 보유한 닉스 그룹을 대표하는 해산물 전문 레스토랑이다. 내부도 넓고 외부 좌석도 있어 식사와 함께 달링 하버 뷰를 즐기기에 좋다. 호주에서 잡힌 싱싱한 해산물을 여유롭게 즐기고 싶다면 추천한다.

주소 The Promenade, Cockle Bay Wharf, Darling Harbour, Sydney NSW 2000
위치 달링 하버에서 도보 5분
운영 월~토 11:30~15:00, 17:00~22:00, 일 11:30~22:00
요금 런치 A$45~ **전화** 1300 989 989
홈피 www.nicksgroup.com.au

에비수 바 앤 그릴 Yebisu Bar and Grill

차이나타운 중심에 위치한 이자카야 스타일의 일식당이다. 마치 일본에 온 것 같은 다양한 그라피티와 모던한 인테리어가 보통의 이자카야와는 다른 느낌을 준다. 내부가 보이는 오픈 키친에서 지글지글 조리되는 닭꼬치를 보고 있자면 주문하지 않을 수가 없을 것이다. 가끔 직원들이 사케 병이 담긴 트롤리를 끌고 다니며, 종을 울려 주문을 받는 재미있는 광경을 볼 수 있다.

주소 Level 1/55 Dixon St, Sydney NSW 2000
위치 차이나타운 중심
운영 17:00~22:00
요금 각종 야키토리 A$4.8~8.8
전화 02 9211 3038
홈피 yebisubargrill.com.au

GPS -33.863371, 151.201742

더 미트 앤 와인 코 The Meat and Wine Co

시드니에서 최근 가장 힙한 곳으로 떠오르고 있는 바랑가루 지역의 스테이크 전문점이다. 이름에 걸맞게 드라이 에이징을 한 다양한 종류의 스테이크와 함께 여러 와인을 맛볼 수 있다. 서큘러 키와 파라마타에도 분점이 있다.

주소 International Towers Sydney, Ground Level, One/100 Barangaroo Ave, Barangaroo NSW 2000
위치 시드니 천문대에서 도보 약 9분
운영 월 17:00~22:00, 화~목·일 12:00~22:00, 금~토 12:00~22:30
요금 럼프 아이 200g A$32
전화 02 8629 8888
홈피 themeatandwineco.com

more & more 호주의 스테이크

호주에 왔다면 호주산 청정우를 맛봐야 한다. 부드럽고 지방이 적은 아이 필렛(안심), 부드러운 지방의 마블링이 감칠맛을 내는 립아이(꽃등심), 안심과 등심을 한 번에 맛볼 수 있는 티본 스테이크, 엄청난 크기를 자랑하는 도끼 모양의 토마호크, 바비큐 소스와 잘 어울리는 립(갈비) 등 어떤 종류를 선택해도 후회 없을 것이다. 신선하고 맛있는 데다 가격까지 착하다!
굽기는 레어, 미디움 레어, 미디움, 미디움 웰던, 웰던 중 원하는 정도를 취향대로 선택해 즐겨보자. 고기의 부드러움과 신선함을 원한다면 레어에 가깝게, 잘 익은 고기가 좋다면 웰던에 가깝게 선택하면 된다.

패디스 마켓 Peddy's Market

차이나타운에 위치해 있으며, 저렴하면서도 다양한 호주의 기념품을 살 수 있는 곳이다. 마켓 시티 쇼핑센터 1층에서 수요일부터 일요일까지 운영되고 있다. 호주 곳곳에서 볼 수 있는 스트리트 마켓의 실내 버전이라고 볼 수도 있지만 수제품보다는 기성품 중심이라는 단점이 있다. 하지만 워낙 많고 다양한 상점들이 있어 시간 가는 줄 모르고 아이 쇼핑을 즐기기에 제격! 특히 주말이면 쇼핑센터 안쪽에서 각종 야채와 과일을 파는 시장이 열리기 때문에 시드니 현지인들의 삶을 엿볼 수 있는 기회가 되기도 한다.

주소 9/13 Hay St, Sydney NSW 2000
위치 차이나타운 중심
운영 수~일 10:00~18:00 (월~화요일 휴무)
전화 02 9325 6200
메일 info@sydneymarkets.com.au
홈피 www.paddysmarkets.com.au

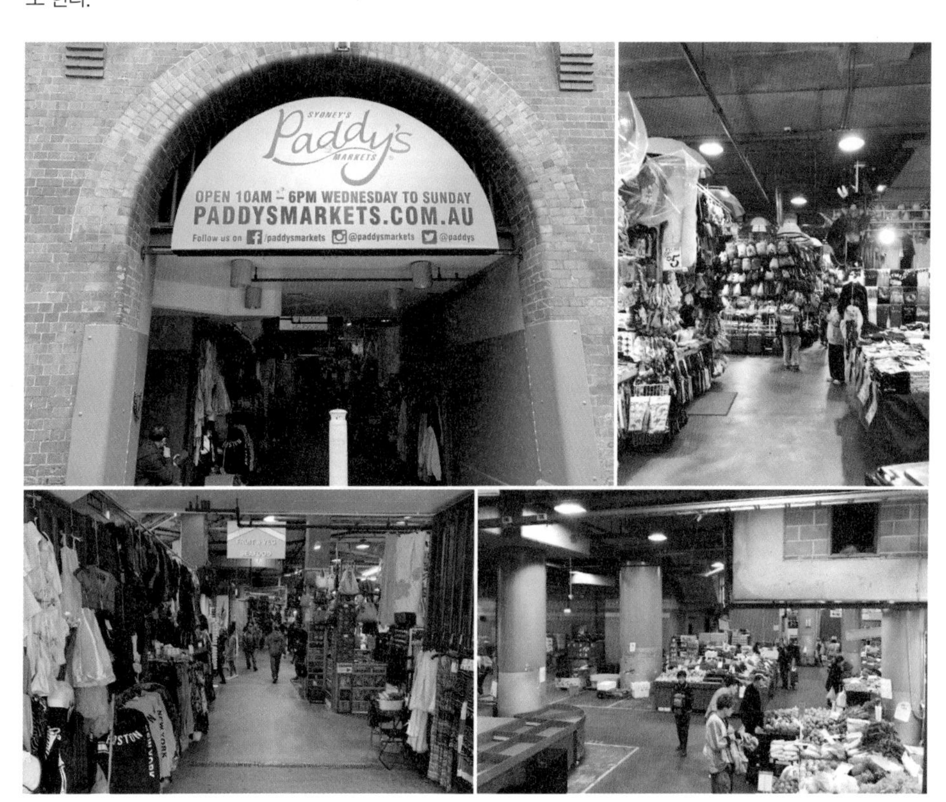

more & more 패디스 마켓만의 아기자기한 기념품 대열전!

간단하고 아기자기한 기념품을 찾고 있다면 패디스 마켓으로 가자. 귀여운 캥거루, 코알라 인형부터 티셔츠, 열쇠고리, 지갑, 액세서리, 머그잔, 접시, 미니어처, 인테리어 소품까지 다양한 기념품을 저렴한 금액에 판매하고 있다. 고급스러운 기념품은 아니지만 여행 후 지인들에게 작은 선물로 주기에는 적합하다.

시드니 비치

시드니 하면 떠오르는 것 중 하나가 파란 하늘 아래 푸른 바다가 아닐까? 파도를 즐기는 서퍼와 뜨거운 태양빛 아래 시원한 음료를 마시며 선텐을 즐기는 시드니 현지인들의 사진을 보고 있자면, 당장이라도 시드니로 떠나고 싶어진다. 시드니는 시내에서 비치가 굉장히 가까워 짧은 여행 중에도 쉽게 비치를 즐길 수 있다. 보기만 해도 가슴이 뻥 뚫리는 시드니의 해변으로 떠나보자.

☑ to do list

1. 초보자도 가능하다! 서핑 레슨 받기
2. 해변에서 바비큐해 먹기
3. 해변을 따라 이어진 산책로를 트레킹~

★★★

GPS -33.891575, 151.276976

본다이 비치 & 쿠지 비치 Bondi Beach & Coogee Beach

세계에서 가장 유명한 비치 중 하나이자 호주 하면 가장 먼저 떠오는 곳이 본다이 비치이다. 시내에서 버스로 약 30분 떨어진 곳에 펼쳐진 넓은 백사장은 많은 현지인의 사랑을 받고 있을 뿐만 아니라 세계 곳곳에서 온 관광객들로 언제나 활력이 넘친다. 원주민 언어로 '바위에 부서지는 파도'라는 뜻의 본다이 비치는 겨울철에도 서핑을 하는 서퍼들이 많은 곳으로, 용기를 내어 서핑에 도전해 보는 것도 좋다.

본다이 비치에서 출발하여 남쪽의 브론테 비치를 지나 쿠지 비치에서 끝나는 2시간가량의 코스탈 워크를 하는 것도 추천한다. 해안선을 따라 바닷가를 천천히 걷다 보면 중간쯤에 그림 같은 공원묘지 지역이 나타난다. 오전에 본다이 비치를 구경하고 코스탈 워크를 마친 후, 조용한 쿠지 비치에서 준비해 간 재료로 바비큐를 해먹는 것도 색다른 경험이 될 것이다.

위치 시드니에서 8km 지점. 333 버스로 약 30분

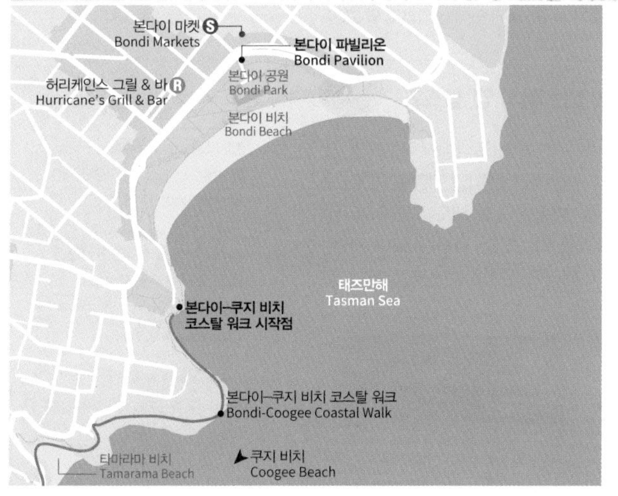

Tip | 코스탈 워크란?

코스탈 워크는 해안선을 따라 닦인 산책로를 걷는 것을 말한다. 바다를 보며 걸으니 상쾌함은 두 배이고, 자연 지형을 따라 울퉁불퉁하고 오르막 내리막이 많으니 운동 효과도 톡톡하다. 가볍게 걷거나 뛰며 만나는 시드니 비치의 풍경은 드라이브하며 보는 풍경과는 다른 느낌으로 다가온다. 날씨 좋은 날, 운동복을 입고 수건과 물병을 챙겨 본다이 비치와 쿠지 비치 구간의 코스탈 워크를 완주하고 시원한 음료를 들이켜보는 건 어떨까? 시드니 현지인처럼 여행해볼 수 있는 기회가 될 것이다.

★★★

GPS -33.789561, 151.287764

맨리 비치 Manly Beach

사람이 입을 벌리고 있는 것 같은 모양인 시드니의 항구는 그 천혜의 조건으로 파도가 항상 조용하고 높지 않아 세계 3대 미항 중 하나가 될 수 있었다. 입구에 해당하는 곳을 각각 북쪽은 노스 헤드, 남쪽은 사우스 헤드라고 하는데, 노스 헤드로 가는 길에 서퍼들의 천국이라 불리는 맨리 비치가 있다. 위치상 장점으로 본다이 비치보다 파도가 좋아 많은 현지 서퍼들이 찾으며, 세계적인 프로의 경기도 이곳에서 열린다. 물이 깊고 맑기에 시내 근처에서 유일하게 스노클링과 스쿠버 다이빙을 즐길 수 있는 스폿이다.

위치 서큘러 키 역에서 페리로 약 20분

★★★

GPS -33.843342, 151.281039

왓슨스 베이 Watsons Bay

사우스 헤드가 있는 왓슨스 베이에는 1885년부터 영업을 시작한 피시 앤 칩스 맛집인 도일스Doyles가 있다. 맨리 비치와 왓슨스 베이는 페리로 오갈 수 있으며 홉 온 홉 오프도 있어 반나절씩 두 곳을 동시에 보는 것도 추천할 만하다.

위치 서큘러 키 역에서 페리로 약 25분

more & more 시드니에서 가장 맛있는 피시 앤 칩스?

도일스 온 더 비치Doyles on the Beach Restaurant는 시드니에서 피시 앤 칩스 맛집으로 손꼽히는 레스토랑으로, 관광객과 현지인 대부분이 이곳의 음식을 먹기 위해서 왓슨스 베이를 방문한다고 해도 과언이 아닐 정도! 조금 비싼 편이지만 원조 가게에서 먹는다는 기쁨이 크다. 이곳의 해산물은 신선함을 주 무기로 한다. 페리가 정박하는 선착장에는 조금 저렴한 가격에 테이크아웃해 주는 전문점이 있어 빠른 서비스를 제공하며, 내부에는 음식을 먹고 갈 수 있는 테이블이 있으니 편한 대로 선택하자.

주소 11 Marine Parade, Watsons Bay NSW 2030
위치 왓슨스 베이 근처
운영 12:00~21:00
요금 피시 앤 칩스 A$49.5~52.5, 테이크아웃 A$19.9~
전화 02 9337 2007
홈피 doyles.com.au

GPS -33.890693, 151.282862

서핑 Surfing

본다이 비치, 맨리 비치 등 시드니의 유명한 해변에 가면 서퍼들을 쉽게 볼 수 있다. 부서지는 파도에 몸을 맡기고 자유롭게 서핑하는 모습을 보면 한 번쯤 서핑에 도전하고 싶다는 생각이 들 것이다. 본다이 비치에서 초보자 서핑 레슨을 받을 수 있다. 레슨은 2시간 동안 진행되고, 서핑을 처음 해보는 사람도 참여할 수 있다.

렛츠고 서핑 Lets Go Surfing

주소 128 Ramsgate Ave, North Bondi NSW 2026
위치 본다이 비치
운영 09:00~17:00
요금 2시간 서핑 레슨 A$119~
전화 02 9365 1800
홈피 letsgosurfing.com.au

GPS -33.655441, 151.318577

스노클링 Snokling

맑고 깨끗한 바다가 있는 시드니는 스노클링을 하기 제격이다. 특히 맨리 비치가 스노클링하기 좋으니 장비를 챙기거나 빌려 귀여운 물고기들을 만나보자. 현지인 가이드와 함께 스노클링 투어를 할 수도 있다.

에코트레저 Ecotreasures

위치 맨리 비치
운영 08:00~18:00
요금 A$79~
전화 04 15 12 1 648
메일 info@ecotreasures.com.au
홈피 www.ecotreasures.com.au

GPS -33.885857, 151.275044

허리케인스 그릴 & 바 Hurricane's Grill & Bar Bondi Beach

립으로 유명한 허리케인 그룹의 본점으로, 그 전설이 시작된 곳이다. 세계 육류 소비량 1위인 호주에서도 손꼽히는 곳이므로, 호주의 정통 스테이크가 먹고 싶다면 추천한다. 평일에도 줄을 서서 기다리는 경우가 많으니 달링 하버와 서큘러 키 지점을 대신 방문해 보는 것도 좋다.

주소 130 Roscoe St Bondi Beach, Sydney NSW 2026
위치 본다이 비치 앞
운영 **월~목** 12:00~15:00, 17:00~21:00
금~토 12:00~15:00, 17:00~22:00
일 12:00~21:00
요금 비프/램/포크 립 하프 렉 A$48
전화 02 9130 7101
홈피 www.hurricanesgrillandbar.com.au

시드니 근교

시드니 시내에서 몇 시간 달리면 때 묻지 않은 아름다운 야생이 나타난다. 주라기 시대의 원시림이 보존된 블루 마운틴, 모래 사막과 바다가 공존하는 듯한 포트 스티븐스, 돌 사이로 솟구치는 듯 신비한 블로우 홀이 있는 울릉공 등. 천혜의 자연 속으로 시드니 근교 여행을 떠나보자.

☑ to do list

1. 블루 마운틴에서 궤도열차+케이블카를 타고 산림욕하기
2. 포트 스티븐스에서 야생 돌고래를 관찰하고 인사하기
3. 애나 베이에서 모래 썰매 즐기기

넬슨 베이
Nelson Bay
포트 스티븐스
Port Stephens
헌터 밸리
Hunter Valley
오크베일 와일드라이프 공원
Oakvale Wildlife Park
애나 베이
Anna Bay
울레미 국립공원
Wollemi National Park
뉴캐슬
Newcastle
옝고 국립공원
Yengo National Park
블루 마운틴 국립공원
Blue Mountains National Park
센트럴 코스트
Central Coast
블루 마운틴 전망대
Echo Point lookout
시닉 월드
Scenic World
웬트워스 폭포
Wentworth Falls
호주 렙타일 공원
Australian Reptile Park
맨리 비치
Manly Beach
iFly 다운언더
iFly Downunder
(실내 스카이다이빙)
페더데일 와일드라이프 공원
Featherdale Wildlife Park
시드니
Sydney
도일스 온 더 비치
Doyles on the Beach Restaurant
왓슨스 베이 Watsons Bay
카낭그라-보이드 국립공원
Kanangra-Boyd National Park
본다이 비치 Bondi Beach
시드니 공항
Sydney Airport
허리케인스 그릴 & 바
Hurricane's Grill & Bah
쿠지 비치
Coogee Beach
로얄 국립공원
Royal National Park
캠벨타운
Campbelltown
울룽공 전망대
Bald Hill Lookout
나타이 국립공원
Nattai National Park
사우스 퍼시픽 오션
South Pacific Ocean
울룽공
Wollongong
남천사
Nan Tien Temple
블로우 홀
Blowwhole
캔버라
Canberra

N

시드니 근교

★★☆ GPS -32.723048, 152.143444

포트 스티븐스 Port Stephens

시드니 시내에서 북쪽으로 약 3시간 동안 차를 타고 가면 포트 스티븐스에 도착한다. 포트 스티븐스는 항구 도시로, 뉴사우스웨일스 주의 많은 휴양지 중에서도 단연 으뜸으로 손꼽히는 곳이다.
포트 스티븐스는 넬슨 베이Nelson Bay, 애나 베이Anna Bay, 핀갈 베이Fingal Bay, 숄 베이Shoal Bay, 샐러맨더 베이Salamander Bay, 타닐바 베이Tanilba Bay, 윌리엄스타운Williamstown, 레이먼드 테라스Raymond Terrace, 카루아Karuah 등 9개 구역으로 나뉘며 휴양지로 유명한 만큼 지역마다 호텔과 리조트가 잘 마련되어 있다. 가장 인기 있는 장소는 넬슨 베이와 애나 베이로, 금빛 모래의 해변과 크리스털 같이 맑고 깨끗한 바다, 높고 푸른 하늘이 최고의 휴양지로 꼽히는 이유이다. 대중교통으로는 여행하기 어려우며, 일일 투어 또는 렌터카로 여행할 수 있다.

위치 시드니에서 200km 지점. 차량으로 약 2시간 30분

문섀도 크루즈 Moonshadow Cruises
(돌고래 크루즈+모래 썰매 콤보 판매처)
주소 3/35 Stockton St, Nelson Bay, NSW 2315
운영 월~토 08:00~17:00, 일 08:00~14:00
요금 **1.5시간 돌고래 왓칭 크루즈** 성인 A$40, 아동A$25
전화 02 4984 9388
메일 info@moonshadow-tqc.com.au
홈피 moonshadow-tqc.com.au

▶▶ 넬슨 베이(돌고래 관찰 크루즈) Nelson Bay

넬슨 베이 항구에서 출발해 약 1시간 30분 동안 야생 돌고래를 관찰하고 돌아오는 크루즈는 오전에 1회, 오후에 1회 출발한다. 넬슨 베이에는 자연이 만들어놓은 방파제 덕분에 높은 파도가 일지 않아 약 70마리 이상의 병코돌고래가 서식하고 있다. 따라서 운이 좋은 날이면 병코돌고래가 크루즈 앞과 옆으로 춤을 추듯 놀고 바닷물 위로 점프 실력을 뽐내는 모습까지 볼 수 있다. 또한, 매년 5월 말~11월 초에는 남극으로 이동하는 혹등고래를 관찰할 수 있다. 혹등고래는 고래류에서도 대형 고래로 분류되는데, 보통 단독 또는 2~3마리가 함께 이동한다. 새끼 고래를 보는 행운을 누릴 수도 있으니 호주에 왔다면 이 기회를 놓치지 말자.
크루즈에는 '붐넷'이 있는데, 축구골대처럼 생긴 그물을 크루즈 뒤편에 달아 놓은 것이다. 여름철에는 이 붐넷을 바닷속으로 내려주기 때문에 바다 한가운데에서 안전하게 수영할 수 있다.

바다 한가운데에서 수영을 즐길 수 있는 붐넷

▶▶ 포트 스티븐스 코알라 보호구역 Port Stephens Koala Sanctuary

포트 스티븐스 코알라 보호구역은 아프거나 사고를 당해 엄마를 잃어 스스로 자립하기 힘든 야생 코알라들의 장기적인 치료 및 재활과 보존을 위해 오픈하였으며 방문객들은 해당 치료를 마치고 자연 서식지와 동일한 환경에서 재활을 하며 야생으로 돌아갈 준비를 하는 코알라들을 볼 수 있는 독특한 기회를 만끽할 수 있다. 특히, 코알라 보호구역 내에 마련된 글램핑 텐트에서의 숙박은 자연으로의 휴식 뿐 아니라 코알라와 함께 맞이하는 아침과 같은 잊을 수 없는 경험을 선사한다.

주소 562 Gan Gan Rd, One Mile NSW, 2316
운영 09:00~17:00 (마지막입장 16:00)
요금 성인 A$28, 아동 A$15 **전화** 02 4988 0800
메일 koalasanctuary@portstephens.nsw.gov.au
홈피 www.portstephenskoalasanctuary.com.au

▶▶ 애나 베이(모래 썰매) Anna Bay

포트 스티븐스의 남쪽에 위치한 애나 베이는 스릴감 넘치는 모래언덕으로 유명하다. 애나 베이에서 시작되는 스톡턴 만 모래언덕Stockton Bight Sand Dunes은 바닷바람에 날려 온 모래가 쌓여 형성된 지역인데 폭 1km, 길이 32km에 이르고, 가장 높은 언덕은 40m에 가깝다. 호주에서도 가장 큰 모래언덕인 이곳에서 즐기는 짜릿한 모래 썰매는 남녀노소 할 것 없이 모두가 좋아하며 그 외에도 사륜구동 오토바이, 승마, 낙타 타기 등이 또 다른 즐거움을 선사한다. 일반 차량은 사구 안으로 들어갈 수 없어 사륜구동차량을 타야 하며, 모래 썰매 입장권에 사구로 들어가는 사륜구동차 탑승권이 포함되어 있다. 사구 한가운데로 사륜구동차를 타고 들어가는 길 역시 짧지만 울퉁불퉁해 스릴 있는 편!

Tip 1 | 포트 스티븐스를 여행하는 다양한 방법

일일 투어로 여행하기
대부분의 일일 투어가 오전에 돌고래 관찰 크루즈에 참여하고, 오후에 모래 썰매 체험을 하는 일정으로 진행된다(또는 그 반대로). 붐넷을 이용할 시 수영복과 수건을 꼭 챙겨야 한다. 모래 썰매를 타야 하니 편안한 복장으로 투어에 참여하자(썰매는 맨발로 타니 신발은 편한 것이면 된다).

렌터카 또는 대중교통으로 여행하기
돌고래 크루즈+모래 썰매 콤보 입장권을 직접 구매할 수 있다. 돌고래 관찰 크루즈가 출발하는 넬슨 베이, 모래 썰매를 타는 애나 베이에 모두 식당이 있으니 점심 식사는 두 곳 중 한 곳에서 하면 된다. 일정에 여유가 있다면 가까운 동물원도 함께 방문해 보자. 오크베일 농장식 동물원Oakvale Farm, 렙타일 공원Reptile Park이 거리상 하루에 함께 다녀오기 좋다.

Tip 2 | 모래 썰매 타는 법

1 모래사구를 열심히 올라간다.
2 모래가 얼굴에 튀지 않도록 선글라스와 마스크를 착용한다.
3 발뒤꿈치를 패들의 지지대에 걸친다.
4 무릎은 오므리고, 양팔은 뒤로 뻗어 무게중심이 뒤쪽으로 향하게 한다.
5 패들을 타고 내려간다.
6 보드에 양초를 바르면 더 잘 미끄러진다.

★★★

GPS -32.727406, 151.260559

헌터 밸리 Hunter Valley

시드니 근교 와인 산지인 헌터 밸리에는 다양한 셀러 도어와 포도밭이 있다. 와인을 품종별로 테이스팅해 보고, 와인 제조 과정을 배우고, 메뉴에 어울리는 와인을 곁들여 식사하는 등 말 그대로 '와인 투어'하기에 딱이다. 일일 투어로 방문할 시 대부분 3~5군데의 와이너리에 들러 생산하는 와인 각각의 특징을 배우고, 시음해 보는 일정으로 진행된다. 와이너리들은 투어 업체뿐 아니라 일반 여행자에게도 개방돼 있으니 개별적으로 렌터카를 이용해 방문해도 된다. 와인 테이스팅 금액은 무료인 곳도 있지만 대부분이 요금을 받는다(평균 1인당 A$5). 시드니 시내에서는 기차를 타고 뉴캐슬까지 이동한 후, 뉴캐슬에서 연결된 버스로 헌터 밸리까지 이동할 수 있지만 대중교통으로는 당일치기로 다녀오기 어렵기 때문에 헌터 밸리에서의 1박 이상을 권한다.

위치 시드니에서 150km 지점. 차량으로 약 2시간 30분

more & more 헌터 밸리의 대표 와이너리

헌터 밸리에는 수많은 와이너리가 있지만, 그중에서도 특징적인 곳을 콕콕 골라봤다. 취향에 맞춰 선택해 보자.

❶ 린드만스 와이너리
Lindmans Winery
와인뿐 아니라 맥주 등 호주에서 소비되는 술 생산에 많은 부분을 기여하고 있다.

❷ 빔바젠 에스테이트
Bimbadgen Estate
아름다운 포도 농장의 모습과 멋진 공연까지 함께 즐길 수 있는 곳.

❸ 윈드햄 에스테이트
Wyndham Estate
쉬라즈 와인의 탄생지이자 포도 농장에서 펼쳐지는 오페라를 즐길 수 있는 곳이다.

❹ 맥구아간 와이너리
McGuigan Winery
다양한 수상 경력을 자랑하는 곳이 믿음 간다면!

❺ 맥윌리엄스 마운트 프레젠트 에스테이트
McWilliams Mt. Pleasant Estate
청포도 품종인 '세미용'으로 만든 와인이 세계적으로 유명하다.

★★☆

울릉공 Wollongong

호주 원주민어로 '바다의 소리'라는 뜻을 가진 울릉공은 작은 해안 마을이다. 드라이브 코스 옆으로 펼쳐진 아름다운 바다와 이동 중 볼 수 있는 하얀 등대가 인상적이다. 볼드 힐Bald Hill 전망대는 '행글라이드 포인트'라고도 불리는데 아름다운 바다 풍경을 볼 수 있고, 바람이 좋아 행글라이딩하기에 적격이기 때문이다. 울릉공 남쪽의 키아마Kiama라는 작은 마을은 바위 사이로 바닷물이 솟구치는 블로우 홀Blowwhole로 유명하다.

마지막으로 울릉공 여행의 하이라이트는 시드니로 귀환하는 길에 펼쳐지는 약 140km의 그랜드 퍼시픽 드라이브Grand Pacific Drive 코스이다. 해안 절벽을 따라 놀라운 기술로 만들어진 이 구간은 깎아지른 해안 절벽에 맞닿은 하늘과 바다가 장관을 이룬다. 해가 지기 전에 출발해야 이 놀라운 풍광을 담을 수 있으니 시간 분배를 잘하는 것이 좋다. 특히 절벽에서 굽이쳐 나오는 665m의 시 클리프 브리지Sea Cliff Bridge에서 보는 풍경은 숨막힐 듯 아름답다.

일일 투어, 렌터카, 대중교통으로 모두 여행 가능하며, 대중교통 이용 시 시드니 센트럴 역에서 울릉공 역으로 가는 기차편을 이용하면 된다.

위치 시드니에서 80km 지점.
차량으로 약 1시간

그랜드 퍼시픽 드라이브 코스

블로우 홀

Tip | 호주에도 절이 있다?!

울릉공과 키아마 사이에 위치한 '난 티엔 사원'은 남태평양에서 가장 큰 규모를 자랑하는 절이다. 외곽에 떨어져 있어 방문하기 쉽지 않지만, 사원의 규모에 한 번 놀라고 많은 스님과 수도자, 그리고 끊임없는 방문객으로 한 번 더 놀라게 된다. 곳곳에 있는 부처님과 달마상은 동양 문화권 여행객의 발길을 이끌고, 가이드 투어와 1박 2일의 템플 스테이는 젊은 호주 학생들에게 동양 문화권에 대한 교육과 체험의 장을 마련하고 있다.

Special Tour

호주 농장 현지인들의 삶 체험하기, 팜 스테이 Farm Stay

농장에서 먹고 자며 농장 생활을 경험하는 팜 스테이. 편안한 호텔을 두고 왜 농장에서 숙박해야 하는지 의문일 수도 있겠다. 하지만 팜 스테이는 단순히 농장에서 숙박하는 것이 아니라 실제 호주 외곽의 농장에서 현지인들의 삶을 체험해 볼 수 있다는 점에서 특별하다. 피곤하게 하루 종일 액티비티가 가득한 것도 아니다. 삼시 세끼 농장 호스트가 차려주는 정성스런 호주식 집밥을 먹고, 안락하게 준비된 침실에서 잠을 자고, 맛있는 간식을 함께 먹으며 호주 생활에 대한 이야기도 나눌 수 있다. 팜 스테이를 '농캉스'라고 불러도 될 정도! 해외 한 달 살기 등 다른 나라의 문화와 생활을 몸소 체험하는 여행에 관심이 높아지고 있다. 호주에서 즐기는 팜 스테이는 아이들에게는 교육적인 여행이, 어른들에게는 반복되는 일상의 피로를 풀어줄 힐링 여행이 될 것이다.

팜 스테이 Downunder Farmstays
요금 1박 A$245~
전화 03 5977 2526
홈피 www.downunderfarmstays.com.au

Tip | 팜 스테이 예약

팜 스테이는 여행자와 호주 농장을 전문적으로 알선해주는 여행 업체를 통해 예약할 수 있다. 1박 2일의 짧은 일정부터 2박 이상 등 다양한 일정을 고를 수 있고, 희망하는 숙박 시설과 지역 또한 선택 가능하다(시즌에 따라 예약 가능 여부가 달라질 수 있음).

농장에서는 무엇을 할까?

농장에서는 다양한 액티비티가 진행된다. 동물에게 줄 먹이를 직접 만들고, 자유롭게 풀어놓았던 동물을 우리로 몰아보기도 하고, 계절에 따라 양털깎기 체험도 할 수 있다. 우리가 고기나 달걀로 만나던 동물들이 농장에서 어떻게 키워지는지 몸소 체험해 볼 수 있으므로, 아이들에게는 특히 교육적인 여행이 될 수 있다. 뿐만 아니라 농장 호스트의 취미도 함께 공유할 수 있다. 직접 양봉하는 벌집에서 바로 꺼낸 천연꿀을 맛보거나 농장 근처의 댐에서 낚시를 하며 농장의 여가시간을 즐겨보자. 또한, 호주 외곽에 있다는 위치적 특성상 웜뱃, 캥거루 등 야생동물을 보기 쉬운 경우가 많고, 밤이면 하늘을 수놓은 별을 볼 수도 있다. 농장마다 키우는 동식물이 다르기 때문에 가능한 액티비티도 각기 다르니 체험해 보고 싶은 것이 있다면 팜 스테이를 예약할 때 꼭 물어보자.

농장에선 무엇을 먹을까?

팜 스테이에서는 아이들이 식사 준비에 참여하게 되므로, 우리가 먹는 식사가 어떻게 밥상에 오르는지를 볼 수 있는 기회가 되기도 한다. 닭장에서 닭이 낳은 신선한 달걀을 줍고, 직접 키운 신선한 채소로 아침 식사를 만든다. 물론 원한다면 어른들도 참여 가능하다. 아이들은 보람을 느끼고, 어른들은 편안히 차려주는 맛있는 밥상을 받으니 1석 2조! 알레르기가 있는 음식이 있다면 예약 시 꼭 제외 요청하는 것을 잊지 말자.

진정한 호주식 삼시 세끼!

농장에서는 어떻게 잘까?

농장에는 '호주스러운' 아담한 방부터 상대적으로 현대적이고 편리한 방까지 다양한 종류의 객실이 준비되어 있다. 혼자 여행한다면 싱글룸, 커플이나 친구끼리 여행한다면 더블/트윈룸, 자녀가 있는 가족 여행이라면 쿼드룸 또는 이층침대가 있는 룸 등 여행하는 인원과 특성에 맞춰 방을 배정해 준다. 필요한 침구가 있을 시 호스트에게 요청하면 친절히 준비해 준다.

농장까지 어떻게 갈까?

대부분의 농장은 시내에서 기차, 버스 등 대중교통을 타고 갈 수 있는 마을에 있다. 농장까지 차량을 이용해 더 들어가야 할 경우에는 근처 역까지 농장 호스트가 픽업을 나오므로, 동네 구경을 하며 편안히 이동할 수 있다(사전 요청 필요).

숙박, 식사, 액티비티, 간단한 투어까지 모두 포함된 '올 인클루시브' 팜 스테이! 가족 여행, 커플 여행, 나홀로 여행 모두에 적합하다. 1박으로는 시간이 부족해 경험하지 못하는 것들이 많으니 2박 이상으로 여유롭게 즐기는 것을 추천한다.

Special Tour

고대 원시림, 블루 마운틴 Blue Mountains

블루 마운틴은 시드니 근교 대표 여행지로, 몇억 년 전 형성된 고대 원시림이 잘 보존되어 있는 곳이다. 네피언강Nepean River의 서쪽 부분을 시작으로 푸른빛의 산악 지대인 블루 마운틴이 펼쳐진다. 넓게 자리 잡은 유칼립투스 원시림은 무려 5억 년 전에 형성되었으며 덕분에 블루 마운틴은 2000년, 유네스코가 선정한 세계문화유산으로 지정되었다. 숲의 대부분 사암으로 구성되어 있으며 가장 깊은 협곡 지역은 760m의 깊이를 자랑한다. 가장 높은 포인트는 마운트 웨롱Mt. Werong으로 해발 1,215m에 이르지만 한국의 산에 비하면 높은 것이 아니어서 실망할 수도 있다. 하지만 단순한 높이 비교는 블루 마운틴을 수박 겉핥기식으로 판단하는 것이라 해도 과언이 아니다. 곳곳에 숨어 있는 가파른 계곡과 멋진 폭포, 푸른 원시림과 감탄을 자아내는 트레킹 코스는 블루 마운틴이 왜 '호주의 그랜드 캐니언'이라는 명성을 가지게 되었는지를 몸소 느끼게 된다.

드넓게 펼쳐진 블루 마운틴과 세 자매봉을 한눈에 볼 수 있는 에코 포인트, 호주 원주민의 전설이 깃든 세 자매봉, 케이블카와 산책로, 세상에서 제일 가파른 궤도열차를 즐길 수 있는 시닉 월드, 아찔한 절벽에서의 기념사진과 블루 마운틴 이름의 유래를 시원하게 감상할 수 있는 킹스 테이블랜드가 유명하다. 특히 최근에는 멋들어진 일몰과 밤하늘의 은하수 감상을 위해 블루 마운틴을 찾기도 한다.

위치 시드니에서 65km 지점. 차량으로 약 1시간 30분

Tip | 블루 마운틴이 '파란 산'으로 불리는 이유

맑은 날에 찍은 블루 마운틴의 사진을 자세히 들여다보면, 멀리 보이는 산자락과 계곡이 푸르스름한 빛을 발하는 것을 알 수 있다. 실제로 블루 마운틴의 여러 전망대에서 먼 산자락과 계곡들을 바라보고 있노라면 그곳이 산인지 바다의 경계선인지 헷갈릴 때가 많다. 이 신비한 경계선은 블루 마운틴을 휘감고 있는 유칼립투스 숲이 만들어낸 마법 같은 현상이다. 유칼립투스는 알코올 성분을 포함하고 있는데 나무의 수액이 뜨거운 햇볕으로부터 발생되는 자외선과 만나면 그 주변의 대기가 푸르스름해진다고 한다.

▶▶ 에코 포인트 Echo Point

웅장한 풍경을 볼 수 있는 곳이다. 산을 향해 튀어나와 있는 전망대가 아래층과 위층, 두 곳으로 구성되어 있다. 세 자매봉을 바라볼 수 있는 포인트이자 블루 마운틴의 특징인 사암층을 감상할 수 있는 곳이기도 하다. 모래가 쌓이며 만들어진 사암층은 의외로 부드러워 침식작용이 일어나면 돌판처럼 부서져 수직으로 벽면을 형성하게 된다. 수억 년이라는 시간이 만들어 낸 장엄함에 감탄하게 된다.

▶▶ 세 자매봉 Three Sisters

사람 세 명이 서 있는 것처럼 생긴 세 바위를 세 자매봉이라 부른다. 이곳에는 원주민의 전설이 내려오는데, 구전되는 내용이라 말하는 이마다 조금씩 차이가 있지만, 대략적인 내용은 이러하다. 옛날 세 명의 아름다운 자매가 살고 있었는데, 이 자매의 아버지는 마술사였다. 세 자매의 부족과 다른 부족 사이에 전쟁이 일어났고 전쟁 중 세 자매가 다른 부족에 잡혀갈 위기에 처했다. 딸들을 지키기 위해 마술사 아버지는 세 딸을 잠시 동안 돌로 만들었으나 전쟁 중 아버지가 죽어 딸들은 아직까지도 돌이 된 채로 남아 있다는 것이다. 이 전설을 듣고 세 자매봉을 보면, 한층 처연하게 느껴진다.

Tip | 블루 마운틴을 즐기는 다양한 방법

일일 투어로 여행하기
하루 일정이 여유롭다면 에코포인트 전망대에서 전망을 보고 시닉 월드에서 스카이웨이, 케이블웨이, 워크웨이, 레일웨이를 체험한 다음 근처의 로라 마을에서 점심 식사를 마치고 돌아오는 길에 페더데일 동물원 또는 시드니 동물원을 방문하는 일일 투어를 즐기는 것도 좋고, 낮부터 시작해 블루마운틴의 전경과 아름다운 일몰까지 함께 감상하는 선셋 투어도 색다른 경험이 될 것이다.

렌터카로 여행하기
시닉 월드 입장권을 구매해 개별적으로 여행할 수 있다. 모든 열차를 경험할 수 있는 얼티메이트 디스커버리 패스Ultimate Discovery Pass를 이용하면 된다. 에코포인트 카페에서 블루 마운틴을 보며 커피 또는 간단한 식사를 즐기기 좋다.

▶▶ 시닉 월드 Scenic World

시닉 월드에는 스카이웨이, 케이블웨이, 워크웨이, 레일웨이라는 네 가지 즐길 거리가 있다. 스카이웨이는 높은 곳에서 수평으로 이동하는 케이블카, 케이블웨이는 상하로 이동하는 케이블카이다. 두 케이블카에서 보이는 전망이 달라 여러 각도로 블루 마운틴을 감상할 수 있다. 블루 마운틴의 자미슨 밸리에 닦인 산책로를 걸으며 고대 원시림을 탐험할 수 있는 워크웨이, 옛날 탄광을 드나들던 트롤리를 개조한 세계에서 제일 가파른 레일웨이도 시닉 월드의 즐길 거리이다.

주소 Violet St &, Cliff Dr, Katoomba NSW **위치** 카툼바
운영 월~금 10:00~16:00, 토~일 09:00~17:00
요금 얼티메이트 디스커버리 패스 A$60 **전화** 02 4780 0200
홈피 www.scenicworld.com.au

more & more 블루 마운틴의 레스토랑과 캠핑장

❶ 더 룩아웃 에코포인트
The Lookout Echo Point

블루 마운틴 협곡을 내려다보며 식사를 즐길 수 있는 레스토랑이다. 모닝 티, 점심 식사, 애프터눈 티를 즐기기 좋다.

주소 33/37 Echo Point Rd, Katoomba NSW 2780
운영 월~목 09:00~19:00, 금~일 08:30~19:00
전화 02 4782 1299

❷ 자미슨 뷰 레스토랑
Jamison Views Restaurant

블루 마운틴 중심에 위치한 마운틴 헤리티지 호텔 내 자미슨 뷰 레스토랑이 유명하다. 산 속 아담한 호텔에서의 분위기 있는 아침식사를 원한다면 추천한다.

주소 Lovel St &, 6/10 Apex St, Katoomba NSW 2780
운영 금~토 18:00~20:30
전화 02 4782 2155

❸ 잉가 캠프그라운드
Ingar Campground

웬트워스 폭포 주변에 위치한 소규모 캠핑장. 수영, 카누, 사이클, 피크닉을 즐기기 좋으며 캠핑장 이용은 무료이다.

주소 Ingar Road, Blue Mountains Nat'l Park NSW 2787
운영 상시 오픈
전화 02 4787 8877

❹ 페리스 룩다운
Perrys Lookdown

블루 마운틴 서쪽 끝에 5개의 무료 캠핑장이 있으며, 야생 새 관찰과 트레킹을 할 수 있어 '진짜' 야생 체험을 할 수 있다. 일출을 보기에도 좋은 장소이다.

주소 Perrys Lookdown Road, Blue Mountains Nat'l Park NSW 2787
운영 상시 오픈
전화 02 4787 8877

❺ 올드 포드 리저브
Old Ford Reserve

메가롱 크릭을 따라 그림 같은 캠핑장과 피크닉 장소가 있다. 차량으로 캠핑장까지 갈 수 있으며 다른 곳에서는 보기 힘든 조류를 볼 수 있다.

주소 1363 Megalong Rd, Megalong Valley NSW 2785
운영 상시 오픈
전화 02 4780 5000

스카이다이빙 Skydiving

호주 전역에서 할 수 있는 액티비티 스카이다이빙. 시드니에서는 울릉공과 픽톤 지역에서 할 수 있다. 탁 트인 바다 풍경을 보며 점프하는 울릉공과 블루 마운틴 쪽을 바라보며 점프하는 픽톤 중 취향에 맞는 스카이다이빙 장소를 고르면 된다.

스카이다이빙 울릉공

주소 George Hanley Dr & Cliff Rd, North Wollongong NSW 2500
위치 매주 목요일 시내 픽업
요금 15,000ft A$489~
전화 1300 811 046
홈피 www.skydive.com.au

스카이다이빙 픽톤

주소 745 Picton Rd, Picton NSW 2571
요금 15,000ft A$349~
전화 1300 759 348
메일 support@sydneyskydivers.com.au
홈피 sydneyskydivers.com.au

실내 스카이다이빙 Indoor Skydiving

아직 스카이다이빙이 무섭다면? 일정 중 스카이다이빙을 하지 못했다면? 실내 스카이다이빙에 도전해보는 것은 어떨까? 외곽에 위치해서 스카이다이빙 장소까지 개별적으로 가야 하나, 색다른 경험이 될 것이다. 실내에서 실제 스카이다이빙과 같은 스릴을 느껴보자.

iFly 다운언더 iFly Downunder

주소 123 Mulgoa Rd, Penrith, Sydney NSW 2750
위치 시드니에서 기차로 약 1시간 10분 이동 후 펜리스 역에서 도보 약 30분, 버스 약 23분
운영 월~금 09:00~21:00, 토 08:00~21:00, 일 08:00~19:00
요금 A$138~
전화 1300 435 966
메일 info.pen@ifly.com.au
홈피 ifly.com.au

GPS -33.855327, 151.161886

버켄헤드 포인트 아웃렛 Birkenhead Point Brand Outlet

시드니 시내에서 버스로 10여 분 거리에 위치한, 시내에서 가장 가까운 아웃렛 매장으로 140여 개의 일반 상품 매장뿐만 아니라 럭셔리 상품 매장도 입점되어 있다. 호주 유명 브랜드에서부터 전세계적인 브랜드들까지, 쇼핑 러버라면 방문해 봐도 좋다. 해안가에 위치해 있기 때문에 쇼핑뿐 아니라 근교 풍경을 감상하기에도 아주 좋다.

주소 19 Roseby St, Drummoyne NSW 2047
위치 드럼모인
운영 월~수·금 10:00~17:30, 목 10:00~19:30, 토 09:00~18:00, 일 10:00~18:00
전화 02 9812 8800 **홈피** www.birkenheadpoint.com.au

Tip | 아웃렛 이용이 처음이라면

한국에서 접하기 어려운 호주 브랜드 중 마음에 드는 브랜드가 있다면 꼭 방문해 보길. 아웃렛이라 이미 할인가에 판매하는 데다 2층 게스트 서비스 라운지에서 신분증을 제시하면 추가 할인이 가능한 '비지터 패스포트'도 받을 수 있다. 게스트 서비스 라운지에서는 신문, 락커(유료), 무료 와이파이, 물, 허브티, 전자기기 충전, 세금 환급 정보 등의 서비스도 제공된다.

남반구의 유럽 멜버른

MELBOURNE

02

멜버른은 '남반구의 유럽'이라는 별명답게 유럽과 가장 닮은 도시이자 호주에서 두 번째로 큰 도시이다. 모던한 건물과 역사 깊은 유럽풍 건물이 공존하며, 도시와 자연의 조화 역시 아름답다.

멜버른 시내 중심은 잔잔히 흐르는 야라강 주변의 예쁜 산책로와 남반구에서 가장 높은 빌딩인 유레카 타워, 카지노, 호주에서 가장 오래된 기차역인 플린더스 스트리트 역, 아름다운 고딕 양식의 세인트 폴 성당, 만남의 광장이자 시민들의 쉼터인 페더레이션 광장이 어우러져 바쁘면서도 여유 있는 도시의 모습을 잘 보여준다.

근교에도 아름다움이 가득하다. 죽기 전에 꼭 가봐야 할 곳으로 선정된 아름다운 해안도로 그레이트 오션 로드Great Ocean Road에서는 파도와 바람이 깎아낸 조각품들을 감상하며 자연의 웅장함을 느낄 수 있고, 필립 아일랜드Phillip Island에서 귀여운 펭귄 가족들을 만날 수도 있다. 다양한 와이너리가 모인 야라 밸리Yarra Vally와 천연 지하 암반수로 피로를 풀 수 있는 모닝턴 페닌슐라 온천Mornington Peninsula Hot Spring까지, 멜버른의 즐길 거리는 끝이 없다.

멜버른 공항
Melbourne Airport
플레밍턴 경마장
Flemington Racecourse
빅토리아 대학
Victoria University
토트넘
Tottenham
킹스빌
Kingsville
야라강 Yarra River
야라빌
Yarraville
사우스 뱅크
South Bank
윌리엄스타운
Williamstown
N
멜버른 전도

400 그라디
400 GradiChapel St
멜버른 동물원
Melbourne Zoo
칼턴 노스
Carlton North
왕립 공원
Royal Park
멜버른 대학
University of Melbourne
칼턴
Carlton
룬 크루아상
Lune Croissanteire Fitzroy
세븐 시드 커피 로스터스
Seven Seeds Coffee Roasters
피츠로이
Fitzroy
멜버른 박물관
Melbourne Museum
노스 멜버른
North Melbourne
칼턴 가든
Carlton Gardens
유니버설 레스토랑
Universal Restaurant
멜버른 왕립 전시관
Royal Exhibition Building
퀸 빅토리아 마켓
Queen Victoria Market
멜버른 스타 관람차
Melbourne Star Observation Wheel
멜버른 시청
Melbourne Town Hall
피츠로이 가든
Fitzroy Gardens
도클랜드
Docklands
페더레이션 광장
Federation Square
멜버른 크리켓 그라운드
Melbourne Cricket Ground
트래블로지 도클랜드
유레카 스카이덱
Eureka Skydeck
리치몬드
Richmond
크라운 멜버른 카지노
Crown Melbourne
내셔널 갤러리 오브 빅토리아
National Gallery of Victoria
멜버른 파크 경기장
Melbourne Park
에이미 파크
AAMI Park
로얄 보타닉 가든 빅토리아
Royal Botanic Gardens Victoria
사우스 멜버른
outh Melbourne
차펠 스트리트
Chapel St
멜버른 그랑프리 서킷
Melbourne Grand Prix Circuit
세인트 킬다
St Kilda
비치콤버 카페
Beachcomber Cafe
세인트 킬다 에스플레네이드 마켓
St. Kilda Esplanade Market
루나 파크 세인트 킬다
Luna Park St. Kilda

멜버른 드나들기

✲ 멜버른으로 이동하기

항공

한국과 멜버른 사이에는 직항편이 없어 시드니나 브리즈번 혹은 다른 나라의 도시를 경유해야 한다. 다만 종종 전세기가 뜨는 경우가 있어 직항편을 이용할 수도 있으니 해당사항은 미리 체크하여 참고하도록 하자. 국내선을 이용할 경우 시드니에서는 약 1시간 30분, 브리즈번에서는 약 2시간 30분 소요된다.

멜버른에는 멜버른 공항Melbourne Airport(툴라마린 공항Tullamarine Airport)과 아발론 공항Avalon Airport이 있다. 멜버른 공항은 멜버른 시내에서 차량으로 약 20분 거리로 가깝고 비교적 규모가 커 대부분의 항공편이 이곳을 이용한다. 아발론 공항은 멜버른 시내에서 차량으로 약 45분 거리로 멀고 공항 규모가 굉장히 작다. 하지만 시드니에서 출발할 경우, 아발론 공항 출도착 항공편은 금액이 저렴해 여행 경비를 절약할 수 있다는 장점이 있다. 최근에는 국내선만 출도착하던 아발론 공항에 에어아시아 국제선이 드나들기 시작했다.

출발 도시	도착 도시	소요 시간	항공사	요금
시드니	멜버른	약 1시간 30분	콴타스항공(QF), 버진오스트레일리아(VA), 젯스타(JQ), 리저널익스프레스항공(ZL)	A$65~
브리즈번		약 2시간 30분		A$94~
케언스		약 3시간 25분		A$125~
퍼스		약 3시간 30분		A$214~

홈피 **멜버른 공항** www.melbourneairport.com.au
콴타스항공 www.qantas.com
젯스타항공 www.jetstar.com
리저널익스프레스항공 www.rex.com.au
웹젯 www.webjet.com.au

버스

장거리 시외버스를 타고 다른 도시에서 멜버른으로 도착하거나 시드니에서 다른 도시로 이동하는 경우, 멜버른의 서던 크로스 역에서 버스를 이용하게 된다. 그레이하운드 버스의 경우 금액이 높은 편이나 경로가 다양하고 운행 횟수가 많다. 멜버른-시드니 또는 멜버른-애들레이드 구간을 이동한다면 파이어플라이 야간버스를 통해 저렴하게 이동할 수도 있다.

홈피 **그레이하운드** www.greyhound.com.au
파이어플라이 www.fireflyexpress.com.au

기차

호주 다른 지역과 멜버른 사이를 기차로 여행하는 것도 가능하다. 물론 항공 특가를 이용하면 항공권 요금이 기차 요금보다 저렴하고, 이동 시간도 훨씬 짧아 대부분의 여행자는 항공을 이용한다. 하지만 항공권 요금이 높은 성수기이거나 일정에 시간적 여유가 많을 경우에는 기차 여행도 나쁘지 않다. 구간별 금액과 시간표는 멜버른 메트로 또는 이동하는 지역의 홈페이지에서 확인 가능하다. 호주 기차 루트별 금액 비교 사이트를 활용하는 것도 좋다.

홈피 www.transportnsw.info

공항에서 시내로 이동하기

셔틀버스

멜버른 공항에서 시내 또는 다른 지역으로 이동하는 공항 고속버스로 스카이버스가 있다. 멜버른 공항–시내, 멜버른 공항–사우스 뱅크 도클랜드, 멜버른 공항–세인트 킬다, 아발론 공항–질롱–멜버른 시내 등의 다양한 구간이 있으니 도착하는 공항과 여행 목적지에 맞게 경로를 선택하면 된다. 멜버른 공항에서 멜버른 시내로 이동할 때에는 멜버른 공항–멜버른 시내를 이동하는 '멜버른 시티 익스프레스' 또는 아발론 공항–멜버른 시내를 이동하는 '아발론 시티 익스트레스'를 이용하면 된다. 스카이버스 홈페이지에서 티켓을 예약하거나 공항에서 구매 가능하다. 차량 내에서는 무료 와이파이와 USB 충전 콘센트를 이용할 수 있다.

요금 **멜버른 공항↔시내** A$24.60(약 45분 소요)
홈피 www.skybus.com.au

Tip | 스카이버스 할인예약

앨라호주 홈페이지에서 스카이버스를 예약하면 5% 할인된 금액으로 이용할 수 있다.
홈피 www.ellahoju.com

택시

멜버른 공항 이용 시 인원이 3명 이상이라면 추천한다. 단, 아발론 공항에서 출발할 때는 이동 거리가 멀어 요금도 약 A$110~150로 높으니 스카이버스를 이용하는 것을 추천한다.

요금 **멜버른 공항↔시내** A$55~75(약 25분 소요)
홈피 www.taxifare.com.au

시내에서 이동하기

무료 트램

시내에서는 멜버른의 명물인 무료 트램을 이용하자. 무료 트램 존 내에서는 트램이 무료이며, 트램에 탑승할 때 교통카드를 별도로 리더기에 찍지 않아도 된다. 단, 무료 트램 존을 벗어날 경우 마이키 카드Myki Card를 찍어 요금을 지불해야 한다.

트램

트램을 이용해 시내를 벗어난 곳을 여행할 시에는 현금은 사용할 수 없고 멜버른의 교통카드인 '마이키 카드'를 구매해 탑승 및 하차할 때 리더기에 찍으면 된다. 주요 노선은 시티 무료 트램 존을 따라 직사각형 모양의 경로로 순환하는 35번 노선이다. 매 12분마다 한 대씩 있으며, 한 바퀴 도는 데 약 48분이 소요된다. 이 시티 서클 트램을 타고 멜버른 시내를 한 바퀴 돌아보는 이들이 많다. 시내에서 세인트 킬다로 가려면 96번 트램을 타고, Canterbury Rd/Fitzroy St에서 하차하면 된다.

요금 **마이키 카드** 성인 A$6, 아동 A$3(기차역이나 편의점에서 구매 가능)
홈피 www.ptv.vic.gov.au

Tip | 마이키 카드란?

멜버른의 교통수단인 트램, 버스, 기차 등에서 모두 이용되는 교통카드이다. 카드는 지하철 역이나 주요 트램 역, 편의점 등에서 구입할 수 있다.
멜버른 시내의 무료 트램 구간 내를 이동할 때에는 타고 내릴 때 마이키 카드를 리더기에 찍지 않아도 되며, 세인트 킬다 등 근교로 나갈 시에는 '데일리 요금'을 충전해 사용하는 것을 추천한다. 세인트 킬다의 경우 멜버른의 교통구역상 1존에 속하며, 요금은 평일 A$7.8, 주말 · 공휴일 A$6이다.

기차

시내를 벗어난 지역을 여행할 시에는 경로에 따라 트램, 버스, 기차를 적절히 이용하자. 특히 대중교통을 이용해 알록달록한 베스 박스로 유명한 브라잉턴 비치에 가려면 기차를 타야 한다. 위치별로 다양한 노선이 있으며, 노선은 '라인'이라고 부르며, 다양한 라인이 있는 만큼 기차를 타기 전에 반드시 확인해야 한다. 예를 들면 브라잉턴 비치는 파란색 'Frankston' 라인이다. 타고 내릴 때는 한국처럼 문이 자동으로 열리지 않고 문에 있는 버튼을 눌러야 하니, 당황하지 말 것! 시간표와 루트는 PTV와 Trip View Lite 애플리케이션으로 확인하는 것이 편리하다. Trip View Lite 사용 시에는 지역(Region)은 꼭 멜버른으로 설정해야 한다.

PTV 애플리케이션

홈피 www.metrotrains.com.au, www.ptv.vic.gov.au/journey

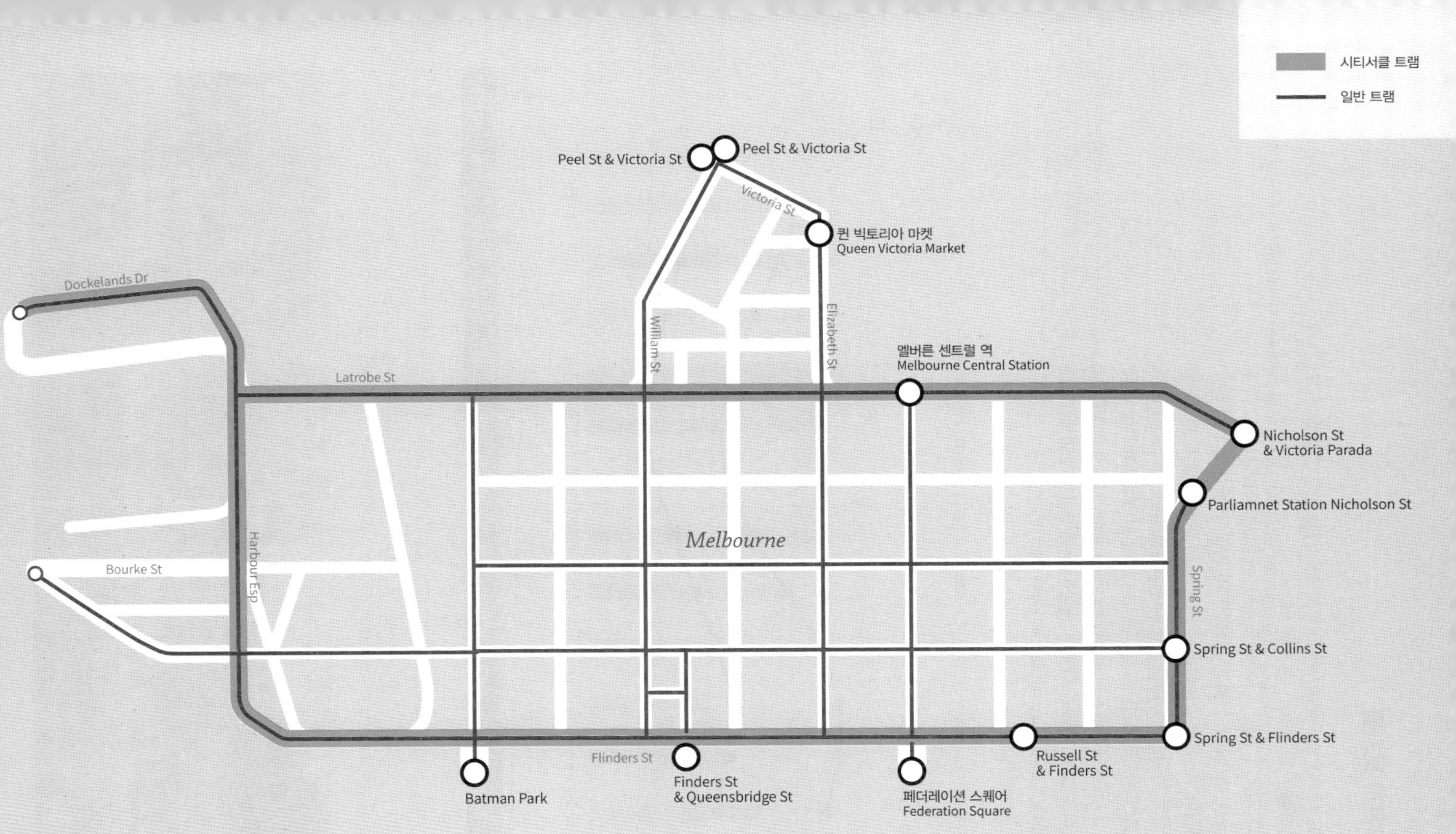

멜버른 무료 트램 존 & 노선도

평균 기온과 옷차림

한국과 계절이 반대인 멜버른에서는 하루에 사계절을 모두 경험할 수 있다는 말이 있을 정도로 날씨가 급격히 변하는 날이 많다. 12~2월인 여름은 건조하고 기온이 30℃ 이상의 뜨거운 무더위가 이어지기도 한다. 3~5월인 가을은 대체로 시원하고 화창하지만 바람이 꽤 불어 체감 온도가 많이 떨어진다. 6~8월인 겨울은 흐리고 추운 날씨로 외곽 지역에는 눈이 내리는 곳도 있다. 9~11월인 봄은 대체로 맑고 따뜻하나 비가 자주 내린다. 사계절 모두 갑작스럽게 비가 내리는 일이 잦으니 멜버른을 여행할 때에는 우산 또는 우비를 필수로 챙기는 것이 좋다. 일교차가 심한 날이 많으며 흐리지 않을 때에는 햇볕이 굉장히 뜨거우니 보온이 잘 되는 사계절용 겉옷과 선글라스, 선크림을 준비하자.

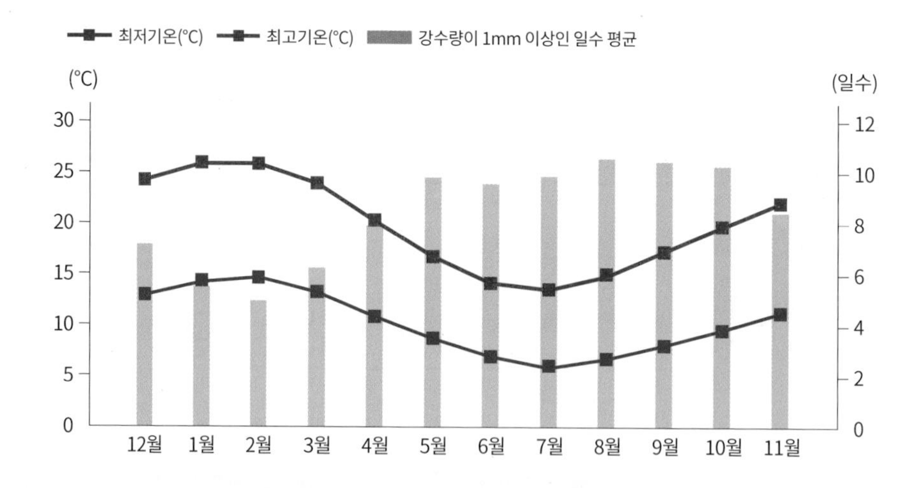

평균	1월	2월	3월	4월	5월	6월	7월	8월	9월	10월	11월	12월
기온 ℃	21	21	19	17	14	11	10	11	11	15	17	19
강수량 mm	19	46	44	53	68	43	49	49	53	65	57	58

멜버른 추천 코스

공항버스의 도착지인 서던 크로스 역에서부터 야라강, 페더레이션 광장, 세인트 폴 성당, 플린더스 스트리트 역, 미사 거리, 쇼핑의 중심지 브룩 스트리트 몰, 차이나타운, 퀸 빅토리아 마켓 등 시티 내에 위치한 명소들은 도보 또는 무료 트램으로 여행할 수 있다. 직사각형 모양의 멜버른 시내의 테두리 경로를 순환하는 시티 서클 트램City Circle Tram을 타고 멜버른 시내를 한 바퀴 돌아보는 여행은 특별한 추억이 될 것이다.

Day 1 모던하고 화려한 사우스 뱅크 정복

10:00

세인트 폴 성당 St. Paul's Cathedral

스테인드글라스로 화려하게 장식된 성당 앞에서 기념 사진을 찍어 보자.

도보 3분

10:15

페더레이션 광장 Federation Square

바로 옆의 기차역과 성당의 오래된 건물과 대조되는 모던한 디자인의 광장.

도보 1분

10:45

플린더스 스트리트 역 Flinders Street Railway Station

150년이 훌쩍 넘는 역사를 가진 호주 최초의 기차역. 입구의 화려한 벽시계 아래에서 기념 사진은 필수!

도보 3분

11:00

멜버른 아트센터 Arts Centre Melbourne

독특한 모습의 대규모 공연 센터! 멜버른 아트센터의 멋진 외관을 둘러보자.

도보 3분

11:15

내셔널 갤러리 오브 빅토리아 National Gallery of Victoria

야라강을 건너 세계 각국의 예술 작품이 있는 미술관을 관람하자.

도보 9분

12:30

유레카 스카이덱 Eureka Skydeck

남반구에서 가장 높은 전망대에서 멜버른의 아름다운 전망을 감상해 보자.

도보 5분

14:00

크라운 카지노 Crown Melbourne

화려한 대규모 카지노. 재미 삼아 한 판 도전?

다리 건너 도보 5분

16:00

씨 라이프 멜버른 수족관 Sea Life Melbourne Aquarium

강변의 수족관에서 다양한 호주 해양동물들을 만나자.

Day 2 멜버른 중심을 구석구석

10:00

퀸 빅토리아 마켓 Queen Victoria Market

싱싱한 농산물과 맛있는 먹거리,
각종 기념품, 의류, 액세서리 등
구경거리가 다양한 시장에서 쇼핑을 즐겨보자.

도보 16분

12:00

더 블록 아케이드 The Block Acade

앤티크한 느낌의 예쁜 쇼핑몰.
특히 이곳의 홉튼 티 룸의 하이티가 유명하니
티타임을 즐겨보는 것도 좋다.

도보 1분

14:00

로열 아케이드 Royal Arcade

1870년 오픈한 역사 있는 쇼핑몰.
건물 자체도 멋지고
내부 상점의 구경거리도 많다.

도보 6분

15:00

디그레이브 스트리트 Degraves St

멜버른 하면 떠오르는 것 중 하나인 카페 거리.
맛있는 멜버른표 커피를 마셔보자.

도보 6분

16:00

호시어 레인 Hosier Lane

드라마 〈미안하다 사랑한다〉를
기억한다면 익숙할 그곳!
소지섭과 임수정이 만난 그라피티 거리다.

도보 6분

16:30

멜버른 시청 Melbourne Town Hall

역사가 느껴지는 멋진 시청 건물과 시계탑을 둘러보자.
연말연시에는 특히 멋지게 꾸며놓는다.

도보 7분

17:00

차이나타운 Chinatown

중국뿐 아니라
다양한 아시아 음식을 맛볼 수 있는 곳.
이민자의 나라답게 레스토랑마다
각 나라 고유의 맛이 잘 살아 있다.
맛있는 저녁 식사로 하루 일정 마무리.

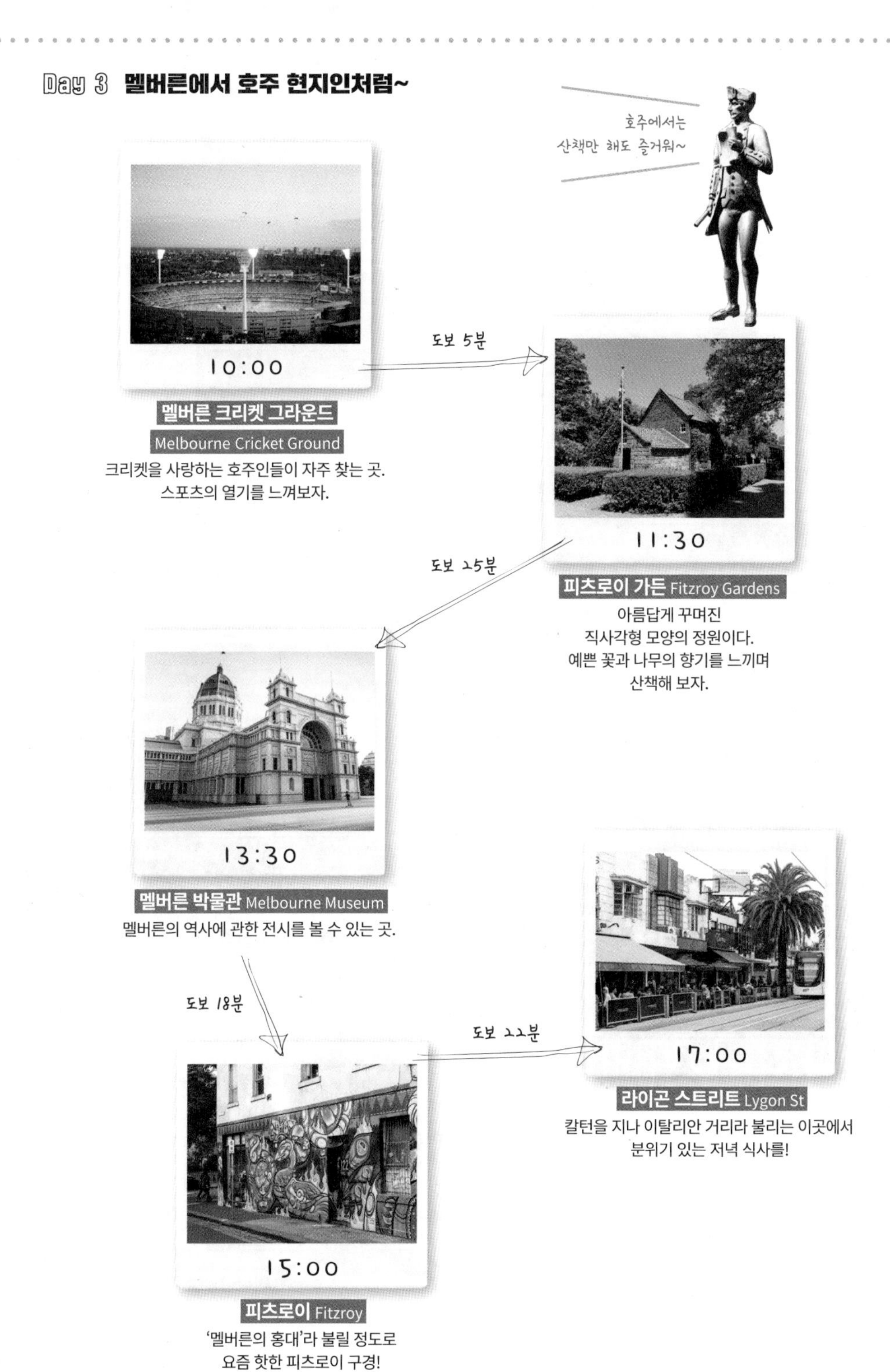

Day 3 멜버른에서 호주 현지인처럼~

호주에서는
산책만 해도 즐거워~

10:00

멜버른 크리켓 그라운드
Melbourne Cricket Ground
크리켓을 사랑하는 호주인들이 자주 찾는 곳.
스포츠의 열기를 느껴보자.

도보 5분

11:30

피츠로이 가든 Fitzroy Gardens
아름답게 꾸며진
직사각형 모양의 정원이다.
예쁜 꽃과 나무의 향기를 느끼며
산책해 보자.

도보 25분

13:30

멜버른 박물관 Melbourne Museum
멜버른의 역사에 관한 전시를 볼 수 있는 곳.

도보 18분

15:00

피츠로이 Fitzroy
'멜버른의 홍대'라 불릴 정도로
요즘 핫한 피츠로이 구경!

도보 22분

17:00

라이곤 스트리트 Lygon St
칼턴을 지나 이탈리안 거리라 불리는 이곳에서
분위기 있는 저녁 식사를!

멜버른 시내 중심

야라강이 유유히 흐르는 멜버른 시내는 한가로우면서도 바쁜 곳이다. 강가를 따라 이어진 산책로를 산책하는 사람들, 사우스 뱅크에서 커피 한잔의 여유를 즐기는 사람들, 페더레이션 광장에서 누군가를 기다리는 사람들, 플린더스 역을 지나 어딘가로 바쁘게 걸어가는 사람들. 멜버른 시내의 다양한 사람들 속에서 로컬처럼 거닐어보자.

to do list

1. 나무 가지처럼 시내 곳곳으로 퍼진 트램 타기. 그것도 무료로!
2. 골목에 숨어 있는 아기자기한 카페에서 브런치를 먹고, 커피 마시기
3. 야라강변을 따라 산책하기

멜버른 시내 중심
칼턴
Carlton
피츠로이
Fitzroy
멜버른 공항
Melbourne Airport
멜버른 동물원
Melbourne Zoo
퀸 빅토리아 마켓
Queen Victoria Market
멜버른 박물관
Melbourne Museum
멜버른 왕립 전시관
Royal Exhibition Building
칼턴 가든
Carlton Gardens
벨스 핫 치킨
Belles Hot Chicken
구 멜버른 감옥
Old Melbourne Gaol
말레이시안 락사 하우스
Malaysian Laksa House
빅토리아 주립 도서관
State Library of Victoria
세인트 패트릭 대성당
St Patrick's Cathedral
Albert St
Elizabeth St
Melbourne Central
Parliament
플라그스태프 가든
Flagstaff Gardens
QV
시글로 Siglo
드래곤 핫팟
Dragon Hot Pot
크림퍼 카페
Krimper Cafe
멜버른 센트럴 쇼핑센터
Melbourne Central Shopping Centre
루프톱 바
Rooftop Bar
펠레그리니스 에스프레소 바
Pellegrini's Espresso Bar
오리엔탈 스푼
Oriental Spoon
차이나타운
Chinatown
Flagstaff
피츠로이 가든
Fitzroy Gardens
타겟 할인매장
Target
Lonsdale St
새마을식당
Paik's BBQ
더 칼턴 클럽
The Carlton Club
Exhibition St
구 재무부 공관
The Old Treasury Building
Spencer St
브라더 바바 부단
Brother Baba Budan
우체국
마이어 백화점
Myer Melbourne
멜버른 시청
Melbourne Town Hall
Russell St
트레저리 가든
Treasury Gardens
제임스 쿡의 오두막
Cooks' Cottage
King St
William St
친친
Chin Chin
룬 크루아상
Lune Croissanteire
코즈웨이 353 호텔
Causeway 353 Hotel
호시어 레인
Hosier Lane
하이어 그라운드
Higher Ground
세인트 폴 성당
St. Paul's Cathedral
로얄 스택스
Royal Stacks
Collins St
스카이버스 정류장
Coles 슈퍼마켓
페더레이션 광장
Federation Square
멜버른 크리켓 그라운드
Melbourne Cricket Ground
Flinders Street
Southern Cross
이민 박물관
Immigration Museum
플린더스 스트리트 역
Flinders Street Railway Station
트래블로지 코쿨랜드
더 하드웨어 소사이어티
The Hardware Société
아보리 바 & 이터리
Arbory Bar & Eatery
프린스 브리지
Prince Bridge
야라강 Yarra River
멜버른 뷰 포인트
멜버른 파크 경기장
Melbourne Park
마가렛 코트 아레나
Margaret Court Arena
N
멜버른 센트럴 YHA
Melbourne Central YHA - The Rocks
더 랭햄 멜버른
The Langham, Melbourne
멜버른 아트센터
Arts Centre Melbourne
알렉산드라 가든
Alexandra Gardens
씨 라이프 멜버른 수족관
Sea Life Melbourne Aquarium
유레카 스카이덱
Eureka Skydeck
크라운 카지노
Crown Melbourne
사우스 뱅크 & 채플 스트리트
South Bank & Chapel Street
내셔널 갤러리 오브 빅토리아
National Gallery of Victoria
로얄 보타닉 가든 빅토리아
Royal Botanic Gardens Victoria

★★★ GPS -37.818075, 144.967086

플린더스 스트리트 역 Flinders Street Railway Station

호주에서 가장 오래된 기차역으로 100년이 넘는 역사를 가졌다. 1854년에 개장했을 당시에는 증기기관차가 다녔고, 1920년대 후반에는 '세계에서 가장 바쁜 기차역'이라고 불리기도 했다. 노란 건물에 파란 지붕이 시선을 끌며, 외관에는 여러 개의 시계가 있어 기차역 느낌이 물씬 난다. 멜버니언들의 약속의 장소로 그들이 "시계 밑에서 만나(I'll meet you under the clock)"라고 하면 바로 이곳을 가리키는 것! 또한 입구에서 플리더스 스트리트 방향으로 조금만 고개를 돌리면 몇 블록이나 되는 역의 웅장한 '진짜' 모습을 볼 수 있으니 놓치지 말자. 페더레이션 광장, 세인트 폴 성당이 길 건너에 위치해 있어 아주 가까우니 함께 둘러볼 것! 모두 멜버른 엽서나 달력 사진에 자주 등장하는 대표적인 랜드 마크이다.

주소 Flinders St, Melbourne VIC 3000
위치 페더레이션 광장 근처
전화 03 9610 7476

★★★ GPS -37.817928, 144.969020

페더레이션 광장 Federation Square

독특한 디자인의 유리 건물 옆으로 넓게 펼쳐진 광장으로, 현대적이고 뾰족뾰족 솟아오른 건물의 모습에 저절로 카메라를 꺼내 들게 된다. 건물에는 레스토랑, 갤러리 등이 있다. 광장 계단에는 늘 누군가를 기다리는 사람들이 앉아 있으며 야외 공연도 자주 열린다. 광장에서 잠시 멜버른 시내 풍경을 감상하며, 현지인처럼 휴식을 취해보는 것은 어떨까?

주소 Swanston St & Flinders St, Melbourne VIC 3000
위치 플린더스 스트리트 역 근처
전화 03 9655 1900 **홈피** fedsquare.com

Tip | 멜버른 골목 투어

멜버른의 개성 있는 작은 골목들을 돌아보는 것을 중점으로 하루를 보내고 싶다면 플린더스 스트리트에서 출발해 디그레이브스 스트리트→센트럴 플레이스→블록 플레이스 로열 아케이드순으로 이동하자. 이쯤에서 향 좋은 커피와 맛있는 디저트로 힘을 내고, 하우위 & 프레스그레이브 플레이스Howey & Presgrave Place를 지나 맨체스터 레인Manchester Lane에서 일정을 마무리하자.

★★★

GPS -37.816955, 144.967688

세인트 폴 성당 St. Paul's Cathedral

시드니 시내에 세인트 메리 성당이 있다면 멜버른 시내에는 세인트 폴 성당이 있다. 19세기에 지어진 대부분의 건물이 청석을 이용해 현재 멜버른을 상징하는 차갑고 푸른 회색빛인데 비해 이 성당은 사암으로 지어져 따뜻한 느낌의 노란 갈색이다. 특히 건물이 지어진 후 시드니 사암으로 따로 만들어진 첨탑은 스테인드글라스로, 아름답게 장식된 내부와 고풍스러운 타일 바닥 덕분에 세인트 폴 대성당의 중후한 매력을 배가시켜준다. 규모가 커서 성당 앞에서 건물 전체를 카메라에 담기 어려울 정도! 페더레이션 광장에서 세인트 폴 성당을 배경으로 찍으면 예쁜 사진이 나온다.

주소 Flinders St, Melbourne VIC 3000
위치 플린더스 스트리트 역에서 도보 약 2분
홈피 cathedral.org.au

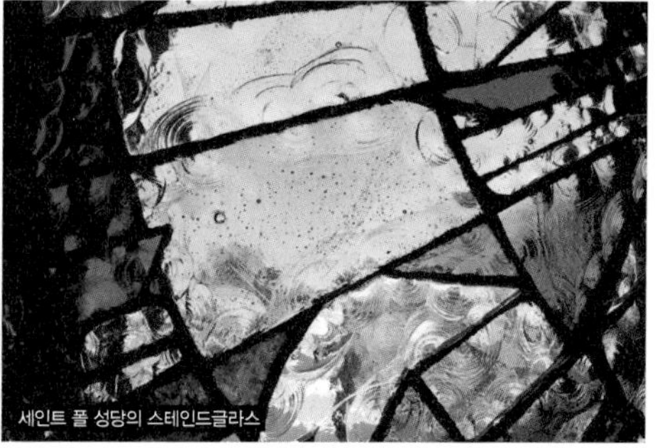

세인트 폴 성당의 스테인드글라스

★★☆

GPS -37.820593, 144.958352

씨 라이프 멜버른 수족관 Sea Life Melbourne Aquarium

다양한 종류의 해양생물을 볼 수 있는 수족관이다. 규모가 아주 크지는 않지만 볼거리가 꽤 있어 둘러볼 만하다. 수조 밑으로 들어가 동그란 모양의 공간에 머리를 넣고 물고기들과 함께 수조 속에 있는 듯한 사진을 찍을 수 있다. 여러 여행사에서 할인티켓을 팔고 있으니 미리 티켓을 구매하자.

주소 King St, Melbourne VIC 3000
위치 플린더스 스트리트 역에서 도보 약 11분
운영 월~금 10:00~17:00, 토~일 09:30~17:00
요금 성인 A$49.50, 아동 A$36
전화 1800 026 576
홈피 www.visitsealife.com/melbourne

★★★

GPS -37.818739, 144.968958

야라강 산책로 Yarra River

야라강을 따라 사우스 뱅크 쪽으로는 넓게 펼쳐진 광장이, 플린더스 스트리트 역 쪽으로는 자연과 어우러진 산책로가 펼쳐져 있다. 사우스 뱅크 쪽에는 레스토랑과 카페가 줄 지어 있고 야외 공연이 끊임없이 펼쳐지며, 플린더스 스트리트 역 쪽은 나무과 풀이 어우러져 걷기 좋은 편이다. 언제 가도 조깅하는 멜버른 주민들을 만날 수 있는 곳! 살랑살랑한 강바람을 맞으며 현지인처럼 산책하는 여유를 즐겨보자.

위치 사우스 뱅크 근처

★★★

GPS -37.814757, 144.966800

멜버른 시청 Melbourne Town Hall

고전적인 느낌을 주는 시청 건물이다. 축제나 이벤트가 있을 때는 건물에 조명을 비춰 건물을 시내 장식처럼 활용하기도 한다. 매 정각 약 15분간 시계탑 투어가 있으며, 매일 오전 10시에 선착순으로 티켓이 배부되니 멜버른의 시내를 내려다보고 싶다면 도전해 보자.

주소 90/130 Swanston St, Melbourne VIC 3000
위치 플린더스 스트리트 역에서 도보 약 5분
전화 03 9658 9658

Tip | 시청 시계탑 투어

시계탑 투어는 매일 오전 10시에 선착순으로 배부되는 표를 받고, 예정된 시간에 맞춰 가면 된다. 고풍스러운 엘리베이터를 타고 시계탑 끝까지 올라갈 수 있다. 창밖으로 보이는 멜버른의 풍경과 고풍스러운 창문이 아름답다.

★☆☆ GPS -37.811726, 144.967590

차이나타운 Chinatown

호주에서 비교적 큰 규모의 차이나타운이 멜버른에 있다. 차이나타운의 터줏대감으로 자리잡고 있는 중식당들도 많지만 최근에는 핫한 오이스터 바와 새로운 컨셉의 식당들도 많이 오픈했다. 브룩 스트리트 몰에서 가까워 쇼핑하며 출출할 때나 뮤지컬이 공연되는 공연장과도 가까워 공연 전, 후 허전함을 채우고 싶다면 방문해 보도록 하자.

주소 Little Bourke St, Melbourne VIC 3000
위치 멜버른 시청에서 도보 약 7분
홈피 chinatownmelbourne.com.au

★☆☆ GPS -37.807714, 144.965271

구 멜버른 감옥 Old Melbourne Gaol

과거에는 호주의 감옥이 어떻게 운영되었는지를 실감나게 살펴볼 수 있는 곳이다. 감옥의 역사와 실제로 사용되었던 시설과 기구 등이 잘 보존되어 있다. 가이드와 함께 투어하는 방식이며, 당시 죄수들의 힘들었던 삶에 대해 자세히 알 수 있다.

주소 377 Russell St, Melbourne VIC 3000
위치 멜버른 시청에서 도보 약 14분
운영 10:00~17:00
요금 성인 A$38, 아동A$22
전화 03 9656 9889
메일 bookings@nattrust.com.au
홈피 www.oldmelbournegaol.com.au

★☆☆ GPS -37.809741, 144.965147

빅토리아 주립 도서관 State Library of Victoria

1856년 지어진 신고전주의 양식의 아름다운 건축물로, 국립박물관으로 쓰이다 현재는 도서관으로 사용되고 있다. 조용하지만 열정적인 이 공간에 있으면 갑자기 창의적인 생각이 떠오를 것만 같은 기분이 든다.
이 도서관의 하이라이트는 높은 돔 천장으로, 가장 높은 층에서 아래를 내려다보면 팔각형 모양으로 뻗은 책상과 흰 천장의 조화를 제대로 느낄 수 있다. 수준 높은 전시회도 개최되니 홈페이지에서 확인해보자. 아름다운 날씨가 좋은 날에는 도서관 앞 잔디밭에 누워서 시간을 보내는 것도 좋다.

주소 328 Swanston St, Melbourne VIC 3000
위치 멜버른 시청에서 도보 약 9분
운영 월~일 10:00~18:00, 이안포터퀸홀 10:00~17:00, 미스터터크카페 08:00~17:00
전화 03 8664 7000
홈피 www.slv.vic.gov.au

★★☆ GPS -37.816217, 144.969024

호시어 레인 Hosier Lane

2004년 인기리에 방영된 드라마 〈미안하다 사랑한다〉에서 소지섭(극중 차무혁)과 임수정(극중 송은채)이 함께 앉아 있던 골목으로 유명하다. 좁은 골목 벽에 그라피티가 빼곡히 차 있으며, 기존 그라피티 위에 새로운 그라피티가 끊임없이 그려지기 때문에 언제 가도 새로운 곳에 방문하는 듯하다. 멜버른의 힙한 분위기를 물씬 느낄 수 있는 곳이다.

위치 플린더스 스트리트 역에서 도보 약 4분

GPS -37.824648, 144.997320

열기구 Hot-air Balloon

열기구를 타고 새벽녘 하늘에서 내려다보는 멜버른이라는 도시는 상상 이상으로 아름답다. 일출 1시간 전 출발해 일출 후 돌아오는 일정이다. 열기구를 타고 고층 빌딩과 자연이 어우러진 멜버른을 감상하며 감성적으로 하루를 시작해 보자. 날씨에 영향을 받는 경우가 많으므로 출발 하루 전 재확인은 필수이다.

글로벌 벌루닝 Global Ballooning

주소 30 Dickmann St, Richmond VIC 3121
위치 멜버른 시내 픽업
운영 일출 1시간 전 출발~일출 1시간 후 귀환
요금 A$495~ **전화** 1300 627 661
홈피 www.globalballooning.com.au

Tip | 열기구는 왜 새벽에 출발하나요?

새벽은 대기의 흐름이 잔잔해 하루 중 열기구를 띄우기 가장 적합한 시간대이기 때문이다. 또한, 열기구에서 해가 뜨는 모습도 볼 수 있어 감동을 두 배로 느낄 수 있다.

GPS -37.811060, 144.958462

오리엔탈 스푼 Oriental Spoon

한국 식당으로 한국인뿐 아니라 현지인들도 많이 방문하는 곳. 메뉴가 다양하며 깔끔하게 플레이팅되어 나오는 음식으로 사랑받고 있다. 멜버른 여행 중 한식이 그리워진다면 방문해 보자.

주소 291 Elizabeth St, Melbourne VIC 3000
위치 멜버른 시내 마이어 백화점에서 도보 5분
운영 화~일 12:00~14:30, 17:30~22:00, 월 17:30~22:00
요금 순두부찌개 A$17.5
전화 03 9043 5199

GPS -37.815627, 144.953038

하이어 그라운드 Higher Ground

공항 셔틀버스 정류장과 가까워 공항에 가기 전이나 멜버른 막 도착한 여행자들이 많이 찾는 곳이다. 오래된 공장 건물을 내부 수리해 탄생한 부티크 호텔 로비 스타일의 카페로, 15m 높이의 천장과 커다란 유리창 덕분에 매장 내에 언제나 햇빛이 가득 들어온다. 모던하고 화려한 각종 메뉴들과 커피를 함께하며 멜버른 여행을 시작하거나 마무리해 보자.

주소 650 Little Bourke St, Melbourne VIC 300
위치 서던 크로스 역에서 도보 약 3분
운영 월~금 07:00~17:00, 토~일 07:30~17:00
요금 롱블랙 A$5, 렌틸 볼로냐 A$19
전화 03 8899 6219
홈피 highergroundmelbourne.com.au

GPS -37.812985, 144.956265

새마을식당 Paik's BBQ

해외여행 중 가끔은 한식이 그리운 법. 한국식 바비큐에 김치찌개가 생각난다면 새마을식당 호주 멜버른점을 방문해보자. 한국 체인점의 맛을 잘 보존하고 있다. 빠른 서비스와 친근한 분위기, 익숙하고 맛있는 반찬 덕분에 잠시 한국에 방문한 듯한 느낌을 경험할 수 있다.

주소 525 Little Lonsdale St, Melbourne VIC 3000
위치 서던 크로스 역에서 도보 약 12분
운영 월~목 17:30~23:30, 금~토 17:00~00:00,
일 17:00~22:00
요금 삼겹살 400g 약 A$36.8
전화 03 9972 2043

GPS -37.813423, 144.962031

브라더 바바 부단 Brother Baba Budan

작은 골목길에 위치해 있으며, 천장에 매달린 각종 의자들이 인상적인 창고형 카페이다. 커피로 유명한 멜버른에서도 맛으로 손에 꼽히는 곳이다. 다양한 커피와 함께 간단한 음식들 또한 즐길 수 있다.

주소 359 Little Bourke St, Melbourne VIC 3000
위치 플린더스 역에서 도보 약 11분
운영 월~금 07:00~17:00, 토~일 08:00~17:00
요금 커피 A$4.2~
전화 03 9347 8664

GPS -37.811033, 144.959995

크림퍼 카페 Krimper Cafe

붉은 벽돌이 가득한 작은 골목길을 걷다 보면 찾을 수 있는 브런치 맛집이다. 정식 간판이 없고, 큰 나무문 밖에 없기 때문에 잘못하면 지나칠 수 있으니 주의! 하지만 문을 열고 가게에 들어가면 전부 나무 가구로 꾸며진 내부와 많은 손님들로 이곳이 맛집임을 바로 알 수가 있다.

주소 20 Guildford Ln, Melbourne VIC 3000
위치 멜버른 주립 도서관에서 도보 약 6분
운영 월~금 07:30~15:30, 토~일 08:30~15:30
요금 롱블랙 A$4.5, 프렌치 토스트 A$19
전화 03 9043 8844
홈피 krimper.com.au

GPS -37.818969, 144.965697

아보리 바 & 이터리 Arbory Bar & Eatery

멜버른의 중심 플린더스 역 앞의 야라강변에 있는 레스토랑이자 바이다. 아침 일찍부터 밤늦게까지 영업하며 특히 새롭게 단장한 어플로트Afloat는 야라강에 떠 있는 배 형태로, 강 위에서 아름다운 전경을 즐길 수 있다. 인기가 많은 만큼 홈페이지에서 미리 예약하자.

주소 1 Flinders Walk, Melbourne VIC 3000
위치 플린더스 스트리트 역에서 도보 약 3분
운영 11:00~01:00
요금 아침 메뉴 A$8~23, 샌드위치 A$24~
전화 03 9614 0023
홈피 arbory.com.au

GPS -37.820010, 144.956591

더 하드웨어 소사이어티 The Hardware Société

MELBOURNE HARDWARE SOCIÉTÉ PARIS

프랑스식 브런치를 맛볼 수 있는 곳으로, 작고 아담한 매장이라 항상 줄 서서 기다리는 사람들로 붐비는 곳이다. 내부 인테리어 또한 프랑스에 와 있는 것 같은 느낌을 준다. 프랑스 파리에 똑같은 이름의 지점이 있다는 것도 흥미롭다. 독특한 인테리어가 눈에 띄며, 직접 제작한 요리책과 각종 상품들도 함께 판매하고 있으니, 이곳이 마음에 든다면 구입해 오자.

주소 10 Katherine Place &, 123 Hardware St, Melbourne VIC 3000
위치 플린더스 스트리트 역에서 도보 약 14분
운영 월~금 07:30~15:00, 토~일 08:00~15:00
요금 베이크드 에그 A$23, 베네딕트 A$29
전화 03 9261 2100
홈피 hardwaresociete.com

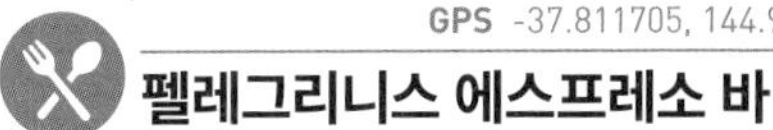

GPS -37.811705, 144.971214

펠레그리니스 에스프레소 바 Pellegrini's Espresso Bar

1954년에 오픈해 한 번의 오너 교체 이후 45년 넘게 대를 이어 경영되고 있는 전통적인 이탈리아의 에스프레소 바이다. 바 카운터에서 에스프레소를 마시거나 홈메이드 파스타를 먹으면, 마치 본토인 이탈리아에 와 있는 것 같은 경험을 안겨준다. 호주에서 또 다른 외국을 느끼고 싶다면 추천한다!

주소 66 Bourke St, Melbourne VIC 3000
위치 멜버른 시청에서 도보 약 11분
운영 월~목 08:00~21:00, 금~토 08:00~22:00 (일요일 휴무)
요금 파스타 A$19~, 커피 A$4.5~
전화 03 9662 1885

GPS -37.815521, 144.970356

친친 Chin Chin

다문화 도시 멜버른의 대표적인 퓨전 태국 음식 맛집이다. 기본 30분을 기다려야 할 정도로 언제나 손님들이 많아 왁자지껄한 분위기이며, 무슨 메뉴를 시키든 만족도가 높다. 전화 예약은 8인 이상일 경우에만 가능하며, 미리 들러서 예약하기를 추천한다.

주소 125 Flinders Ln, Melbourne VIC 3000
위치 플린더스 스트리트 역에서 도보 약 7분
운영 11:00~23:00
요금 버터 치킨 커리 A$36.5, 팟타이 A$32.5
전화 03 8663 2000
홈피 chinchinrestaurant.com.au

GPS -37.808526, 144.960226

말레이시안 락사 하우스 Malaysian Laksa House

락사는 말레이시아의 전통 쌀국수로, 매콤하고 시원한 국물이 특징이다. 이곳에서는 다양한 국물 베이스와 재료(해물, 육류, 야채 등)로 만든, 진한 락사를 맛볼 수 있다. 맛집이라 언제나 사람이 바글바글하지만 굉장히 맛있기 때문에 언제 가도 만족스럽다. 다른 메뉴도 많이 있지만 이곳에서는 꼭 락사 국물을 맛보기를 추천한다.

주소 449 Elizabeth St, Melbourne VIC 3000
위치 퀸 빅토리아 마켓에서 도보 약 5분
운영 11:00~20:30
요금 락사 스페셜 A$12.8 **전화** 03 9329 5720

GPS -37.811405, 144.967263

드래곤 핫팟 Dragon Hot Pot

훠궈와 마라탕이 왠지 땡기는 날에는 꼭 들러야 할 곳. 멜버른 시내 이곳저곳에 체인점이 있다. 냉동 칸의 신선한 고기류, 해물류, 야채, 국수, 떡 등을 먹고 싶은 만큼 개인 볼에 골라 담아 무게를 재고, 무게 값만큼 돈을 내면 된다. 매운 맛 정도도 고를 수 있으니 취향에 맞게 골라보자. 알싸한 매운 국물에 피로가 녹아내리는 경험을 할 수 있다.

주소 213 Russell St, Melbourne VIC 3000
위치 멜버른 시청에서 도보 약 8분
운영 월~목 12:00~01:30, 금~일 12:00~02:30
요금 핫팟 1인 A$25~30
전화 03 9662 1833

GPS -37.811904, 144.965105

더 칼턴 클럽 The Carlton Club

멜버른 시내의 핫한 바이다. 화려하게 장식된 내부에서 시원한 맥주 한잔으로 하루를 마무리하는 것은 어떨까. 주말 야외 테라스에서는 파티 분위기가 나며, 금요일과 토요일 밤에는 특히 많은 현지인들로 가게 내부와 테라스가 가득 찬다.

주소 193 Bourke St, Melbourne VIC 3000
위치 멜버른 시청에서 도보 약 6분
운영 월~화·일 15:00~01:00, 수·토 15:00~03:00, 목~금 12:00~03:00
요금 맥주 A$9~ **전화** 03 9663 3246
메일 book@thecarlton.com.au
홈피 www.thecarlton.com.au

GPS -37.811904, 144.965105

루프톱 바 Rooftop Bar

멜버른 시내의 핫한 루프톱 바이다. 이름 그대로 멜버른 시내가 내려다보이는 아주 넓은 공간에 테이블과 바가 있다. 잔디가 깔린 듯한 초록색 바닥에 투박한 테이블과 의자 덕분에 야외에서 바비큐 파티를 하는 듯한 느낌이 들기도 한다. 멋진 경치와 라이브 음악 덕분에 친구들과 편안한 시간을 즐기기에 좋다.

주소 Curtin House, level 7/252 Swanston St, Melbourne VIC 3000
위치 멜버른 시청에서 도보 약 5분
운영 12:00~01:00
요금 칵테일 마가리타 A$20~
전화 03 9654 5394 **홈피** rooftopbar.co

GPS -37.817469, 144.959187

로얄 스택스 Royal Stacks

멜버른 빅토리아주를 기반으로 점차 인기를 얻고 있는 버거집으로, 손님들의 성원을 받으며 빅토리아주에 총 7개 매장을 운영하고 있다. 여행객들에게도 접근성이 좋은 시티에도 있으니 한 번쯤 방문해 볼 만하다.

주소 470 Collins St, Melbourne VIC 3000
위치 서던 크로스 역에서 도보 5분
운영 월~목·토 11:00~23:25, 금·일 11:00~00:25
요금 싱글 스택 버거 A$15.2
전화 03 9620 0296
홈피 www.royalstacks.com.au

GPS -37.810737, 144.972774

시글로 Siglo

멜버른 서퍼클럽의 비밀스러운 문을 통해 들어간 후 계단을 따라 올라가면 도착하는 시글로는 '2022년 멜버른 최고의 바 50'에 선정된 곳이다. 클래식 칵테일을 사랑하는 사람들이라면 꼭 한번 방문해야 할 곳. 아름다운 야경은 덤이다.

주소 Level 2, 161 Springs St, Melbourne VIC 3000
위치 팔리어먼트하우스에서 도보 2분
운영 화~토 17:00~03:00(일~월요일 휴무)
전화 03 9654 6631 **홈피** siglobar.com.au

GPS -37.810078, 144.962692

멜버른 센트럴 쇼핑센터 Melbourne Central Shopping Centre

멜버른 시내의 중심이라고 할 수 있는, 브룩 스트리트에 위치한 대형 쇼핑센터로 기차역이 바로 밑 지하에 있다. 호주의 대표 백화점인 마이어 백화점과 데이비드 존스 백화점도 연결되어 있다. 옛 건물을 그대로 살리면서도 모던한 분위기가 나는 내외부의 모습이 인상적이다. 젊은 층이 좋아할 만한 유명 브랜드가 한자리에 모여 있어 쇼핑하기 좋으며, 정각마다 꼭두각시 인형들이 나와 짧은 공연을 하는 커다란 회중시계도 찾아볼 것!

주소 Cnr LaTrobe and Swanston St, Melbourne VIC 3000
위치 멜버른 시내 중심
운영 토~수 10:00~19:00, 목~금 10:00~21:00
전화 03 9922 1122
홈피 melbournecentral.com.au

GPS -37.810630, 144.965197

QV

멜버른 시내 중심의 쇼핑지구에 있는 또 하나의 대형 쇼핑센터로, 멜버른 센트럴과 쌍벽을 이루는 곳이다. 퀸 빅토라 여성 병원을 재건축하여 만든 곳으로 첨단 디자인이 먼저 눈에 들어온다. 건물 가운데가 뚫려 있어 도심 속 쉼터를 제공하고 있기도 하다. 호주 브랜드 숍뿐만 아니라 해외 디자이너들의 부티크 숍과 푸드 코트까지 겸비하고 있다.

주소 Cnr Lonsdale St and Swanston St, Melbourne VIC 3000
위치 멜버른 시청에서 도보 약 7분
운영 토~수 10:00~19:00, 목~금 10:00~20:00
전화 03 9207 9200
홈피 qv.com.au

맬버른 숙소 선택 Tip

교통이 편리한 곳을 찾는다면 공항버스부터 트램, 버스, 기차 이용이 편리한 서던 크로스 역 근처, 멋진 야경을 보고 싶다면 사우스 뱅크 근처, 저렴한 객실을 원한다면 시내와 가깝지만 금액은 훨씬 저렴한 도클랜드 지역의 호텔을 추천한다. 조금 불편하더라도 경비를 절약하려면 백패커 다인실을 이용하고, 요리를 해먹을 계획이라면 취사 가능한 아파트먼트 타입의 숙소를 추천한다. 호텔에서 시간을 많이 보낼 것이라면 어떤 부대시설이 있는지도 확인하면 좋다.

5성급 **GPS** -37.820395, 144.965627

더 랭햄 멜버른

The Langham Melbourne

멜버른 시내 야라강변의 5성급 호텔이다. 외관도 멋지고, 룸에서 내려다보는 야라강변의 전망도 아름답다. 유리 천장이 있는 수영장이 있으니 시간을 내어 방문해보는 것도 좋다. 모던한 분위기보다는 고급스럽고 앤티크하며 고풍스러운 분위기를 풍긴다. 취향에 맞는다면 아주 만족할 만한 인테리어이다.

주소 1 Southgate Ave, Southbank VIC 3006
위치 플린더스 스트리트 역에서 도보 약 6분
요금 A$350~
전화 03 8696 8888
홈피 www.langhamhotels.com

4성급 **GPS** -37.815721, 144.963084

코즈웨이 353 호텔

Causeway 353 Hotel

멜버른 시내의 4성급 호텔로 멜버른의 다양한 한인 투어 집결지와 가까워 한인 일일 투어를 이용할 예정인 여행자라면 특히나 편리한 위치이다. 디럭스 트리플룸이 금액 대비 시설이 좋아 3인 여행 시 활용하기 좋다. 같은 브랜드의 3성급 호텔 코즈웨이 인Causeway Inn On The Mall도 가성비가 좋으니 예산에 따라 고려해 보자.

주소 353 Little Collins St, Melbourne VIC 3000
위치 플린더스 스트리트 역에서 도보 약 7분
요금 A$185~
전화 03 9668 1888
홈피 www.causeway.com.au

3성급 **GPS** -37.818935, 144.950210

트레블로지 도클랜드

Travelodge Docklands

'도클랜드'라는 지명이 들어가 시내가 아닌 외곽에 있는 호텔이라 생각할 수 있으나 사실 서던 크로스 역 바로 옆에 위치한 호텔이다. 우편 번호상으로는 도클랜드이나 시내와 위치가 그리 멀지 않고 스카이버스 출도착지 바로 옆이라 다른 시내 호텔보다 위치가 나을 수도 있다. 금액이 굉장히 저렴한 편이고 특가 이벤트도 자주 있다. 시설이 깔끔하고, 작은 규모지만 바와 룸 서비스도 이용 가능하다.

주소 66 Aurora Ln, Docklands VIC 3008
위치 서던 크로스 역에서 도보 약 7분 이동
요금 A$155~ **전화** 03 8615 1000
홈피 www.travelodge.com.au/book-accommodation/melbourne/

백패커 **GPS** -37.820636, 144.955552

멜버른 센트럴 YHA

Melbourne Central YHA - The Rocks

멜버른 시내에 위치한 유스호스텔. 공항버스가 출도착하는 서던 크로스 역, 씨 라이프 수족관, 야라강 등과 인접해 있어 여행자들이 이용하기 편리하다. 유스호스텔 중 시설이 깔끔한 편이며 숙소에서 다양한 여행 정보도 얻을 수 있다. 다인실을 사용하며 외국인 친구들과 친해지기도 좋다. 3박 이상 숙박 시 패키지로 예약하면 조식을 포함한 스페셜 금액으로 저렴하게 예약할 수 있다.

주소 562 Flinders St, Melbourne VIC 3000
위치 서던 크로스 역에서 도보 약 6분
요금 다인실 A$57.45~ **전화** 03 9621 2523
홈피 www.yha.com.au

야라강 북쪽

멜버른에서 빌딩과 번화가만 볼 만한 것이 아니다. 예쁘게 정돈된 정원인 피츠로이 가든을 산책하고, 멜버른 동물원에서 호주 동물들을 만나보자. 퀸 빅토리아 마켓에서 신선한 제철 과일을 맛보며 도심 속의 자연을 느껴볼 수도 있다.

to do list

1. 피츠로이 가든 거닐기
2. 아름다운 박물관과 전시관 구경하기
3. 퀸 빅토리아 마켓에서 쇼핑을~

★★★ GPS -37.812233, 144.979967

피츠로이 가든 Fitzroy Gardens

도심 속 아름다운 정원으로, 단정하게 정돈된 정원 안에 푸르른 나무와 잔디가 펼쳐져 있다. 산책하며 정원 속 명소를 돌아보자. 공원은 영국의 국기 유니언 잭의 십자와 대각선 모양의 길로 나뉘어 있으며 특히 가로수길이 아름답기로 유명하다. 정원에는 캡틴 쿡 선장의 오두막Captain Cook's Cottage도 있다. 영국의 탐험가이자 호주 대륙을 발견해 '태평양을 완성한 최고의 선장'으로 불리는 제임스 쿡이 어린 시절을 보낸 집을 그대로 옮겨온 것으로, 18세기 삶의 모습을 실감나게 감상할 수 있다. 마을을 축소한 형태의 작은 집 모형도 볼 수 있다.

캡틴 쿡 선장

주소 Wellington Parade, East Melbourne VIC 3002
위치 플린더스 스트리트 역에서 도보 약 13분
운영 24시간
전화 03 9658 9658
메일 events@melbourne.vic.gov.au
홈피 www.fitzroygardens.com

캡틴 쿡 선장의 오두막

★★☆ GPS -37.783670, 144.951144

멜버른 동물원 Melbourne Zoo

멜버른 시내의 대규모 동물원으로 트램을 타고 갈 수 있다. 코알라, 캥거루는 물론 멸종 위기의 오랑우탄, 수마트라 호랑이 등 전 세계 300여 종의 동물이 있으며, 동물들이 편안하게 지낼 수 있도록 실제 서식지와 비슷한 환경을 최대한 조성해 놓았다. 방송인 샘 해밍턴이 결혼식을 올려 화제가 되었던 장소이기도 하다. 오전 9시부터 오후 5시까지 끊임없이 동물 쇼가 펼쳐지므로, 방문 전에 시간표를 미리 확인하는 것을 추천한다.

주소 Elliott Ave, Parkville VIC 3052
위치 멜버른 시청에서 도보 약 11분 이동 후 트램 약 14분
운영 09:00~17:00
요금 성인 A$53, 아동 A$26.5 (주말·공휴일 아동 무료)
전화 1300 966 784
메일 contact@zoo.org.au
홈피 www.zoo.org.au

★★★ GPS -37.803166, 144.971630

멜버른 박물관 Melbourne Museum

공룡 화석부터 호주 원주민인 애버리진 관련 내용 등 멜버른의 고대부터 현대까지의 역사를 아우르는 박물관으로, 그 외에도 재미있는 전시가 열린다. 빅토리아 주에서 자라는 나무로 꾸며진 작은 정원도 아름다우니 역사에 큰 관심이 없더라도 방문해 볼 가치가 충분하다.

주소 11 Nicholson St, Carlton VIC 3053
위치 멜버른 시청에서 도보 약 22분
운영 09:00~17:00
요금 성인 A$15, 아동 무료
전화 03 8341 7767
메일 mvbookings@museum.vic.gov.au
홈피 museumsvictoria.com.au/melbournemuseum

★☆☆ GPS -37.804422, 144.971630

멜버른 왕립 전시관 Royal Exhibition Building

왕립 전시관은 1880년과 1888년, 멜버른에서 국제 전시를 개최하기 위해 세워졌으며, 현재까지도 전시 공간으로 이용되고 있는 건물이다. 멜버른 박물관 바로 앞에 위치하므로 함께 둘러보자. 왕립 전시관을 감싸고 있는 칼턴 가든 역시 평화롭고 아름다운 공간이다. 1일 1회, 오후 2시에 진행되는 빌딩 투어로 좀 더 자세히 둘러볼 수 있으며 예약은 필수이다.

주소 9 Nicholson St, Carlton VIC 3053
위치 멜버른 시청에서 도보 약 22분
운영 **돔 투어(60분 가이드)**
월~일 09:00~17:00
요금 성인 A$29, 아동 A$15
(멜버른 박물관 입장료 포함)
전화 03 9270 5000
홈피 museumsvictoria.com.au/reb

★★☆ GPS -37.807520, 144.956796

퀸 빅토리아 마켓 Queen Victoria Market

멜버른의 보물창고라고 할 수 있는 호주 전통의 마켓이다. 멜버른 센트럴 쇼핑센터와 쌍벽을 이루는 곳으로 식재료, 농산물, 공예품, 의류 등을 저렴한 가격에 구매할 수 있다. 여행 중 요리해 볼 기회가 있다면, 이곳에서 현지인처럼 신선한 지역 식재료를 구입해 보는 건 어떨까? 4~5월에는 매주 수요일 오후 5시부터 10시까지 나이트 마켓이 열리니 일정과 맞는다면 구경해 보자.

주소 Queen St, Melbourne VIC 3000
위치 멜버른 시청에서 도보 약 19분
운영 화·목~금 06:00~15:00,
토 06:00~16:00,
일 09:00~16:00(월요일 휴무)
전화 03 9320 5822
홈피 qvm.com.au

Tip | 마켓은 언제 방문하는 게 좋을까?

마켓을 방문하고 싶다면, 개장 날짜와 시간을 확인하는 것이 좋다. 퀸 빅토리아 마켓은 매주 월요일와 수요일을 제외하고는 모두 운영하지만 이른 아침인 6시에 개장해 오후 일찍 문을 닫는다. 프라란 마켓 등 주변의 다른 마켓들 역시 비슷하다.

★★☆ GPS -37.800611, 144.978865

피츠로이 Fitzroy

피츠로이 가든에서 북쪽으로 더 올라가면 피츠로이 지역이 있다. 빅토리아 퍼레이드부터 알렉산드라 퍼레이드까지의 세로로 긴 직사각형 모양의 이 지역은 '멜버른의 홍대'라는 별명이 있을 정도로 젊은이들이 많이 찾는 힙한 곳이다. 골목의 벽을 채운 벽화와 보헤미안 스타일의 상점들, 유니크한 제품을 판매하는 편집 숍, 분위기 있는 루프톱 바와 캐주얼한 느낌의 펍을 둘러보자. 프랑스 현지에서 맛보는 것처럼 겉은 바삭하고 안은 촉촉한, 환상적인 크루아상을 판매하는 룬 크루아상Lune Croissanterie 본점이 이곳에 있으니 피츠로이를 방문한다면 놓치지 말자.

위치 멜버른 시청에서 도보 약 31분

★★☆

칼턴 Carlton

멜버른에 이탈리아 거리가 있다? 시내의 세인트 패트릭 대성당에서 버스를 이용해 북쪽으로 약 15~20분 정도 이동하면 도착하는 칼턴 지역. 그곳의 라이곤 스트리트Lygon St를 따라 이탈리안 레스토랑과 바, 카페가 죽 늘어서 있다. 1900년대 초 호주에 금광이 발견되기 시작하면서 골드 러시가 일어났고, 세계 곳곳에서 많은 사람이 이주해 오기 시작했다. 그중 다수의 이탈리아인이 이곳, 칼턴에 정착해 그들만의 문화와 공간을 형성했다고 한다. 지금도 이탈리아에서 온 이민자들이 많이 살고 있는 곳으로, 높은 건물이 없어 한적하면서도 여행객들로 적당히 떠들썩한 느낌을 풍긴다. 현지의 맛을 살린 다양한 음식을 맛볼 수 있는 멜버른인 만큼, 맛도 이탈리아 현지에서 먹는 것과 굉장히 비슷한 곳이 많다.

라이곤 스트리트는 빅토리아 주에서도 처음으로 야외에 테이블과 의자를 세팅해 커피와 식사를 즐기는 노천 문화를 형성하고 외식 문화를 주도한 곳인 만큼, 여유로운 커피 한잔, 피자 한 조각을 즐길 수 있는 곳이다. 세계 피자 대회에서 1등을 해 유명한 피자 가게, 400 그라디400 gradi 또한 이곳에 있다.

위치 멜버른 시청에서 도보 약 3분 이동 후 트램으로 약 17분

라이곤 스트리트에 왔다면 피자는 꼭 먹자!

GPS -37.802830, 144.959089

세븐 시드 커피 로스터스 Seven Seeds Coffee Roasters

멜버른의 3대 커피 중 하나로 알려져 있으며 드립커피인 마이크로 브루어드 커피와 아침 메뉴를 언제든 즐길 수 있는 올데이 브랙퍼스트 메뉴로 유명한 브런치 명소이다. 로스팅 하우스인 만큼 안에서 식사와 커피를 즐기는 사람들뿐만 아니라 테이크아웃하거나 커피 원두를 사러오는 사람들로 항상 붐비는 곳이다.

주소 114 Berkeley St, Carlton VIC 3053
위치 퀸 빅토리아 마켓에서 도보 약 8분
운영 월~금 07:00~17:00, 토~일 08:00~17:00
요금 롱블랙 A$4.2, 계란 & 와플 베네딕트 A$24, 치킨 쿠바노 A$16
전화 03 9347 8664
홈피 sevenseeds.com.au

GPS -37.775902, 144.970722

400 그라디 400 Gradi

2014년 세계 피자 대회에서 이탈리아의 원조 셰프들을 물리치고 당당히 챔피언 자리에 오른 조니 디 프란체스코Johnny Di francesco의 식당 본점이다. 나폴리 전통 스타일의 400도의 화덕 오븐에서 구워지는 챔피언의 마르가리타 피자를 맛볼 수 있다.

주소 99 Lygon St, Brunswick East VIC 3057
위치 칼턴 내
운영 일~목 12:00~22:30, 금~토 12:00~23:00
요금 피자 1판 A$26~
전화 03 9380 2320
홈피 400gradi.com.au

GPS -37.795932, 144.979867

룬 크루아상 Lune Croissanteire Fitzroy

'세상에서 가장 맛있는 크루아상'을 만드는 곳이라고 소문 난 룬 크루아상의 본점이다. 비가 오나 눈이 오나 이른 새벽 아침부터 줄을 서 있는 사람들을 볼 수 있다. 피츠로이 본점의 유명세에 힘입어 멜버른 중심에도 분점이 생겼으며, 본점보다는 메뉴가 적지만 멀리까지 가지 않고도 맛있는 크루아상을 즐길 수 있으니 방문해 보자. 분점은 토~일요일과 공휴일에는 휴무이다.

주소 119 Rose St, Fitzroy VIC 3065
위치 피츠로이 내
운영 월~금 07:30~15:00,
토~일 08:00~15:00
요금 크루아상 A$7.1
전화 03 9419 2320
메일 info@lunecroissanterie.com
홈피 lunecroissanterie.com

Tip | 룬 크루아상 분점 (멜버른 시내)

주소 Entrance on Russell St at Flinders Lane, Shop 16/161 Collins St, Melbourne VIC 3000

GPS -37.803835, 144.966077

유니버설 레스토랑 Universal Restaurant

이탈리안 식당이 많기로 유명한 칼턴에서도 단연 최고의 가성비로 항상 분주한 곳이다. 특히 그 크기에 한 번 놀라고, 맛에 두 번 놀라게 되는 치킨 슈니첼은 단연 최고의 인기 메뉴이다.

주소 141 Lygon St, Carlton VIC 3053
위치 칼턴 내
운영 월~목 11:00~23:00, 금~토 11:00~23:30,
일 11:00~22:00
요금 유니버설 치킨 슈니첼 A$17, 시저 샐러드 A$22
전화 03 9347 4393
홈피 universalrestaurant.com.au

GPS -37.805996, 144.979595

벨스 핫 치킨 Belles Hot Chicken

매운 치킨과 내추럴와인을 즐길 수 있는 곳이다. 창업자가 미국 네시빌에서 개발한 매운 소스가 독특하다. 매운 단계를 선택할 수 있으며, 중간 단계만 돼도 굉장히 매우니 신중히 선택할 것! 치킨과 와인도 잘 어울리니, 이곳에 간다면 치맥이 아닌 '치와(치킨+와인)'를 즐겨볼 것!

주소 147 Elizabeth St, Melbourne VIC 3000
위치 칼턴 가든에서 도보 약 10분
운영 일~목 11:30~21:00, 금~토 11:30~21:30
요금 닭날개 세트(닭날개 3개+사이드디쉬) A$19
전화 03 9670 7478
홈피 belleshotchicken.com

야라강 남쪽

문화, 예술의 도시 멜버른은 다양한 종목의 경기가 자주 열리는 곳이다. 경기 관람을 위해 일부러 멜버른을 찾는 사람들도 있을 정도이니, 여행 일정 중 경기가 열린다면 관람해 보는 것은 어떨까. '호주스러운' 여행을 위한 가장 좋은 방법이다.

☑ to do list

1. 세계 3대 메이저 테니스 대회인 호주 오픈 직관하기
2. 멜버른 로열 보타닉 가든에서 신선한 공기 마시기
3. 내셔널 갤러리에서 세계적으로 유명한 그림 감상

★★☆ GPS -37.822188, 144.980138

멜버른 파크 경기장 Melbourne Park

호주 스포츠의 중심이자 그랜드슬램 중 하나인 테니스 경기, '호주 오픈Australian Open'이 열리는 곳이다. 테니스뿐 아니라 축구 등 다른 종목의 스포츠 경기도 이곳에서 활발히 열려 연중 대부분이 바쁘다. 한국 테니스의 간판 '정현' 선수도 2019년 이곳에서 열린 호주 오픈에 참가했다. 경기장은 로드 레버 아레나Rod Laver Arena, 에이미 파크AAMI Park, 마가렛 코트 아레나Margaret Court Arena, 멜버른 아레나Melbourne Arena와 2개의 풋볼 경기장Oval이 있으며 경기에 따라 목적에 맞는 경기장이 사용된다. 멜버른 시내에서 트램이나 기차를 타고 갈 수 있다.

주소 Melbourne & Olympic Parks, Melbourne VIC 3001
위치 멜버른 시내에서 도보 약 7분 이동 후 트램으로 약 10분
전화 03 9286 1600
홈피 mopt.com.au
호주 오픈 www.ausopen.com

Tip | 호주 오픈 첫 날 첫 경기 직관?

호주 오픈은 호주 국민들이 사랑하는 행사인 만큼 직관을 위해 엄청난 인파가 몰린다. 특히 첫 날 첫 경기 시간에는 입장을 위해 엄청나게 긴 줄을 서야 한다. 호주 오픈이 열리는 시기는 한여름인 데다가, 경기장 입구에는 그늘도 없다! 게다가 티켓을 미리 구매하지 않았다면? 당일에는 많은 인파가 티켓 구매 사이트에 접속하기 때문에 사이트가 다운되기 일쑤이며 현장에서 티켓을 구매하는 줄도 입장 줄 만만치 않게 길다. 결국 티켓을 구매할 때 한 번, 입장하며 한 번, 적어도 두 번이나 줄을 서야 해 일사병 증상을 느끼며 쓰러지는 사람이 있을 정도다. 첫 날 오후만 되더라도 줄이 눈에 띄게 줄기 때문에 경기장 도착 후 얼마 기다리지 않고 입장이 가능하다. 테니스 팬이라 첫 경기를 꼭 보고 싶다면 티켓은 미리 사이트에서 구매하고, 경기장의 열기만 느껴봐도 괜찮다면 가급적 첫 날 첫 경기는 피하는 것을 추천한다.

멜버른의 다양한 스포츠 축제들

1. 호주 오픈 Australian Open

호주 오픈은 프랑스 오픈, 윔블던, US 오픈과 함께 그랜드 슬램이라고 불리는 테니스 경기 중 하나로, 매년 1월 열리며 호주의 많은 축제 중 가장 먼저 진행되는 행사이기도 하다. 1905년, 처음 경기는 잔디 코트에서 진행되었으나 1988년부터는 멜버른 파크로 옮겨와 하드 코트에서 진행되고 있다.
특히 메인 경기장으로 사용되는 로드 레버 아레나와 멜버른 아레나는 뜨겁고 비가 많은 멜버른의 여름 날씨를 대비해 개폐식 지붕을 갖추고 있다.

언제? 매년 1월
어디서? 멜버른 파크

Tip | ATP 테니스 선수 순위

현재 테니스 대회에서 가장 잘하는 사람이 누구인지 궁금하다면 'ATP 랭킹'을 보자. ATP(프로 테니스 협회)에서 객관적인 여러 수치를 합산해 남자 테니스 선수들의 순위를 산정하고 있다. 현재 세계랭킹 싱글 부문 1위는 폴란드 출신의 후베르트 후르카츠Hubert Hurkacz이다.
홈피 www.atptour.com/en/rankings

2. F1 호주 그랑프리 F1 Australian Grand Prix

국제자동차연맹(FIA)의 주최로 개최되는 세계 최고의 자동차 경주 대회로, 매년 3월부터 10월까지 세계 곳곳에서 경주를 치른 뒤 승점을 모두 합산해 우승자를 가리게 된다. 그중 호주에서 첫 경주가 펼쳐지는데, 바로 매년 3월 진행되는 호주 그랑프리가 그것. 1985년에 세계 챔피언십에 속하게 된 이후로 1995년까지는 애들레이드 스트리트 서킷에서, 1996년부터는 알버트 파크의 멜버른 그랑프리 서킷에서 개최되고 있다. 이 기간에는 일반인에게도 멜버른 그랑프리 서킷이 공개되는 만큼 자동차 여행을 계획한다면 드라이브를 즐겨보는 것도 좋다. 물론 시속 50km로 속도 제한이 있지만, 세계적인 그랑프리 서킷을 드라이빙하는 쾌감은 해본 사람만이 안다!

언제? 매년 3월
어디서? 멜버른 그랑프리 서킷

3. 멜버른 컵 카니발 Melbourne Cup Carnival

매년 11월 호주의 봄을 알리며 시작하는 멜버른 컵 카니발은 호주 전 국민이 사랑하는 경마 축제로 패션과 스포츠, 사교 행사가 함께한다. 9월부터 시작되지만 11월 첫 번째 화요일에 열리는 멜버른 컵이 하이라이트. 빅토리아 주는 이 날을 공휴일로 지정하고 있을 정도다. 150년이 넘는 전통을 자랑하는 이 날, 남녀노소가 멋진 드레스와 장신구로 잔뜩 멋을 내며 기념한다.

언제? 매년 11월
어디서? 플레밍턴 경마장

Tip | 멜버른 컵을 즐기는 법

베팅을 하는 방법이 여러 가지가 있으나 가장 쉬우면서도 안전한 방법은 한 번에 세 마리의 말에 돈을 거는 방식인 트라이펙타Trifecta이다. 한 마리의 말이라도 3등 안으로 들어오면 해당하는 배당금을 받게 되는 방식이다.

Special Tour

멜버른의 다양한 경기장

1956년 멜버른 올림픽이 열렸던 현장인 멜버른 & 올림픽 파크에는 다양한 형태의 경기장이 공존한다. 그리고 세계 4대 메이저 경기 중 가장 먼저 개최되는 호주 오픈, 호주식 럭비인 AFL의 결승전, 그리고 크리켓 경기, 럭비, 축구 등 수 많은 스포츠 경기가 개최된다. 주요 경기장을 알아보면 다음과 같다.
호주 오픈이 개최되는 테니스용 경기장은 멜버른 파크로 명명된 지역에 모여 있다. 여닫이 지붕이 있는 로드 레버 아레나, 멜버른 아레나 그리고 마가렛 코트 아레나에서 중요 경기 대부분이 치러진다.
호주 크리켓과 호주식 풋볼Aussie Rule의 성지인 멜버른 크리켓 그라운드MCG는 특이한 타원형 경기장으로 크리켓과 호주식 풋볼에 최적화되어 있다. 매년 개최되는 크리켓 경기와 호주식 풋볼 리그인 AFL의 결승전이 이곳에서 개최된다.
우리가 일반적으로 알고 있는 직사각형의 축구 전용 경기장인 에이미 파크AAMI Park에서는 호주에서 큰 인기가 있는 럭비와 축구 경기가 펼쳐진다.

more & more 티켓은 온라인으로 예매하자!

서두르지 않고 여유 있게 살아가는 호주인이지만 이곳에서도 온라인으로 티켓을 구매하는 것은 생활화가 되어 있다. 호주의 대표적인 티켓 판매 사이트인 티켓 텍Ticketek과 티켓마스터Ticketmaster에서 대부분의 스포츠 경기와 공연 티켓을 구매할 수 있다. 온라인에서 티켓 구매 시 무조건 서비스 수수료가 포함되는 것이 조금 아쉽긴 하지만 줄을 서서 기다리는 수고를 덜 수 있으니 추천! 물론 당일 현장에서 티켓을 구매할 수도 있지만 원하는 자리에 앉기 위해서는 온라인 예약이 필수이다.

홈피 **티켓 텍** ticketek.com.au
티켓마스터 ticketmaster.com.au

★☆☆

GPS -37.818794, 144.983002

멜버른 크리켓 그라운드 Melbourne Cricket Ground

호주에서 가장 인기가 많은 운동 종목이라고 해도 과언이 아닌 크리켓. 이곳 멜버른 크리켓 그라운드에서는 특히 많은 경기가 열린다. 한국에서는 인기 종목이 아니지만, 보다 보면 손에 땀이 찰 정도로 긴장감 넘친다. 무엇보다 경기장에 앉아 크리켓에 대한 호주인들의 열정을 느껴보면 호주와 한층 가깝게 느껴질 것이다. 평소 스포츠 경기 관람을 좋아하는 사람이라면 크리켓 룰을 익혀 한 번쯤 경기를 관람해 보자.

주소 Brunton Ave, Richmond VIC 3002
위치 멜버른 시내에서 도보 약 15분
전화 03 9657 8888
홈피 www.mcg.org.au

more & more 알면 알수록 더 재미있는 크리켓 경기

크리켓이란?

야구와 비슷하면서도 다른 스포츠 종목으로, 1774년 최초의 경기 규칙이 만들어졌다. 영국과 영국 식민지였던 국가들의 인기 스포츠로, 각 팀당 11명의 선수가 경기한다. 협동성과 판단력, 결단력 등이 요구되는 스포츠이다.

경기 방법은?

❶ 타자 두 명이 경기장 한가운데에 세워진 주문 앞에 선다.
❷ 타자는 투수가 던진 공을 가능한 한 멀리 쳐내고 위켓 사이로 뛴다.
❸ 야수는 타자가 던진 볼을 잡아서 다시 위켓 키퍼에게 던진다.
❹ 위켓 키퍼는 볼을 받은 뒤 위켓의 베일을 떨어트려 타자를 아웃시킨다.

★☆☆

GPS -37.829745, 144.979109

로열 보타닉 가든 빅토리아 Melbourne Royal Botanic Gardens Victoria

식물을 보존하고 보호하는 역할을 하는 멜버른 로열 보타닉 가든은 평화로운 분위기의 공원으로, 초록의 기운을 한껏 느낄 수 있는 아름다운 피크닉 장소다. 잘 정리된 산책로를 따라 걸으며 푸른 식물들을 감상해 보자. 호수에서는 사공이 긴 장대를 밀어 움직이는 배를 타고 여유로운 시간을 즐길 수 있으며, 제1차 세계대전에 참전해 사망한 빅토리아 주민을 기리는 기념비도 볼 수 있다.

주소 Melbourne VIC 3004
위치 플린더스 스트리트 역에서 도보 약 14분 후 트램으로 약 7분
운영 07:30~17:30
전화 03 9252 2300
홈피 www.rbg.vic.gov.au

★☆☆

GPS -37.822568, 144.968895

내셔널 갤러리 오브 빅토리아 National Gallery of Victoria

무료 입장 가능한 갤러리로 다양한 미술 작품을 감상할 수 있으며, 파블로 피카소, 앤디 워홀 등 유명 작가의 작품을 만날 수도 있다. 스테인드글라스로 꾸며진 천장, 고급스럽고 감각스러운 인테리어 덕에 미술에 큰 관심이 없더라도 둘러볼 만하다. 근처에 뾰족한 탑 모양의 지붕을 가진 빅토리아 아트센터도 위치해 있으니 함께 둘러보면 좋다.

주소 180 St Kilda Rd, Melbourne VIC 3006
위치 플린더스 스트리트 역에서 도보 약 6분
운영 10:00~17:00
요금 무료
전화 03 8620 2222
홈피 www.ngv.vic.gov.au

★★★

GPS -37.821435, 144.964867

유레카 스카이덱 Eureka Skydeck

297m 높이의 금빛 타워로 88층 전망대에서 멜버른 시내를 내려다보자! 호주 남반구에서 가장 높은 건물인 만큼 탁 트인 경치를 감상할 수 있다. 전망대 바닥에는 각도별로 지역의 이름이 적혀 있어 위치를 파악하기 쉽다. 엣지Edge라는 특이한 체험도 할 수 있는데, 건물 밖으로 3m 뻗어나간 공간에서 유리바닥 아래로 펼쳐지는 전망을 보는 것이다. 체험하는 동안 발밑의 유리바닥이 깨지는 듯한 소리 효과까지 있어 스릴 만점이다. 현장에서 구매하는 것보다 미리 온라인으로 구매하는 것이 훨씬 저렴하니 참고하자.

주소 7 Riverside Quay, Southbank VIC 3006
위치 플린더스 스트리트 역에서 도보 약 7분 이동
운영 12:00~21:00(마지막 입장 20:30)
요금 **입장권** 성인 A$39.6, 아동 A$26.4 **엣지** 성인 A$15, 아동A$10.50
전화 03 9693 8888
메일 hello@eurekaskydeck.com.au
홈피 www.melbourneskydeck.com.au

멜버른 시내가 한눈에 내려다보이는 유리바닥이 와장창~ 깨진다!

★☆☆

GPS -37.823454, 144.958063

크라운 멜버른 카지노 Crown Melbourne

카페, 바, 레스토랑 등을 한 번에 즐길 수 있는 크라운 엔터테인먼트 콤플렉스Crown Entertainment Complex에 카지노가 있다. 크리스마스 등에 잠깐 문을 닫는 것을 제외하고는 1년 365일 모두에게 오픈되어 있다. 드레스코드는 단정한 캐주얼로 엄격한 제한이 있는 것은 아니나 '쪼리'처럼 편한 신발은 삼가야 한다. 대규모 카지노를 둘러보며 음료를 한잔하고, 재미 삼아 한 게임 정도 해보는 것도 나쁘지 않다. 여행 경비를 탕진할 수 있으니 과도한 게임은 금물이다. 신분증이 있어야 입장 가능하니 여권 챙기는 것을 잊지 말자!

주소 8 Whiteman St, Southbank VIC 3006
위치 플린더스 스트리트 역에서 도보 약 10분
운영 24시간(공휴일 12:00~16:00)
전화 03 9292 8888
홈피 www.crownmelbourne.com.au

★★★

GPS -37.820012, 144.965530

사우스 뱅크 & 차펠 스트리트 South Bank & Chapel Street

크라운 멜버른 카지노가 있는 크라운 엔터테인먼트 콤플렉스와 사우스 게이트 주변, 그리고 차펠 스트리트에는 많은 패션 전문점이 있다. 특히 차펠 스트리트는 멜버른의 패션을 이끌어가는 곳이라고 할 만큼 뛰어난 디자인과 앞선 감각을 자랑하는 상점이 가득하다. 이곳에서 신나게 아이쇼핑을 하고, 현대적인 건물과 어우러진 강가의 풍경을 즐기며 산책하자.

주소 Chapel St,
South Yarra VIC 3141

위치 멜버른 시청에서
도보 약 3분 이동 후
트램 약 15분

홈피 chapelstreet.com.au

멜버른 근교

호주는 도시에서 멀지 않은 곳에 해변이 있는 경우가 많아 당일치기로 해수욕을 즐기러 떠날 수 있다. 멜버른 또한 시내에서 가까운 곳에 아름답고 개성 있는 해변이 많으므로 다녀오기를 추천한다. 모닝턴의 온천과 야라 밸리의 와이너리도 가볼 만한 곳이다.

to do list

1. 자연이 빚은 환상적인 경관의 그레이 오션 로드에서 드라이브
2. 야라 밸리에서 와인 즐기기
3. 모닝턴 페닌슐라 온천에서 온천욕을~

그램피언스 국립공원
Grampians National Park
러더더그 스테이트 공원
Lerderderg State Park
야라 레인지
Yarra Ranges
밸러랫
Ballarat
소버린 힐
Sovereign Hill
멜버른 공항
Melbourne Airport
야라 밸리
Yarra Valley
멜버른
Melbourne
단데농 레인지 국립공원
Dandenong Ranges National Park
세인트 킬다 에스플레네이드 마켓
St. Kilda Esplanade Market
루나 파크 세인트 킬다
Luna Park St. Kilda
세인트 킬다 비치
St. Kilda Beach
덴디 공원
Dendy Park
브라이턴 비치
Brighton Beach
퍼핑 빌리 레일웨이(출발역)
Puffing Billy Railway
아발론 공항
Avalon Airport
포트 필립 베이
Port Phillip Bay
질롱
Geelong
퀸클리프
Queenscliff
모닝턴
Mornington
소렌토
Sorrento
런던 브리지 전망대
London Bridge Lookout
모닝턴 페닌슐라 온천
Mornington Peninsula Hot Springs
메모리얼 아치
Memorial Arch
필립 아일랜드
Phillip Island
비치 숲
eech Forest
그레이트 오션 로드
Great Ocean Road
더 노비스
The Nobbies
펭귄 퍼레이드
Penguin Parade
론 피어 & 아폴로 베이
Lorne Pier & Apollo Bay
배스 해협
Bass Strait
커넷 리버
Kennett River
N
12사도
12Apostles
멜버른 근교

★★★

GPS -37.869864, 144.975573

세인트 킬다 비치 St. Kilda Beach

멜버른 시내에서 트램을 타고 남쪽으로 달리면 세인트 킬다 비치가 나온다. 푸른 하늘과 어우러진 아름다운 이곳 해변은 여름이면 비치 타올을 깔고 햇볕을 즐기며 여유롭게 누워 있는 사람들과 바다에서 수영을 하는 사람들로 인산인해를 이룬다. 해안가에 카페, 레스토랑이 있어 여유롭게 식사나 커피 한잔을 즐기기에도 좋다. 때에 따라 펭귄을 볼 수도 있으니, 스케줄상 필립 아일랜드를 방문하지 못한다면 이곳에서 기대해 보자.

위치 시내에서 트램으로 약 20분

▶▶ 루나 파크 세인트 킬다 Luna Park St. Kilda

시드니에 있는 테마파크인 루나 파크가 세인트 킬다에도 있다. 1912년 문을 연 이곳, 루나 파크는 전 세계에서 가장 오랫동안 운영된 놀이동산으로, 롤러코스터는 전쟁 중에도 계속 운영되었다고 한다. 커다란 입 모양의 입구가 어디서든 눈에 띈다. 다른 지역의 루나 파크와는 다르게 이곳은 입장료가 있으며, 놀이기구를 타려면 티켓을 구입해야 한다. 놀이공원 전체가 빅토리아 주 문화유산Victorian Heritage Register인 만큼, 기회가 된다면 둘러보자.

주소 18 Lower Esplanade, St Kilda VIC
운영 토~일 11:00~18:00(월~금요일 휴무, 일정이 자주 바뀌니 홈페이지 확인 필수)
요금 **입장료+놀이기구 1개 또는 게임티켓 1매** A$20 (성인/아동 동일)
전화 03 9525 5033 **홈피** lunapark.com.au

▶▶ 세인트 킬다 에스플레네이드 마켓 St. Kilda Esplanade Market

매주 일요일마다 해안을 따라 시장이 열린다. 장신구와 독특한 인테리어 소품이 많으므로 특별한 기념품을 사고 싶다면 둘러보자. 거리에서는 거리 예술가들이 음악을 연주하며 흥을 띄우기도 한다.

주소 The Esplanade, St Kilda VIC 3182
운영 일 10:00~17:00(여름시즌), 10:00~16:00(그 외)
전화 03 9209 6634
메일 esplanademarket@portphillip.vic.gov.au
홈피 www.stkildaesplanademarket.com.au/

★★★

GPS -37.915606, 144.985678

브라이턴 비치 & 덴디 공원 Brighton Beach & Dendy Park

작고 귀여운 창고이지만 가격은 귀엽지 않다는 사실! 최근 2억 원 넘는 가격에 거래되기도 했다고 한다.

멜버른 시내에서 세인트 킬다보다 더 남쪽으로 내려가면 브라이턴 비치가 있다. 이곳 역시 아름다운 해변이 펼쳐져 있는데, 특히 알록달록한 집 모양의 배스 박스Bath Boxes로 유명하다. 해변을 따라 길게 늘어선 90개의 배이딩 박스는 굉장히 이국적인 느낌을 준다. 실제로 베이딩 박스는 현지인들이 개인 공간으로 꾸며놓고 휴식을 취하거나 개인용 서핑 장비, 해수욕 용품 등을 보관하는 창고이라고 한다. 예쁜 사진을 남길 수 있는 곳이니 잊지 말고 다양한 각도에서 사진을 찍어보자.

덴디 공원은 브라이턴 비치 근처에 있으며, 넓고 평화로워서 반려견 혹은 아이들과 산책하는 시민이 많다. 무료 바비큐 시설이 구비되어 있어 바비큐를 해먹을 수도 있다. 푸르른 공원을 여유롭게 산책해 보자.

주소 덴디 공원 Dendy St, Brighton VIC 3186
위치 서던 크로스 역에서 기차로 약 30분
홈피 덴디 공원 www.dendyparktc.com.au

more & more 브라이턴 비치의 특색 있는 빈티지 상점들

❶ St Andrew's Op Shop
세인트 앤드류 성당에서 운영하는 작은 가게로, 다양한 종류의 빈티지 가정용품을 구경할 수 있다.

주소 17 St Andrews St, Brighton

❷ Biccy's Op Shop
1950년대 스타일로 장식된 전통적인 분위기. 오래된 접시, 의류, 모자, 서적 등을 판다.

주소 148 Church St, Brighton

❸ St Stephen's Op Shop
귀엽고 아기자기한 상점으로, 수익금 일부는 아프리카 여성, 적십자사 등 자선 단체와 지역 단체에 기부된다.

주소 128 Martin St, Brighton

★★★

GPS -38.406945, 144.842975

모닝턴 페닌슐라 온천 Mornington Peninsula Hot Spring

모닝턴 지역의 637m 지하에서 발견된 천연 지열 미네랄 온천이다. 방대한 규모로 하루 종일 시간을 보내도 될 정도로 다양한 풀이 있다. 전 연령가 이용할 수 있는 베스 하우스Bath House 이용권과 아동 입장 불가인 스파 드리밍 센터Spa Dreaming Centre 이용권 중 선택해 구매할 수 있으며, 프라이빗 온천도 예약 가능하다. 언덕을 올라갈 때마다 풀이 하나씩 나오는데, 특히 정상에서는 아름다운 모닝턴의 전망을 한눈에 내려다보며 온천욕을 즐길 수 있다. 온천 여행 시 와이너리를 함께 방문하는 것도 좋다.

대중교통으로 가기 굉장히 어렵기 때문에 일일 투어 또는 렌터카, 온천에서 운영하는 셔틀버스를 이용해 방문하자. 일일 투어는 온천과 온천 주변 전망대를 방문하는 투어, 온천과 와이너리를 함께 방문하는 투어가 있고, 대부분 온천에서 3시간 정도의 자유시간이 주어진다.

주소 140 Springs Lane, Fingal 3939
위치 멜버른에서 110km 지점. 차량으로 약 1시간 20분
운영 05:00~23:00
요금 베스하우스 A$75, 스파 드리밍 센터 A$130~
전화 03 5950 8777
홈피 www.peninsulahotsprings.com

★★★

GPS -37.575906, 143.852907

소버린 힐 Sovereign Hill

호주 금광 시대를 그대로 재현해 놓은 민속촌이다. 아이가 있는 가족 여행객에게 특히 추천한다. 옛 복장을 입은 사람들이 거리를 다니고 옛날 마차도 보인다. 시간표에 따라 사격 쇼 등도 진행되어 구경거리가 쏠쏠하다. 실제로 사금을 채취해 보는 체험도 할 수 있고, 금광을 채굴하던 지하 깊은 곳까지 열차를 타고 내려가 볼 수도 있다. 채취한 금은 유리병에 예쁘게 담아주므로 소중한 기념품이 된다.

주소 Bradshaw St, Golden Point VIC 3350
위치 멜버른에서 120km 지점. 차량으로 약 1시간 30분
운영 화~일 10:00~17:00(월요일 휴무)
요금 성인 A$49.5, 아동 A$31
전화 03 5337 1199
메일 enquiries@sovereignhill.com.au
홈피 www.sovereignhill.com.au

★★★

그램피언스 국립공원 Grampians National Park

GPS -37.192276, 142.363637

잘 닦인 트레킹 코스를 걷거나 아름다운 전망을 감상할 수 있는 그램피언스 국립공원. 그레이트 디바이딩 산맥의 남쪽에 위치한 곳으로, 일일 투어로 그램피언스만을 다녀올 수도 있고, 1박 2일 투어로 그레이트 오션 로드와 함께 다녀올 수도 있다. 자연이 잘 보존된 국립공원에서 캥거루, 코알라 등 야생 동물을 만나고 빅토리아 주에서 가장 큰 규모의 폭포인 멕켄지 폭포를 감상해 보자.

위치 멜버른에서 260km 지점. 차량으로 약 2시간
전화 03 5361 4000
홈피 www.parks.vic.gov.au/places-to-see/parks/grampians-national-park

★★★

야라 밸리 Yarra Valley

GPS -37.758235, 145.088943

서늘한 기후의 야라 밸리에서는 다양한 품종의 포도로 와인을 생산한다. 스파클링 와인, 샤르도네, 피노 누아, 카베르네 소비뇽 등 다양한 와인과 치즈를 맛보자. 와이너리에서 와인 한 잔을 곁들이며 점심 식사를 즐기는 것도 좋다. 시음 비용은 A$5~10이며, 와이너리마다 특색이 있으니 최소 세 군데 이상의 와이너리를 방문하는 것을 추천한다.

위치 멜버른에서 16km 지점. 차량으로 약 20분

Tip | 야라 밸리의 다양한 이벤트

야라 밸리의 와이너리에서는 다양한 지역 이벤트에 참여해 보는 것도 좋다. 여행객보다 현지인에게 더 사랑받지만, 여행객에게도 새로운 경험이 될 것! 와인 산지에서만 가능한 와인, 치즈, 올리브 등 음식에 관련된 이벤트에서부터 지역 주민과 함께하는 이벤트까지! 야라 밸리로 출발하기 전 공식 사이트에서 어떤 이벤트가 열리는 중인지 꼭 확인해 보자.

홈피 www.wineyarravalley.com

★★★
퍼핑 빌리 레일웨이 Puffing Billy Railway

아름다운 숲이 있는 단데농 지역의 퍼핑 빌리. 멜버른 시내에서 동쪽으로 약 35km 정도 떨어진 지점에서 시작되어 633m까지 솟아오르는 마운트 단데농의 낮은 구릉지대에 자리 잡고 있다. 구불구불한 산맥과 깎아지른 골짜기, 빽빽한 수풀 사이로 상쾌한 공기와 싱그러운 바람에 기분이 좋아지는 곳이다.

퍼핑 빌리의 레일웨이는 100년 이상의 역사가 있는 멜버른의 명물로 호주에서 가장 오래된 증기기관차이며, 현재는 자원봉사자들에 의해 운영되고 있다. 원래는 단데농 지역의 농산물을 멜버른 시내로 실어 나르는 화물열차였지만 현재는 관광 열차로 쓰인다. 애니메이션 〈증기기관차 토마스〉의 모델인 기차를 타고 단데농을 달려보자. 뿜뿜! 기관차가 증기를 내뿜는 모습에 어른, 아이 모두가 행복해진다.

주소 1 Old Monbulk Rd, Belgrave VIC 3160
위치 멜버른에서 48km 지점. 차량으로 약 50분
운영 09:00~17:00
요금 성인 A$62, 아동A$31
전화 03 9757 0700
메일 info@pbr.org.au
홈피 puffingbilly.com.au

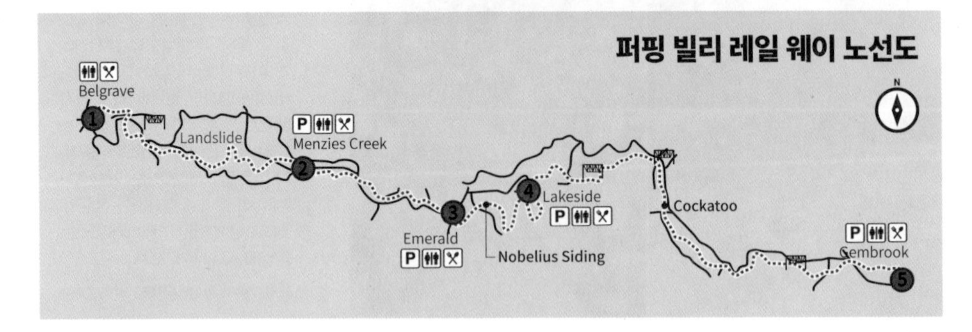

★★★

GPS -38.492892, 145.198741

필립 아일랜드 Phillip Island

그레이트 오션 로드와 함께 멜버른에서 꼭 가봐야 할 곳으로 꼽히는 곳이다. 필립 아일랜드에는 작은 요정 같이 귀여운 쇠푸른펭귄Little Blue Penguin(페어리 펭귄, 리틀 펭귄)이 서식하고 있어서 저녁에 방문하면 먹이를 찾으러 나갔다가 집으로 돌아오는 펭귄 가족을 볼 수 있다. 무리 지어 뒤뚱뒤뚱 걷는 모습이 귀여워 입가에 저절로 미소가 지어진다. 동물원이나 수족관이 아닌 야생의 펭귄을 보는 경험처럼 특별한 것이 또 있을까? 물론 펭귄들만 사는 곳은 아니다. 필립 아일랜드의 코알라 보호구역에는 야생 코알라들도 함께 서식하고 있다. 그러나 뭐니 뭐니 해도 필립 아일랜드의 하이라이트는 '펭귄 퍼레이드'이다. 보통은 계단식으로 되어 있는 의자에 앉아 펭귄이 오는 모습을 보게 되고, 티켓을 업그레이드하면 지하에 있는 관람석에서 지상으로 난 유리 창문을 통해 펭귄을 더 가까이서 볼 수 있다. 리틀 펭귄은 작은 체구에도 하루에도 수십 킬로미터를 헤엄쳐 먹이를 찾고, 새끼들은 부모가 돌아올 시간이면 둥지 앞에 마중 나와 울어댄다. 마치 우리와 닮은 따뜻한 가족애를 느낄 수 있는 시간이다. 이때 사진 촬영은 일체 금지된다. 야생에 사는 펭귄은 휴대전화의 플래시 조명에도 시력을 잃을 수 있기 때문이다. 펭귄들이 건강하게 살 수 있도록 귀여운 모습은 마음속에만 간직하자. 필립 아일랜드는 날씨가 굉장히 춥고 찬 바닷바람이 부니 겨울용 점퍼와 담요는 필수로 준비하자.

위치 멜버른에서 140km 지점. 차량으로 약 2시간
운영 시즌별로 상이
요금 **일반 관람** 성인 A$32, 아동A$16
전화 03 9988 9138
메일 info@penguins.org.au
홈피 penguins.org.au

Tip | 필립 아일랜드를 여행하는 다양한 방법

일일 투어로 여행하기
해가 진 후 집으로 돌아오는 펭귄을 보는 일정이라 오후에 출발하여 밤늦게 돌아온다. 비는 오전 시간을 활용해 퍼핑 빌리레일웨이+필립 아일랜드로 예약하는 경우가 많다. 펭귄 플러스 업그레이드를 통해 지하에서 땅 바로 위까지 난 유리 창문으로 펭귄을 더 가까이서 볼 수 있으나 날짜에 따라 예약 가능 여부가 다르니 사전에 확인하는 것을 추천한다.

렌터카로 여행하기
펭귄 퍼레이드 티켓을 개별 구매하여 렌터카로 여행할 수 있다. 대중교통으로 가기에는 환승이 많고 펭귄 퍼레이드가 진행되는 바로 앞까지 이동할 방법이 없으므로 불편하다.

안녕! 내 이름은 쇠푸른펭귄. 한국에서는 전체적으로 푸른색이 돈다고 해서 쇠푸른펭귄이라고 하고, 키가 30~33cm로 펭귄 중에 가장 작다고 해서 요정펭귄, 꼬마펭귄이라고도 불려! 보통은 평생 한 펭귄이랑만 짝을 맺고, 땅 속 굴 둥지에 한 번에 1~2개의 알을 낳아. 펭귄 아일랜드에서는 먹이를 찾고 퇴근하는 우리의 모습을 볼 수 있어!

more & more 필립 아일랜드의 이모저모

필립 아일랜드에는 앞에서 소개한 관광명소 이외에도 함께 둘러보면 좋을 곳이 많다. 대표적인 두 곳을 소개한다.

코알라 보호 센터
Koala Conservation Centre

코알라 보호 센터는 유칼립투스 나무가 울창한 자연 그대로의 모습이다. 코알라 보드워크와 우드랜드 보드워크로 신선한 공기를 마시며 여행으로 피곤해진 몸과 마음을 충전할 수 있을 뿐 아니라 나무 위에 매달려 늘어지게 잠을 자는 야생 코알라를 찾는 재미도 쏠쏠하다. 운이 좋다면 잠에서 깨어나 유칼립투스 잎을 따 먹으며 놀고 있는 코알라를 만날 수도 있다. 그 외에도 야생 왈라비 등 다양한 호주 야생동물을 만날 수 있으며 시간이 된다면 방문객 센터에서 신비로운 코알라의 습성에 대해 배워 보는 것도 좋다.

처칠 아일랜드 헤리티지 농장
Churchill Island Heritage Farm

가족 여행으로 필립 아일랜드를 방문한다면 추천! 전통적인 호주 농장에서 해볼 수 있는 소젖 짜기, 양털 깎기, 새끼 양이나 송아지에게 먹이 주기, 양몰이 쇼 등을 즐기며 어른과 아이가 함께 생생한 체험 교육을 할 수 있다.

GPS -38.242398, 144.423236

스카이다이빙 Skydiving

멜버른에는 죽기 전에 꼭 가봐야 할 곳인 그레이트 오션 로드에서 해안선을 바라보며 점프하는 그레이트 오션 로드 스카이다이빙, 한적한 해변 마을 세인트 킬다에서 점프하는 세인트 킬다 스카이다이빙, 아름다운 와인 산지를 바라보며 점프하는 야라 밸리 스카이다이빙 등 다양한 옵션이 있다. 취향대로 골라서 도전해 보자.

Tip | 그레이트 오션 로드 vs 세인트 킬다 vs 야라 밸리, 어디서 즐길까?

어떤 전망을 보며 뛰고 싶은지에 따라 결정하면 된다. 근교에서 숙박한다면 숙박 장소와 가까운 곳으로 선택해도 되고, 렌터카로 직접 드롭 존까지 이동해도 된다. 단, 셔틀은 무료 제공이기 때문에 직접 운전해 간다고 스카이다이빙 금액이 저렴해지지는 않는다.

스카이다이빙 그레이트 오션 로드
주소 Urban Central Hostel, 334 City Road
요금 15,000ft A$399~ 전화 1300 663 634
홈피 www.skydive.com.au

스카이다이빙 세인트 킬다
주소 Her Majesty's Theatre (Cnr of Little Bourke and Exhibition)
요금 15,000ft A$489~ 전화 1300 663 634
홈피 www.skydive.com.au

스카이다이빙 야라 밸리
주소 Forun Theatre, Cnr of Russell and Flinders St on Russell St side
요금 15,000ft A$359~ 전화 1300 663 634
홈피 www.skydive.com.au

GPS -38.339800, 144.320998

그레이트 오션 로드 서핑 Great Ocean Road Surfing

멜버른의 명소인 그레이트 오션 로드에서 서핑에 도전! 그레이트 오션 로드 초입에서 진행되며 초보자도 참여 가능하다. 오전과 오후 각각 서핑을 즐기는 일일 투어 또는 2시간 레슨으로 예약 가능하다. 서핑 장소까지 직접 이동하거나 질롱Geelong 역에서 왕복 셔틀을 추가하여 다녀올 수 있다(추가 요금 발생). 또한, 아동은 나이에 따라 참가 가능 여부가 달라지니 사전에 문의하는 것이 좋다. 어린 아동의 경우 프라이빗 레슨으로 보호자와 함께 진행할 수 있다.

그레이트 오션 로드 서프 투어스 Great Ocean Road Surf Tours
주소 106 Surf Coast Hwy, Torquay VIC 3228
위치 그레이트 오션 로드 초입
운영 08:30~18:00
요금 A$79~
전화 03 5261 3730
홈피 www.gorsurftours.com.au

GPS -37.865124, 144.971408

비치콤버 카페 Beachcomber Cafe

세인트 킬다 비치를 바라보며 '피맥(피자+맥주)' 또는 '피맥(피시 앤 칩스+맥주)' 어떨까? 위치도 좋고 음식도 괜찮은 곳이다. 수영을 즐기다가 허기질 때, 이곳에서 바다를 보며 식사하는 것을 추천한다.

주소 10/18 Jacka Bd, St Kilda VIC 3182
위치 세인트 킬다 비치 근처
운영 09:00~21:00
요금 피자 1판 A$26
전화 03 9593 8233
홈피 beachcombercafe.com.au

Special Tour

끝없이 달리고 싶은 그레이트 오션 로드 Great Ocean Road

멜버른 시내 남쪽 남부 해안을 따라 펼쳐지는 아름다운 해안도로가 바로 그레이트 오션 로드이다. 멜버른 시내에서 가장 유명한 포인트인 12사도까지 가는 데만 해도 차량으로 4시간 이상이 소요될 만큼 길게 뻗어 있는 이 도로는 경제 불황으로 인한 취업난을 해결하고자 정부에서 시작한 건설 프로젝트였다. 10년이 넘는 세월 동안 사람의 손으로 만들어졌으며, 특히 제1차 세계대전에 참전했던 군인들이 많이 참여해 그 의미가 더 크다.

멜버른 근교 제1의 관광지이자 '죽기 전에 꼭 가봐야 하는 곳'으로 자주 선정되는 이곳에서는 아름다운 해안 절경과 자연의 웅장함을 느낄 수 있다. 상상하기 어려울 만큼 오랜 세월 동안 바다의 파도와 바람에 깎이며 자연 조각품과도 같은 모습이 된 해안 절벽과 바위를 감상하며 달리다 보면 인간이 얼마나 작은 존재인지 새삼 깨닫게 한다. 그레이트 오션 로드의 상징인 돌기둥들이 현재도 계속되는 침식작용으로 조금씩 사라지고 있으니, 그레이트 오션 로드를 달릴 기회가 있다면 놓치지 말자!

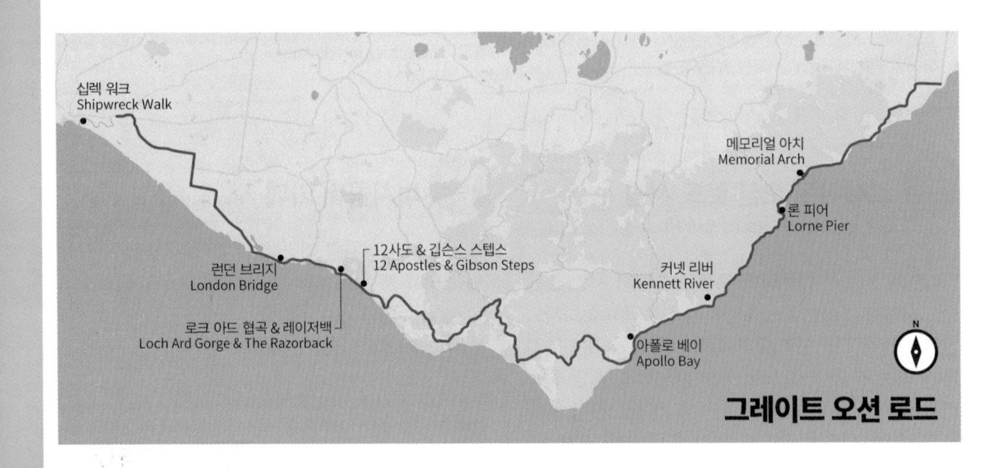

☆ 추천 루트

1. 해안 루트

메모리얼 아치 → 커넷 리버 → 아폴로 베이 → 12사도 → 로크 아드 협곡 → 레이저백 → 아일랜드 아치

2. 내륙 루트

콜락 → 포트 캠벨 → 런던 브리지 → 로크 아드 협곡 → 레이저백 → 12사도 → 깁슨스 스탭스

Tip | 추천 루트 선택 팁

그레이트 오션 로드에는 명소가 많으므로 취향별로 가고 싶은 곳을 선택해 방문하는 것이 좋다. 야생 코알라를 볼 수 있는 커넷 리버, 아름다운 해안 마을 콜락, 사람이 깎았다고는 믿기지 않는 돌계단을 걸어 내려가 12사도를 볼 수 있는 깁슨스 스탭스 등 꼭 방문하고 싶은 장소를 정한 후 루트를 계획하는 것이 효율적이다.

☆ 그레이트 오션 로드의 BEST 뷰 포인트

▶▶ 메모리얼 아치 Memorial Arch

그레이트 오션 로드의 완공을 기념하는 아치와 기념비, 동상이 있는 곳이다. 이곳에서부터 본격적으로 그레이트 오션 로드가 시작되니 사진을 한 장 남겨두자. 동상에는 그레이트 오션 로드를 건설하고 있는 사람의 모습이 새겨져 있다.

▶▶ 론 피어 & 아폴로 베이 Lorne Pier & Apollo Bay

아름다운 해안 마을로 아기자기한 상점이 모여 있다. 규모는 작지만 있을 건 다 있는 곳이다. 일일 투어 시 점심 식사 장소로 많이 활용된다. 특히 론 피어에는 바다로 뻗은 긴 선착장인 '롱 제티Long Jetty'가 있으니 한 번 들러보자.

▶▶ 커넷 리버 Kennett River

커넷 리버는 멜버른 시내에서 그레이트 오션 로드로 가는 길에 방문할 수 있는 곳이다. 캥거루와 코알라, 새 등 야생에 사는 동물 친구들을 쉽게 볼 수 있으니 기대하자.

커넷 리버에서 만날 수 있는 동물들~!

▶▶ 12사도 12 Apostles

바닷바람과 파도에 의한 침식작용으로 육지에서 떨어져 나간 바위 기둥들이 있는 곳이다. 거대한 규모의 돌기둥들이 바닷가에 서 있는 모습이 마치 성경 속 열두 명의 제자가 서 있는 것처럼 보여 12사도라는 이름이 붙여졌다. 해안 절벽과 돌기둥의 옆면이 마치 누가 자를 대고 자른 것처럼 반듯해 층층이 쌓인 지층의 모습을 볼 수 있으며, 몰아치는 파도가 계속해서 돌기둥들과 어우러지는 장관이 펼쳐져 눈을 뗄 수 없다.

> **Tip | 해안 트레일 코스**
>
> 차량을 이용해서 여행하는 그레이트 오션 로드도 아름답지만, 직접 걸으며 느끼는 그레이트 오션 워크Great Ocean Walk는 또 다른 매력이 있다. 아폴로 베이에서부터 12사도 바위까지 이어지는 약 104km의 해안 트레일 코스는 난이도에 따라 짧은 코스도 있고, 전문 가이드와 함께해야 하는 코스도 있다. 해안 트레일 코스를 체험하고 싶다면 최소 1박 이상의 일정을 잡는 것이 좋다.

▶▶ 깁슨스 스텝스 Gibson Steps

12사도 바위를 가장 가까운 곳에서 볼 수 있는 곳. 전망대에서 해변까지 내려가는 돌계단은 사람이 깎았다는 것이 믿기지 않을 정도로 거대하다. 돌계단을 내려가 해변에 서면 전망대에서 보는 것과는 비교할 수 없을 정도로 웅장한 자연이 가깝게 다가온다. 눈앞에 펼쳐지는 끝없는 바다와 거센 파도 소리, 발을 적시는 바닷물과 눈앞의 12사도 돌기둥은 잊지 못할 기억으로 남을 것이다.

▶▶ 로크 아드 협곡 Loch Ard Gorge

해안 절벽이 바다를 막고 있는 모습으로, 해변에는 잔잔한 파도만 친다. 계단을 통해 해변까지 내려가서 신발을 벗고 바닷물에 발을 담가보자. 전망대에서 바라보는 로크 아드 협곡은 더욱 신비롭다. 거센 파도가 치는 바다와 해안 절벽이 방파제 역할을 해 잔잔한 해변가의 대조되는 모습이 아름답다. 1878년 영국의 '로크 아드'라는 범선이 침몰한 후 그 잔해가 떠밀려왔다는 슬픈 역사에서 이름이 지어졌다.

▶▶ 런던 브리지 London Bridge

영국의 런던 브리지를 닮은 다리 모양의 바위이다. 1990년대, 육지와 연결된 부분이 끊어지면서 현재와 같은 모습이 되었다.

▶▶ 레이저백 The Razorback

육지에서 떨어져 바다 속에 길게 늘어선 바위에 긴 파도가 부딪치는 장관을 볼 수 있다.

▶▶ 십렉 워크 Shipwreck Walk

거센 파도가 치고 안개가 자꾸 끼는 지역으로 실제 많은 배가 침몰한 곳인 십렉 코스트Shipwreck Coast를 볼 수 있는 곳이다. 해안과 바다의 전망이 아름답지만 안타까운 사건들이 생각나 슬퍼지기도 한다.

Tip | 그레이트 오션 로드를 여행하는 다양한 방법

일일 투어로 여행하기

대부분의 일일 투어가 멜버른 시내에서 출발해 그레이트 오션 로드를 따라 이동하며 명소들을 방문한다. 투어별로 방문하는 명소가 다르니 예약 전 일정을 꼼꼼이 검토하기 바란다. 12사도는 거의 모든 투어에서 방문하지만 깁슨스 스텝스, 런던 브리지, 가벼운 하이킹 코스 등은 빠지는 경우도 많다.

렌터카로 여행하기

렌터카나 캠퍼밴을 대여해 여행할 수 있다. 운전 시간이 길어 피곤할 수 있고, 구불구불한 해안 도로 운전이 쉬운 편은 아니지만 방문하고 싶은 명소를 맘대로 정해 머물고 싶은 만큼 머물 수 있다는 장점이 있다. 단체로 우르르 이동하는 것이 싫고, 시간 배분을 내 마음대로 하고 싶다면 직접 운전해서 여행하는 것을 추천한다.

12사도 헬기 투어
12 Apostles Helicopters

전망대에서 보는 모습과 해변에서 보는 모습이 다르듯, 헬기를 타고 거대한 12사도를 한눈에 내려보면 또 다른 모습이다. 반짝이는 바다 위를 날며 다양한 각도에서 12사도를 돌아보는 투어가 있다. 여행사나 공식 홈페이지를 통해 사전 예약할 수 있다.

주소 Apostles Information Centre, Great Ocean Road
운영 **여름** 10:00~19:00, **겨울** 09:00~일몰 1시간 전
요금 헬리콥터 16분 A$175 (최소 2인 예약 가능)
전화 03 5598 8283
홈피 www.12apostleshelicopters.com.au

여유가 넘치는 도시 브리즈번

BRISBANE

03

시드니, 멜버른에 이어 호주에서 세 번째로 인구가 많은 도시이자 퀸즐랜드Queensland 주의 주도이다. 도심 주변을 유유히 흐르는 브리즈번 강, 365일 내리쬐는 풍부한 햇빛 그리고 미소를 잃지 않는 사람들까지. 북적북적한 다른 대도시와는 달리 여유로운 분위기를 느낄 수 있다. 시내는 도보로 모두 둘러볼 수 있을 만큼 작지만 산책하기 좋은 강변, 야경이 아름다운 스토리 브리지Story Bridge, 메인 거리인 퀸 스트리트 몰Queen Street Mall 등 소소한 볼거리와 즐길 거리가 매력적이다. 그중 빼놓을 수 없는 자랑거리는 바로 도시 남쪽에 자리 잡은 사우스 뱅크South Bank이다. 갤러리, 박물관, 레스토랑과 카페가 있고, 사람들의 휴식처가 되는 잔디밭과 인공 해변까지 더해져 그야말로 복합 문화 공간의 역할을 충실히 하고 있다.

브리즈번 시내를 모두 둘러봤다면 대중교통을 이용해 세계에서 가장 큰 코알라 보호구역인 론 파인Lone Pine Koala Sanctuary과 시내 전경이 한눈에 담기는 마운틴 쿠사Mt. Coot-tha 전망대도 방문해보자. 근교 여행지로는 세계에서 세 번째로 큰 모래 섬이자 다양한 액티비티를 즐길 수 있는 모튼 아일랜드Moreton Island를 추천한다.

브리즈번 드나들기

✠ 브리즈번으로 이동하기

항공

• 국제선

한국에서 브리즈번 국제공항Brisbane international Airport까지 대한항공과 젯스타가 각각 주 5회와 주 3회 운항하고 있으며 소요시간은 9시간 30분이다. 그 외 경유 항공편으로는 중화항공(CA), 싱가포르항공(SQ), 케세이퍼시픽(CX)등이 있다.

출발 도시	도착 도시	소요 시간	항공사	요금
인천 (월 · 수 · 금 · 토 · 일)	브리즈번	약 9시간 20분	대한항공(KE)	A$1,100~
인천 (화 · 목 · 토)		약 9시간 30분	젯스타(JQ)	A$659~

• 국내선

호주 주요 도시에서 브리즈번까지 콴타스항공(QF), 버진오스트레일리아(VA), 젯스타(JQ), 리저널익스프레스항공(ZL) 등 호주 국내선 항공편을 이용할 수 있다.

출발 도시	도착 도시	소요 시간	항공사	요금
시드니	브리즈번	약 1시간 30분	젯스타(JQ), 버진오스트레일리아(VA), 콴타스항공(QF), 리저널익스프레스항공(ZL)	A$130~
멜버른		약 2시간 10분		A$200~
케언스		약 2시간 10분		A$200~
퍼스		약 4시간 20분	버진오스트레일리아(VA), 콴타스항공(QF)	A$350~

버스

케언스나 시드니에서 브리즈번까지 버스로 이동할 수 있지만, 국내선 항공권 금액에 비해 저렴한 편이 아니고 시간이 많이 소요되기 때문에 단기 여행객에게는 적합하지 않다. 시드니–브리즈번 구간은 최소 일주일 이상, 케언스–브리즈번 구간은 최소 10일 이상 여행하면서 중간중간 다른 도시를 경유하고 싶은 여행자들에게 추천한다. 버스 패스별 금액과 루트 등은 아래 홈페이지에서 확인할 수 있다.

홈피 **그레이하운드** www.greyhound.com.au

기차

시드니에서 출발하는 기차에 몸을 싣고, 넓은 창문으로 호주의 아름다운 풍경을 감상하며 브리즈번까지 기차 여행을 즐길 수 있다. 좌석은 이코노미, 퍼스트가 있으며, 밤 기차 이용객은 침대칸 옵션이 선택 가능하다. 시드니에서 브리즈번까지 기차는 편도 약 14~15시간이 소요된다.

홈피 **NSW TrainLink** transportnsw.info

공항에서 시내로 이동하기

공항철도Airtrain

브리즈번 국제공항에서 시내로 갈 수 있는 가장 빠르고 쉬운 방법이다. 공항철도는 매 15~30분마다 출발하며, 시내까지 약 20분 정도 소요된다. 또한 골드코스트의 네랑Nerang 역까지 연결되어 있어 골드코스트까지 이동도 가능하다. 티켓은 공항철도 역에서 구입하거나 교통카드인 고 카드Go Card로도 이용이 가능하다.

운영 월~금 05:04~22:04, 토~일 06:04~22:04(공항 출발 기준)
요금 **브리즈번 국제공항→시내** A$22.3(약 20분 소요)
브리즈번 국제공항→골드코스트 네랑 역 A$38.5(약 1시간 30분 소요)
홈피 **브리즈번 국제공항** www.airtrain.com.au

Tip | 공항철도 예매는 미리~

공항철도를 좀 더 저렴하게 이용하려면 온라인 구매를 이용하자. 온라인에서는 최대 15%까지 할인된 금액으로 티켓 구입이 가능하기 때문! 선택한 날짜 앞뒤로 이틀 정도는 크게 상관없이 이용 가능하기 때문에, 일정을 완벽히 짜지 않았어도 구입할 수 있다. 또한, 공항철도는 24시간 운영이 아니기 때문에 사전에 시간표를 체크하자.

셔틀버스

공항에서 숙소 앞 또는 숙소에서 공항까지 데려다주는 셔틀버스로 비슷한 시간대에 도착한 다른 사람들과 함께 이용한다. 국내선, 국제선 터미널 모두 이용 가능하며 브리즈번 시내뿐만 아니라 골드코스트와 선샤인코스트에 위치한 숙소까지 편리하게 이동할 수 있다.

요금 **브리즈번 공항→시내 숙소** A$32~, **브리즈번 공항→골드코스트 숙소** A$72~, **브리즈번 공항→선샤인코스트 숙소** A$76~
홈피 www.con-x-ion.com

택시

브리즈번 국내선 공항 터미널 밖 중앙과 브리즈번 국제선 공항 터미널 북쪽 끝에 택시 승강장이 위치해 있다. 차가 막히는 시간을 제외하면 보통 20분 안에 브리즈번 시내에 도착하니 짐이 많거나 일행이 있는 경우 고려해 보자.

요금 A$45~55(약 20분 소요)

시내에서 이동하기

무료 순환 버스

무료 순환 버스인 시티 루프가 시청, 센트럴 역, 브리즈번 시티 보타닉 가든 등 브리즈번의 주요 명소를 모두 지난다. 주중 아침 7시부터 오후 6시까지 매 10~15분마다 운행한다. 시티 루프 버스에는 루트 40 버스와 루트 50 버스가 있는데, 루트 40 버스는 시계 방향으로 이동하며 평일 오전 7시부터 오후 6시까지 10분 간격으로 운행한다. 루트 50 버스는 시계 반대 방향으로 이동하며 평일 오전 7시 5분에서 오후 6시 5분까지 10분 간격으로 운행한다.

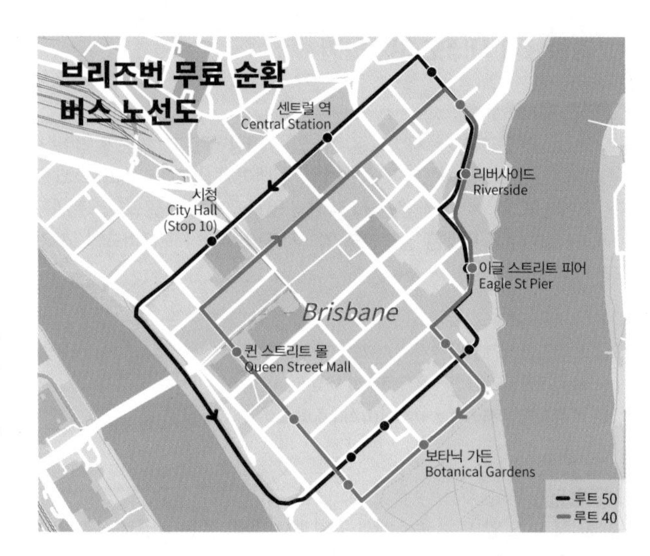

페리

시티 호퍼City Hopper라고 적힌 빨간색 페리는 무료로 이용할 수 있으며, 사우스 뱅크를 지나 리버사이드와 캥거루 포인트까지 둘러보기 좋다. 오전 6시부터 저녁 12시까지 매 30분 간격으로 운행한다. 유료 페리인 시티 캣Citycat은 좀 더 넓은 범위인 잇 스트리트 노스쇼어까지 운행한다. 고 카드를 이용하며, 기본 요금은 A$4.50이다.

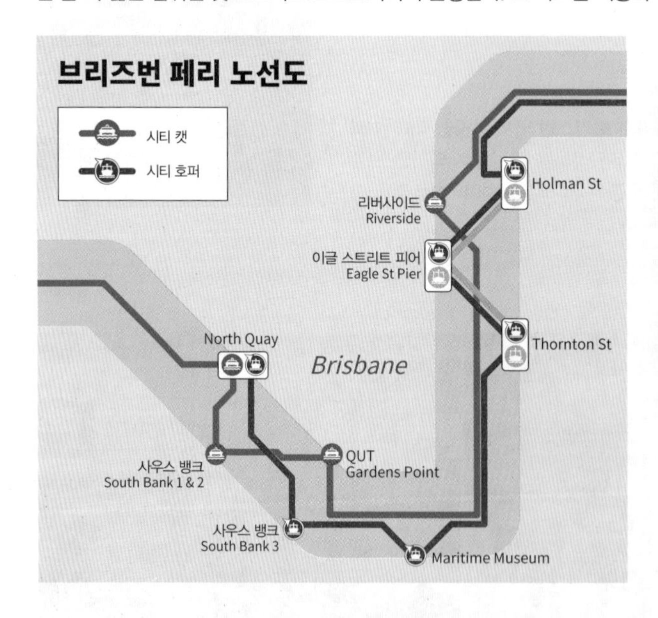

브리즈번↔골드코스트 이동하기

버스

브리즈번↔골드코스트 구간 시외버스는 프리미어와 그레이하운드가 운영되며, 프리미어는 매일 하루에 1대, 그레이하운드는 매일 하루에 3대씩 운영한다. 짐이 있는 여행자들이 간편하고 저렴하게 골드코스트로 이동하는 방법이다.

위치 **브리즈번** Transit Centre, 151-171 Roma St, Brisbane City QLD 4000
골드코스트 10 Beach Rd, Surfers Paradise QLD 4217
운영 **프리미어** 브리즈번 출발 13:00, 골드코스트 출발 10:00
그레이하운드 브리즈번 출발 07:00, 11:00, 14:00, 골드코스트 출발 09:00, 12:00, 17:45
요금 A$19~ 홈피 리미어 www.premierms.com.au, 그레이하운드 www.greyhound.com.au

기차 & 트램

브리즈번과 골드코스트는 같은 퀸즐랜드 주에 속해 있어 두 곳 모두 고 카드를 이용한다. 브리즈번 센트럴 역에서 기차를 탑승해 헬렌스 베일 Helensvale 역까지 이동한 후 트램으로 갈아타면 골드코스트 중심지인 서퍼스 파라다이스에 도착한다. 편도 소요 시간은 약 2시간~2시간 30분 정도이지만, 갈아타야 하는 불편함이 있기 때문에 짐 없이 당일 여행으로 방문할 경우 추천한다. 홈피 translink.com.au

Tip | 고 카드Go Card 이용하기

고 카드는 퀸즐랜드 남동쪽에서 사용하는 교통카드로 브리즈번, 골드코스트, 선샤인코스트 지역의 버스, 기차, 페리, 트램 등을 이용할 수 있다. 시내 편의점 세븐일레븐7-Elenven이나 기차역, 자동판매기 등에서 보증금 A$10으로 카드를 구매할 수 있고, 원하는 금액만큼 충전해서 사용하면 된다. 사용 후 남은 잔액이 보증금을 포함 해 A$50 이하인 경우 환불받을 수 있으며, 환불처가 정해져 있으니 미리 확인하자.
홈피 gocard.translink.com.au

평균 기온과 옷차림

아열대성 기후로 일 년 중 300일 이상 따뜻한 햇살을 만끽할 수 있다. 연평균 기온이 16~2도 사이로 언제든지 여행하기 좋으나 10~3월 사이에는 덥고 습하며 때로 천둥과 번개를 동반한 집중 호우가 발생할 수도 있으니 참고하자. 최근 12~1월 여름에는 기온이 40도를 육박하는 경우도 있어 모자, 선크림, 선글라스 등 자외선 차단은 필수이다.

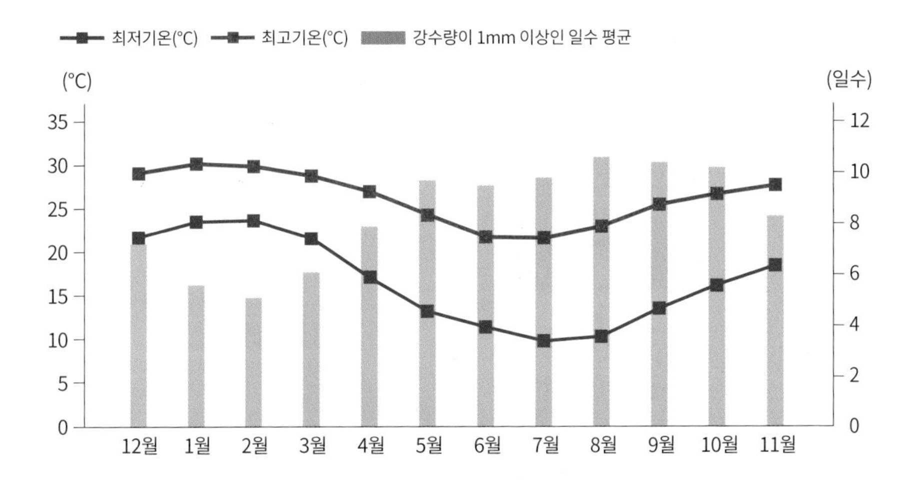

브리즈번 추천 코스

흔히 브리즈번은 골드코스트로 가기 위한 경유 도시로 1박 정도 머물거나 그냥 지나치는 경우가 많다. 하지만 브리즈번도 시내와 근교 곳곳에 볼거리, 즐길 거리가 많은 도시이다. 아래 추천 코스를 참고해 브리즈번을 구석구석 탐험해 보자!

Day 2 모튼 아일랜드의 탕갈루마 리조트 방문하기

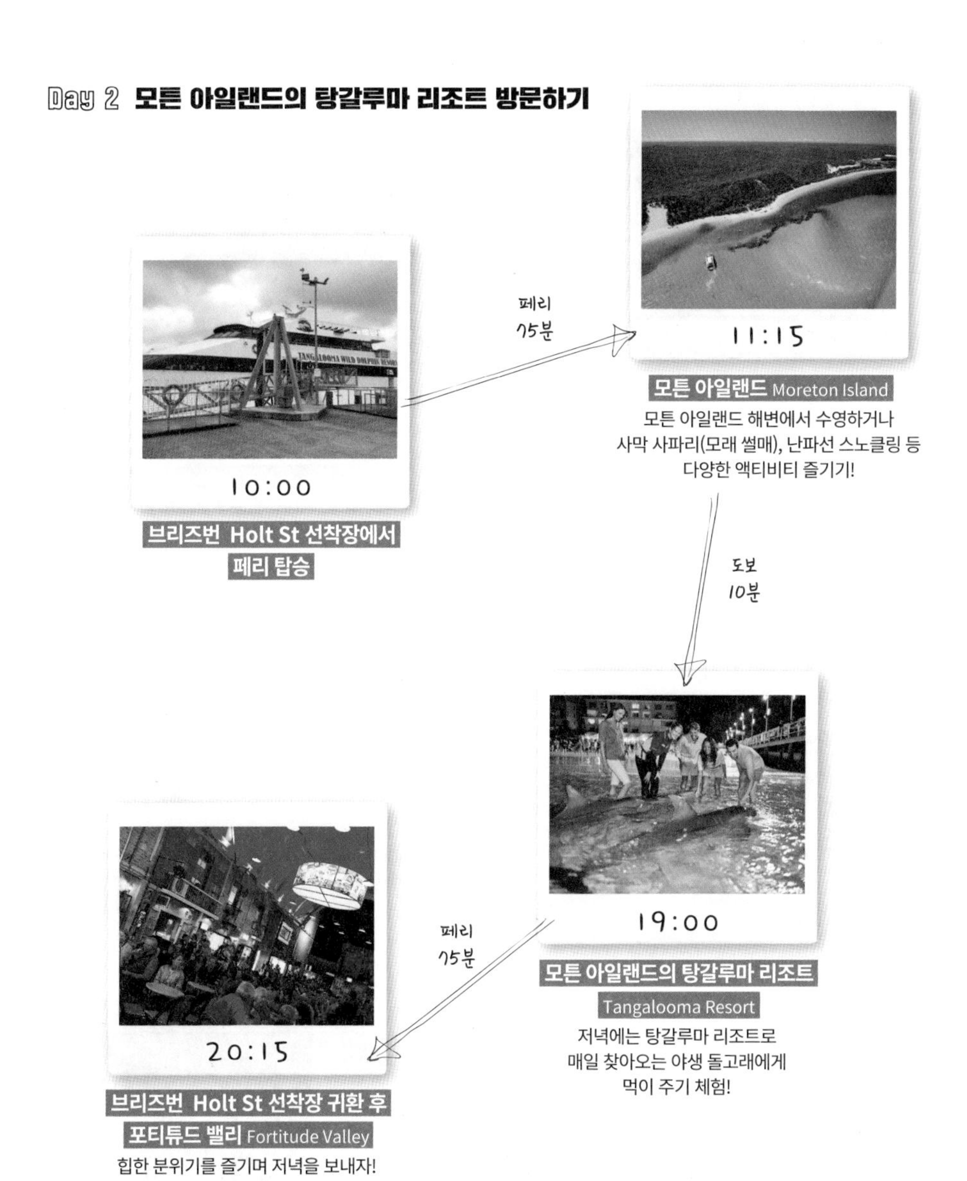

10:00

브리즈번 Holt St 선착장에서 페리 탑승

페리 75분

11:15

모튼 아일랜드 Moreton Island

모튼 아일랜드 해변에서 수영하거나 사막 사파리(모래 썰매), 난파선 스노클링 등 다양한 액티비티 즐기기!

도보 10분

19:00

모튼 아일랜드의 탕갈루마 리조트 Tangalooma Resort

저녁에는 탕갈루마 리조트로 매일 찾아오는 야생 돌고래에게 먹이 주기 체험!

페리 75분

20:15

브리즈번 Holt St 선착장 귀환 후 포티튜드 밸리 Fortitude Valley

힙한 분위기를 즐기며 저녁을 보내자!

안녕! 나는 탕갈루마에서 만날 수 있는 병코돌고래야. 병의 목처럼 코가 튀어나와 있어 이름 붙었지!

Day 3 브리즈번의 근교 어우르기

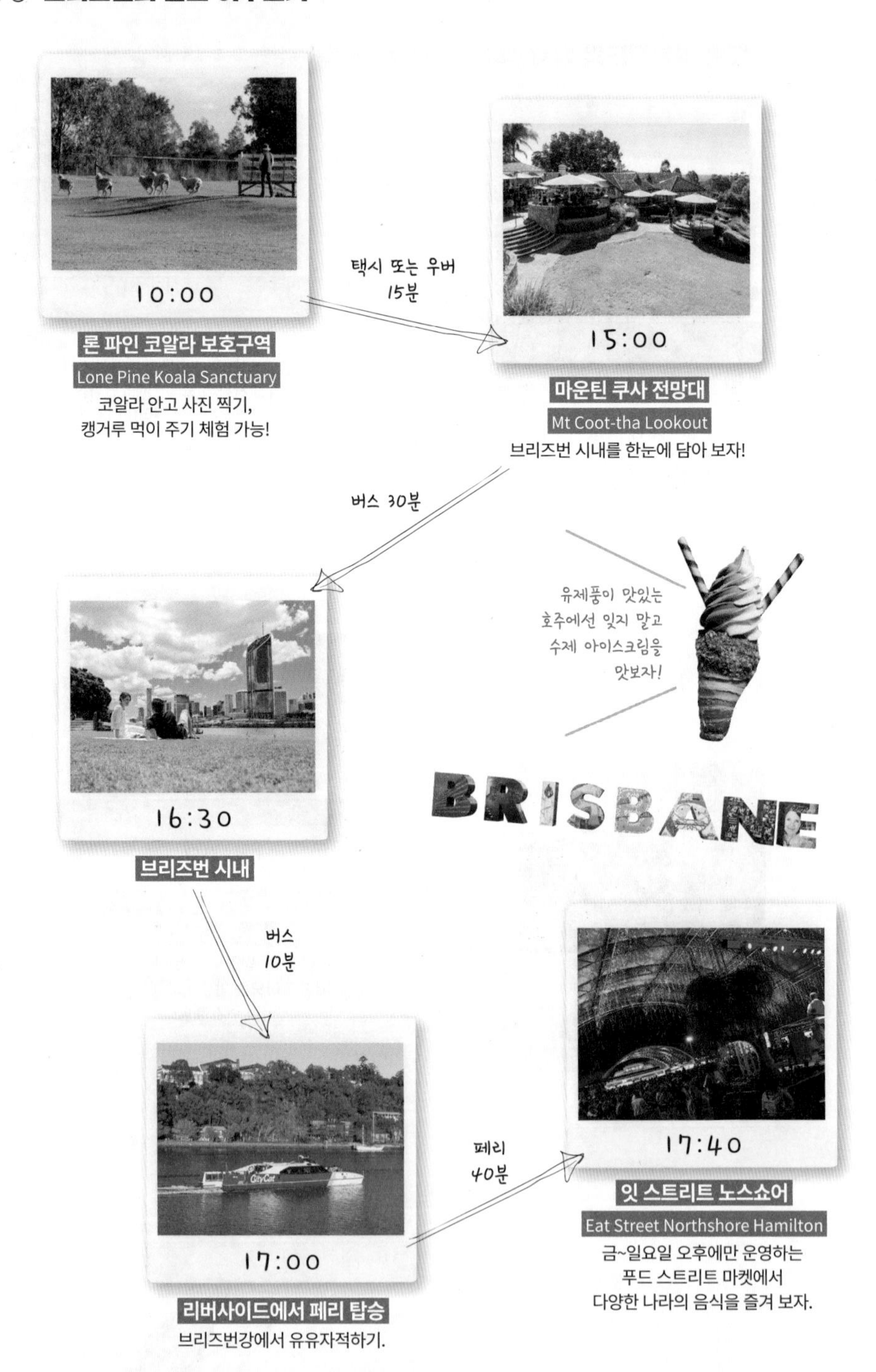

Day 4 브리즈번 현지인처럼 즐기는 마지막 날

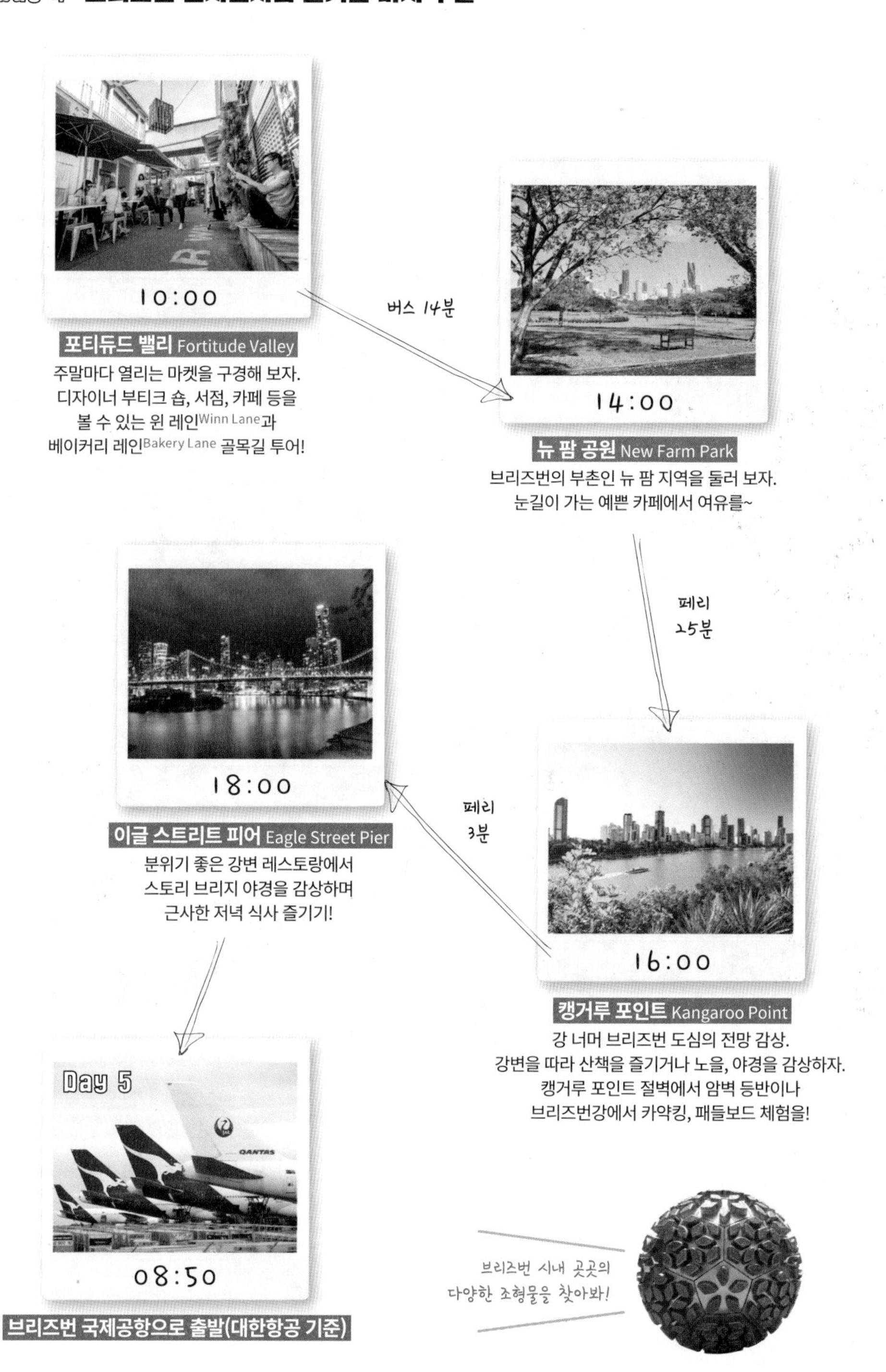

브리즈번 시내

오늘은 기대하지 않았던 행운을 만날 것만 같은 기분! 낭만과 여유가 넘치는 브리즈번의 첫인상이다. 1년 중 300일 이상 맑고 쾌청한 날씨가 계속되는 탓에 '선샤인 스테이트'라는 별명을 가진 브리즈번은 호주인이 가장 살고 싶은 도시로 손꼽는 지역이기도 하다.

☑ to do list

1. 퀸 스트리트 몰에서 쇼핑하기
2. 브리즈번 사인 앞에서 사진 찍기
3. 사우스 뱅크의 인공 비치에서 태닝 혹은 물놀이~

스프링 힐
Spring Hill
Bradley St
하나로마트 S
Hanaro Mart
(한인마트)
Leichhardt St
S Woolworths 슈퍼마켓
로마 스트리트 파크랜드
Roma Street Parkland
세인트 존 대성당
Saint John's Cathedral
Commercial Rd
Roma Street
Albert St
Vernon Terrace
Central
Turbot St
안작 스퀘어
Anzac Square
Ann St
우체국
Wharf St
R 리버바 & 키친
Riverbar & Kitchen
YHA 브리즈번 시티
YHA Brisbane City
(600m)
Adelaide St
Queen St
Elizabeth St
Eagle St
S Woolworths 슈퍼마켓
브리즈번 시청
City Hall
퀸 스트리트 몰
Queen Street Mall
R 마루 한식당
Maru
Korean BBQ
Charlotte St
퀸즐랜드 아트 갤러리
& 현대미술관
Queensland Art Gallery
& Gallery of Modern Art
더블유 H
브리즈번
W Brisbane
오아시스 주스 바 R
Oasis Juice Bar
H 오크스 샬롯 타워
Oaks Charlotte Towers
S 업타운 브리즈번
Uptown Brisbane
Edward St
Thornton St
퀸즐랜드
주립 도서관
State Library
of Queensland
트레저리 브리즈번 호텔 H
Treasury Brisbane Hotel
H 이비스 스타일스
브리즈번
Ibis Styles Brisbane
Mary St
R
무무 와인바 앤 그릴
Moomoo The Wine Bar and Grill
트레저리 브리즈번 카지노
Treasury Brisbane Casino
North Quay
R 더 팬 케이크 매너
The Pancake Manor
S BWS 주류판매점
빅토리아 브리지
Victoria Bridge
George St
경찰서
Margaret St
R 줄리어스 피제리아
Julius Pizzeria
William St
Alice St
브리즈번 시티 보타닉 가든
Brisbane City Botanic Garden
South Brisbane
휠 오브 브리즈번
The Wheel of Brisbane
캥거루
포인트
클리프스
공원
Kangaroo
Point
Cliffs
Park
South Bank 1, 2
Grey St
사우스 뱅크 파크랜드
South Bank Parkland
H 노보텔 브리즈번 사우스 뱅크
Novotel Brisbane South Bank
스트리트 비치
Streets Beach
QUT Gardens Point
사우스 뱅크 콜렉티브 마켓 S
The Collective markets
브리즈번강
Brisbane River
South Bank 3
그랜드 아버
Grand Arbour
캥거루 포인트 전망대
Kangaroo Point Lookout
N
브리즈번 시내
캥거루 포인트
Kangaroo Point

★★☆ GPS -27.468894, 153.023419

브리즈번 시청 Brisbane City Hall

조지 5세를 기념하기 위한 동상이 시청 앞에 서 있다!

브리즈번 시내에서 높이 솟은 시계탑을 발견했다면 그곳이 바로 브리즈번 시청 건물이다. 누구에게나 열려 있으며, 문화 체험도 할 수 있는 공간이므로 겉만 보고 그냥 지나치기엔 아까운 곳이다. 시청 건물 3층에 위치한 브리즈번 박물관은 도시의 시작부터 지금까지 살아 있는 역사를 보여준다. 매시간마다 종을 울리는 시계탑도 함께 둘러 보면 좋다. 평일 오전 8시, 주말은 9시부터 오후 5시까지 누구나 무료 입장이 가능하며, 시계탑까지 올라가는 엘리베이터는 15분마다 한 번씩 운행한다. 무료 시청 가이드 투어는 매일 오전 10시 30분, 11시 30분, 오후 1시 30분에 진행된다. 온라인 또는 전화로 사전 예약은 필수이다.

주소 64 Adelaide St, Brisbane City QLD 4000
위치 퀸 스트리트 몰에서 도보 약 2분
운영 월~금 08:00~17:00, 토~일 09:00~17:00
전화 07 3403 8888
홈피 www.brisbane.qld.gov.au

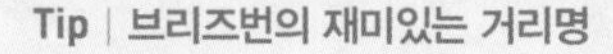
Tip | 브리즈번의 재미있는 거리명

브리즈번 시내의 거리명은 이름으로 구분된다. 동서로 연결된 거리는 엘리자베스, 퀸, 메리, 마가렛, 앨리스 등 여자가 주로 쓰는 이름이고 남북으로 이어진 거리는 조지, 알버트, 에드워드 등 남자가 쓰는 이름이 많다. 이 팁만 기억한다면 길을 찾을 때 조금은 쉬워지지 않을까.

★☆☆ GPS -27.466462, 153.026612

안작 스퀘어 Anzac Square

브리즈번 센트럴 역 바로 맞은편에는 세계대전 중 전사한 호주-뉴질랜드 연합군을 기리기 위해 만든 안작 스퀘어가 자리 잡고 있다. 마치 그리스 신전 같이 생긴 원형 기념비의 정가운데에는 영원히 꺼지지 않는 불꽃이 타오르고 있다. 기념비 앞쪽에 펼쳐진 광장은 평화를 상징한다. 최근 방문객들이 좀 더 쉽게 방문해 더 많은 것을 배울 수 있도록 기념 공간을 개선하고 있다.

주소 285 Ann St, Brisbane City QLD 4000
위치 브리즈번 센트럴 역 바로 맞은편

★☆☆

GPS -27.471666, 153.023607

트레저리 브리즈번 카지노 Treasury Brisbane Casino

19세기 바로크 양식의 멋스러운 외관을 뽐내는 트레저리 브리즈번 카지노 건물은 문화유산으로도 등재되어 있다. 45년간의 공사 끝에 만들어진 이 건물은 처음 지어질 때만 해도 정부 기관으로 쓰일 예정이었으나 완공 후 호텔 체인 중 하나인 콘레드Conrad 그룹이 인수하며 카지노가 되었다. 그만큼 다른 카지노에서는 느낄 수 없는 건축학적 미학이 뛰어난 곳이다. 함께 운영 중인 5성급 호텔도 우아하고 럭셔리한 객실로 인기가 많다. 브리즈번에서 24시간 끊임없이 에너지가 넘치는 유일한 공간. 만 18세 이상부터 출입 가능하며, 여권 소지는 필수이다.

주소 130 William St, Brisbane City QLD 4000
위치 퀸 스트리트와 조지 스트리트가 만나는 곳. 브리즈번 도서관 맞은편
운영 24시간(굿 프라이데이, 안작 데이, 크리스마스 휴무)
전화 07 3306 8888
홈피 www.treasurybrisbane.com.au

★☆☆

GPS -27.475579, 153.029924

브리즈번 시티 보타닉 가든 Brisbane City Botanic Garden

브리즈번의 보타닉 가든은 감옥의 재소자에게 배급하기 위한 식물 재배공간으로 1855년에 공식적으로 문을 열었고, 현재는 브리즈번 도심 속 정원으로 사람들의 휴식처의 역할을 하고 있다. 대나무 숲, 청동 조각품, 연못, 분수대 등의 다양한 볼거리를 만날 수 있으며 넓은 잔디밭 위의 리버스테이지Riverstage는 다양한 공연, 이벤트가 열리는 축제의 장소이다. 아이들을 위한 놀이터도 있어서 가족이 함께 방문하기에도 좋다. 월요일부터 토요일까지 매일 오전 11시와 오후 1시에는 약 1시간의 무료 가이드 워크 투어도 진행한다.

주소 147 Alice St, Brisbane City QLD 4000
위치 트레저리 브리즈번 카지노에서 조지 스트리트를 따라 도보 약 10분
전화 07 3403 8888

★★★

GPS -27.476179, 153.021947

사우스 뱅크 파크랜드 South Bank Parklands

브리즈번에서 반드시 가봐야 할 곳이 바로 사우스 뱅크에 위치한 파크랜드이다. 5만 평의 넓은 부지에 아름다운 녹지 공간, 문화 공간, 놀이시설, 세계적인 수준의 식당 등이 들어서 있어 최고의 라이프 스타일을 즐길 수 있는 명소이다. 사우스 뱅크 초입에 위치한 60m 높이의 대관람차인 **휠 오브 브리즈번**The Wheel of Brisbane에서는 브리즈번 시내의 전망을 360도로 감상할 수 있다. 잘 조성된 강변 산책로를 따라 걷다가 잔디밭에 누워 휴식을 취하거나 자전거를 빌려 주변을 한 바퀴 둘러보자. 연중 따뜻한 브리즈번의 날씨는 사우스 뱅크의 야외 수영장을 즐기기에 적합하다. 특히 진짜 모래가 깔린 **스트리트 비치**Street Beach는 연중무휴로 누구나 무료로 이용할 수 있어 인기가 많다. 게다가 아이들을 위해 잘 갖춰진 놀이터와 바비큐 시설도 있어서 하루 종일 시간을 보내도 지루할 틈이 없다. **무료 야외 바비큐 시설**은 별도의 예약 없이 누구나 이용할 수 있지만 사람이 붐비는 시간에는 고기를 구운 후 음식을 다른 장소로 옮기고, 다른 사람들이 바로 사용할 수 있도록 깨끗이 정리하는 것이 예의이다. 주류는 호주 공휴일, 새해 등 이벤트 기간을 제외하고는 매일 오전 10시부터 오후 8시까지만 허용되니 참고하자. 사우스 뱅크에는 여러 나라 음식을 즐길 수 있는 레스토랑도 많다. 포장 음식점이나 캐주얼한 레스토랑부터 최고급 레스토랑까지 있으니 취향에 맞는 식사도 즐겨보자. 브리즈번 하면 떠오르는 **'BRISBANE Sign'**도 이곳에 있다.

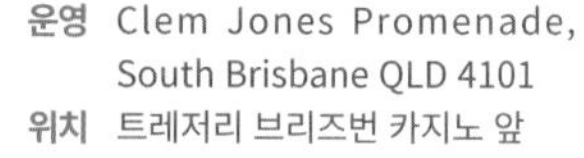

운영 Clem Jones Promenade, South Brisbane QLD 4101
위치 트레저리 브리즈번 카지노 앞 빅토리아 브리지를 건너 도보 약 10분
운영 05:00~24:00
전화 07 3029 1797
홈피 www.visitbrisbane.com.au/south-bank

브리즈번 사인 앞에서 사진은 필수!

▶▶ 스트리트 비치 Streets Beach

사우스 뱅크에 조성된 야외 인공 비치. 모래사장과 군데군데 심어진 야자수가 의외로(?) 그럴 듯하다. 도심의 높은 빌딩과 유유자적하게 흐르는 강 사이에 위치해 있어 더욱 이국적인 느낌이다. 언제 가도 유유자적하게 태닝하거나 수영을 즐기는 현지인들을 만날 수 있는 곳! 안전요원과 탈의실도 있어 더욱 안전하고 쾌적하게 즐길 수 있다. 어린이를 위한 수영장도 따로 마련돼 있다. 요금 역시 무료.

운영 05:30~24:00
요금 무료
GPS -27.478272, 153.023483

▶▶ 휠 오브 브리즈번 The Wheel of Brisbane

브리즈번 시내를 한눈에 내려다볼 수 있는 대관람차. 어디서든 눈에 띄어 브리즈번의 상징과도 같다. 한 바퀴가 15분간 운행되며, 창밖 건물에 대한 상세설명도 방송된다. 조명으로 하얗게 빛나며, 아름다운 야경을 볼 수 있는 밤에 타는 것을 추천한다.

운영 월~목·일 10:00~22:00, 금~토 10:00~23:00
요금 어른 A$22, 학생 A$18, 4~11세 아동 A$14.5, 패밀리(어른 2+아동 2) A$64, VIP A$60
전화 07 3844 3464
홈피 thewheelofbrisbane.com.au
GPS -27.475322, 153.020906

▶▶ 그랜드 아버 Grand Arbour

1km 길이의 산책로로, 400개가 넘는 철근 장식물에 진한 분홍색 꽃이 피는 부겐빌리아를 심어놓았다. 평소에도 많은 사람이 찾지만 꽃이 피는 봄이면, 이곳은 현지인들이 꼽는 최고의 데이트 장소가 된다.

운영 24시간 **요금** 무료
GPS -27.476399, 153.021265

★★☆

GPS -27.478594, 153.022868

사우스 뱅크 콜렉티브 마켓 The Collective markets

사우스 뱅크에 금요일부터 일요일까지 주말마다 열리는 마켓으로 독특한 디자인의 옷부터 가죽 제품, 아기자기한 소품, 핸드메이드 액세서리 등 파는 물건의 종류가 상당히 많아서 이곳저곳 상점들을 구경만 해도 시간이 훌쩍 지나간다. 브리즈번에서만 볼 수 있는 감각적인 상품들이 있으니 한 번쯤 들러보면 좋다. 쇼핑의 흥을 돋울 라이브 음악도 덤으로 즐길 수 있다.

주소 Little Stanley St, South Brisbane QLD 4101
위치 사우스 뱅크 파크랜드의 스트리트 비치 뒤편 골목
운영 금 17:00~21:00, 토 10:00~21:00, 일 09:00~16:00 (월~목요일 휴무)
전화 0422 806 971
메일 office@collectivemarkets.com.au
홈피 collectivemarkets.com.au

★★★

GPS -27.469662, 153.025241

퀸 스트리트 몰 Queen Street Mall

브리즈번 시내의 메인 거리이자 700개가 넘는 상점이 모인 활기찬 쇼핑 거리이다. **퀸스 플라자**Queens Plaza에는 주로 고급 브랜드매장이 있으며, **170 퀸 스트리트**170 Queen St에서는 중저가 의류 브랜드와 가정용품, 액세서리 등을 만날 수 있다. 퀸 스트리트 몰에서 가장 큰 건물인 **업타운**Uptown은 슈퍼마켓, 영화관, 오락실, 백화점이 모여 있는 복합 쇼핑몰이다. 디자이너들의 작은 부티크 상점을 구경하고 싶다면 **브리즈번 아케이드**Brisbane Arcade를 방문해 보자. 1923년에 세워진 역사적인 건물로 브리즈번의 로컬 패션, 주얼리 제품을 만날 수 있다. 쇼핑으로 지친 체력을 보충해 줄 다양한 카페, 레스토랑 및 푸드 코트도 있다. 퀸 스트리트 몰 바로 옆 골목인 **엘리자베스 스트리트**Elizabeth St는 작은 코리아 타운으로 불릴 만큼 많은 한국 음식점이 모여 있다. 여행자들을 위한 관광안내소 또한 이곳에 위치해 있어 정보나 도움을 얻을 수 있다. 거리 공연자들도 만날 수 있으니 기대하자!

주소 Queen St, Brisbane City QLD 4000
위치 조지 스트리트와 퀸 스트리트가 만나는 곳에서부터 시작
전화 07 3403 8888

★★☆

GPS -27.470472, 153.017064

퀸즐랜드 아트 갤러리 & 현대미술관
Queensland Art Gallery & QAGOMA, Gallery of Modern Art

사우스 뱅크 문화 구역에 위치한 퀸즐랜드 아트 갤러리와 현대미술관은 건물이 서로 인접해 있으며, 동일한 기관에서 운영하고 있다. 호주, 아시아 그리고 태평양에서 건너온 현대미술 작품과 역사적인 작품을 약 1만 7,000점 넘게 소장하고 있다. 아트 갤러리와 미술관 모두 무료로 관람 가능하니 사우스 뱅크를 방문할 때 함께 둘러보자.

주소 Stanley Place, South Brisbane QLD 4101
위치 트레저리 브리즈번 카지노 앞 빅토리아 브리지를 건너면 오른쪽에 위치. 도보 약 10분
운영 10:00~17:00 (안작 데이 12:00~17:00)
요금 무료(특별 전시회 제외)
전화 07 3840 7303
메일 gallery@qagoma.qld.gov.au
홈피 www.qagoma.qld.gov.au

★★☆

GPS -27.478472, 153.034161

캥거루 포인트 Kangaroo Point

브리즈번에서 가장 오래된 외곽 지역이자 영국에서 온 죄수들의 초기 퀸즐랜드 정착지이다. 시내에서 스토리 브리지Story Bridge를 건너거나 페리를 타고 쉽게 이동할 수 있다. 특히 캥거루 포인트에서 바라보는 강 건너 브리즈번 시내의 야경이 아름다우며, 이곳의 절벽에서 즐기는 암벽 등반 역시 유명해 많은 암벽 등반가들을 볼 수 있다. 그 외에 카약킹, 세그웨이Segway, 스토리 브리지 클라임Story Bridge Climb 등의 액티비티 체험도 가능하다.

위치 이글 스트리트 피어Egle St Pier 선착장에서 페리 탑승 후 손턴 스트리트Thornton St 선착장에 하차 (무료 시티 호퍼 페리 이용 가능)

Tip | 캥거루 포인트에서 즐기는 액티비티

캥거루 포인트에서는 다양한 액티비티를 즐길 수 있다. 로프를 타고 절벽을 내려가는 앱세일링Abseiling은 TV 프로그램 〈테이스티 로드〉 브리즈번 편에서 박수진이 직접 체험해 보기도 했다. 활동적인 체험을 좋아한다면 도전하자.

홈피 www.riverlife.com.au

GPS -27.470212, 153.024603

오아시스 주스 바 Oasis Juice Bar

퀸 스트리트 몰에서 누구나 한 번쯤 지나치게 되는 생과일주스 전문점으로, 신선한 생과일을 즉석에서 갈아 주스나 스무디로 만들어준다. 과일을 조합한 메뉴가 20개가 넘어 골라 먹는 재미가 있고, 번호로 주문하면 돼 간편하다. 시간 내서 찾아가는 맛집이라기보다는 지나가다가 보이면 들려서 갈증 해소하기에 좋은 곳이다.

주소 99 Queen St, Brisbane City QLD 4000
위치 퀸 스트리트 몰의 업타운 맞은편
운영 월~목 07:30~19:00, 금 07:30~18:00, 일 08:00~18:00(토요일 휴무)
요금 주스 A$5.5~, 스무디 A$5.5~
전화 07 3210 1556

GPS -27.466889, 153.030632

리버바 & 키친 Riverbar & Kitchen

모던 컨셉으로 리노베이션 후 새롭게 오픈한 리버바 & 키친! 아침부터 브런치, 점심 그리고 저녁까지 브리즈번강을 바라보며 식사뿐 아니라 브리즈번의 라이프 스타일을 만끽할 수 있는 완벽한 장소다.

주소 71 Eagle St, Brisbane City, QLD 4000
위치 리퍼리안 플라자Riparian Plaza의 프로미네이드 레벨Promenade Level
운영 월~수 11:00~24:00, 목~일 07:00~24:00
요금 리버바 브랙퍼스트볼 A$28, 페퍼로니 피자 A$24, 피시 앤 칩스 A$32
전화 07 3211 9020
홈피 riverbarandkitchen.com.au

GPS -27.473590, 153.017912

줄리어스 피제리아 Julius Pizzeria

사우스 뱅크의 퀸즐랜드 아트 갤러리 뒤편에 위치한 이탈리아 피자 전문점이다. 훤히 보이는 주방 내부에서 바쁘게 피자를 만들어내는 셰프들의 모습과 커다란 화덕은 피자 맛에 믿음을 실어준다. 이곳의 대표적인 메뉴는 트러플 향이 인상적인 타르투포 피자Tartufo이다. 현지인들에게 인기가 많아 저녁 시간에는 웨이팅이 필수! 예약은 온라인으로만 받고 있다.

주소 77 Grey St, Cnr Fish Lane, Brisbane City QLD 4101
위치 사우스 뱅크 아트 갤러리 근처
운영 화~수 17:00~21:30, 목 12:00~21:30, 금~토 12:00~22:00, 일 12:00~21:00 (월요일·공휴일 휴무)
요금 마르게리타 피자 A$25.5, 타르투포 피자 A$28.5 오징어 튀김 A$23.5~
전화 07 3844 2655
홈피 juliuspizzeria.com.au

GPS -27.470062, 153.026634

마루 한식당 Maru Korean BBQ

한국인뿐만 아니라 현지인들도 즐겨 찾는, 브리즈번에서 가장 인기 있는 한식당이다. 기름기 많은 현지 음식을 먹다가 얼큰한 한식이 생각날 때 방문해 보자. 마치 푸드 코트처럼 다양한 종류의 한식을 만날 수 있고, 음식도 깔끔하고 맛있는 편이다. 점심 시간에 방문하면 좀 더 저렴한 런치 메뉴를 즐길 수 있고, 저녁에는 주로 한국식 바비큐를 판매한다. 마루의 인기 메뉴 중 하나인 바비큐를 먹기 위해 특히 밤에는 많은 사람으로 붐빈다. 요일별로 할인 행사도 진행하니 참고하자.

주소 157 Elizabeth St, Brisbane City QLD 4000
위치 퀸 스트리트 몰 바로 옆 골목인 엘리자베스 스트리트
운영 월~목 11:30~15:15, 17:00~22:00(금 ~23:00),
토 11:30~15:30, 17:00~23:00(일 ~22:00)
요금 돌솥 비빔밥 A$22.8, 냉면 A$18, 삼겹살 A$25
전화 0433 017 020 **홈피** marurestaurant.com.au

GPS -27.461914, 153.014372

스카우트 카페 Scout Café

훌륭한 커피 맛과 베이글로 유명한 브런치 카페이다. 카페의 인기에 비해 규모는 아담한 편으로 늘 사람들로 북적거린다. 플레인, 참깨, 블루베리 베이글과 크림치즈를 선택하고 그 위에 계란 프라이, 아보카도, 훈제연어 등을 원하는 토핑을 추가하면 금세 훌륭한 브런치가 완성된다. 외관은 조금 낡고 오래된 듯하지만 이 카페만의 편안한 분위기 속에서 브런치를 즐겨 보자.

주소 190 Petrie Terrace, Brisbane City QLD 4000
위치 로마 스트리트Roma St 기차역에서 도보 약 10분
운영 월~금 07:00~14:00(토~일 ~13:00)
요금 베이글 A$10~, 커피 A$4.5~
전화 07 3367 8345
홈피 www.scoutcafe.com.au

GPS -27.470953, 153.022664

무무 와인바 앤 그릴 Moomoo The Wine Bar and Gril

1880년부터 브리즈번 항구 활동의 중요한 역할을 맡고 있던 항구 사무소 건물을 2010년 리노베이션 하여 탄생한 무무 와인바 앤 그릴은 브리즈번에서 손꼽히는 스테이크를 자랑한다. 유서 깊은 레스토랑 외관, 멋들어진 인테리어, 다양한 수상 경력을 자랑하는 스테이크와 그에 걸맞은 와인까지. 맛과 분위기를 모두 즐길 수 있는 곳이다.

주소 Port office building, 39 Edward St,
Brisbane City QLD 4000
위치 트레저리 브리즈번 카지노에서 도보 10분
운영 월~토 12:00~03:00(일요일 휴무)
요금 스테이크 A$55~ **전화** 1300 070 710
홈피 www.moomoorestaurant.com/brisbane

GPS -27.470597, 153.024874

업타운 브리즈번 Uptown Brisbane

퀸 스트리트 몰의 중앙에 자리한 대형 쇼핑센터. 다양한 브랜드들은 물론 푸드코트와 레스토랑이 입점해 있다. 초밥, 빙수 등 다양한 먹거리를 즐길 수 있으며 병원, 다이소 등 급할 때 들르기 좋은 상점들도 다 이곳에 있으니 기억해 두자.

주소 91 Queen St, Brisbane City QLD 4000
위치 퀸 스트리트 몰 중앙
운영 월~목 09:00~17:30, 금 09:00~21:00,
토 09:00~17:00, 일 10:00~17:00
전화 07 3223 6900
홈피 www.uptownbrisbane.com.au

브리즈번 숙소 선택 Tip

브리즈번 숙소 위치는 브리즈번 시내 중심CBD, 사우스 뱅크South Bank, 포티튜드 밸리Fortitude Valley 크게 3곳으로 나뉜다. 시내에 위치한 숙소들은 웬만한 시내 관광지를 도보로 이동할 수 있고 근교 여행 시에도 편리하다. 사우스 뱅크도 시내 중심에서 멀지 않은데, 특히 이곳에는 아이들이 뛰어 놀기 좋은 공원과 브리즈번강이 있어 주로 가족 여행객이 머무는 편이다. 시내까지 도보로 25~30분 정도 이동해야 되는 불편함만 감수한다면, 힙한 카페와 레스토랑, 화려한 나이트 라이프를 즐길 수 있는 포티튜드 밸리도 고려해 볼 수 있다. 포티튜드 밸리에는 주로 고급스러운 분위기의 부티크 호텔이 많은 편이다.

5성급 **GPS** -27.470091, 153.021618

더블유 브리즈번 W Brisbane

20여년 만에 브리즈번 도심에 생긴 5성급 호텔이다. 신축 호텔인 만큼 고급스러우면서도 감각적이며 넓은 객실을 자랑한다. 브리즈번강 주변에 자리 잡고 있어 시내 중심지와 사우스 뱅크로 이동하기에도 편리한 위치. 브리즈번강을 가로질러 사우스 뱅크와 마운틴 쿠사를 볼 수 있으며, 바 & 레스토랑, 수영장, 스파와 사우나 등이 갖춰져 있다. 위치 좋은 5성급 호텔을 찾는 이들에게 추천.

주소 81 North Quay, Brisbane City QLD 4000
위치 트레저리 브리즈번 카지노에서 도보 약 3분
요금 원더풀킹룸 A$469~
전화 07 3556 8888
메일 w.wbrisbane@whotelsworldwide.com
홈피 www.marriott.com

5성급 **GPS** -27.471643, 153.023603

트레저리 브리즈번 호텔 Treasury Brisbane Hotel

트레저리 브리즈번 카지노와 같은 건물을 사용하는 고급 호텔이다. 고풍스러운 건물과 인테리어는 그 자체로 의미가 있으며, 무엇보다 위치가 좋다. 바로 앞에 퀸 스트리트 몰이 있어 쇼핑과 식사가 편리하며, 대중교통을 이용하기에도 편리하므로 근교 여행 시에도 좋은 선택이다.

주소 130 William St, Brisbane City QLD 4000
위치 퀸 스트리트 몰에서 도보 약 3분
요금 디럭스룸 A$230~
전화 07 3306 8888
메일 brtcswitchboard@star.com.au
홈피 treasurybrisbane.com.au

4성급 **GPS** -27.470317, 153.027336

오크스 샬롯 타워 Oaks Charlotte Towers

취사가 가능한 아파트 형태의 숙소로 일반 여행객과 비즈니스 여행객 모두에게 적합한 호텔이다. 객실에는 전용 발코니가 딸려 있고, 투숙객들을 위한 온수 실내 수영장과 야외 수영장이 시설이 갖춰져 있다. 오크스 샬롯 타워 외에도 브리즈번에 위치한 다른 오크스 호텔들도 모두 합리적인 가격과 시설로 인기가 많다.

주소 128 Charlotte St, Brisbane City QLD 4000
위치 퀸 스트리트 몰에서 도보 약 4분
요금 1베드룸 아파트 A$169~, 2베드룸 아파트 A$254~
전화 1300 663 477
메일 focharlotte@theoaksgroup.com.au
홈피 www.oakshotels.com

4성급 **GPS** -27.477712, 153.017323

노보텔 브리즈번 사우스 뱅크 Novotel Brisbane South Bank

주변에 넓은 공원을 비롯해 사우스 뱅크 파크랜드, 현대미술관, 퀸즐랜드 박물관 등을 모두 도보로 이동할 수 있다. 브리즈번 컨벤션 센터와 매우 가까워 비즈니스 여행객들에도 적합하고, 특히 브리즈번강변의 사우스 뱅크에 머물고 싶은 가족 여행객들에게 추천한다. 슈피리어룸에는 대형 창문이 설치되어 있어 공원과 도시 스카이라인을 조망할 수 있다.

주소 38 Cordelia St, Brisbane City QLD 4101
위치 사우스 뱅크 파크랜드에서 도보 약 7분
요금 스탠다드룸 A$224~
전화 07 3295 4100 **메일** HA0X0@accor.com
홈피 all.accor.com

4성급 GPS -27.471320, 153.024521

이비스 스타일스 브리즈번
Ibis Styles Brisbane

브리즈번 시내 중심부에 위치한 4성급 호텔로 총 368개의 객실을 보유하고 있다. 로비, 복도, 객실 등이 전체적으로 생동감 넘치는 색들로 꾸며져 있어 밝은 분위기를 느낄 수 있다. 객실도 깨끗하고 직원들도 친절한 편. 쇼핑과 레스토랑이 밀집된 퀸 스트리트 몰이 바로 근처이며, 페리 선착장이나 버스 정류장 등 대중교통을 이용하기에도 편리해 여행자들이 머물기에 최적의 위치이다. 금액도 저렴한 편이므로, 가성비 좋은 호텔을 찾는다면 추천한다.

주소 40 Elizabeth St, Brisbane City QLD 4000
위치 트레저리 브리즈번 카지노 근처, 퀸 스트리트 몰에서 도보 약 2분
요금 스탠다드룸 A$151~
전화 07 3337 9000
메일 H8835@accor.com
홈피 all.accor.com

백패커 GPS -27.466270, 153.012871

YHA 브리즈번 시티
YHA Brisbane City

시외버스정류장과 기차역이 함께 운영되는 로마 스트리트 트랜짓 센터Roma St Transit Centre에서 약 600m 떨어진 곳에 위치하고 있다. YHA 브리즈번 시티는 브리즈번강과 브리즈번 시내가 내려다보이며 배낭여행자들에게 인기가 높은 곳이다. 친절한 직원으로부터 브리즈번 여행 일정에 대한 조언을 들을 수 있고 새로운 친구를 사귀기에도 좋다.

주소 392 Roma St, Brisbane QLD 4000
위치 로마 스트리트 트랜짓 센터에서 도보 8분
요금 6인실 A$80~, 4인실 A$84~
전화 07 3236 1004
메일 stay@yha.com.au
홈피 www.yha.com.au

트레저리 브리즈번 호텔

브리즈번 근교

낭만이 가득하고 여유로움이 넘치는 브리즈번이지만 조금 심심해진다면 과감하게 외곽으로 떠나보자. 뜨거운 태양 아래 더위를 잊게 해 줄 퀸즐랜즈 주의 대표 맥주인 포엑스 맥주 공장, 세계 최대의 코알라 보호구역인 론 파인, 브리즈번 시내를 한눈에 내려다볼 수 있는 마운틴 쿠사 전망대 등 이곳에서만 갈 수 있는 명소들이 당신을 기다리고 있다.

to do list

1. 마운틴 쿠사 전망대에서 브리즈번 시내 내려다보기
2. 코알라를 안고 사진 찰칵!
3. 브리즈번 근교 섬으로 여행 떠나기

브리즈번 근교
N
모튼 아일랜드
Moreton Island
브리즈번 국제공항
Brisbane International Airport
스카이게이트
Skygate
잇스트리트 노스쇼어
Eat Street Northshore
윈저
Windsor
핀즈베리 공원
Finsbury Park
도니 공원
Downey Park
불림바
Bulimba
레드 힐
Red Hill
빅토리아 공원 골프 코스
Victoria Park Golf Course
포티튜드 밸리
Fortitude Valley
스프링 힐
Spring Hill
스카우트 카페
Scout Café
스토리 브리지
Story Bridge
선콥 경기장
Suncorp Stadium
뉴 팜
New Farm
포엑스 브루어리
XXXX Brewery
뉴 팜 공원
New Farm Park
브리즈번
Brisbane
보타닉 가든 마운틴 쿠사
Botanic Gardens Mt. Coot-tha
마운틴 쿠사 전망대
Mt. Coot-tha Lookout
마운틴 쿠사
Mt. Coot-tha
브리즈번강 Brisbane River
노르만 파크
Norman Park
사우스 브리즈번
South Brisbane
이스트 브리즈번
East Brisbane
웨스트 앤드
West End
론 파인 코알라 보호구역
Lone Pine Koala Sanctuary

★★☆ GPS -27.455924, 153.034261

포티튜드 밸리 Fortitude Valley

브리즈번 시내에서 도보로 이동할 수 있는 포티튜드 밸리는 트렌디한 식당, 부티크 상점, 카페 골목 등으로 사람들의 발길이 끊이지 않는다. 유럽인의 초기 브리즈번 정착지였던 이곳은 여러 우여곡절을 겪었으나 1980년대 말, 차이나타운이 형성되면서 활기 넘치는 쇼핑, 엔터테인먼트 지역으로 명성을 얻기 시작했다. 유럽과 아시아의 분위기가 공존하는 묘한 매력이 있는 곳이기도 하다. 매주 토요일 오전 9시부터 오후 4시까지는 공예품, 최신 스타일 옷이나 핸드메이드 액세서리를 구경할 수 있는 주말마켓도 열린다. 흥겨운 라이브 음악이 펼쳐지는 클럽, 바 등이 모여 있어 특히 해가 지면 브리즈번의 나이트 라이프를 즐길 수 있는 곳으로 유명하다. 단, 저녁에는 신분증 검사를 하니 꼭 여권을 꼭 챙기도록 하자.

위치 앤 스트리트를 따라 브런즈윅 스트리트까지 도보 약 25분

브리즈번의 차이나타운은 여기에~!

more & more 역사적인 건물이 많아 더 '힙한' 도시

화려한 나이트 라이프와 라이브 뮤직이 펼쳐지는 문화의 공간 포티튜드 밸리. 이곳의 다채로운 분위기는 과거와 현재의 조화에서 온다고도 할 수 있다. 호주 어디에나 역사적인 건물이 있지만, 이곳에도 오랫동안 자리를 지키고 있는 아름다운 건물이 많다. 세계문화유산에도 등재된 맥위터McWhiters 백화점, 1888년도에 지어진 유서 깊은 프린스 호텔(현재 엘리펀트 호텔Elephant Hotel) 등 100년 이상 된 건물들의 과거 모습과 현재를 비교해 보는 재미를 놓치지 말자.

맥위터 백화점
프린스 호텔

★★☆

GPS -27.484877, 152.959238

마운틴 쿠사 전망대 Mt. Coot-tha Lookout

현지인과 관광객들 모두에게 인기 많은 곳으로, 브리즈번에서 꼭 가봐야 할 곳 중 하나이다. 브리즈번을 360도 파노라마로 감상할 수 있다는 것이 이곳의 가장 특별한 점! 해발 270m 정도의 낮은 산이지만 전망대에서 바라보는 탁 트인 브리즈번 시내의 전망은 낮과 밤 모두 아름답다. 전망대에는 간단하게 커피나 음료를 마실 수 있는 카페와 식사를 즐길 수 있는 레스토랑, 작은 기념품 숍도 있다. 시내에서 전망대까지 버스가 다니긴 하지만 배차 간격이 넓으므로 미리 시간표를 체크하는 것이 좋으며 버스는 이른 오후에 운행을 종료하기 때문에 야경을 볼 계획이라면 렌터카나 택시 또는 우버를 이용해야 한다.

주소 1012 Sir Samuel Griffith Dr, Mount Coot-Tha QLD 4066
위치 애들레이드 스트리트에서 471번 버스로 약 30분
운영 **서밋 카페**The Summit Café 일~금 06:00~21:00(토 ~22:00)
전화 07 3403 8888
홈피 www.brisbane.qld.gov.au

마운틴 쿠사 전망대에서 바라보는 도시 전경!

▶▶ 보타닉 가든 마운틴 쿠사 Botanic Gardens Mt. Coot-tha

1976년에 개장한 56ha 크기의 정원. 5,000종, 2만 개체가 넘는 식물이 아름답게 배치되어 있으며, 시내의 식물원에 비해 더 크고 볼거리가 많은 편이다. 마운틴 쿠사 전망대에서 버스를 타거나 숲길을 걸어서 갈 수 있으며, 전망대와 함께 반나절 코스로 묶어서 다녀오는 것을 추천한다. 내부에는 '코스믹 돔'을 통해 우주 영상이 펼쳐지는 토머스 브리즈번 경 천문대Sir Thomas Brisbane Planetarium도 있으므로, 함께 방문해 보자.

주소 Mount Coot Tha Rd, Toowong QLD 4066
위치 애들레이드 스트리트에서 471번 버스로 약 25분
운영 08:00~18:00
전화 07 3403 8888
홈피 www.brisbane.qld.gov.au

GPS -27.476001, 152.977384

토머스 브리즈번 경 천문대

★★★

론 파인 코알라 보호구역 Lone Pine Koala Sanctuary

GPS -27.533725, 152.968815

약 130마리의 코알라가 있는 세계 최초이자 세계에서 가장 큰 코알라 보호구역이다. 코알라를 보호하고 연구하는 곳으로 코알라뿐만 아니라 오리너구리, 캥거루, 태즈메이니안 데빌, 웜뱃 등 약 100여 종의 호주 동물을 만날 수 있다. 야생 앵무새 먹이 주기, 맹금류 비행, 양치기 쇼 등 매일 시간별로 액티비티도 진행하니 미리 체크해서 둘러보자. 캥거루 먹이 주기 체험이나 코알라와 사진 찍기 체험도 가능하다(추가 금액 발생). 보통 시내에서 론 파인 코알라 보호구역까지는 버스를 타고 이동하지만 사우스 뱅크에서 브리즈번강변의 상징적인 장소와 역사에 대한 설명을 들으며 이동하는 크루즈도 있다.

주요 시간표(상황에 따라 변경될 수 있으니 홈페이지 확인 필요)

09:45, 15:45 야생 앵무새 먹이 주기 Wild lorikeet feeding
10:30 맹금류 비행 쇼 Free flighter raptor show & pohtos
11:00, 13:30 양치기 쇼 Sheep dog show
11:30 코알라 생태 설명 Koala talk
12:00 악어 생태 설명 Croc Talk
14:00~15:00 코알라와 사진 찍기 체험 Meet a koala
14:45 딩고 생태 설명 Dingo Talk

주소 708 Jesmond Rd, Fig Tree Pocket QLD 4069
위치 **버스 이용** 퀸 스트리트 역 플랫폼 2C에서 430번 버스로 약 30~40분
크루즈 이용 사우스 뱅크 컬쳐 센터 폰툰Cultural Centre Pontoon에서 미리마 보트 크루즈Mirimar Boat Cruise로 약 1시간 15분 (사우스 뱅크에서 10:00, 론 파인에서 14:15 출발)
운영 09:00~17:00
요금 성인 A$54, 아동 A$39
전화 07 3378 1366
메일 service@koala.net
홈피 www.koala.net

Tip | 코알라, 만만히 보지 마~

론 파인 코알라 보호구역의 하이라이트는 뭐니 뭐니 해도 코알라와 함께 사진 찍기! 귀여운 외모와는 다르게 코알라는 꽤 무겁고, 냄새도 나는 편이니 각오(?)하는 게 좋다. 특히 수컷의 경우, 가슴에 암컷을 유혹하기 위한 페로몬 주머니가 있어서 냄새가 더 심한 편이다.

★★☆

포엑스 브루어리 XXXX Brewery

GPS -27.467810, 153.006532

호주의 펍에서 맥주를 마셔봤다면 한 번쯤 봤을 법한 포엑스 맥주는 퀸즐랜드 주를 대표하는 맥주이다. 140여 년 역사의 포엑스 맥주 브루어리가 브리즈번 시내에서 멀지 않은 곳에 위치해 있다. 약 1시간 30분간의 투어를 통해 양조장 내부 구조를 둘러보고 맥주의 역사, 맥주가 만들어지는 과정을 살펴볼 수 있으며 시음도 가능하다. 브루어리 투어는 미리 예약하는 것이 좋고, 투어 참여 시 운동화를 착용하고 여권을 꼭 챙기도록 하자. 꼭 투어에 참여하지 않더라도 이곳에서 운영하는 에일하우스Alehouse 바 & 레스토랑에서 포엑스 맥주와 다양한 음식을 즐길 수 있다.

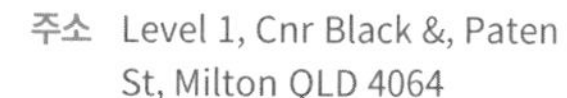

- **주소** Level 1, Cnr Black &, Paten St, Milton QLD 4064
- **위치** 로마 스트리트Roma St 역에서 도보로 약 17분
- **운영** **브루어리 투어** 사전 예약으로 가능
- **요금** 브루어리 투어(맥주 시음 포함) 성인 A$37
- **전화** 07 3361 7597
- **홈피** www.xxxx.com.au

★★☆

잇스트리트 노스쇼어 Eat Street Northshore

GPS -27.443848, 153.079750

오픈한 지 얼마 안 돼 처음 규모보다 2배 이상 늘어난, 현재 브리즈번의 가장 핫한 마켓. 총 180개의 컨테이너로 꾸며진 공간에 아시아, 아프리카, 호주, 유럽 등 70개 이상의 세계각지 음식을 맛볼 수 있고 춤, 노래 등의 공연이 정기적으로 펼쳐진다. 입장료가 있으며, 음식 등은 대부분 현금 결제만 가능하여 ATM의 줄이 긴 경우가 많으니 미리 현금을 뽑아가는 걸 추천한다.

- **주소** 221D MacArthur Ave, Hamilton QLD 4007
- **위치** 이글 스트리트 피어Eagle St Pier 선착장에서 페리로 약 40분 이동 후 도보 약 10분
- **운영** 금~토 16:00~22:00, 일 16:00~21:00 (월~목요일 휴무)
- **요금** **입장료** 성인 A$6(카드만 가능), 13세 미만 아동 무료
- **전화** 1300 328 787
- **홈피** www.eatstreetmarkets.com.au

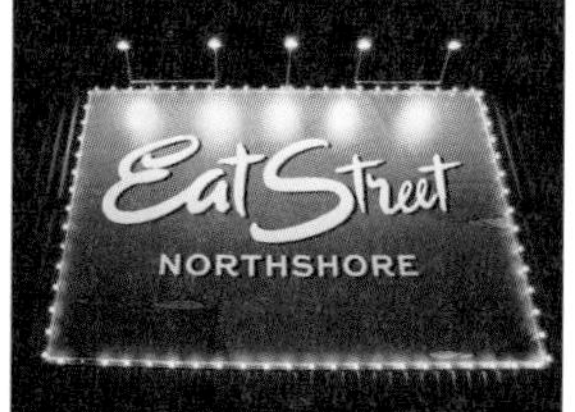

Special Tour

브리즈번 근교 섬 여행하기

브리즈번 근교에는 특색 있는 섬들이 많다. 세계에서 제일 큰 모래섬인 프레이저 아일랜드Fraser Island, 섬 마을을 즐기기 좋은 노스 스트래드브로크 아일랜드North Stradbroke Island, 액티비티의 천국 모튼 아일랜드Moreton Island까지! 시간적 여유가 많지 않은 여행자들은 항상 어떤 섬을 방문하면 좋을지 고민에 빠진다. 각 섬마다 어떤 특징이 있는지, 어떤 것을 할 수 있는지 살펴보고 방문할 섬을 선택해 보자.

느긋하고 특별한 노스 스트래드브로크 아일랜드
North Stradbroke Island

브리즈번 시내에서 차로 40분, 그리고 페리로 25분만 이동하면 노스 스트래드브로크 아일랜드를 만날 수 있다. 프레이저 아일랜드나 모튼 아일랜드에 비해 잘 알려져 있지는 않지만, 끝없이 펼쳐진 백사장과 서핑하기 좋은 해변, 아름다운 자연 경관으로 가족이나 친구들과 함께 당일치기로 다녀오기 좋다. 다른 섬들과는 다르게 섬 안에 3개의 작은 마을이 형성되어 있어 각자 취향에 맞게 선택할 수 있다.
포인트 룩아웃Point Lookout은 느긋한 분위기에서 서핑하거나 해변을 거닐기에 적합하고, 고래 시즌에 고래를 관찰하기 좋은 곳으로 잘 알려져 있다. 아미티Amity 마을은 어촌으로 낚시를 즐기기 좋으며, 부두에서 감상하는 석양이 아름다운 곳이다. 마지막으로 던위치Dunwich는 페리 선착장이 위치한 곳으로 대부분 주민들이 모여 사는 섬의 중심지이다. 따라서 레스토랑이나 다양한 편의시설이 잘 정비되어 있다.

위치 브리즈번에서 차를 타고 북쪽으로 이동 후 페리로 갈아탄다(약 1시간 30분 소요).
홈피 노스 스트래드브로크 페리, 숙소, 투어 정보 www.stradbrokeferries.com.au

다양한 액티비티를 즐길 수 있는 모튼 아일랜드 Moreton Island

브리즈번에서 접근성이 좋은 모튼 아일랜드는 호주에서는 두번째로 큰 모래섬으로 휴양과 레저, 두 마리 토끼를 모두 잡을 수 있어 관광객뿐 아니라 현지인들에게도 인기가 많다. 브리즈번에서 페리 시간을 포함해 1시간 30~40분 정도면 갈 수 있어 일일 여행으로 다녀오기에도 좋고 특히 모튼 아일랜드를 대표하는 탕갈루마리조트Tangalooma Resort는 일일여행으로의 방문 뿐 아니라 다양한 숙박 시설을 제공하고 있어 매년 방문객들의 발길이 끊이지 않는다.

위치 브리즈번에서 차를 타고 북쪽으로 이동 후 페리로 갈아탄다(약 1시간 30분 소요).
홈피 탕갈루마리조트(숙박 및 페리, 일일 투어 예약 가능) www.tangalooma.com
선셋 사파리(일일 투어, 1박 2일 투어 업체) www.sunsetsafaris.com.au

▶▶ 탕갈루마리조트 Tangalooma Resort

호주 원주민어로 물고기들이 모이는 곳이라는 뜻을 가지고 있는 탕갈루마리조트는 호텔에서부터, 유닛, 아파트, 빌라 및 장기숙박을 위한 하우스까지 다양한 숙소가 마련되어 있으며 2023년 9월에 마무리된 리노베이션으로 방문객들에게 더욱 업그레이드된 편안함을 제공한다. 특히 매일 저녁 리조트를 찾아오는 야생 돌고래에게 먹이를 주는 특별한 체험은 잊지 못할 추억을 선사하고 그 외에도 맑은 해변에서의 수영이나 카약 타기, 난파선에서의 스노쿨링, 모래썰매와 쿼드 바이크 타기, 헬리콥터 타기 등 이곳에서 즐길 수 있는 액티비티는 무궁무진하다.

Tip | 새로운 액티비티

수영이 부담스럽거나 스노클링이 처음인 분들을 위해 간단한 교육이 추가된 체험 스노쿨링투어! 스노쿨링 투어 전 전문 강사에게 교육을 받고 간다면, 나도 이제 스노쿨링 전문가.
조지 클루니와 줄리아 로버츠가 주연한 〈천국으로 가는 티켓〉의 촬영지 루신다 베이Lucinda Bay해안을 따라 4륜구동 오토바이를 타고 달리는 ATV 4륜구동 이지라이더투어! 반짝이는 바다와 멋진 경관을 감상하며 영화 속 주인공이 된 기분을 만끽해보자.

세계에서 제일 큰 모래 섬, 프레이저 아일랜드 Fraser Island

호주 동부 해안을 따라 123km로 길게 뻗어 있는, 세계에서 제일 큰 모래 섬 프레이저 아일랜드는 세계문화유산으로 등재되어 있다. 수천만 년 동안 모래 한 알 한 알이 쌓여서 만들어진 섬으로 지금도 자연환경에 따라 계속 섬의 모양이 변화하고 있다. 프레이저 아일랜드에는 100개가 넘는 호수가 있다. 당장이라도 뛰어들고 싶은 신비로운 색의 맥켄지 호수Lake McKenzie와 모래언덕 넘어 자리 잡고 있는 오아시스와도 같은 와비 호수Lake Wabby가 대표적이다. 120km 길이의 해변 고속도로인 75마일 비치75mile Beach를 시원하게 달리다 보면 숨겨진 이야기를 담고 있는 마헤노 난파선Maheno Shipwreck과 인디언 머리를 닮아 이름 붙여진 인디언 헤드Indian Head 전망대에 도착한다. 프레이저 아일랜드의 대표적인 뷰 포인트인 인디언 헤드에서 탁 트인 전망을 감상해 보자. 운이 좋다면 수십 년을 함께 살았을 것 같은 거북 가족, 바다를 가로지르는 고래, 전설의 해양 동물인 듀공을 보는 행운도 누릴 수 있다. 섬 안쪽에는 열대우림을 탐험할 수 있는 산책 코스도 있다.

브리즈번에서 프레이저 아일랜드까지는 편도 약 3시간 정도 소요되기 때문에 일일 여행보다는 1박 이상의 일정을 추천한다. 프레이저 아일랜드에서는 캠핑장이나 유롱 비치 리조트Eurong Beach Resort, 킹피셔 베이 리조트Kingfisher Bay Resort 등 2개의 리조트에서 숙박할 수 있다. 해변이 모두 모래사장이고 섬 안쪽 길이 험하기 때문에 사륜구동 차량만 들어갈 수 있다. 렌터카 여행객이 아니라면 브리즈번, 골드코스트, 선샤인코스트, 허비 베이에서 출발하는 프레이저 아일랜드 투어를 이용할 수도 있다.

위치 브리즈번에서 차량으로 약 3시간~3시간 30분
홈피 프레이저 아일랜드 투어 업체 www.sunsetsafaris.com.au www.fraserexplorertours.com.au

Tip | 브리비 아일랜드 Bribie Island

프레이저 아일랜드는 거리가 멀어서 고민이라면, 브리비 아일랜드가 좋은 대안이다. 호주에서 네 번째로 큰 모래섬이기도 한 브리비 아일랜드는 브리즈번에서 차로 1시간 정도면 갈 수 있고 섬과 연결된 다리가 있어 페리를 타지 않아도 된다. 30km 길이의 오염되지 않은 해변과 풍부한 동식물을 만날 수 있는 곳이다.

홈피 브리비 아일랜드 투어 업체 www.gdayadventure-tours.com

more & more 프레이저 아일랜드에서 만날 수 있는 야생 딩고 Dingo

프레이저 아일랜드를 여행하다 보면 들개의 일종인 딩고를 만날 수 있다. 프레이저 아일랜드는 호주 본토와 떨어져 있기 때문에 이곳의 딩고는 호주에서 가장 순수한 혈통의 딩고로 보호받고 있으며, 섬의 최상위 포식자로서 생태계의 균형을 유지하는 데 중요한 역할을 하고 있다. 몸이 가늘고 황색, 황갈색, 검은색 등의 털을 가지고 있는 것이 특징이다. 하지만 야생 딩고에게 공격당할 수도 있으므로 함부로 다가가지는 말 것! 또한 딩고는 야행성이므로 저녁에는 2~3명 이상 함께 다니는 것을 권장한다.

GPS -27.476399, 153.021265

스카이게이트 Skygate

브리즈번 국제공항 근처에 위치한 쇼핑몰로 호주 아웃렛 매장인 DFO, 주류매장인 댄 머피Dan Murphy's, 건강식품을 저렴하게 살 수 있는 케미스트 아웃렛Chemist Outlet, 그리고 음식점과 마트 등이 모여 있다. 명품 브랜드보다는 중저가 브랜드의 스포츠용품과 잡화 등을 저렴하게 구매할 수 있다. 브리즈번 국제선, 국내선 공항 터미널에서 스카이게이트까지 무료 셔틀버스가 운행하고, 소요 시간도 15~20분 내외로 짧아 공항에 일찍 도착했을 경우 구경 삼아 방문하기에 좋다. 각 매장별로 운영 시간이 다르니 방문 전 미리 홈페이지에서 체크하자.

주소 11 The Circuit, Brisbane Airport QLD 4008
위치 **시내에서 이동 시** 로마 스트리트 역에서 기차로 약 24분 이동 후 국제선 터미널 하차, 셔틀버스로 약 20분
공항에서 이동 시 국제선 또는 국내선 터미널에서 셔틀버스 탑승
운영 **스카이게이트 센터** 08:30~17:00
DFO 10:00~18:00
전화 07 3406 3000
홈피 skygate.com.au

more & more 브리즈번 근교의 쇼핑 핫 플레이스! 웨스트 앤드 West End

브리즈번 시내를 벗어나 남쪽으로 조금만 이동하면 여유로운 분위기의 웨스트 앤드 지역을 만날 수 있다. 초기 영국 정착민들이 이 지역에서 런던의 웨스트 앤드가 연상된다고 하여 이름 붙었으며, 그만큼 역사와 문화가 풍부한 곳이다. 특색 있는 카페들과 숨겨진 맛집이 즐비한 동네로, 브리즈번의 핫 플레이스 중 하나이다. 이곳을 더욱 특별하게 만들어주는 것은 매주 토요일 오전 6시부터 오후 2시까지, 꽤 큰 규모의 데이비스 공원 마켓 Davies Park Market이 열린다는 것! 채소, 과일 등을 마트보다 저렴하게 구입할 수 있을 뿐만 아니라 평범하지 않은 소품, 패션, 로컬 음식 등 둘러보는 재미가 쏠쏠하다. 주말에 가볼 만한 근교를 찾는다면 이곳을 방문해 보자.

황금빛 해변의 휴양도시 골드코스트

GOLD COAST

04

골드코스트는 전 세계의 여행객들뿐 아니라 호주 현지인들도 휴식과 여가를 위해 즐겨 찾는 휴양 도시이다. 브리즈번과 마찬가지로 연중 따뜻한 날씨를 보이며, 황금빛 해변, 서핑을 비롯한 다양한 액티비티로 많은 여행자를 끌어들이고 있다. 골드코스트의 해변은 전체 길이가 약 70km에 달하며 그 중심에는 세련된 고층 빌딩들, 밤이 되면 화려하게 변신하는 카빌 애비뉴Cavill Avenue, 그리고 서퍼들에게 최고의 파도를 선사하는 서퍼스 파라다이스Surfers Paradise 비치가 있다. 골드코스트가 가족 여행지로 잘 알려진 이유 중 하나는 바로 씨 월드Sea World, 무비월드Movie World 등 아이들을 위한 볼거리와 즐길 거리가 넘친다는 점이다. 게다가 호주 최대 규모의 아웃렛인 하버 타운Harbour Town과 새롭게 단장한 대형 쇼핑몰인 퍼시픽 페어Pacific Fair는 어른들을 끌어들이기에도 충분하다.

골드코스트 시내에서 조금만 벗어나면 해변과는 또 다른 아름다운 자연이 기다리고 있다. 울창한 열대우림인 래밍턴 국립공원Lamington National Park과, 반딧불 서식지가 있는 스프링브룩 국립공원Springbrook National Park이 대표적인 근교 여행지이다.

골드코스트 드나들기

골드코스트로 이동하기

항공

• 국제선

한국에서 브리즈번 국제공항Brisbane International Airport으로 들어가서 현지에서 기차 또는 셔틀버스를 타고 골드코스트까지 이동하거나, 시드니 국제공항Sydney International Airport에서 국내선을 이용해야 한다. 브리즈번 국제공항까지는 대한항공, 젯스타가 직항을 운항한다. 소요시간은 약 9시간 30분. 시드니 국제공항까지는 대한항공, 아시아나항공, 콴타스항공, 젯스타, 티웨이 직항편이 있다.

• 국내선

호주 주요 도시에서 골드코스트까지 콴타스항공(QF), 버진오스트레일리아(VA), 젯스타(JQ), 리저널익스프레스항공(ZL) 등의 호주 국내선 항공편을 이용할 수 있다.

출발도시	도착 도시	소요 시간	항공사	요금
시드니	골드코스트	약 1시간 20분	젯스타(JQ), 버진오스트레일리아(VA), 콴타스항공(QF), 리저널익스프레스항공(ZL)	A$130~
멜버른		약 2시간 05분		A$190~
케언스		약 2시간 15분	젯스타(JQ)	A$280~
애들레이드		약 2시간 20분	젯스타(JQ), 버진오스트레일리아(VA)	A$280~
퍼스		약 4시간 30분	젯스타(JQ)	A$380~

버스

시드니에서 골드코스트의 서퍼스 파라다이스까지 그레이하운드Greyhound 버스를 이용하면 약 15시간 이상이 소요된다. 저녁에 출발해서 다음 날 오전에 도착하는 밤 버스도 있지만 금액이 항공 금액에 비해 저렴한 편은 아니기 때문에 추천하지는 않는다.

홈피 **그레이하운드** www.greyhound.com.a

Tip | 브리즈번에서 골드코스트 가는 법

브리즈번과 골드코스트는 대중교통인 기차로 연결되어 있어 쉽게 두 도시를 오갈 수 있다. 하지만 짐이 있는 여행자라면 브리즈번 버스 터미널Brisbane Transit Center에서 골드코스트 중심지인 서퍼스 파라다이스까지(혹은 반대) 프리미어 버스Premier Motor를 이용하면 편리하다.

운영 브리즈번→골드코스트
08:45, 13:00
골드코스트→브리즈번
10:00, 13:30
(*시즌에 따라 달라짐)

요금 편도 A$17~

홈피 www.premierms.com.au

공항에서 시내로 이동하기

셔틀버스

짐이 있는 여행객들이 저렴하고 편리하게 이동할 수 있는 공항 셔틀버스인 커넥션Con-x-ion이 있다. 골드코스트 중심지뿐만 아니라 브로드 비치Broad Beach, 메인 비치Main Beach를 비롯한 시내 외곽 지역의 숙소까지 이동해 서비스 지역이 넓다. 365일 언제나 이용 가능하며, 티켓은 온라인으로 미리 구매할 수 있다.

요금 **골드코스트 공항→숙소**
편도 A$32, 왕복 A$61(서퍼스 파라다이스 숙소 기준 약 40분 소요)
홈피 www.con-x-ion.com

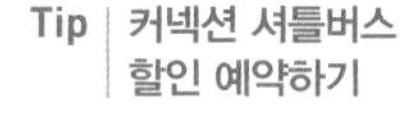

Tip | 커넥션 셔틀버스 할인 예약하기

커넥션 홈페이지에서 셔틀버스 예약 시 "TRAVELCG" 할인 코드를 입력하면 즉시 10% 할인을 받을 수 있다.

버스 & 트램

공항에서 서퍼스 파라다이스 중심지까지 한 번에 이동 가능한 대중교통은 없고 중간에 갈아타야 된다. 공항에서 777번 버스를 타고 종점인 브로드 비치 사우스Broadbeach South 역으로 이동 후, 트램으로 갈아타서 서퍼스 파라다이스가 위치한 카빌 애비뉴Cavill Avenue 역에 하차하면 된다. 만약 숙소가 브로드 비치나 카빌 애비뉴 역 근처라면 이용해볼 만하다. 777번 버스는 매일 오전 7시부터 오후 7시까지 15분 간격으로 운행한다.

요금 **골드코스트 공항→브로드 비치** 성인 A$6.3(약 50분 소요) ,
골드코스트 공항→서퍼스 파라다이스 성인 A$6.3(약 1시간 소요)
홈피 translink.com.au

택시

골드코스트 공항에서 서퍼스 파라다이스까지 거리가 있어 택시 요금이 비싼 편이고, 셔틀버스와 이동 시간의 차이가 거의 없다. 만약 택시를 이용한다면, 좀 더 저렴한 우버Uber를 이용하는 것을 추천한다.

요금 A$65~80(약 30~40분 소요)

Tip | 골드코스트의 여행자 교통카드

여행자들을 위한 고 익스플로러Go Explore 카드를 구매하면 하루에 성인 A$10, 5~14세 아동 A$5로 골드코스트 버스와 트램을 무제한으로 이용할 수 있다. 고 익스플로러 카드는 공항이나 세븐일레븐7-Eleven 등에서 구입 가능하다.

시내에서 이동하기

브리즈번과 마찬가지로 골드코스트의 버스, 트레인, 트램 등 대중교통은 모두 고 카드Go Card로 이용 가능하다(p.181). 고 카드를 사용하면 일반 요금의 약 30% 정도 금액이 할인되지만, 대중교통을 이용하는 횟수가 많지 않다면 싱글 티켓Single Ticket을 구매해서 여행하는 것도 무방하다.

평균 기온과 옷차림

골드코스트는 1년 365일 중 평균 300일은 맑은 날씨를 만날 수 있는 곳이다. 비는 주로 12~2월 여름 시즌에 오는 편이며, 평균 기온은 21~28도 정도이므로 반팔, 민소매, 반바지 등의 옷을 챙기는 것이 좋다. 가을이 접어드는 3월 이후부터는 아침 저녁으로 기온이 낮아지므로 미리 대비해 겉옷을 챙기자. 또한 골드코스트 내륙의 힌터랜드 지역은 해변 쪽보다 기온이 낮고 서늘한 편이므로 겨울 시즌(6~8월)에는 겉옷을 가져가는 것이 좋다. 골드코스트는 구름 낀 날씨더라도 햇볕이 강해 화상의 위험이 있으니 선크림, 모자, 선글라스 등의 자외선 차단 물품은 1년 내내 필수이다.

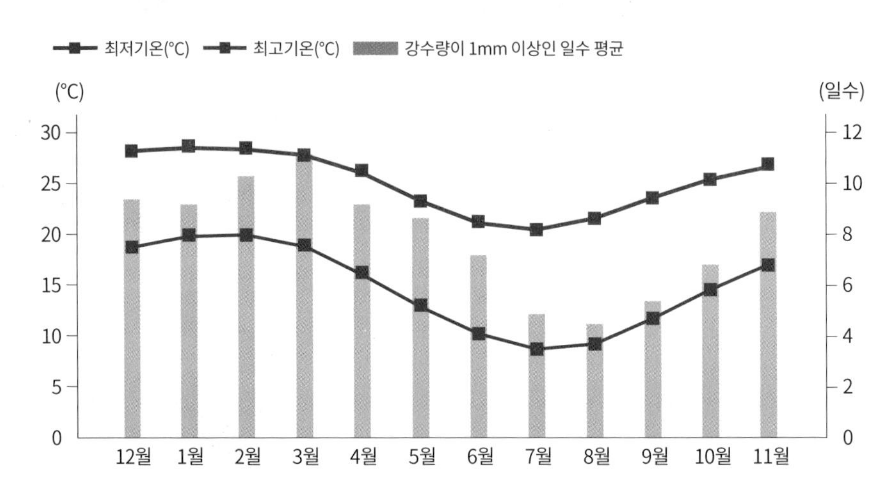

골드코스트 추천 코스

골드코스트는 즐길 거리, 볼거리, 체험 거리가 다채로운 곳이다. 해변에서 여유롭게 시간을 보내도 좋지만 근교로 조금만 시선을 돌리면 가볼 만한 곳들이 더욱 많아진다. 특히 가족 여행지로 유명한 골드코스트에서 어떻게 시간을 보내면 좋을지 아래 추천 코스를 참고하자!

Day 1 골드코스트의 분위기를 만끽하자!

골드코스트 시내

커럼빈 와일드 라이프 보호구역 Currumbin Wildlife Sanctuary
다양한 호주 동물과 공연을 구경해 보자.

브로드 비치 Broad Beach
한적한 해변을 거닐며 여유를 즐기거나 쇼핑센터를 구경하자.

Day 2 볼거리가 가득한 골드코스트 둘러보기

09:00

씨 월드 Sea World

해양생물들과 공연, 놀이기구까지
한 번에 즐기기.

차량 10분

13:00

스카이포인트 전망대

SkyPoint Observation Deck

77층 전망대에 올라 360도로 조망하는
골드코스트 전경!

차량 60분

15:00

스프링브룩 국립공원 & 반딧불 동굴

Springbrook National Park & Glow Worm Cave

골드코스트 내륙의 국립공원을 방문해
반딧불 동굴, 밤하늘의 은하수를 감상해 보자.

Day 3 골드코스트의 근교로 나가기

10:00

트로피컬 프루트 월드 Tropical Fruit World

500가지 이상의 이국적인 과일을
재배하고 있는 농장을 방문해 보자.

차량 45분

14:00

바이런 베이 Byron Bay

호주 최동단에 위치한 명소에서
아름다운 해변과 등대 만나기.

Day 4 마지막까지 알차게~

09:00

서퍼스 파라다이스 & 카빌 애비뉴

Surfers Paradise & Cavill Avenue

골드코스트의 중심이 되는 서퍼스 파라다이스 해변과
메인 거리인 카빌 애비뉴를 구경해 보자.

도보 2분

11:00

아쿠아 덕 Aqua Duck

수륙양용차를 타고 약 1시간 동안
골드코스트 시내와 물 위를 누벼 보자.

골드코스트 시내

걸어도 걸어도 끝이 보이지 않는 황금빛 해변과 해안도로가 시원하게 늘어선 골드코스트. 끝이 보이지 않는 해변에서는 울렁이는 파도가 장관을 이루고, 반대쪽에는 고층 빌딩이 줄지어 있어 셔터만 눌러도 그림엽서가 되는 아름다운 곳이다.

to do list

1. 서퍼스 파라다이스 비치에서 서핑하기
2. 골드코스트의 다양한 액티비티 즐기기
3. 스카이 포인트 전망대에서 골드코스트의 전경 360도로 감상하기

골드코스트 시내
N
서퍼스 파라다이스 메리어트 리조트 & 스파
시트리크 메리어트
Citrique Marriott
랩소디 리조트
Rhapsody Resort
메인 비치
Main Beach
씨 월드
Sea World
피터스 피시 마켓
Peters Fish Marke
루비 컬렉션
The Ruby Collection
세브런 아일랜드
Chevron Island
Thomas Dr
Esplanade
Elkhorn Ave
샤토 비치사이드
Chateau Beachside
서퍼스 파라다이스 비치프론트 마켓
Surfers Paradise Beachfront Markets
서퍼스 파라다이스 비치
Surfers Paradise Beach
핫 에어 벌룬
Hot Air Balloon(열기구)
서퍼스 파라다이스
Surfers Paradise
카빌 에비뉴
Cavill Avenue
고 라이드 어 웨이브
Go Ride A Wave(서핑)
아쿠아덕
Aquaduck Gold Coast
Hanlan St
파라다이스 쇼핑센터
Paradise Centre
벙크 서퍼스 파라다이스
Bunk Surfers Paradise
디 아일랜드 골드코스트
The Island Gold Coast
iFLY 실내 스카이다이빙
iFLY Indoor Skydiving(실내 스카이다이빙)
스카이 포인트 전망대
Sky Point Observation Deck
네랑강
Nerang River
알프레이스코 이탈리안 레스토랑
Alfresco Italian Restaurant
Surfers Paradise Blvd
Garfield Terrace
Ferry Rd
VIA ROMA
Gold Coast Hwy
Old Burleigh Rd
Monaco St
캐스케이드 가든
Cascade Gardens
브로드비치 워터스
Broadbeach Waters
앨버트 공원
Albert Park
로얄 퀸즐랜드 아트 소사이어티
Royal Queensland Art Society
브로드비치 공원
Broadbeach Park
브로드 비치
Broad Beach
T E Peters Dr
골드코스트 컨벤션 & 전시 센터
Gold Coast Convention and Exhibition Centre
쿠라와 공원
Kurrawa Park
Rio Vista Blvd
더 오아시스 몰
The Oasis
엘크 에스프레소
Elk Espresso
Sunshine Blvd
더 스타 골드코스트
The Star Gold Coast
프라튼 공원
Pratten Park
더 스타 카지노 골드코스트
The Star Casino Gold Coast
브로드비치 도서관
Broadbeach Library
Hooker Blvd
퍼시픽 페어 쇼핑센터
Pacific Fair Shopping Centre
브로드 비치
Broad Beach

★★★

GPS -27.999997, 153.431386

서퍼스 파라다이스 Surfers Paradise

골드코스트의 심장이자 이름에서도 알 수 있는 것처럼 서퍼들의 천국! 골드코스트의 볼거리, 즐길 거리 중의 대부분은 서퍼스 파라다이스에서 찾을 수 있다. 서퍼스 파라다이스의 상징인 약 3km의 황금빛 해변은 오랜 시간 동안 전 세계의 사람들의 사랑을 받고 있다. 모래사장에 누워 일광욕을 하거나 삼삼오오 모여 비치발리볼을 하는 사람들, 파도에 몸을 실어 서핑을 즐기는 사람 등 저마다 자기 방법대로 골드코스트를 즐기는 모습을 볼 수 있다. 서퍼스 파라다이스 해변에서 배우는 서핑 레슨도 인기이니 기회가 되면 참여해 보자.

위치 골드코스트 공항에서 차량으로 약 40분

홈피 www.surfersparadise.com

more & more **골드코스트의 스쿨리 기간** Schoolies in Gold Coast

한국에서 고등학생이 대학 진학을 위해 수능을 치르듯, 호주에서는 HSC Higher School Certificate라는 시험을 치른다. 시험이 끝나고 합격 발표까지의 11~12월을 스쿨리 Schoolies라고 하는데, 호주에서는 이 스쿨리가 하나의 행사로 자리 잡았을 만큼 상당히 많은 인원이 움직인다. 골드코스트는 스쿨리를 보내는 학생이 특히 많이 찾는 만큼 이 기간에 특히 붐비고, 시끄러운 편이라 휴양을 원한다면 피하는 것이 좋다. 스쿨리 기간에 어쩔 수 없이 골드코스트를 여행한다면, 사람이 덜 붐비는 근교 사우스 포트 South Port나 브로드 비치 Broad Beach 쪽으로 숙소를 잡는 것이 현명하다.

★★★

GPS -28.001817, 153.428529

카빌 애비뉴 Cavill Avenue

눈부신 태양, 끝없이 펼쳐진 해변, 시원하게 부서지는 파도를 바라보며 골드코스트에서 유유자적한 시간을 보내는 것도 충분히 즐겁지만, 해변에서만 시간을 보낸다면 골드코스트의 앞면만 보고 뒷면은 보지 않은 것과 같다. 에스플러네이드에서 오키드 애비뉴Orchid Avenue까지 이어지는 카빌 애비뉴는 서퍼스 파라다이스를 관광지로 탄생시키는 데 공헌했던 짐 카빌Jim Cavill의 이름을 딴 거리로, 골드코스트의 중심지이다. 양쪽으로 쇼핑센터가 빼곡히 들어서 있는데 호주 유명 브랜드부터 소매점까지 그 종류도 다양해 누구라도 만족스러운 쇼핑을 즐길 수 있다. 쇼핑하다 지치면 예쁜 노천카페와 레스토랑에서 체력을 보충하는 것도 좋다. 또한 밤이 되면 카빌 애비뉴로 바다에서 놀던 사람들이 모여든다. 흘러나오는 라이브 뮤직, 버스킹 공연을 즐기며 골드코스트를 한껏 누려보자.

위치 카빌 애비뉴Cavill Avenue 트램역 근처

★★★

GPS -28.063046, 153.435850

마이애미 마케타 Miami Marketta

골드코스트 마이애미에 있는 야시장. 지역주민들도 사랑하는 핫플레이스로 독특한 분위기와 다양한 음식, 음료, 음악을 즐길 수 있다. 브리즈번 잇 스트리트만큼 규모가 크지는 않지만, 푸드트럭에서 세계 각국의 음식을 한 자리에서 저렴한 금액으로 맛볼 수 있다. 맥주, 와인, 칵테일 등 다양한 음료도 밴드의 라이브 공연과 함께 즐길 수 있다. 시장 안에는 예술가들이 작품을 전시하고 판매하기도 하니 잘 둘러볼 것!

위치 23 Hillcrest Parade, Miami QLD 4220
운영 수~토 05:00~22:00 (일~화요일 휴무)
홈피 www.miamimarketta.com

★★☆

GPS -28.006060, 153.429417

스카이 포인트 전망대 Sky Point Observation Deck

골드코스트에 왔다면 꼭 한 번 방문해야 되는 곳으로 꼽힌다. 77층이나 되는 아찔한 높이이지만, 호주에서 가장 빠른 엘리베이터를 타면 10여 초만에 정상까지 도착한다. 전망대에 올라가면 해안가부터 내륙까지 골드코스트를 360도로 조망할 수 있고, 시즌 중 운이 좋으면 동부해안을 따라 이동하는 고래도 발견할 수 있다. 전망대에는 식사나 음료를 즐길 수 있는 비스트로 & 바Bistro & Bar가 있으며, 건물 외관에 설치된 계단을 따라 꼭대기로 올라가보는 스카이 포인트 클라임Sky Point Climb 체험도 할 수 있으니 스릴을 즐기는 사람이라면 도전해 보자. 클라임은 사전 예약이 필수이고, 특정 이벤트가 열리는 날에는 일찍 마감될 수 있으니 방문 전 미리 운영 시간을 확인하는 것이 좋다. 드림월드와 동일한 회사에서 운영하고 있어 드림월드 & 스카이 포인트 콤보 티켓으로 더 저렴하게 구입할 수 있다.

주소 Level 77, q1 building/9 Hamilton Ave, Surfers Paradise QLD 4217
위치 서퍼스 파라다이스에서 도보 약 6분
운영 07:30~21:00 (마지막 입장 폐장 30분 전)
요금 **전망대**
월~금 성인 A$31, 아동 A$23,
토~일 성인 A$36, 아동 A$28
클라임(전망대 입장 포함) A$92~
전화 07 5582 2700
메일 info@skypoint.com.au
홈피 www.skypoint.com.au

아찔한 스카이 포인트 클라임 체험!

★★☆ GPS -28.027490, 153.435640

브로드 비치 Broad Beach

골드코스트에서 서퍼스 파라다이스 못지않게 많은 숙박시설과 쇼핑몰, 레스토랑, 공원 등 다양한 즐길 거리가 모여 있는 곳이다. 대형 쇼핑몰인 퍼시픽 페어Pacific Fair와 더 스타 카지노The Star Casino도 모두 브로드 비치에 위치해 있다. 해변은 서퍼스 파라다이스보다 한적한 편이고 골드코스트의 쿨랑가타 공항과도 멀지 않다는 장점 덕분에 주로 가족이나 커플 여행객이 머무는 편이다.

위치 골드코스트 공항에서 버스로 약 30분, 서퍼스 파라다이스 카빌 애비뉴 역에서 트램으로 약 11분
전화 07 5656 0100
홈피 broadbeachgc.com

★★☆ GPS -28.032109, 153.428902

더 스타 카지노 골드코스트 The Star Casino Gold Coast

시드니의 더 스타 카지노, 브리즈번의 트레저리 카지노Treasury Brisbane와 같은 회사에서 운영하고 있다. 5성급 호텔 안에 위치한 카지노로 고급스럽고 넓은 규모를 자랑한다. A3 사이즈가 넘는 큰 짐을 지니고 있거나 적합하지 않은 복장을 하고 있다면 입장이 제한될 수 있다. 카지노는 크리스마스, 굿 프라이데이, 안작 데이 외에는 24시간 운영한다.

주소 1 Casino Dr, Broadbeach QLD 4218
위치 서퍼스 파라다이스에서 버스 또는 트램으로 약 10분
운영 24시간 (크리스마스, 굿 프라이데이, 안작 데이에는 운영 시간 변동)
전화 07 5592 8100
홈피 www.star.com.au/goldcoast

서핑 Surfing

골드코스트에서 빼놓을 수 없는 서핑! 서핑이 처음인 사람들도 누구나 레슨에 참여할 수 있다. 초보자 레슨은 이론과 실전을 포함해 약 2시간 정도로 진행된다. 골드코스트의 비치는 파도가 센 편이지만 운동 신경이 좋다면 첫 레슨 때 두 발로 일어서기까지 가능하다. 서핑을 할 줄 안다면 해변의 서핑 숍에서 서핑 보드와 웨트수트Wet Suit만 빌려서 즐길 수도 있다. 보드 대여 시 신분증은 필수이니 꼭 지참하자.

고 라이드 어 웨이브 Go Ride A Wave

주소 Paradise Center, Shop/26A Cavill Ave, Surfers Paradise QLD 4217
위치 카빌 에비뉴의 서퍼스 파라다이스 사인 맞은편
운영 09:00~17:00
요금 **서핑 레슨** A$79, **서핑 보드 대여** A$25, **웨트수트 대여** A$10 (2시간 기준)
전화 1300 132 441
홈피 gorideawave.com.au

실내 스카이다이빙 Indoor Skydiving

일반 스카이다이빙은 만 12세부터 참여 가능하지만 실내 스카이다이빙은 만 3세부터 103세까지 누구나 체험할 수 있다. 날씨 제약 없이 언제든지 가능하며 서퍼스 파라다이스에서 도보로 이동 가능한 곳에 위치해 있다는 것도 장점! 유리로 된 거대한 터널 속에서 강력한 바람으로 몸을 떠올리는 원리다. 점프와 낙하산 없이 하늘을 나는 듯한 짜릿한 기분을 느껴보자.

iFLY 실내 스카이다이빙
iFLY Indoor Skydiving

주소 3084 Surfers Paradise Bd, Surfers Paradise QLD 4217
위치 카빌 애비뉴에서 도보 약 5분
운영 09:30~18:30
요금 실내 스카이다이빙 2회 A$94
전화 1300 435 966
홈피 goldcoast.iflyworld.com.au

아쿠아덕 Aquaduck Gold Coast

1996년 호주에서 처음으로 시작된 수륙양용 시티 투어 버스이다. 귀여운 오리 모양의 버스를 타고 골드코스트 시내와 물 위를 오가며 역사와 명소에 대한 설명을 들을 수 있고, 아이들에게는 물 위에서 직접 운전해 볼 수 있는 기회도 주어진다. 체크인 장소가 메인 거리인 카빌 애비뉴에 위치해 있어 찾기 쉬운 것도 장점이다. 투어 출발 시간이 정해져 있으므로 사전에 체크하고 방문하는 것이 좋다.

주소 Circle On Cavill Shopping Centre, Cavill Ave, Surfers Paradise QLD 4217
위치 카빌 애비뉴 트램역 근처
운영 09:45, 11:00, 12:15, 14:15, 15:30, 16:45
요금 성인 A$55, 아동 A$44
전화 07 5539 0222
메일 info@aquaduck.com.au
홈피 www.aquaduck.com.au

제트보트 Jet Boat

마치 물 위에서 롤러코스터를 타는 듯한 제트보트를 골드코스트에서 경험해보자. 짧게는 30분, 길게는 1시간 동안 바다와 강을 빠른 속도로 질주하며 360도 회전, 드리프트Drift 기술을 온몸으로 느낄 수 있다. 짜릿하고 스릴 넘치게 골드코스트의 바다를 누빈 기억은 오래도록 잊혀지지 않을 것이다. 제트보트 특성상 옷이 많이 젖을 수 있으니 갈아 입을 옷이나 손수건 등을 준비하면 좋다.

파라다이스 제트 보팅
Paradise Jet Boating

주소 Mariners Cove Marina, Shop 7b/60 Seaworld Dr, Main Beach QLD 4217
위치 씨 월드에서 도보 약 20분
운영 11:00, 12:00, 14:00
요금 **55분** 성인 A$79, 아동 A$59
전화 07 5526 3089
홈피 www.paradisejetboating.com.au

Tip | 귀중품은 미리미리~

제트보트 선착장에 사물함이 있으므로 젖기 쉬운 물건이나 당장 필요하지 않은 짐은 꼭 보관해 두자. 경우에 따라 멀미하는 경우도 있다고 하니, 멀미가 심한 사람이라면 멀미약을 먹는 등 미리 준비하도록 하자.

골드코스트 패러세일링 Gold Coast Parasailing

400ft 상공을 날아 골드코스트 해변과 서퍼스 파라다이스의 스카이라인을 감상할 수 있다. 최신 안전 장비를 착용하고 유니크한 스마일 낙하산을 사용해 약 8분간 비행한다. 특수 제작된 패러세일링 보트 위로 높이 올라가며 짜릿하면서도 잊지 못할 추억을 만들 수 있어 커플 및 가족 여행객들에게 인기가 많다.

주소 Marina Mirage, 74 Seaworld Drive, Main Beach, QLD 4217
위치 메인 비치에 위치한 마리나 미라지Marina Mirage
운영 09:00, 10:00, 11:00, 12:00, 14:00
요금 솔로(1명) A$149, 탠덤(2명) A$198, 트리플(3명) A$297
전화 0404 184 616
홈피 www.gcjetboatandparasail.com.au

GPS -27.991006, 153.427461

시트리크 메리어트
Citrique Marriott

서퍼스 파라다이스 메리어트 호텔에 위치한 레스토랑으로 특히 해산물 뷔페가 유명하다. 새우, 가리비, 홍합, 굴, 연어 등 신선한 로컬 해산물을 맘껏 맛볼 수 있으므로 해산물을 좋아하는 사람들이라면 한 번쯤 가볼 만하다. 해산물 뷔페는 금요일, 토요일 저녁과 일요일 점심에만 운영하며 온라인 예약이 가능하다.

주소 158 Ferny Ave, Surfers Paradise QLD 4217
위치 카빌 애비뉴에서 도보 약 17분
운영 **해산물 뷔페** 금~토 17:30~21:00, 일 12:00~14:30
요금 **해산물 뷔페** A$129~
전화 07 5592 9772
홈피 www.citriquerestaurant.com

GPS -28.006790, 153.429111

알프레스코 이탈리안 레스토랑
Alfresco Italian Restaurant

골드코스트에서 25년 넘게 운영 중인 이탈리아 레스토랑으로 저녁이면 항상 사람들로 북적거린다. 흥겨운 분위기에서 맛있는 피자와 파스타를 즐길 수 있는 곳! 서퍼스 파라다이스 중심가에서 멀지 않은 곳에 위치해 있어 찾아가기도 쉽고, 한국어 메뉴판도 준비되어 있다. 페퍼로니, 새우, 버섯 등이 들어간 크로모스 피자Crommo's Pizza가 이곳의 시그니처 메뉴이다. 점심 영업은 하지 않고, 오후 5시부터 오픈하니 점심 시간에 들러 헛걸음하지 않도록!

주소 3/3018 Surfers Paradise Bd, Surfers Paradise QLD 4217
위치 카빌 애비뉴에서 도보 7분 이동
운영 일~목 17:00~21:00, 금~토 17:00~21:30
요금 크로모스 피자(레귤러) A$23, 파스타 A$25~~
전화 07 5538 9333 **홈피** alfrescogc.com

GPS -27.966084, 153.426785

피터스 피시 마켓
Peter's Fish Market

해변에서 물놀이를 마치고 간단하면서도 든든히 배를 채워줄 음식을 찾는다면 역시 피시 앤 칩스만한 것이 없다. 이미 골드코스트에서 입소문이 자자한 이곳은 마치 수산시장처럼 신선한 생선들을 진열해 놓고, 원하는 생선을 고르면 즉석에서 튀겨준다. 양도 많아서 한 끼를 저렴하고 배부르게 즐길 수 있는 곳! 생선 외에도 새우, 게, 오징어 등의 해산물도 판매하고 있으며 튀김 소스는 별도로 구입해야 된다.

주소 120 Sea World Dr.
위치 씨 월드에서 도보 약 15분, 서퍼스 파라다이스에서 버스로 약 10분
운영 09:00~19:00
요금 피시 앤 칩스 A$10, 오징어 튀김(스몰) A$4
전화 07 5591 7747

GPS -28.029121, 153.433775

엘크 에스프레소 Elk Espresso

브로드 비치 근처의 브런치 카페를 찾고 있다면 이곳을 방문해 보자. 더 오아시스 몰의 1층에 위치한 카페로 항상 사람들로 북적인다. 실내 곳곳의 식물과 환한 민트색 계열의 인테리어가 여심을 사로잡는다. 현지인들에게도 유명한 만큼 음식과 커피 맛도 훌륭하다.

주소 Shop G044 Oasis Shopping Centre, 12 Victoria Ave, Broadbeach QLD 4218
위치 브로드 비치의 더 오아시스 몰 1층
운영 05:45~15:00(크리스마스, 굿 프라이데이 휴무)
요금 브런치 A$17~24, 커피류 A$4.8
전화 07 5592 2888 **홈피** elkespresso.net

GPS -28.001770, 153.431297

서퍼스 파라다이스 비치프론트 마켓 Surfers Paradise Beachfront Markets

매주 수요일, 금요일, 일요일 저녁이면 서퍼스 파라다이스 해변 근처에 마켓이 들어선다. 1995년부터 시작한 이 마켓에는 약 100개가 넘는 노점이 참가해 액세서리, 의류, 미술품 등을 판매하며 서퍼스 파라다이스의 밤을 더욱 빛나게 만든다. 흥겨운 라이브 음악을 들으며 마켓을 둘러보는 것만으로 즐겁지만 이곳에서만 만날 수 있는 독특한 상품을 구입할 수도 있으니 더욱 좋다. 비가 오는 날에는 마켓이 열리지 않으니 참고하자.

주소 The Foreshore, Surfers Paradise QLD 4217
위치 서퍼스 파라다이스 비치
운영 수·금~토 16:00~21:00
전화 0403 696 432
메일 markets@surfersparadise.com
홈피 www.surfersparadisemarkets.com.au

GPS -28.036489, 153.427978

퍼시픽 페어 쇼핑센터 Pacific Fair Shopping Centre

하버 타운과 더불어 골드코스트에서 빼놓을 수 없는 쇼핑몰이다. 스파 브랜드부터 명품 브랜드까지 약 400개의 매장이 영업하고 있으며 고급 레스토랑과 푸드 코트 등 음식점도 다양하다. 이국적인 야외 풍경으로 마치 도심 속 휴식처와 같은 느낌을 주는 곳! 골드코스트 공항과 가까운 브로드 비치에 위치해 있어 비행기 시간이 많이 남았을 경우 호텔 체크아웃 후 둘러보기에 좋다. 쇼핑몰에 위치한 방문객 라운지에서는 유료로 짐 보관 서비스와 샤워시설을 이용할 수 있다.

주소 2 Hooker Bd, Broadbeach Waters QLD 4218
위치 브로드 비치 사우스 Broadbeach South 트램역에서 도보 약 5분
운영 월~수·금~토 09:00~17:30, 목 09:00~21:00, 일 09:00~17:00
전화 07 55581 5100
메일 pacificfair@amp.com.au
홈피 www.pacificfair.com.au

쇼핑센터 셔틀버스 시간표

• 골드코스트 북쪽 → 퍼시픽 페어 쇼핑센터

씨 월드 리조트	쉐라톤 그랜드 미라지 리조트	QT 호텔	Q1 리조트 & 스파	더 랭햄	더 스타 카지노	소피텔 브로드비치
09:00	09:05	09:10	09:20	09:25	09:30	09:35
11:15	11:20	11:25	11:35	11:40	11:45	11:50
14:30	14:35	14:40	14:50	14:55	15:00	15:05

• 골드코스트 남쪽 → 퍼시픽 페어 쇼핑센터

파크 애비뉴	보드워크 아파트먼트	마리너 쇼어 리조트	노비 비치 홀리데이 빌리지
10:15	10:20	10:25	10:30
15:40	15:45	5:50	15:55

골드코스트 숙소 선택 Tip

골드코스트는 호주의 대표적인 관광지인 만큼 다양한 숙소가 있는데, 특히 가슴이 탁 트이는 오션뷰를 감상할 수 있으면서도 합리적인 가격의 아파트 숙소가 많다. 골드코스트를 처음 방문하거나 편리한 교통, 번화가를 선호한다면 서퍼스 파라다이스에 위치한 숙소를 예약하자. 편의시설이 적당히 있으면서 한적한 해변을 원한다면 브로드 비치Broad Beach, 조용한 곳에서 휴식을 보내고 싶다면 쿨랑가타Coolangatta를 추천한다.

5성급

GPS -28.032139, 153.428899

더 스타 골드코스트 The Star Gold Coast

브로드 비치에 위치한 5성급 호텔로 다수의 수상 경력에 빛나는 레스토랑, 24시간 카지노, 활기찬 분위기의 바를 자랑한다. 총 596개의 고급스럽고 넓은 객실에서 해안 또는 내륙의 전경을 조망할 수 있다. 도보로 이동 가능한 곳에 해변과 쇼핑센터가 위치해 있고, 골드코스트 공항과도 30분 정도로 가까운 편이다.

주소 1 Casino Dr, Broadbeach QLD 4218
위치 퍼시픽 페어 쇼핑센터에서 도보 약 7분, 브로드 비치에서 도보 약 10분
요금 슈피리어 디럭스룸 A$300~, 발코니룸 A$354~
전화 07 5592 8100
메일 stargc@star.com.au
홈피 www.star.com.au/goldcoast

5성급

GPS -27.994143, 153.426833

루비 컬렉션 The Ruby Collection

골드코스트에 생긴 지 얼마 안 된 신규 아파트 호텔로 넓고 깨끗한 객실과 최신식 시설을 갖추고 있다. 1~3베드룸 아파트로 구성되어 있으며 3베드룸 아파트 객실에는 최대 7명까지 숙박 가능하다. 특히 수영장과 아이들의 놀이시설 등이 잘 갖춰져 있어 가족 여행 숙소로 추천하며, 커플이 럭셔리한 휴양을 보내기도 제격이다.

주소 9 Norfolk Ave, Surfers Paradise QLD 4217
위치 카빌 애비뉴에서 도보 약 13분
요금 1베드룸 아파트 A$211~, 2베드룸 아파트 A$272~, 3베드룸 아파트 A$396~
전화 07 5655 4324
홈피 www.cllix.com/ruby-gold-coast

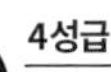

4성급

GPS -27.991241, 153.429447

랩소디 리조트 Rhapsody Resort

서퍼스 파라다이스 번화가에서 도보로 15~20분 정도 떨어진 곳에 위치해 있으며, 합리적인 가격으로 오션뷰 숙소에 묵을 수 있다. 20층을 기준으로 21층부터는 하이오션뷰High Ocean View 룸으로, 보다 높은 시야에서 끝없이 펼쳐진 골드코스트 해변을 감상할 수 있다. 야외 수영장, 헬스장, 바비큐 시설이 갖춰져 있으며, 특히 루프톱은 야경이나 낮에 전경을 감상하기에 좋다.

주소 3440 Surfers Paradise Bd, Surfers Paradise QLD 4217
위치 카빌 애비뉴에서 도보 약 15분
요금 스튜디오 A$175~, 1베드룸 A$208~, 2베드룸 오션뷰 A$296~
전화 1300 742 776
홈피 www.rhapsodyresort.com.au

3성급

GPS -28.003119, 153.428591

디 아일랜드 골드코스트 The Island Gold Coast

서퍼스 파라다이스 중심에 위치한 호텔로, 총 98개의 현대적이면서도 집과 같이 편안한 디자인의 객실을 보유하고 있다. 가족 또는 친구들과 위치 좋은 곳에서 먹고 즐기며 합리적인 금액으로 숙박하고 싶다면 추천. 특히 도심의 뷰를 즐기며 다양한 밴드 공연, 최고의 칵테일을 즐길 수 있는 루프톱 바가 유명하니 꼭 한 번 방문해 보자.

주소 3128 Surfers Paradise Bd, Surfers Paradise QLD 4217
위치 카빌 애비뉴에서 도보 약 2분
요금 디럭스룸 A$205~
전화 07 5538 8000
메일 stay@theislandgoldcoast.com.au
홈피 www.theislandgoldcoast.com.au

3성급

GPS -27.998950, 153.430468

샤토 비치사이드 Chateau Beachside

서퍼스 파라다이스 해변 바로 근처에 위치한 숙소로, 편안하고 깨끗한 객실에 금액까지 저렴해서 가성비가 최고다. 마트도 가깝고, 상점, 레스토랑이 모여 있는 카빌 애비뉴와도 단 한 블록밖에 떨어져 있지 않다. 객실은 호텔 타입과 주방시설이 갖춰진 아파트 타입으로 나뉘어져 있으며, 투숙객을 위한 수영장과 바비큐 시설이 갖춰져 있다.

주소 52 Esplanade, Surfers Paradise QLD 4217
위치 카빌 애비뉴에서 도보 약 6분
요금 호텔 A$96~, 스튜디오 아파트 A$106~, 1베드룸 아파트 A$116~
전화 07 5538 1022
홈피 www.chateaubeachside.com.au

백패커

GPS -28.002840, 153.427870

벙크 서퍼스 파라다이스 Bunk Surfers Paradise

서퍼스 파라다이스에서 만날 수 있는 최신식 호스텔로 저렴한 금액에 위치 좋은 숙박시설을 찾는 배낭여행객들에게 적합하다. 레스토랑, 마트, 상점, 해변이 모두 도보로 이동 가능한 거리에 있으며 골드코스트 공항에서는 차로 약 30분 정도 떨어져 있다. 프라이빗한 구조로 배치된 침대와 깨끗한 객실로 인기가 많다. 모든 객실 안에는 화장실과 발코니가 갖춰져 있고, 넓은 공동 라운지 공간은 편안하게 휴식을 취하기 좋다.

주소 6 Beach Rd, Surfers Paradise QLD 4217
위치 카빌 애비뉴에서 도보 약 3분
요금 8인실 A$67~, 6인실 A$68~, 4인실 A$70~
전화 07 5676 6418
메일 info@bunksurfersparadise.com.au
홈피 bunksurfersparadise.com.au

골드코스트 근교

골드코스트에서 유유자적함을 충분히 느꼈다면, 이제는 근교로 나갈 차례! 골드코스트의 넓은 바다와는 또 다른 즐거움이 여행자들을 기다리고 있다. 야생동물을 만날 수 있는 커럼빈 와일드라이프 보호구역, 울창한 숲이 펼쳐진 스프링브룩 국립공원 등, 이번에는 장엄한 자연의 아름다움을 만나러 떠나보자.

to do list

1. 커럼빈 와일드라이프 보호구역에서 동물 친구들 만나기
2. 바이런 베이에서 흰 등대 만나기
3. 골드코스트의 테마파크 완전 정복!

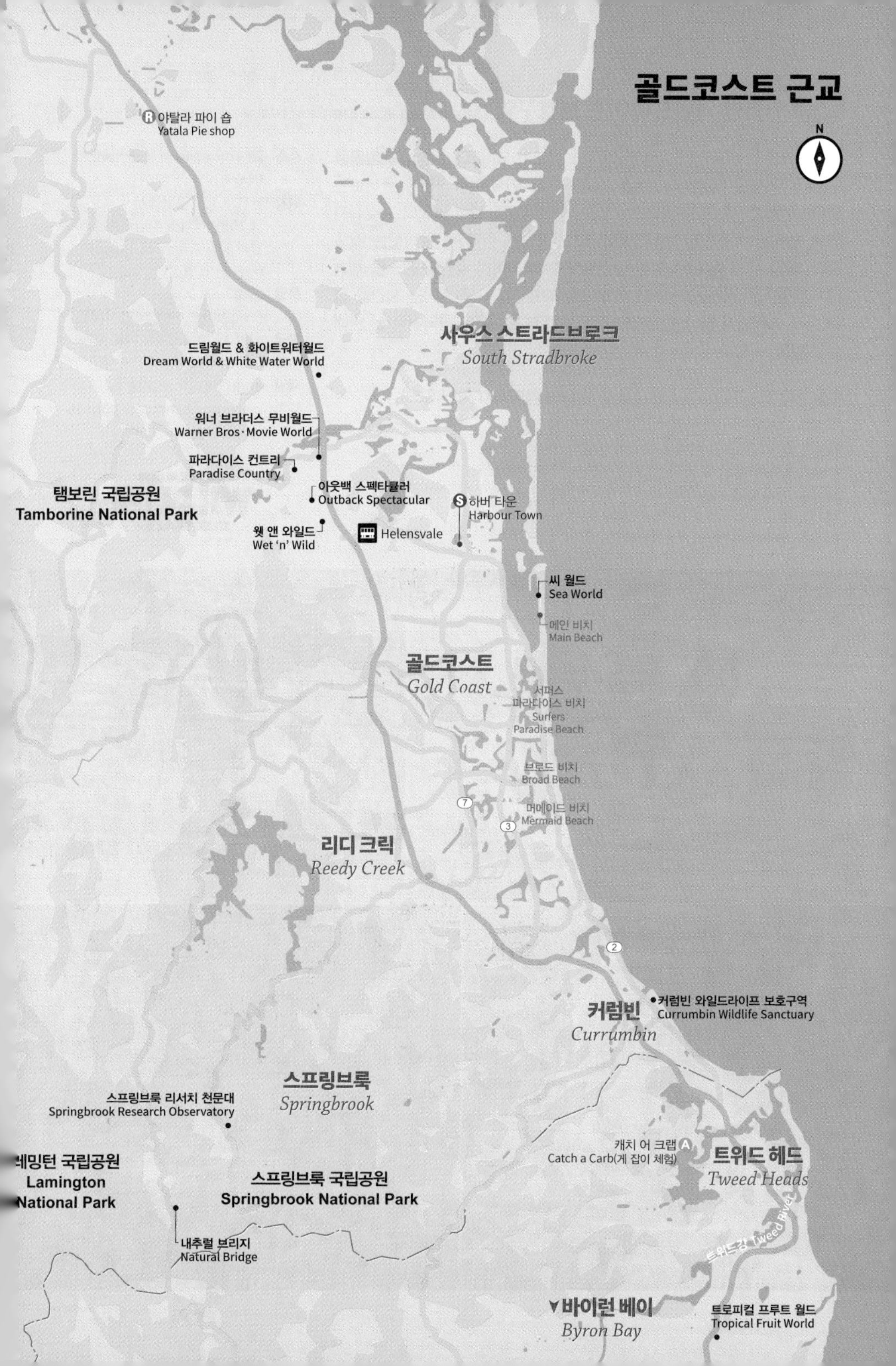

골드코스트 근교

N

아탈라 파이 숍
Yatala Pie shop

사우스 스트라드브로크
South Stradbroke

드림월드 & 화이트워터월드
Dream World & White Water World

워너 브라더스 무비월드
Warner Bros · Movie World

파라다이스 컨트리
Paradise Country

탬보린 국립공원
Tamborine National Park

아웃백 스펙타큘러
Outback Spectacular

하버 타운
Harbour Town

웻 앤 와일드
Wet 'n' Wild

Helensvale

씨 월드
Sea World

메인 비치
Main Beach

골드코스트
Gold Coast

서퍼스 파라다이스 비치
Surfers Paradise Beach

브로드 비치
Broad Beach

7

머메이드 비치
Mermaid Beach

3

리디 크릭
Reedy Creek

2

커럼빈 와일드라이프 보호구역
Currumbin Wildlife Sanctuary

커럼빈
Currumbin

스프링브룩
Springbrook

스프링브룩 리서치 천문대
Springbrook Research Observatory

캐치 어 크랩
Catch a Carb(게 잡이 체험)

트위드 헤드
Tweed Heads

레밍턴 국립공원
Lamington National Park

스프링브룩 국립공원
Springbrook National Park

트위드강 Tweed River

내추럴 브리지
Natural Bridge

▼바이런 베이
Byron Bay

트로피컬 프루트 월드
Tropical Fruit World

★★☆ GPS -28.135254, 153.489160

커럼빈 와일드라이프 보호구역 Currumbin Wildlife Sanctuary

골드코스트의 대표적인 동물원으로 그 규모가 꽤 크다. 우리 속 동물을 구경한다기보단 야생동물이 살고 있는 크고 평화로운 공원을 둘러보는 듯한 느낌이다. 중간 중간 피크닉 장소나 아이들을 위한 놀이터도 갖춰져 있고, 입장료에 포함된 미니열차를 타고 공원을 한 바퀴 둘러보는 것도 좋다. 매일 시간대별로 다양한 공연을 진행하니 미리 시간과 장소를 체크해서 효율적인 동선을 짜보자. 특히 코알라와 안고 사진찍기는 시간을 정해 미리 예약해야 하니 참고하도록. 입구의 매표소에서 한국어로 된 안내문을 받을 수 있다.

주요 시간표(상황에 따라 변경될 수 있으니 홈페이지 확인 필요)

08:00, 16:00 앵무새 먹이 주기 Lorikeet feeding
10:00 펠리칸 & 장어 먹이 주기 Pelican & Eel Feeding
10:15, 12:30 인형 탈 공연 Blinky bill's Rooky Ranger Station
10:45, 14:15 맹금류 비행 쇼 Wildskies free flight bird show
11:30 딩고 키퍼 토크 Dingo Keeper talk
15:00 애버리진 댄스 쇼 Aboriginal dance show

주소 28 Tomewin St, Currumbin QLD 4223
위치 골드코스트 공항에서 버스로 약 10분, 서퍼스 파라다이스에서 왕복 셔틀로 약 40분 (추가 금액 발생)
운영 09:00~16:00 (크리스마스, 안작 데이 휴무)
요금 성인 A$70, 4~14세 아동 A$50
전화 07 5534 1266
메일 enquiries@cws.org.au
홈피 currumbinsanctuary.com.au

★☆☆

GPS -28.210054, 153.270328

스프링브룩 국립공원 Springbrook National Park

시내에서 조금만 벗어나 내륙으로 이동하면 골드코스트와는 전혀 다른 분위기의 자연경관을 만날 수 있다. 세계자연유산으로 지정된 스프링브룩 국립공원은 시원한 물줄기의 폭포, 울창한 열대우림, 그리고 그 속에서 들려오는 야생의 소리 등 초록빛 자연을 만끽할 수 있는 곳이다. 정해진 산책로를 따라 걷거나 현지인들처럼 캠핑을 즐겨보자. 자연이 만든 신비한 다리 모양의 바위 내추럴 브리지Natural Bridge, 쌍둥이 폭포Twin Falls, 그리고 반딧불 동굴Glow Worm이 대표적인 볼거리이다.

주소 Old School Rd, Springbrook QLD 4213
위치 서퍼스 파라다이스에서 차량으로 약 1시간
홈피 parks.des.qld.gov.au/parks/springbrook

Tip | 반나절 반딧불 동굴 투어

골드코스트에서 저녁에 즐길 만한 투어를 찾는다면, 스프링브룩 국립공원의 열대우림을 둘러보고 신비한 반딧불도 만날 수 있는 오후 반나절 투어를 즐겨보자. 골드코스트 주요 숙소 앞에서 픽업과 드롭이 가능하며 오후 6시 30분에 출발해서 약 3시간 동안 알찬 저녁을 보낼 수 있다. 열대우림 속에서 밤하늘에 총총 떠 있는 별 관찰은 덤!

요금 성인 A$109, 아동 A$89

내추럴 브리지

쌍둥이 폭포

★☆☆

GPS -28.283480, 153.522279

트로피컬 프루트 월드 Tropical Fruit World

과일이 자라기 좋은 미네랄 토양 지대에 위치한 과일 농장으로, 전 세계의 500여 종류가 넘는 과일을 재배하고 있다. 덕분에 이곳에서는 시즌별로 다르게 재배되는 이국적인 과일을 보고 맛보는 재미를 느낄 수 있다. 농장 투어에는 트랙터 타기, 보트 탑승하기, 캥거루, 에뮤 등 농장 동물 만나기, 과일에 대해 배워보고 시식하기 등 다양한 체험이 포함되어 있다. 투어는 매 30분마다 진행되며, 약 2시간 30분 정도가 소요된다. 마지막 투어 시간은 오후 1시 30분으로 다소 이른 편이니 참고하자. 주소는 뉴사우스웨일스 주NSW이나 운영 시간은 퀸즐랜드 주QLD 기준이다.

주소 29 Duranbah Rd, Duranbah NSW 2487
위치 서퍼스 파라다이스에서 차량으로 약 45분
운영 일~금 09:00~16:00, 토 08:00~16:00
요금 성인 A$68, 아동 A$45 **전화** 02 6677 7222
메일 info@tropicalfruitworld.com.au
홈피 www.tropicalfruitworld.com.au

Tip 1 | 호주의 싱싱한 과일 사세요~

만약 농장 투어에 참여할 시간이 부족하다면, 무료로 입장 가능한 과일 마켓을 들러보는 건 어떨까. 리치, 파파야, 망고 등 매 시즌마다 다양하고 신선한 열대과일을 구입할 수 있다. 마켓 운영 시간은 매일 오전 10시부터 오후 4시까지이다(퀸즐랜드 주 시간 기준).

Tip 2 | 호주의 시차

호주는 하나의 나라이긴 하지만 큰 대륙이기 때문에 주마다 시차가 있다. 퀸즐랜드 주와 뉴사우스웨일스 주는 서로 주도가 달라서, 평소에는 시간이 같으나 일광절약제(섬머 타임)가 시행되는 10~4월 사이에는 1시간의 시차가 발생한다. 트로피컬 프루트 월드가 있는 뉴사우스웨일스 주의 시간이 빠르다.

★★★

GPS -28.638998, 153.635057

바이런 베이 Byron Bay

호주의 최동단에 위치한 바이런 베이는 시드니에서 골드코스트까지 렌터카 여행을 한다면 한 번쯤 거쳐 가게 되는 곳이다. 바이런 베이의 상징과도 같은 언덕 위 새하얀 등대에서 바라보는 바다는 가슴이 뻥 뚫릴 만한 절경을 선사한다. 아름다운 해변과 힌터랜드 열대우림Hinterland Rainforest 산책, 돌고래, 거북이, 고래 등의 해양생물과의 만남 등을 위해 현지인들도 즐겨 찾는 관광지이다.

바이런 베이에서는 액티비티 또한 다양하게 카약, 승마, 스카이다이빙, 열기구를 즐길 수 있으며, 특히 서핑으로 유명하다. 해변 근처에는 다양한 숙박시설과 쇼핑, 레스토랑, 카페가 자리 잡고 있어 며칠 동안 머무는 것도 좋다. 차가 있다면 편리하게 이동할 수 있고, 차가 없다면 셔틀버스나 투어를 이용하자.

위치 서퍼스 파라다이스에서 차량으로 약 1시간 20분

홈피 바이런 베이로 이동하는 셔틀버스
www.greyhound.com.au
www.premierms.com.au

Tip | 바이런 베이의 이모저모

1. 바이런 베이 등대는 뉴사우스웨일스 주에 속한 최동단 지역에 있는 만큼, 일광절약제가 시행되는 여름(10~4월)에는 골드코스트와 1시간의 시차가 있다. 바이런 베이가 골드코스트보다 1시간 더 빠르니, 카페 등을 이용하고 싶다면 주의할 것.
2. 호주 최동단에 위치한 곳인 만큼 호주에서 가장 먼저 해를 볼 수 있는 바이런 베이 등대에서 황홀한 일출을 감상해 보자.
3. 바이런 베이 마을과 등대의 역사가 궁금하다면, 바이런 베이 해양 박물관을 방문해 보자(**운영 시간** 10:00~16:00).
4. 매년 6월에서 11월까지 수만 마리의 험프백고래가 바이런 베이를 지나간다. 이 시기에 방문한다면 눈을 크게 뜨고 고래를 찾아보자.

새하얀 등대 위에서
내려다보는 바다~!

Special Tour

골드코스트의 다채로운 테마파크 완전 정복!

테마파크를 방문하기 위해 골드코스트를 찾는 사람이 있을 정도로, 골드코스트에는 다양한 테마파크가 모여 있다. 골드코스트에 왔다면 한 번쯤은 테마파크를 들르기 마련! 골드코스트의 대표적인 테마파크를 살펴보고 어느 곳을 방문할지 선택해 보자.

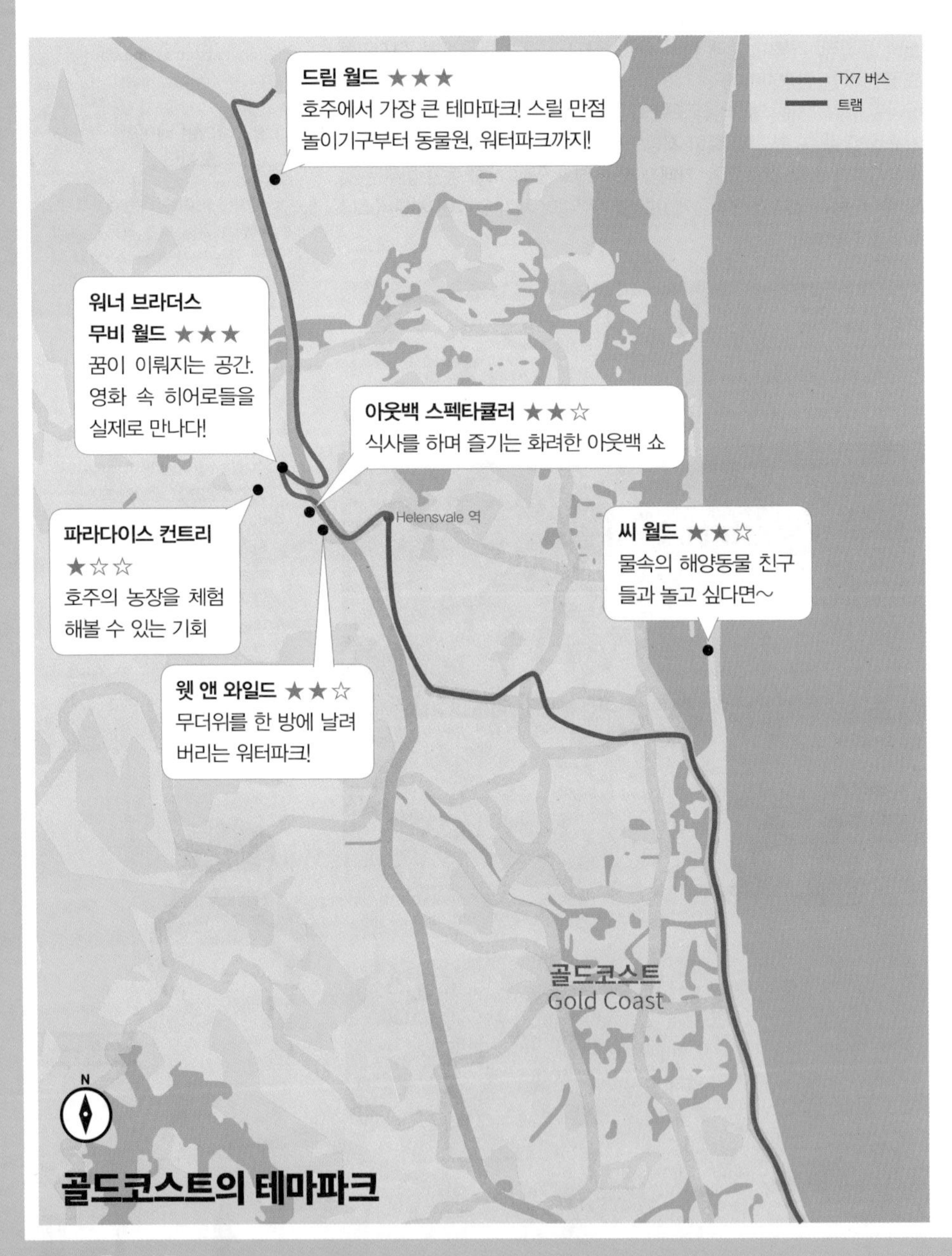

드림 월드 & 화이트 워터 월드 Dream World & White Water World

어른과 아이 모두를 만족시킬 곳을 찾는다면 호주 최대 규모의 테마파크인 드림 월드를 방문해 보자. 스릴 넘치는 놀이기구와 가족, 아이들을 위한 다양한 시설, 그리고 호랑이가 사는 작은 동물원도 있어 즐길 거리가 매우 풍부하다. 드림 월드 바로 옆에는 다양한 슬라이드와 파도풀장을 즐길 수 있는 화이트 워터 월드가 위치해 있다. 드림 월드 티켓에 화이트 워터 월드 이용권이 포함되어 있어 누구나 하루에 두 곳을 모두 이용할 수가 있다. 단, 운영 시간이 길지 않으니 두 곳을 전부 방문할 예정이라면 미리 시간 분배를 하는 것이 좋다.

주소 Dreamworld Pkwy, Coomera QLD 4209

위치 카빌 애비뉴Cavill Avenue 역에서 트램으로 헬렌스 베일Helensvale 역까지 약 33분 이동 후 TX7 버스로 약 6분

운영 월~목 10:30~16:00, 금 10:30~17:00, 토~일 10:00~17:00 (크리스마스, 안작데이 휴무)
화이트워터월드 10:00~17:00 (겨울 시즌에는 운영하지 않음, 9월 재개장 예정)

요금 드림 월드 & 화이트 워터 월드 요금 A$159

전화 07 5588 1111

메일 enquiries@dreamworld.com.au

홈피 www.dreamworld.com.au

Tip 1 | 입장권 구입은 미리미리~

테마파크 입장권은 현지에서 구매하는 것보다 한인 여행사를 통해 패키지로 구매하는 것이 훨씬 저렴하다. 가보고 싶은 테마파크를 콕콕 골라 티켓을 미리 구매하는 것을 추천한다!

Tip 2 | 작가 맘대로 뽑은 놀이기구 Best 3

❶ 타워 오브 테러 2
Tower of Terror 2
타워 끝까지 올라갔다가 떨어지는 롤러코스터로 드림월드에서 인기가 가장 많다.

❷ 자이언트 드롭 The Giant Drop
하늘 끝까지 올라갔다가 뚝 떨어지는 스릴을 느껴보자!

❸ 버즈 쇼 Buzz Saw
360도 회전하는 롤러코스터

씨 월드 Sea World

돌고래, 물개, 북극곰, 펭귄 등 다양한 해양생물들을 볼 수 있는 테마파크이다. 평범한 아쿠아리움이라고 생각하면 오산! 다양한 공연이 펼쳐지며 아이들을 위한 물놀이 공간, 크고 작은 놀이기구까지 모두 갖춰져 있다. 세계에서 두 번째로 큰 킹 펭귄에서부터 가장 작은 리틀 펭귄까지 만날 수 있으며, 다양한 종류의 상어에게 먹이를 주는 모습도 구경할 수 있다. 특히 돌고래 공연과 제트스키 공연은 씨 월드의 메인 이벤트이니 놓치지 말자. 시내와 조금 떨어져 있는 다른 테마파크들에 비해 서퍼스 파라다이스에서 약 15분 정도면 이동할 수 있는 곳이라 반나절 정도로 다녀오기 좋다.

주소 Seaworld Dr, Main beach QLD 4217
위치 서퍼스 파라다이스에서 750번 버스로 약 20분 이동
운영 10:00~17:00 (크리스마스 휴무)
요금 성인 A$119, 3~13세 아동 A$109
전화 13 33 86
홈피 seaworld.com.au

워너 브라더스 무비 월드 Warner Bros. Movie World

세계적인 영화 제작사 워너 브라더스Warner Bros의 영화 속 세상과 주인공을 콘셉트로 만들어진 테마파크로 그들의 팬이면 한 번쯤 가볼 만하다. 규모는 크진 않지만 영화 속에서나 볼 법한 건물들과 슈퍼맨, 배트맨, 원더우먼 등 히어로와 사진 찍기, 스턴트 쇼, 퍼레이드까지 구경하다 보면 하루가 금세 지나간다. 다양한 놀이기구를 타고 싶은 사람보다는 구석구석 다양한 볼거리를 찾는 사람들에게 적합하다.

주소 Pacific Mwy, Oxenford QLD 4210
위치 카빌 애비뉴 역에서 트램으로 헬렌스 베일 역까지 약 33분 이동 후 TX7 버스로 약 9분
운영 10:00~17:00(크리스마스, 안작 데이 휴무)
요금 성인 A$119, 아동 A$109
전화 13 33 86
홈피 movieworld.com.au

웻 앤 와일드 Wet ‘n’ Wild

한여름의 더위를 식히기 좋은 워터파크가 골드코스트에 위치해 있다. 다양한 워터 슬라이드와 해변처럼 만들어놓은 파도풀장, 그리고 특히 인기 있는 튜브 슬라이드는 바다에서 노는 것과는 또 다른 재미를 안겨준다. 다른 테마파크들과는 달리 간단한 점심 거리는 반입이 가능하니 그늘 밑에 자리 잡고 피크닉을 즐겨도 좋다. 1년 내내 개장하며 겨울 시즌에는 따뜻한 물로 운영된다. 시즌, 요일별로 운영 시간이 달라지니 미리 체크하자.

주소 Pacific Mwy, Oxenford QLD 4210
위치 헬렌스 베일 역에서 TX7 버스로 약 7분
운영 10:00~17:00, 5/6~6/23 10:00~15:00(크리스마스, 안작 데이 휴무)
요금 성인 A$109, 아동 A$99 **전화** 13 33 86
홈피 wetnwild.com.au

파라다이스 컨트리 Paradise Country

실제 농장은 아니지만 호주 농장을 체험해 볼 수 있게 만든 테마파크로, 가족 여행객들에게 추천한다. 실제 농장은 내륙으로 12시간 이상 들어가야 하므로, 대신 이곳에서 호주의 시골 체험을 즐겨보자. 전통 빵인 댐퍼 Damper 만드는 법을 배우고, 이에 곁들여 호주식 홍차인 빌리 티 Billy Tea 도 맛볼 수 있다. 농장 동물들과 교감해 볼 수 있을 뿐 아니라 코알라, 캥거루, 딩고 등 호주 대표 동물도 만날 수 있다. 양털 깎기 쇼, 양몰이 쇼 등은 시간이 정해져 있으니 방문 전 미리 체크하는 것이 좋다.

주소 Production Dr, Oxenford QLD 4210
위치 헬렌스 베일 역에서 TX7 버스로 무비월드까지 이동 후 도보 약 7분
운영 10:00~15:30(크리스마스, 안작 데이 휴무)
요금 성인 A$54, 아동 A$44 **전화** 13 33 86
홈피 paradisecountry.com.au

아웃백 스펙타큘러 Outback Spectacular

골드코스트의 테마파크 중 유일하게 저녁 늦은 시간까지 즐길 수 있는 곳. 현재는 호주 두 농부의 이야기를 주제로 화려한 쇼를 선보이고 있으며, 3코스 식사와 음료까지 포함되어 있다. 넓은 공연장에 수준 높은 조명기술을 입혀 붉은 땅, 평야, 천둥, 비 등 실감나는 호주 아웃백의 풍경을 보여준다. 최적의 좌석에서 좀 더 몰입감 있게 즐기고 싶다면 톱 레일 Top Rail 티켓을 추천. 쇼는 식사 시간 포함 약 1시간 50분 동안 진행되며, 사전 예약은 필수이다.

주소 Entertainment Rd, Oxenford QLD 4210
위치 헬렌스 베일 역에서 TX7 버스로 웻 앤 와일드까지 이동 후 도보 약 7분
운영 이브닝쇼 19:30, 일요일 12:30
(시즌별로 공연 요일이 변경될 수 있으니 홈페이지에서 확인 필수)
요금 톱 레일 티켓 성인 A$109.99~, 아동 A$79.99~
전화 13 33 86 **홈피** outbackspectacular.com.au

GPS -27.999680, 153.427217

열기구 Hot Air Balloon

골드코스트 근교인 힌터랜드의 안정적인 날씨 조건은 열기구를 체험하기에 완벽하다. 이른 새벽에 숙소에서 픽업해 일출과 푸르른 국립공원의 전경을 감상하며 즐기는 열기구는 고요하면서도 황홀한 분위기를 선사한다. 투어에는 열기구 체험을 마친 후 오렐리 빈야드O'Reilly's Vinyard에서 샴페인과 함께 우아한 아침 식사를 하는 것까지 포함되어 있다. 열기구 탑승 중에는 머리 위가 열기로 뜨겁기 때문에 모자를 준비해 가는 것을 추천한다. 미리 요청하면 열기구 투어 후에 골드코스트 테마파크 중 원하는 곳에서 하차하는 것도 가능하다.

핫 에어 벌룬 Hot Air Balloon
주소 23 Ferny Ave, Surfers Paradise QLD 4217
위치 골드코스트 숙소 앞에서 픽업
요금 열기구 투어(30분, 왕복 셔틀 및 조식 포함) 성인·아동 A$440 (주말 1인당 A$55 추가)
전화 07 5636 1508
메일 goldcoast@hotair.com.au
홈피 www.hotair.com.au

GPS -28.198298, 153.503058

캐치 어 크랩 Catch a Carb

골드코스트에서 이색적인 경험을 하고 싶다면 게 잡이 체험은 어떨까. 골드코스트 남쪽, 쿨랑가타 공항과 근접한 트위드 헤드Tweed Heads강변에서 머드 게를 잡아보고 체험 후에는 이 게로 만든 신선한 요리를 맛볼 수 있다. 통발을 던졌다가 끌어올리면 그 속에 게가 들어 있는 방식이며, 그 외에 낚시 체험도 가능하다. 근처에 위치한 굴 농장을 둘러보거나 야생 펠리컨에게 먹이 주기 체험 등을 함께할 수 있어 가족 여행객들에게 인기이다.

주소 11/17 Birds Bay Drive, Tweed Heads West NSW 2485
위치 서퍼스 파라다이스에서 차량으로 약 40분
운영 **게 잡이 투어** 수~일 09:30
요금 성인 A$95, 아동 A$70
전화 07 5599 9972
메일 info@catchacrab.com.au
홈피 www.catchacrab.com.au

GPS -27.735019, 153.226066

야탈라 파이 숍 Yatala Pie shop

130년 역사를 가지고 있는 파이집이다. 퀸즐랜드 주에서 아주 유명한 파이집으로, 하루에만 3,500개 이상의 파이를 판매하고 있다. 간편하게 배를 채울 수 있는 다양한 종류의 호주식 미트 파이와 달달한 디저트 파이가 특히 유명하다. 브리즈번에서 골드코스트로 가는 고속도로 중간에 위치해 있어 차가 없으면 찾아가기 쉽지 않다는 것이 단점.

주소 48 Old Pacific Hwy, Yatala QLD 4207
위치 서퍼스 파라다이스에서 차량으로 약 35분
운영 07:00~20:30
요금 스테이크 & 버섯 파이 A$6.8, 치킨 & 야채 파이 A$6.8, 애플 파이 A$4.7
전화 07 3287 2468 **메일** yatalapies@bigpond.com
홈피 www.yatalapies.com.au

GPS -27.931240, 153.387772

하버 타운 Harbour Town

호주에서 제일 큰 아웃렛으로, 골드코스트에서 쇼핑할 곳을 찾는다면 한 번쯤 가볼 만하다. 240개 이상의 매장을 보유하고 있으며 의류, 신발, 가방, 스포츠 브랜드 등을 저렴하게 구매할 수 있다. 서퍼스 파라다이스에서 대중교통으로도 갈 수 있지만, 하버 타운에서 운행하는 무료 셔틀버스를 이용하면 보다 편리하다. 무료 셔틀버스는 정해진 네 곳의 정류장에서 이용 가능하며 홈페이지에서 미리 예약도 가능하다. 하버 타운에 도착하면 투어리즘 라운지Tourism Lounge에서 나눠주는 할인 카드를 챙기는 것도 잊지 말자.

주소 147-189 Brisbane Rd, Biggera Waters QLD 4216
위치 서퍼스 파라다이스에서 차량으로 약 20분
운영 월~수·금~토 09:00~17:30, 목 09:00~19:00, 일·공휴일 10:00~17:00 (크리스마스, 굿 프라이데이, 안작 데이 휴무)
전화 07 5529 1734
메일 tourism@harbourtownshopping.com
홈피 www.harbourtowngoldcoast.com.au

아웃렛 셔틀버스 시간표

• 골드코스트 남쪽 → 하버 타운

브로드 비치	서퍼스 파라다이스 남쪽	서퍼스 파라다이스	서퍼스 파라다이스 북쪽	하버 타운
09:15	09:25	09:30	09:35	09:55

• 하버 타운 → 골드코스트 시내 : 14:00

more & more 하버 타운 투어리즘 라운지 이용하기

하버 타운 쇼핑몰에는 여행자들의 편리한 쇼핑을 위해 투어리즘 라운지Tourism Lounge가 있다. 야외에 있는 하버 타운을 둘러보다 지칠 때쯤, 시원한 투어리즘 라운지에서 무료로 제공되는 차를 마시며 휴식을 취해보자. 무료 와이파이 제공이나 짐 보관 등의 편의도 제공하고 있다. 뿐만 아니라 쇼핑할 때 할인받을 수 있는 할인카드를 나눠주니 현명한 소비자라면 쇼핑 전 꼭 들르자.

액티비티의 천국 케언스

CAIRNS

05

시드니, 멜버른, 브리즈번과 함께 호주 동부 해안의 대표 관광 도시이자 퀸즐랜즈 주에서 브리즈번 다음 가는 큰 도시이다.

케언스는 인공위성에서도 보인다는 산호 군락, 그레이트 배리어 리프Great Barrier Reef로 가는 교통적 요충지이다. 가까운 섬부터 먼 바다까지, 바닷속 산호가 연출하는 신비한 자연의 모습은 절대 놓치지 말아야 할 장관이다.

에스플러네이드 라군Esplanade Lagoon은 1년 내내 따뜻한 기온을 유지해 케언스 시내 최고의 휴식처! 해변을 따라 산책하며 시원한 맥주 한잔을 하는 것만으로도 즐거운 곳이다. 케언스는 또한 세계에서 가장 긴 케이블카를 타고 열대 우림의 다양한 자연 경관을 즐길 수 있는 곳이자 해양스포츠, 스카이다이빙, 래프팅, 승마, 열기구 등 호주에서 할 수 있는 액티비티가 모두 가능한 곳이다.

정글의 마력과 짜릿한 스릴까지, 다채로운 여행을 즐기는 사람이라면 케언스로 떠나자.

케언스 드나들기

케언스로 이동하기

항공

한국으로부터의 직항이 없어 최소 1회 이상 경유편으로 이동해야 한다. 외국 항공사로 싱가포르, 홍콩, 일본 등을 경유하거나 아시아나항공, 대한항공으로 호주 시드니나 브리즈번에서 경유할 수 있는데 최소 11시간 이상 소요된다.

호주 내 다른 도시에서는 콴타스항공(QF), 버진오스트레일리아(VA), 젯스타(JQ) 등 국내선을 타고 이동할 수 있다. 시드니에서 케언스까지는 3시간 정도 소요되며, 특가로 예약할 경우 한국 돈으로 편도 10만 원대의 금액으로 예약할 수 있다.

출발 도시	도착 도시	소요 시간	항공사	요금
시드니	케언스	약 3시간	콴타스항공(QF), 버진오스트레일리아(VA), 젯스타(JQ)	A$135~
멜버른		약 3시간 30분	콴타스항공(QF), 버진오스트레일리아(VA), 젯스타(JQ)	A$125~
브리즈번		약 2시간 20분	콴타스항공(QF), 버진오스트레일리아(VA), 젯스타(JQ)	A$99~
골드코스트		약 2시간 25분	콴타스항공(QF), 버진오스트레일리아(VA), 젯스타(JQ)	A$91~

홈피 **케언스 공항** www.cairnsairport.com.au
콴타스항공 www.qantas.com
버진오스트레일리아 www.virginaustralia.com
젯스타 www.jetstar.com
웹젯 www.webjet.com.au

버스

그레이하운드, 프리미어 등 장거리 버스를 타고 케언스에 도착하거나 케언스에서 다른 도시로 이동하는 경우, 케언스 기차역이나 리프 터미널을 이용하게 된다. 두 곳 모두 케언스 시내 대부분의 숙소에서 도보로 이동할 수 있는 거리에 있다. 장기간 여행하는 배낭여행자라면 버스 패스는 필수. 기간과 구간에 따라 다양한 패스가 있으니 미리 준비하자.

홈피 **그레이하운드** www.greyhound.com.au
프리미어 www.premierms.com.au

Tip | 그레이하운드 vs. 프리미어

그레이하운드는 호주 전역에서 운행하는 버스 회사이고, 프리미어는 퀸즐랜드 주인 케언스-골드코스트 노선만 운행하는 버스 회사이다. 동일한 구간을 따지면 프리미어 쪽이 더 저렴하므로 퀸즐랜드 주만 여행한다면 프리미어, 호주 전역을 여행한다면 그레이하운드를 선택하면 된다. 또한 호주는 버스 시간대가 한국처럼 많지 않으므로 여행을 계획할 때 버스 시간을 꼭 확인해야 한다.

기차

호주는 각 주별로 기차 회사가 다르다. 케언스에서 다른 도시로 이동하는 기차가 있지만, 가격도 비싸고 일주일에 2~3편 밖에 운영하지 않아 일정이 짧은 여행자에게는 추천하지 않는다. 케언스-브리즈번 구간은 요금이 A$220부터 시작한다.

홈피 www.queenslandrailtravel.com.au

공항에서 시내로 이동하기

셔틀버스

공항에서 숙소 앞에 내려주는 교통편으로 가장 저렴한 이동 방법이다. 숙소의 위치와 함께 탑승한 인원에 따라 시간이 좀 더 소요될 수 있다.

요금 요금 A$21
홈피 www.exemplaronline.com.au

택시

인원이 2~3명이라면 추천. 인원이 많은 경우에는 봉고차 크기의 Maxi 택시를 이용해야 한다. 주말이나 심야 시간에는 추가 요금이 발생한다.

요금 A$25~30(약 10분 소요)

Tip | 우버 Uber

호주에서 운행하는 승차 공유 애플리케이션으로 호주에서는 합법적으로 운행할 수 있다. 케언스 공항에는 우버 탑승 장소도 따로 마련되어 있다. 요금이 일반 택시보다 최대 50% 정도까지 저렴하며 애플리케이션으로 쉽게 부를 수 있어 여행 중에도 많이 사용하게 된다. 현지 번호를 가지고 있어야 우버 기사와 전화 연결이 편하니, 우버를 사용할 계획이라면 호주 심 카드를 미리 구입하는 편이 좋다.

시내에서 이동하기

케언스는 매우 작은 도시로 중심 지역은 모두 도보로 이동이 가능하다. 대중교통은 버스만 있으며 타는 곳과 목적지까지의 거리가 멀어질수록 금액이 추가된다. 가장 짧은 노선의 요금은 편도 A$0.5부터이며, 홈페이지를 통해 버스 루트와 시간을 확인할 수 있다.

홈피 translink.com.au

✕ 평균 기온과 옷차림

한국과 계절이 반대로 1년 내내 최고기온 20도 이상을 유지하는 온화한 날씨이지만, 강우가 여름철에 집중되어 있어 비를 맞으면 쌀쌀하게 느껴질 수도 있다. 기온이 떨어지는 아침, 저녁이나 해양 액티비티 등을 즐길 경우를 대비하여 추가로 겉옷을 준비하는 것이 좋다.

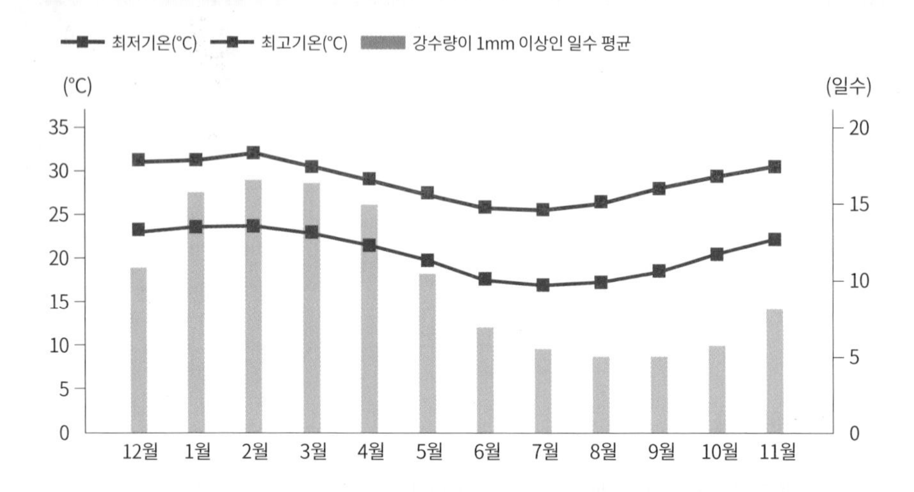

more & more 호주에서 버스 타기

호주에서 버스를 타려면 정류장에서 마냥 기다리면 된다? NO! 원하는 번호의 버스가 오면 택시를 잡을 때처럼 꼭 손을 흔들어 버스를 잡아야 한다. 손을 흔들지 않으면 타지 않는다고 생각하고 버스가 지나치며, 버스 기사가 볼 수 있도록 동작이 커야 한다.

승객이 자리에 앉거나 제대로 자리를 잡을 때까지 버스는 출발하지 않는다. 특히 노약자가 탈 때에는 시간이 더 걸리는 편인데 아무도 불평을 하지 않는다. 시간보다 안전을 더 중요하게 생각하는 문화!

버스에서 내릴 때는 한국처럼 벨을 누르면 된다. 다음 역을 안내하는 버스 방송이 없으므로 얼마나 가야 하는지, 어디에서 내려야 하는지 잘 모른다면 버스에 탈 때 기사에게 목적지를 말하며 내려야 할 때 알려달라고 부탁하자. 큰 도시의 경우 버스가 어디에 있는지 안내하는 애플리케이션 등이 있으나, 작은 도시에는 버스 간격도 길고 배차 시간이 잘 맞지 않으니 인내심은 필수이다.

하차 시에는 빨간 벨을 누르자~!

케언스 추천 코스

케언스 시내는 매우 작아서 액티비티 투어를 한 후 오후에만 구경해도 충분하지만, 하루 정도 시간을 투자해 천천히 둘러보며 여유를 즐기는 것도 좋다.

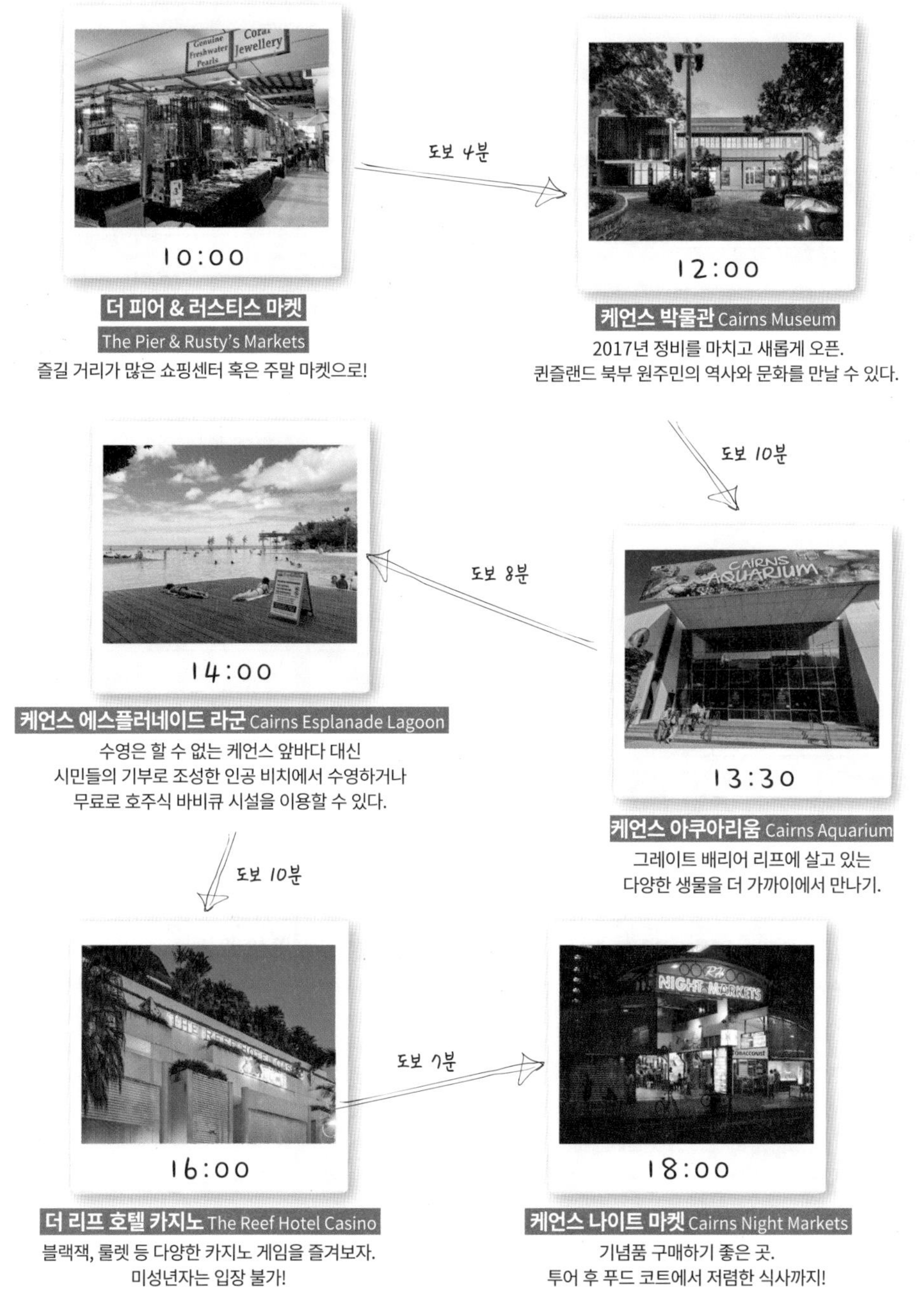

더 피어 & 러스티스 마켓
The Pier & Rusty's Markets
즐길 거리가 많은 쇼핑센터 혹은 주말 마켓으로!

케언스 박물관 Cairns Museum
2017년 정비를 마치고 새롭게 오픈.
퀸즐랜드 북부 원주민의 역사와 문화를 만날 수 있다.

케언스 아쿠아리움 Cairns Aquarium
그레이트 배리어 리프에 살고 있는
다양한 생물을 더 가까이에서 만나기.

케언스 에스플러네이드 라군 Cairns Esplanade Lagoon
수영은 할 수 없는 케언스 앞바다 대신
시민들의 기부로 조성한 인공 비치에서 수영하거나
무료로 호주식 바비큐 시설을 이용할 수 있다.

더 리프 호텔 카지노 The Reef Hotel Casino
블랙잭, 룰렛 등 다양한 카지노 게임을 즐겨보자.
미성년자는 입장 불가!

케언스 나이트 마켓 Cairns Night Markets
기념품 구매하기 좋은 곳.
투어 후 푸드 코트에서 저렴한 식사까지!

케언스 시내

케언스 시내는 매우 작아서 큰 계획을 세우지 않고 여유롭게 다녀도 하루 정도면 금방 둘러볼 수 있다. 에스플러네이드 라군을 중심으로 야외 수영을 즐기고, 근처의 마켓을 누비며 소소한 쇼핑을 즐겨보자. 선크림, 스노클링 장비 등 그레이프 배리어 리프를 즐기기 위한 용품을 구입해도 좋다.

to do list

1. 에스플러네이드 라군에서 여유로운 시간 보내기
2. 케언스 아쿠아리움에서 케언스만의 동물 만나기
3. 나이트 마켓에서 맛있는 저녁을~!

케언스 시내

케언스 공항
Cairns Airport

마틴 스트리트 스포츠 공원
Martyn Street Sports Park

Grove St

케언스 병원

릴리강 Lily River

Martyn St

Captain Cook Hwy

Upward St

Lake St

우리마트
WooRii Mart

캐스케이드 가든
Cascade Gardens

세인트 모니카 대성당
Saint Monica's Cathedral

문로 마틴 파크랜즈
Munro Martin Parklands

Florence St

케언스 아쿠아리움
Cairns Aquarium

케언스 현대미술관
Centre of Contemporary Arts Cairns

궁 레스토랑
Goong Korean & Japanese Restaurant

케언스 버거 카페
Cairns Burger Café

브레이크프리 로얄 하버
BreakFree Royal Harbour

케언스 센트럴 쇼핑센터
Cairns Central Shopping Centre

바운스 케언스
Bounce Cairns

나이트 마켓
Night Market

케언스 박물관
Cairns Museum

Cairns
(쿠란다 시닉레일 출발 지점)

크루즈 커피
Cruze Coffee

제니스 차이니스 키친
Jenny's Chinese Kitchen

케언스 에스플러네이드 라군
Cairns Esplanade Lagoon

케언스 센트럴 YHA
Cairns Central YHA

Sheridan St

하이즈 호텔 Hides Hotel Cairns

코리아 코리아
Corea Corea

더 피어
The Pier

프라운 스타
Prawn Star

마이어 백화점
Myer

러스티스 마켓
Rusty's Markets

길리건스 백패커스 호텔 앤 리조트
Gilligans Backpackers Hotel & Resort

Spence St

케언스 시티 센터
Cairns City Centre

Reef Fleet
(그레이트 베리어 리프 방면)

다모아마트
Damoa Korean Supermarket

우체국

Abbott St

풀만 리프 호텔 카지노
Pullman Reef Hotel Casino

더 리프 호텔 카지노
The Reef Hotel Casino

Bunda St

Wharf St

★★★

GPS -16.919394, 145.778191

케언스 에스플러네이드 라군 Cairns Esplanade Lagoon

케언스에 왔다면 꼭 들러야 할 곳. 주변에 그레이트 배리어 리프로 가는 크루즈 선착장, 나이트 마켓 등이 있어 케언스 관광의 중심지라고도 할 수 있다. 아쉽게도 케언스의 앞바다는 우리나라의 서해안과 같은 갯벌이라 수영은 할 수 없다. 대신 시민들의 기부로 조성한 인공 비치에서 바다를 바라보면서 수영할 수 있다. 공공시설이지만 아름답게 꾸며놓고, 깨끗하게 관리하고 있어 2003년에 문을 연 이후부터 남녀노소에게 사랑받는 곳이 되었다. 어린이를 위한 유아 풀에서부터 작은 모래사장, 어른을 위한 깊은 풀, 탈의실과 샤워실까지 갖추고 있다. 무료로 호주식 바비큐 시설도 이용할 수 있으므로, 날씨 좋은 날에 별다른 일정이 없다면 이곳에서 느긋하게 휴식을 취해보자.

주소 52/54 Esplanade, Cairns City QLD 4870
위치 리프 터미널에서 도보 약 5분
운영 월~화·목~일 06:00~21:00, 수 12:00~21:00
요금 무료
홈피 www.cairns.qld.gov.au/experience-cairns/Cairns-Esplanade

Tip | 에스플러네이드 마켓 Esplanade Market

토요일에는 라군 근처에 에스플러네이드 마켓이 선다. 케언스만의 소소한 기념품을 구입하고, 현지인들과 함께 들뜬 분위기를 즐길 수 있는 장소이니 시간이 맞다면 꼭 가보자.

★★☆

GPS -16.921959, 145.775256

케언스 박물관 Cairns Museum

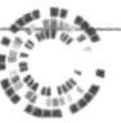

1907년에 건설된 예술학교의 건물을 개조해 박물관으로 만들고, 2017년 재정비를 마쳐 새롭게 오픈했다. 퀸즐랜드 주 북부 원주민의 역사와 문화를 만날 수 있는 곳이다.

주소 Cairns School of Arts building, Cnr Lake and Shields St, 93/105 Lake St, Cairns City QLD 4870
위치 케언스 에스플러네이드 라군에서 도보 약 5분
운영 월~토 10:00~16:00
(일요일, 1/1, 굿 프라이데이, 12/25~26일 휴무)
요금 어른 A$15, 14세 미만 아동 A$6,
패밀리(성인 2+아동 2) A$30
홈피 www.cairnsmuseum.org.au

★☆☆

GPS -16.923417, 145.779219

더 리프 호텔 카지노 The Reef Hotel Casino

블랙잭, 룰렛 등 다양한 카지노 게임을 즐겨보자. 케언스 줌과 같은 건물에 있으므로 특이한 모양의 돔을 찾아가면 된다. 미성년자는 입장 불가하며, 카지노는 어디까지나 재미로만 즐겨야 한다는 점을 잊지 말자.

주소 35/41 Wharf St, Cairns City QLD 4870
위치 리프 터미널에서 도보 약 3분
운영 일~목 10:00~02:00, 금·토 10:00~04:00
전화 07 4030 8888
홈피 www.reefcasino.com.au

★★☆

GPS -16.917698, 145.773788

케언스 아쿠아리움 Cairns Aquarium

퀸즐랜드의 열대 북부에 살고 있는 다양한 생태계를 만나볼 수 있는 기회. 산악 폭포에서 강을 흘러 깊은 그레이트 배리어 리프까지 다양한 수중 생물들을 만날 수 있다. 날씨가 좋지 않을 때 실내에서 즐길 만한 곳을 찾는다면 추천한다.

주소 5 Florence St, Cairns City QLD 4870
위치 라군에서 도보 약 8분
운영 09:30~15:30
요금 성인 A$58, 아동 A$33
전화 07 4044 7300
홈피 www.cairnsaquarium.com.au

GPS -16.923328, 145.774884

크루즈 커피 Cruze Coffee

40여 가지의 원두를 취향대로 고를 수 있는 카페로 현지인들에게도 유명하다. 원두를 고르기 어렵다면 직원의 추천을 받을 수 있다. 아침 일찍 문을 여니 투어에 참여하기 전, 커피 한잔으로 상쾌한 아침을 맞이해 보자.

주소 105 Grafton St, Cairns City QLD 4870
위치 케언스 박물관에서 도보 약 3분
운영 월~토 06:00~12:30, 일 08:00~13:00
요금 커피 A$4~ **홈피** cruzecoffee.com.au

GPS -16.922974, 145.775693

제니스 차이니스 키친 Jenny's Chinese Kitchen

중국음식 테이크아웃 전문점으로 저렴한 식당을 찾는 배낭여행자뿐 아니라 간단하고 맛있는 식사를 하고 싶은 사람에게도 좋다. '익숙한' 음식을 먹고 싶지만 그렇다고 한식은 먹고 싶지는 않을 때 추천한다.

주소 82 Grafton St, Cairns City QLD 4870
위치 케언스 박물관에서 도보 약 3분
운영 월~금 09:00~17:00(토~일요일 휴무)
요금 A$8~20

GPS -16.920762, 145.774190

케언스 버거 카페 Cairns Burger Café

'버거 카페'라는 심플한 이름처럼 수제버거 전문점이다. 오후 3시까지는 다양한 브런치 메뉴도 주문할 수 있다. 날씨가 좋을 때에는 매장 앞에 놓인 야외 테이블에서 주문할 수도 있으니, 케언스의 따뜻한 햇볕을 느끼며 식사해 보자.

주소 15 Aplin St, Cairns City QLD 4870
위치 케언스 박물관에서 도보 약 3분
운영 07:30~20:30
요금 치즈버거 A$20, CBC버거 A$28
홈피 www.cairnsburgercafe.com.au

GPS -16.919369, 145.780889

프라운 스타 Prawn Star

2018 트립 어드바이저 선정 '트래블러스 초이스'. 보트를 레스토랑으로 사용한다. 케언스의 연어, 새우, 굴 등 신선한 해산물을 플래터로 즐길 수 있다. 고급스러운 분위기는 아니지만 친절한 직원들과 함께 즐거운 시간을 원한다면 도전. 자리가 좁아서 대기 시간이 길 수 있으니 예약하는 것이 좋다.

주소 Marlin Marina, E31 Berth, Pier Point Rd, Cairns City QLD 4870
위치 케언스 에스플러네이드 라군에서 도보 약 3분
운영 11:00~21:00
요금 타이거 새우 플래터 A$45, 점보 플래터 A$130

more & more **한국 음식이 그립다면 한식당으로**

호주의 한식당은 가격이 높고 단맛이 강한 편이지만 한 끼 정도는 꼭 한식을 먹는 게 든든하다면 시내의 다양한 한식당을 방문해 보자. 코리아 코리아Corea Corea는 돌솥 비빔밥이 A$18 정도. 궁 레스토랑은 한식 & 일식, 퓨전 요리를 주문할 수 있고 가격대가 조금 더 높은 편이다. 그 외에 만도MAN:DO, 간바란다 등의 한식당이 있다.

GPS -16.925195, 145.771562

케언스 센트럴 쇼핑센터 Cairns Central Shopping Centre

케언스 역과 연결된 쇼핑센터로, 백화점, 슈퍼마켓부터 기념품 가게, 영화관, 옷가게 등 다양한 상점이 모여 있다. 이곳에서는 무료 와이파이를 사용할 수 있고 3시간까지 무료 주차가 가능하다. 1층에는 옵터스 Optus 통신사가 있어 유심 칩도 구입할 수 있다. 가게마다 운영 시간이 다르니 미리 확인하자.

주소 1/21 McLeod St, Cairns City QLD 4870
위치 케언스 역 근처
운영 월~수·금~토 09:00~17:30, 목 09:00~21:00, 일 10:30~16:00
홈피 www.cairnscentral.com.au

GPS -16.924276, 145.775173

러스티스 마켓 Rusty's Markets

금요일부터 일요일까지 주말에만 운영하는 주말 마켓으로 저렴한 가격에 과일과 채소를 구입할 수 있다. 금요일에 파는 품목들이 가장 신선하고, 일요일에 가격이 가장 저렴하다. 마켓 안쪽에는 옷이나 액세서리를 판매하는 가게도 있어서 저렴한 가격에 기념품을 구입할 수 있다.

주소 57/89 Grafton St, Cairns City QLD 4870
위치 케언스 박물관에서 도보 약 4분
운영 금·토 05:00~16:00, 일 05:00~15:00 (월~목요일 휴무)
홈피 www.rustysmarkets.com.au

GPS -16.919695, 145.780160

더 피어 The Pier

많은 요트가 정박해 있는 항구 근처에 있어서 '더 피어'라는 이름이 붙었다. 레스토랑, 스파 등 다양한 즐길 거리가 있는 쇼핑센터이므로, 편리한 쇼핑을 원한다면 우선 이곳으로 가자.

주소 1 Pier Point Rd, Cairns City QLD 4870
위치 케언스 에스플러네이드 라군에서 도보 약 5분
운영 월~토 09:00~17:00, 일 10:00~16:00
전화 07 4052 7749

GPS -16.920347, 145.776489

나이트 마켓 Night Market

밤에만 열리는 상설 시장 같은 곳. 아이스크림, 와플 등 간식거리부터 푸드 코트, 옷가게, 마사지 숍 등 다양한 상점이 가득하다. 특히 다양한 기념품을 판매하는 가게가 많으니 저렴한 곳을 잘 찾아보자.

주소 54-60 Abbott St, Cairns City QLD 4870
위치 케언스 에스플러네이드 라군에서 도보 약 5분
운영 16:30~23:00 **홈피** nightmarkets.com.au

케언스 숙소 선택 Tip

케언스는 크게 시내 중심와 노던 케언스로 나뉜다. 케언스 북부인 노던 케언스에서 머물 경우 리프 터미널에서 출발하는 그레이트 배리어 리프 투어 참여 시 추가 픽업 요금이 발생하기 때문에 시내 중심, 즉 리프 터미널 혹은 케언스 센트럴 역 주변에 숙소를 구하는 것이 좋다.

5성급 GPS -16.923449, 145.779489

풀만 리프 호텔 카지노 Pullman Reef Hotel Casino

리프 터미널과 연결된 5성급 호텔로 항구 뷰를 감상할 수 있다. 카지노와 루프톱 수영장이 있으며 케언스 여행에 최적의 위치를 자랑한다.

주소 35/41 Wharf St, Cairns City QLD 4870
위치 케언스 줌과 같은 건물
요금 A$225~
전화 07 4030 8888
홈피 www.reefcasino.com.au

4성급 GPS -16.920419, 145.776357

브레이크프리 로열 하버 BreakFree Royal Harbour

주방 시설과 세탁기가 있는 아파트먼트 타입 숙소이다. 방이 넓고 방마다 개인 발코니가 딸려 있다. 자체 취사가 가능하므로 식비를 아끼고 싶거나 근처 시장에서 재료를 사와 현지식으로 만들어 먹고 싶은 사람들에게 특히 추천한다.

주소 60 Abbott St, Cairns City QLD 4870
위치 케언스 에스플러네이드 라군 건너편
요금 A$195~
전화 07 4080 8888
홈피 www.breakfree.com.au/royal-harbour

3성급 GPS -16.917583, 145.771431

캐스케이드 가든 Cascade Gardens

주방이 있는 아파트먼트형 숙소로 넓고 깔끔하다. 가성비 좋고, 조용한 숙소를 찾는 가족 여행객에게 추천한다. 1층에는 야외 테이블과 의자가 있어서 여유를 즐기기에도 좋다. 주말에는 직원이 근무하지 않을 때도 있으므로 도착 시간을 미리 전달하는 편이 좋다.

주소 175 Lake St, Cairns City QLD 4870
위치 케언스 에스플러네이드 라군에서 도보 약 11분
요금 A$215~
전화 07 4047 6300
홈피 www.cascadegardens.com.au

Tip | 케언스의 나이트 라이프

풀만 리프 호텔에 머물며 낮의 여유와는 또 다른 밤의 케언스를 만나자. 메인 거리인 에스플러네이드와 백패커, 호스텔이 모여 있는 그라프턴 스트리트Grafron St에는 펍과 클럽이 모여 있어 신나는 분위기와 함께 밤을 잊은 젊은이들을 만날 수 있다. 특히 여러 클럽을 순회하며 함께 즐기는 클럽 버스 투어는 세계 각국의 친구를 사귈 수 있는 색다른 기회이다!

풀만 리프 호텔 카지노

브리에크프리 로열 하버

캐스케이드 가든

3성급

GPS -16.921668, 145.776322

하이즈 호텔 Hides Hotel Cairns

시설에 대해서는 안 좋은 평도 많지만 뛰어난 위치에 가격이 저렴한 곳을 찾는다면 추천.

주소 87 Lake St, Cairns City QLD 4870
위치 리프 터미널에서 도보 8분
요금 A$110~
전화 07 4058 3700
홈피 www.hideshotel.com.au

백패커

GPS -16.923943, 145.775442

길리건스 백패커스 호텔 앤 리조트 Gilligans Backpackers Hotel & Resort

케언스 역과 리프 터미널의 딱 중간에 있어 여행하기 최고의 위치에 있다. 120개의 객실을 갖춘 케언스에서 가장 규모가 큰 백패커로, 호텔도 함께 운영하고 있어 깨끗하게 관리된다. 수영장과 바, 클럽이 있어 시끄러울 수 있지만, 새로운 사람들과 어울리기 좋아하는 사람들에게 최적의 장소이다.

주소 57-89 Grafton St, Cairns City QLD 4870
위치 케언스 역에서 도보 약 6분
요금 도미토리 A$28~, 프라이빗룸 A$169~
전화 07 4041 6566
홈피 www.gilligans.com.au

백패커

GPS -16.922495, 145.773819

바운스 케언스 Bounce Cairns

노던 그린하우스에서 이름이 변경되었다. 케언스 시내 중심의 저렴하면서도 접근성이 좋은 숙소다. 수영장을 비롯한 객실, 주방 등의 시설 덕분에 가격 대비 만족도가 높다. 조용한 숙소를 찾는다면 추천.

주소 117 Grafton St, Cairns City QLD 4870
위치 리프 터미널에서 도보 약 7분
요금 도미토리 A$34~
전화 07 4047 7200 **홈피** www.staybounce.com

백패커

GPS -16.924719, 145.773514

케언스 센트럴 YHA Cairns Central YHA

케언스 역 근처에 있어서, 무엇보다 위치가 좋다. 이른 아침 혹은 늦은 밤에 기차를 이용해 떠날 계획이 있다면 이곳을 추천한다. 조식도 맛있다는 평가이다. 단, 엘리베이터가 없어 큰 짐을 옮기기에는 힘든 것이 단점.

주소 20-26 McLeod St, Cairns City QLD 4870
위치 케언스 역 건너편
요금 도미토리 A$40~, 프라이빗룸 A$102~
전화 07 4051 0772 **홈피** yha.com.au

Tip | 한국 식료품 상점 많아요!

시내 숙소 근처에 한국 식료품을 파는 다모아마트Damoa Korean Supermarket, 웰빙 코리아Wellbeing Korea, 우리 마트WooRii Mart가 있다. 웬만한 한국 음식 재료는 모두 구입 가능하며 한국과 가격도 크게 차이 나지 않는다. 호주는 음식물 반입이 까다로우니 한국에서 들고 오지 말고 케언스에서 구입하는 편을 추천.

주소 다모아마트 31 Lake St, Cairns City QLD 4870
웰빙 코리아 50 Lake St, Cairns City QLD 4870
우리 마트 3/16 Minnie St, Cairns City QLD 4870

케언스 근교

케언스 근교는 그야말로 '액티비티의 천국'으로, 하늘을 나는 짜릿한 경험부터 래프팅, 그레이프 베리어 리프에서의 스노클링 등 머리 끝까지 아드레날린이 뿜어져 나오는 경험을 할 수 있는 곳이다. 물론 액티비티에 지쳐 잠시 쉬고 싶다면 고요한 열대우림인 쿠란다로 소풍을 떠날 수도 있다!

to do list

1. 그레이트 배리어 리프에서 니모 찾아보기
2. 급류 4.5등급 배런 강에서 신나는 래프팅
3. 퀸즐랜드 북부의 열대우림 정복하기

케언스 근교

N

케이프 트리뷰레이션 비치
Cape Tribulation Beach

데인트리
Daintree

그레이트 배리어 리프
Great Barrier Reef

81

쿠란다 국립공원
Kuranda National Park

레인포레스테이션 자연공원
Rainforestation Nature Park
(아미덕, 애버리진 체험)

A AJ 해킷 AJ Hackett
(번지점프 & 정글 스윙)

그린 아일랜드
Green Island

호주 나비 보호구역
Australian Butterfly Sanctuary

쿠란다 스카이레일 탑승장
Kuranda Skyrail

쿠란다
Kuranda

코알라 가든
Koala Gardens

케언스 공항
Cairns Airport

쿠란다 마켓
Kuranda Market

배런 폭포
Barron Falls

케언스
Cairns

피츠로이 아일랜드
Fitzroy Island

1

27

리틀 멀그레이브 국립공원
Little Mulgrave National Park

27

52

우루누란 국립공원
Wooroonooran National Park

파로넬라 공원
Paronella Park

1

툴리 협곡 국립공원
Tully Gorge National Park

미션 비치
Mission Beach

★★★

GPS -16.816315, 145.632564

쿠란다 Kuranda

원시 열대우림에서 힐링의 시간을 즐겨보자. 쿠란다는 마치 인류가 존재하지 않았던 시대로 돌아온 듯 조용하고 소박한 분위기를 풍기는 곳이다. 차량을 렌트하거나 버스로 저렴하게 갈 수도 있지만 추천하는 방법은 시닉레일과 스카이레일을 이용하는 것. 세계에서 제일 긴 케이블카나 열대우림 사이를 달리는 기차를 타고 쿠란다로 가보자. 편도 티켓을 각각 구입하는 것보다 숙소 픽업 편도 셔틀버스+시닉레일+스카이레일로 묶인 패스를 구입하는 것이 좀 더 저렴하고 편리하게 이용하는 방법이다.

또한, 쿠란다로 오고 가는 길에는 다양한 즐길 거리도 있다. 천천히 쿠란다 마켓을 둘러보아도 좋고, 아미덕을 타고 열대우림을 탐험하거나 코알라 가든, 호주 나비 보호구역 등에서 호주의 독특한 고유종을 만나볼 수도 있다.

시닉레일 시간표

쿠란다행			케언스행		
케언스	8:30	9:30	쿠란다	14:00	15:30
프레시워터	8:55	9:55	프레시워터	15:32	16:02
쿠란다	10:25	11:25	케언스	15:55	17:25

위치 케언스에서 30km 지점
운영 10:15~12:30 약 30분마다 케이블카 출발, 10:15, 12:30 케언스행 열차 탑승
요금 **셔틀버스+시닉레일+스카이레일** 성인 A$140.5, 아동 A$76.75

화식조

배런 폭포

▶▶ 쿠란다 스카이레일 Kuranda Skyrail

세계에서 제일 긴 케이블카. 6명씩 탑승할 수 있는 곤돌라로, 케언스 시내에서 20분 거리에 있는 스미스필드 정류장에서 쿠란다 마을까지의 거리는 7.5Km에 달한다. 배런 폭포Barron Falls와 열대우림을 내려다보면서 이동할 수 있으며, 중간의 배런 폭포 역, 레드피크 역에서는 가벼운 산책을 즐길 수도 있다. 편도 소요 시간은 약 1시간 30분.

운영 08:30~16:45
홈피 www.skyrail.com.au

▶▶ 쿠란다 시닉레일 Kuranda Scenic Railway

쿠란다의 관광열차인 시닉레일은 1891년 목재나 쿠란다 주변 광부들을 위한 생필품 등을 운송하는 것을 주목적으로 완공되었으나, 지금은 관광객을 위한 열차가 되었다. 세계문화유산으로 지정되어 있으며 케언스 역에서 쿠란다 마을까지는 편도 1시간 30분 정도 소요된다. 숲과 계곡 사이를 재주 부리듯 달려 나가는 쿠란다 관광열차의 속도는 그리 빠르지 않지만 시공에 9년이나 소요되었던 만큼 배런 폭포, 스토니 크릭 폭포Stoney Creek Falls를 지나며 숨 막히는 절경을 볼 수 있고, 아찔한 배런 리버 폭포 교량도 지난다.

운영 08:30~17:25
홈피 www.ksr.com.au

▶▶ 쿠란다 마켓 Kuranda Market

주소 2/4 Rob Veivers Dr, Kuranda QLD 4872
위치 쿠란다 마을 내 **운영** 10:00~15:00
GPS -16.819287, 145.633089

쿠란다 기차의 종착역에 있는 작고 소박한 마켓. 아기자기한 수공예품과 애버리진 원주민의 예술품을 만날 수 있는 곳으로 호주 여행을 기억할 수 있는 작은 기념품을 구입할 수 있다. 쿠란다 헤리티지 마켓과 오리지널 쿠란다 마켓으로 나뉘며, 장이 서는 날은 바쁘고 활기차지만 평소에는 기념품 가게만 문을 열기 때문에 장이 서는 날을 확인하고 이동하는 것이 좋다.

▶▶ 레인포레스테이션 자연공원 Rainforestation Nature Park

쿠란다에서 약 2.5km 거리에 있는 곳. 코알라 & 와일드라이프 공원Koala & Wildlife Park을 둘러보거나 쿠란다 열대우림의 토착 원주민의 문화를 알아보는 파마기리 애버리진 체험Pamagirri Aboriginal Experience, 제2차 세계대전 때 실제 이용되었던 수륙양용차인 아미덕Armyduck 보트 체험 등을 할 수 있다. 각각의 입장권을 구입할 수도 있지만, 기차+케이블카+셔틀버스+아미덕 또는 애버리진 체험 등으로 묶인 상품이 많으니 처음부터 투어로 예약하는 것이 경제적이다.

주소 1030 Kennedy Hwy, Kuranda QLD 4881
위치 쿠란다에서 2.5km 지점
요금 **3패키지** 성인 A$68, 아동 A$41
왕복 셔틀버스 성인 A$13, 아동 A$8
홈피 www.rainforest.com.au
GPS -16.823737, 145.652248

▶▶ 호주 나비 보호구역 Australian Butterfly Sanctuary

1987년 개장했으며 기네스북에서 세계 최대 규모로 등록되어 있을 정도로 다양하고 많은 나비가 전시되어 있다. 호주뿐 아니라 전 세계에서 온 1,000마리가 넘는 나비를 볼 수 있는 만큼 눈이 즐거운 곳이다. 나비의 생애, 습성은 물론 나비와 관련된 원주민 신화와 전설까지 배울 수 있는 투어에도 참여할 수 있다.

주소 8 Rob Veivers Dr, Kuranda QLD 4881
위치 쿠란다 마을 내
운영 09:30~15:30
요금 성인 A$25 아동 A$15
홈피 australianbutterflies.com
GPS -16.819821, 145.633129

▶▶ 코알라 가든 Koala Gardens

코알라를 안고 사진 찍는 경험은 호주 정부에서 허가받은 일부 동물원에서만 가능하다. 이곳은 코알라를 안고 사진 찍을 수 있는 대표적인 동물원으로, 작은 규모이지만 호주 고유 동물을 알차게 만날 수 있다.

주소 2/4 Rob Veivers Dr, Kuranda QLD 4881
위치 쿠란다 마을 내 **요금** 성인 A$22, 아동 A$11
홈피 www.koalagardens.com
GPS -16.818948, 145.632689

★★☆ GPS -17.654324, 145.956557

파로넬라 공원 Paronella Park

스페인에서 호주로 이민을 온 호세 파로넬라Jose Paronella가 사탕수수 농장에서 일하며 번 돈으로 어릴 적 꿈인 성을 지었다. 그리고 5ha에 7,500그루의 열대식물로 꾸며진 이 공간은 1935년 대중에게 공개되었다.
일본 애니메이션 〈천공의 섬 라퓨타〉의 모델이 된 곳으로 유명해져 전 세계 여행자가 방문하게 되었으며, 폭포, 터널, 성이 어우러진 모습은 SNS 핫스폿이 되며 더욱더 사랑받고 있다. 호주 현지인에게는 웨딩 촬영지로도 인기.
파로넬라 파크는 케언스에서 120km 정도 떨어져 있어 렌터카로 이동하거나 케언스에서 출발하는 투어로 방문할 수 있다. 낮에 보는 모습도 아름답지만 밤에는 조명 덕분에 더욱 아름답게 빛난다.

주소 1671 Innisfail Japoon Rd, Mena Creek QLD 4871
위치 케언스에서 남쪽으로 120km 지점. 차량으로 약 1시간 30분
운영 09:00~19:30
요금 성인 A$59, 아동 A$33
전화 07 4065 0000
홈피 www.paronellapark.com.au

★★☆ GPS -16.249261, 145.315406

데인트리 & 케이프 트리뷸레이션 비치 Daintree & Cape Tribulation Beach

열대우림과 강물이 함께하는 곳으로 정글의 마력을 느낄 수 있는 보석 같은 곳이다. 데인트리는 호주에서도 가장 큰 열대우림 지대이며, 살아 있는 열대우림 중 세계에서 가장 오래된 곳이다. 원시시대부터 지구에 존재했던 왕고사리, 자이언트 황소, 카우리나무 숲을 거니는 화식조 등을 보면 원시시대로 돌아간 듯한 느낌이 든다.
데인트리강의 끝자락에는 해변과 수풀이 어우러진 케이프 트리뷸레이션 비치가 있다. 한쪽으로 고개를 돌리면 시원한 해변이, 다른 한쪽에는 수풀이 펼쳐지는 곳으로 풍광을 바라보면서 여유를 만끽할 수 있다. 승마, 정글 서핑, 카약, 나이트 워크까지 그동안 경험해 보지 못한 정글을 체험하고자 한다면 추천한다.

위치 케언스에서 북쪽으로 120km 지점. 차량으로 약 1시간 50분

Tip | 데인트리 & 케이프 트리뷸레이션 비치 투어

대중교통으로는 이동이 어려운 곳이라 렌터카를 이용할 수도 있지만, 케언스에서 출발하는 일일 또는 1박 2일 투어에 참여하는 것이 가장 편리하다. 일일 투어는 약 12시간 동안 포트 더글라스 방문, 케이프 트리뷸레이션 비치 워킹, 데인트리강 크루즈 탑승 등의 일정으로 진행된다.

요금 성인 A$239, 아동 A$155
1박 2일 투어 A$399~

Special Tour

니모를 찾아서! 그레이트 배리어 리프 Great Barrier Reef

케언스에 간다면 절대 놓치지 말아야 할 그레이트 배리어 리프. 길이 2,000km가 넘는 세계 최대 산호초로, 다양한 해양생물이 서식하고 있다. 픽사의 애니메이션 〈니모를 찾아서〉, 〈도리를 찾아서〉의 배경이 되기도 한 곳으로, 맑은 물속을 둥둥 떠다니면서 귀여운 물고기를 만나고, 색색깔의 산호를 즐길 수 있는 곳이다. 케언스에서 배를 타고 섬, 리프, 폰툰(떠다니는 플랫폼)에 도착한 후 스노클링, 스쿠버다이빙 등을 즐기며 하루를 보낼 수 있다.

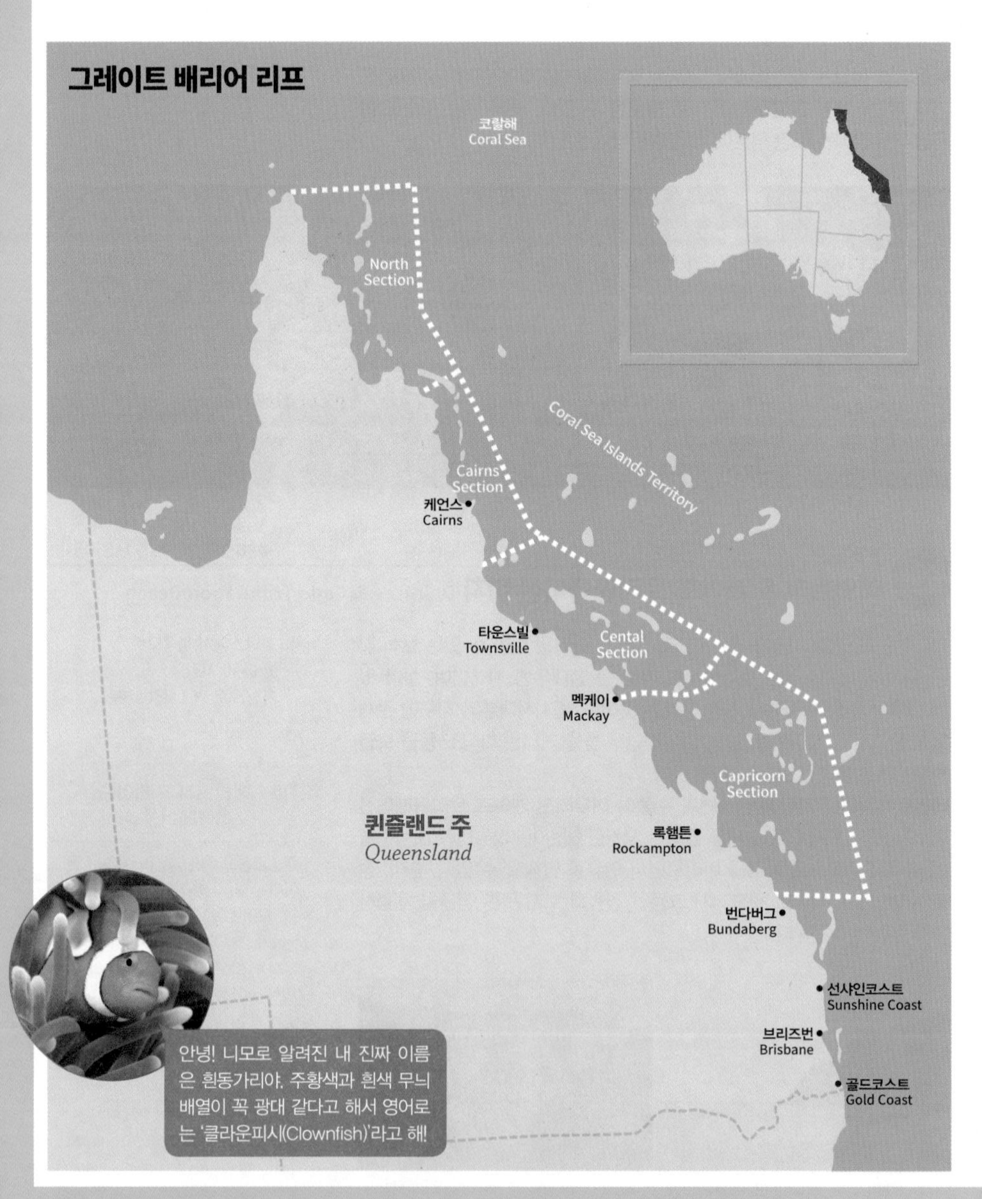

그린 아일랜드 Green Island

케언스에서 가장 가까운 섬으로, 배를 타고 약 45분간 이동한다. 일정이 짧다면 반나절 투어도 가능. 얕은 해변에서 수영을 즐길 수 있고, 물에 직접 들어가지 않고도 바닷속을 구경할 수 있는 반잠수함 Semi-Submarine을 탈 수도 있다. 헬리콥터 투어, 바닷속에서 타는 오토바이인 스쿠바두 등 다양한 액티비티 역시 즐길 수 있다.

위치 리프 터미널에서 페리로 약 45분
요금 **왕복 페리** 성인 A$109, 아동 A$55
홈피 greenisland.com.au

피츠로이 아이랜드 Fitzroy Island

그린 아일랜드와 함께 케언스에서 가장 가까운 섬 중 하나. 스노클링 장비나 카약을 빌려 자유롭게 시간을 보내거나 스쿠버다이빙, 패들 보드, 유리바닥 보트 등의 체험도 가능하다. 섬 안쪽으로는 코스를 따라 짧은 트레킹도 즐길 수 있다. 케언스에 머물며 당일치기로 다녀올 수도 있고, 섬에 작은 리조트가 있어서 숙박도 가능하다.

위치 리프 터미널에서 페리로 약 1시간
요금 왕복 페리 A$95~, 점심 A$22, 유리바닥 보트 A$27, 스노클링 장비 대여 A$27
홈피 fitzroyislandadventures.com

more & more 나에게 딱 맞는 그레이트 배리어 리프 투어 고르기

그레이트 배리어 리프로 가는 투어는 종류가 100가지도 넘는다. 각 투어마다 조건이나 액티비티 등이 모두 다르므로 꼼꼼하게 따질수록 만족스러운 여행을 할 수 있다. 나에게 맞는 투어를 골라보자.

★ 상황별 양자택일!

❶ 이너 리프 vs. 아우터 리프

배를 타고 먼 바다로 갈수록 가격이 높아지는 대신 물속 풍경이 다채로워진다. 아우터 리프로 가는 배들은 2~3곳의 다이빙 포인트를 방문한다. 하지만 그만큼 체력 소모가 있으니 뱃멀미가 심하거나 아이들과 여행하는 경우 꼭 아우터 리프를 고집할 필요는 없다. 이너 리프에 위치한 그린 아일랜드나 피츠로이 아일랜드는 해변에서 휴식을 취할 수 있다는 장점이 있다.

❷ 스노클링 vs. 다양한 액티비티

대부분의 투어에는 식사와 스노클링 장비가 포함되어 있고, 배에 따라서 스쿠버다이빙, 헬리콥터 탑승, 특수한 헬멧을 쓰고 바닷속을 걷는 시 워커, 배 위에서 바닷속을 볼 수 있는 유리바닥 보트 등을 추가로 선택할 수도 있다. 선택할 수 있는 액티비티가 많을수록 가격도 높은 편. 자신이 원하는 액티비티를 먼저 골라보고, 가장 좋은 패키지가 무엇일지 현명하게 선택해 보자.

❸ 하루 vs. 2일 이상

보통 일일 투어를 선택하지만, 다이빙 자격증이 있다면 여러 다이빙 포인트에 방문하는 1박 2일 이상의 크루즈를 해보는 건 어떨까? 밤바다 위에서 쏟아지는 별을 이불 삼아 하룻밤을 즐길 수 있으며, 야간 다이빙 등 일일 투어에서는 불가능한 액티비티도 포함되어 있으니 고려해 보자.

❹ 기타

배에 탑승한 스태프의 수, 식사의 질에 따라서도 가격이 달라진다. 피츠로이 아일랜드의 경우 간단한 샌드위치 등의 피크닉 점심이 제공되며, 아우터 리프로 나가는 크루즈는 뷔페식을 제공하기도 한다. 체험 다이빙의 경우 함께하는 강사의 수에 따라 가격이 달라지기도 하는데, 크루즈에 따라 강사 1명당 승객이 최소 3명에서 많은 경우 8명까지 배정되기도 하니 단순한 가격 비교는 금물.

★ 믿고 선택하는 업체 추천!

❶ 리프 매직 크루즈 Reef Magic

1시간 반 동안 무어 리프에 정박해 있는 마린 월드 플랫폼으로 이동, 리프에서 약 5시간 동안 시간을 보낸다. 아우터 리프에 있지만, 배가 아닌 폰툰에서 시간을 보낼 수 있어 안정적이고 공간도 넓다. 리프에서 할 수 있는 거의 모든 액티비티를 선택할 수 있으며 기본 포함 사항도 많다. 한국인 강사가 상주하는 것도 장점.

주소 Reef Fleet Terminal, 1 Spence St, Cairns City QLD 4870
위치 리프 터미널에서 출발 운영 08:00~17:00
요금 크루즈+점심+스노클링 장비+유리바닥 보트 +반 잠수함 A$349, 체험 다이빙/헬멧 다이빙 1회 A$134, 자격증 다이빙 1회 A$123, 헬리콥터 10분 A$193
홈피 www.reefmagic.com.au

❷ 선러버 크루즈 Sunlover Reef Cruises

무어 리프에 폰툰이 있는 또 하나의 크루즈 회사. 넓은 공간이 있어 마사지받는 것도 가능하며 바다로 바로 뛰어들 수 있는 워터 슬라이드도 있다. 키즈 풀이 있어 리프 매직 크루즈와 함께 가족 여행에 특히 추천하는 상품이다. 폰툰에서 1박을 하는 특별한 체험도 가능하다.

주소 Reef Fleet Terminal, 1 Spence St, Cairns City QLD 4870
위치 리프 터미널에서 출발 운영 08:30~17:30
요금 크루즈+점심+스노클링 장비+유리바닥 보트 +반 잠수함 A$295, 체험 다이빙/헬멧 다이빙 1회 A$149, 자격증 다이빙 1회 A$149, 헬리콥터 10분 A$199
홈피 www.sunlover.com.au

❸ 다운 언더 크루즈 Down Under Cruise

두 군데의 리프 방문과 점심 식사, 스노클링 장비 대여를 합리적인 가격으로 이용할 수 있다. PADI 오픈워터 등 다양한 다이빙 자격증 코스를 운영하고 있으니, 다이빙 자격증에 관심 있는 사람이라면 도전해 보는 것도 좋다.

주소 Reef Fleet Terminal, 1 Spence St, Cairns City QLD 4870
위치 리프 터미널에서 출발 운영 07:15~16:30
요금 크루즈+점심+스노클링 A$265, 체험 다이빙/자격증 다이빙 1회 A$80, 헬리콥터 10분 A$119, 세미 서브마린 A$20
홈피 www.downunderdive.com.au

❹ 다이버스 덴 Divers Den

케언스에서 출발하는 오션 퀘스트, 시 퀘스트와 포트 더글라스에서 출발하는 아쿠아 퀘스트 등 여러 척의 배를 가지고 있는 투어 회사로, PADI 오픈워터 코스도 운영하고 있다. 1박 이상 배에서 숙박할 수 있는 리브어보드 프로그램이 있어 다이빙 자격증을 소유하고 있는 사람들에게 특히 추천.

주소 319 Draper St, Parramatta Park QLD 4870
위치 리프 터미널, 포트 더글라스에서 출발
운영 08:00~16:30
요금 다이버스 덴 크루즈+점심+스노클링 장비 A$275, 체험 다이빙 1회 A$84, 2회 A$115, 3회 A$170, 자격증 다이빙(풀 장비) 2회 A$84, 3회 A$135, 1박 2일 크루즈 A$700~, 2박 3일 크루즈 A885
홈피 www.diversden.com.au

GPS -16.920510, 145.777521

래프팅 Rafting

케언스에서 인기 있는 액티비티 중 하나는 바로 래프팅이다. 털리강, 배런강 두 곳에서 래프팅이 가능하지만, 한국의 대표 래프팅 장소인 동강과 함께 비교하면 급류가 털리강 4.5등급, 동강 3.5등급, 배런강 2.5등급순이므로 단연 털리강 래프팅을 추천한다.

자격증을 소지한 가이드와 함께 노 젓는 방법을 배워 초보자도 쉽게 따라갈 수 있다. 보통 6~8명의 인원이 탑승하므로 여러 나라에서 온 여행자들과 친해지기도 한다. 배에 간단한 소지품을 넣을 수 있는 가방을 가지고 탈 수 있지만 급류에 잃어버릴 수도 있으니 짐은 최소화하는 것이 좋다.

레이징 선더 Raging Thunder

주소 19 Barry St, Bungalow QLD 4870
위치 시내 숙소에서 픽업
운영 06:30~18:30
요금 털리강 래프팅 A$265, 배런강 래프팅 A$158
홈피 www.ragingthunder.com.au

Tip | 케언스 래프팅 비교

❶ 털리강 래프팅 Tully River Rafting

오전 6시 30분에 케언스에서 출발, 약 5시간의 래프팅을 즐길 수 있다. 털리강으로 가는 길에 카페에 들러 아쿠아 슈즈, 웨트수트를 빌리거나 간단한 아침 식사를 할 수 있다. 오전 9시 30분쯤 강 상류에서 간단한 교육을 받고 래프팅을 시작한다. 래프팅 중간에 바비큐 점심 식사를 제공하며, 래프팅이 끝나면 다시 카페에 들러 사진을 구입하거나 맥주를 마실 수 있다.

❷ 배런강 래프팅 Barron River Rafting

케언스에서 오후 2시에 출발하여 반나절 동안 진행된다. 래프팅을 한 번도 해보지 않은 사람들에게 적합하다.

GPS -16.920479, 145.777489

열기구 Hot-Air Balloon

새벽 일찍 케언스를 출발해 마리아 고원에 도착하면 열기구를 띄우기 위해 가스를 켜는 모습과 점점 부풀어 오르는 열기구를 볼 수 있다. 열기구를 타고 새로운 세상으로 떠나보자.

핫에어 Hot Air

주소 36 Abbott St, Cairns QLD 4870
위치 시내 숙소에서 픽업
요금 A$495
전화 07 4039 9900
홈피 www.hotair.com.au/cairns

GPS -16.819963, 145.682049

번지점프 & 정글 스윙 Bungy Jump & Jungle Swing

번지점프를 처음 레포츠로 만든 AJ 해킷의 케언스 지점. 케언스에서 차로 약 30분 거리에 있는 번지점프대는 50m 높이지만 산 중턱에 있어 실제 점프대에 올라가면 더 높게 느껴진다. 번지점프의 새로운 형태인 '바이크 번지'에도 도전해 보자.

45m 상공에서 타는 정글 스윙은 최고 시속 120km를 자랑한다. 번지와 스윙을 콤보로 함께 예약하면 더 저렴하게 즐길 수 있다.

케언스 픽업부터 안전 교육, 번지점프 후 다시 숙소로 돌아오는 시간까지 약 3시간이면 충분하나, 산 중턱에 있는 카페에 조금 더 머물면서 번지점프를 하는 다른 사람들을 구경하는 재미도 쏠쏠하다.

스카이파크 Skypark

주소 Lot 2 End of, McGregor Rd, Smithfield QLD 4878
위치 시내 숙소에서 픽업
운영 10:00~17:00
요금 번지점프 A$169, 정글 스윙 A$99, 콤보 A$219
홈피 www.skyparkcairns.com

GPS -17.867492, 146.107347

스카이다이빙 Skydiving

9,000ft에서 15,000ft까지 원하는 높이에서 다이빙을 할 수 있다! 가격은 좀 비싸지만 정말 하늘을 나는 기분을 느낄 수 있다는 점에서는 최고의 액티비티라고 할 수 있다. 숙련된 강사와 함께 점프하는 방식으로 스카이다이빙 경험이 없어도 안심이다.

높이에 따라 자유낙하 시간도 다른데 10,000ft가 약 30초, 15,000ft는 60초 이상. 다이빙 장소는 케언스 시내 중심 쪽과 케언스에서 남쪽으로 약 2시간 거리에 있는 미션 비치이다. 시간이 짧다면 어쩔 수 없지만 가능하다면 아름다운 해변에 착륙할 수 있는 미션 비치 지점을 단연 추천한다. 해변이 없는 케언스 여행에서 바닷가 시간을 즐길 수 있다.

스카이다이브 Skydive

주소 **미션 비치** 39 Porter Promenade, Mission Beach QLD 4852
케언스 11 Spence St, Cairns City QLD 4870
위치 시내 숙소에서 픽업 운영 09:00~18:00
요금 스카이다이빙 A$369, 사진 촬영 A$129, 사진+비디오 촬영 A$179
홈피 www.skydive.com.au

호주 최고의 와인 산지 애들레이드

ADELAIDE

06

남호주의 주도인 애들레이드는 동쪽으로는 시드니와 멜버른, 북쪽으로는 울룰루 그리고 서쪽으로는 퍼스와 통하는 교통의 관문이자 경제의 중심지이다. 과거 영국 식민지 시대를 거쳤기 때문에 도시 곳곳에서 유럽 같은 분위기를 느낄 수 있고, 영국 윌리엄 라이트 대령의 바둑판식 도시구획은 넓은 대로변, 각종 명소와의 접근용이성, 자연과의 조화로움 등으로 현재까지도 사람들에게 인정받고 있다.

시내 동서를 가로지르는 토렌스강과 드넓은 보타닉 가든은 도심에서 자연을 만끽하기에 충분하며 문화, 역사의 집합 공간인 노스 테라스에는 박물관, 갤러리 등 볼거리가 풍부하다. 뿐만 아니라 매년 열리는 다양한 축제로 애들레이드는 점차 호주의 문화, 예술의 도시로 자리매김하고 있다.

특히나 애들레이드는 서늘한 기후로 병충해가 적고, 포도가 잘 자라는 토양 덕분에 호주 최고의 와인 산지로 손꼽힌다. 대표적인 와이너리로 바로사 밸리, 클레어 밸리, 맥라렌 베일 등이 있으며, 메인 품종은 샤도네이, 쉬라즈, 카베르네 소비뇽 등이다.

애들레이드 드나들기

애들레이드로 이동하기

항공

한국에서 애들레이드까지 직항편이 없으므로 대한항공이나 아시아나항공으로 시드니에 도착한 후, 국내선으로 환승하는 방법이 가장 빠르다. 시드니에서 애들레이드까지는 국내선 항공으로 약 2시간 5분 정도가 소요된다. 그 외 다른 도시를 거쳐 애들레이드로 이동할 수도 있다.

출발 도시	도착 도시	소요 시간	항공사	요금
시드니	애들레이드	약 2시간 05분	콴타스항공(QF), 버진오스트레일리아(VA), 젯스타(JQ)	A$115~
멜버른		약 1시간 20분		A$69~
브리즈번		약 2시간 40분		A$134~
케언스		약 3시간 10분	버진오스트레일리아(VA), 젯스타(JQ)	A$210~
퍼스		약 2시간 50분	콴타스항공(QF), 버진오스트레일리아(VA), 젯스타(JQ)	A$174~
앨리스 스프링스		약 2시간	콴타스항공(QF), 버진오스트레일리아(VA)	A$239~

버스

멜버른 서던 크로스 역–애들레이드 센트럴 역까지 파이어플라이Firefly 버스가 매일 운행한다. 국내선 항공 금액과 비슷해서 저렴한 교통편을 찾는 여행자보다는 야간버스로 시간을 절약하고 싶은 여행자에게 추천한다. 금액은 편도에 인당 A$65~85이며, 약 10~12시간이 소요된다.

출발 도시	도착 도시	운영 시간
멜버른	애들레이드	07:30~18:50, 20:15~06:00, 06:35~18:50, 20:15~06:35
애들레이드	멜버른	06:50~19:05, 20:15~06:35

기차

호주의 다양한 교통수단이 궁금하다면 기차로 애들레이드까지 이동해보는 건 어떨까. 멜버른–애들레이드 구간을 운행하는 오버랜드Overland 기차는 요금이 높은 편이지만 창밖의 '호주스러운' 풍경을 맘껏 즐길 수 있고, 프리미엄석으로 업그레이드한다면 항공 서비스와 비슷하게 식사까지 제공된다. 매주 월요일, 금요일마다 출발하며, 요금은 일반석이 A$135~, 프리미엄석(식사 포함)이 A$240~이다(소요 시간 약 10시간 30분).

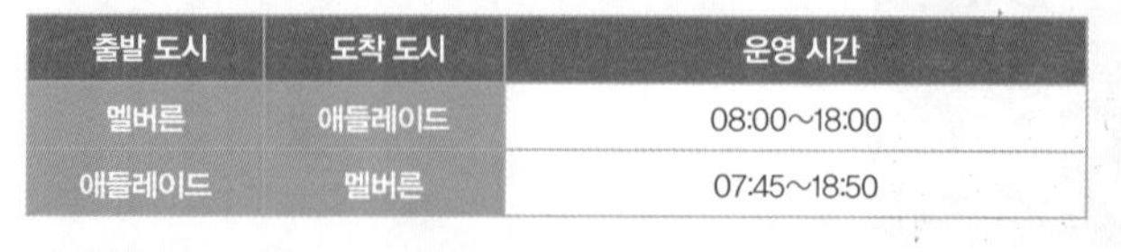

출발 도시	도착 도시	운영 시간
멜버른	애들레이드	08:00~18:00
애들레이드	멜버른	07:45~18:50

공항에서 시내로 이동하기

버스

젯익스프레스JetExpress는 공항에서 시내까지만 이동하는 버스이다. J1, J2, J7, J8 등 버스마다 루트, 시간표가 상이하다. 버스 티켓은 공항 자판기나 운전기사에게 구입 가능하다.

요금 A$4~6(약 25~30분 소요)
홈피 adelaidemetro.com.au

택시

공항–시내 간 거리가 가까워 택시를 타도 금액이 부담스럽지 않다. 공항에서 나오면 바로 왼편에 위치한 택시 승강장에서 탑승할 수 있다.

요금 A$30(약 10~15분 소요)
홈피 silverservice.com.au

시내에서 이동하기

버스 & 트램 & 기차

애들레이드는 2025년 후반까지 종이 티켓을 단계적으로 폐지하고 메트로 탭 앤 페이Tap and Pay를 도입하고 있다. 현재 모든 트램과 버스, 애들레이드 기차역에서 출발하는 열차로 환승할 수도 있다. 비접촉 결제가 가능한 Visa 또는 Mastercard를 단말기에 대면 삐 소리와 함께 탑승이 가능하다.

요금 싱글 A$4.25

Tip | 애들레이드 교통카드 '메트로 카드Metro Card'

애들레이드의 교통카드인 메트로 카드를 이용하면 버스, 기차, 트램 등의 대중교통을 싱글 티켓보다 저렴하게 이용할 수 있다. 카드는 공항, 기차역의 자판기, 시내 편의점 등에서 구입할 수 있고, 카드를 구입하는 데 별도의 비용이 드는 건 아니지만 최소 A$5 이상 충전해야 한다. Adelaide Metro Buy & Go 앱을 다운로드 받으면 카드 없이도 충전하여 사용할 수도 있다.

무료 버스 & 트램

애들레이드에는 시내 무료 버스와 무료 트램이 있다. 주요 명소를 모두 지나고, 노스 테라스, 사우스 테라스까지 루트가 있으므로 여행자들은 교통비를 절약할 수 있다.

홈피 www.adelaidemetro.com.au/plan-a-trip/free-and-special-transport

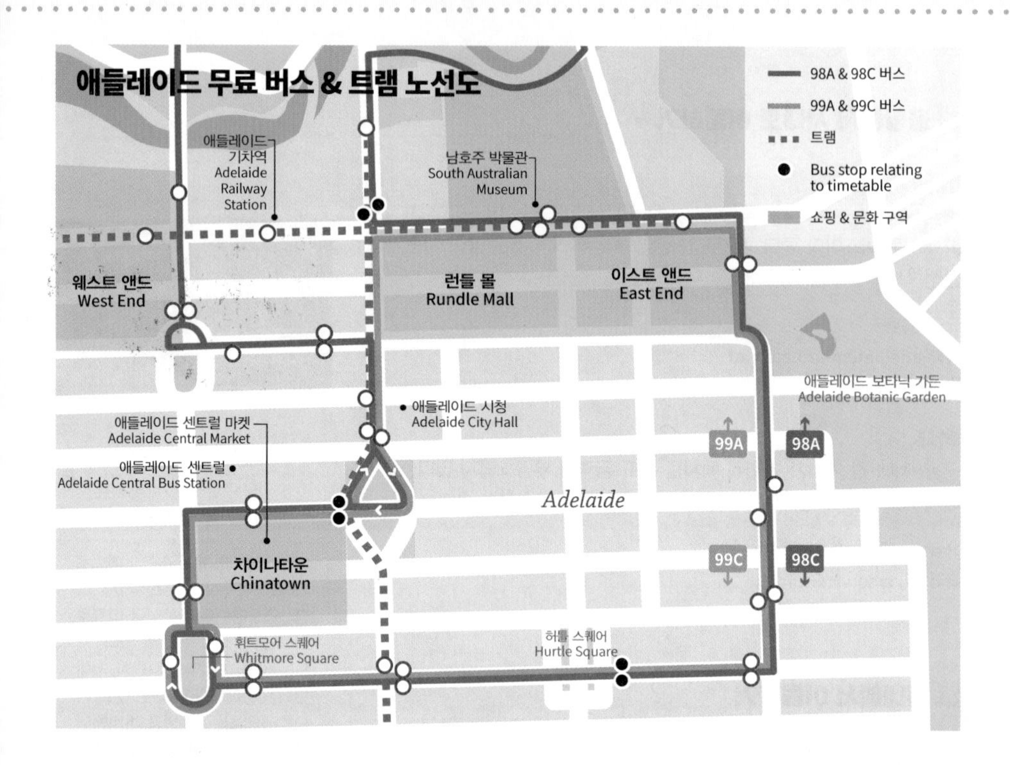

평균 기온과 옷차림

여름(12~2월)에는 비가 오는 날이 적고, 가끔 40도 가까이 기온이 올라갈 때도 있다. 다만 습하지는 않아 여행하는 데 큰 무리는 없다. 호주 주도들 중 가장 건조한 도시이며, 겨울에는 아침저녁으로 꽤 쌀쌀하니 두꺼운 겉옷을 챙기자.

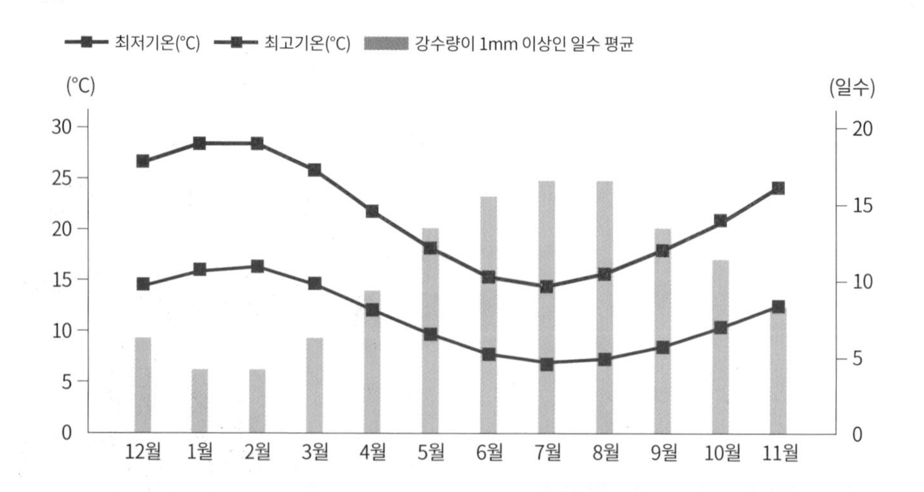

애들레이드 추천 코스

애들레이드는 도시가 바둑판처럼 잘 정비되어 있어 도보로 둘러보기 어렵지 않다. 주요 명소들만 둘러본다면 하루면 충분! 추천 루트를 참고해 애들레이드 시내를 알차게 둘러보자!

10:00

애들레이드 센트럴 마켓
Adelaide Central Market
애들레이드 센트럴 마켓에서
모닝커피로 하루를 시작해 보자.

도보 3분

11:00

빅토리아 스퀘어 Victoria Square
시내 중심에 위치한 도심 광장은 필수 코스.
애들레이드의 대표적인 강들을
형상화해서 만들어진 광장의 분수대와
빅토리아 여왕 동상을 만나보자.

도보 16분

12:00

노스 테라스 North Terrace
애들레이드의 역사, 문화 집합공간.
국회의사당, 도서관, 박물관 등
볼거리가 가득하다.

도보 3분

14:30

남호주 박물관 South Australian Museum
수준 높은 수집품들로 세계적으로도 명성이 높다.
특히 호주 원주민들의 작품을 많이 감상할 수 있다.

도보 1분

16:00

남호주 아트 갤러리
Art Gallery of South Australia
박물관 바로 옆에 자리 잡고 있어
함께 둘러보기 좋다.

도보 10분

17:00

애들레이드 보타닉 가든
Adelaide Botanic Garden
약 15만 평의 드넓은 보타닉 가든에서
휴식과 여유를 즐겨보자.
다양한 식물을 구경할 수 있는
온실 방문도 잊지 말기!

도보 10분

18:30

토렌스강 Torrens River
강변을 따라 산책하다 보면
흑조들을 만날 수 있다.
자전거를 대여해서
둘러보는 것도 추천.

도보 11분

20:00

런들 몰 Rundle Mall
애들레이드에서 가장 활기찬 메인 거리.
런들 몰의 마스코트인
돼지 4형제를 찾아보자.

애들레이드 시내

애들레이드 시내는 매우 단순해서, 토렌스강을 중심으로 남쪽 시내를 남북으로 가로 지르는 중심 거리인 킹 윌리엄 스트리트만 알면 길 잃을 염려가 없다. 총 4개의 테라스로 둘러싸인 반듯한 직사각형 모양 애들레이드 시내의 하이라이트는 노스 테라스. 동쪽에서부터 서쪽, 또는 반대 방향으로 걷다 보면 애들레이드 시내의 명물을 모두 만나볼 수 있다.

☑ to do list

1. 런들 몰에서 돼지 4형제를 찾고 함께 사진 찍기
2. 노스 테라스의 다양한 애들레이드 명소 방문하기
3. 호주 최대 규모의 농산물 시장인 센트럴 마켓에서 생생한 현지 분위기 경험하기

애들레이드 시내

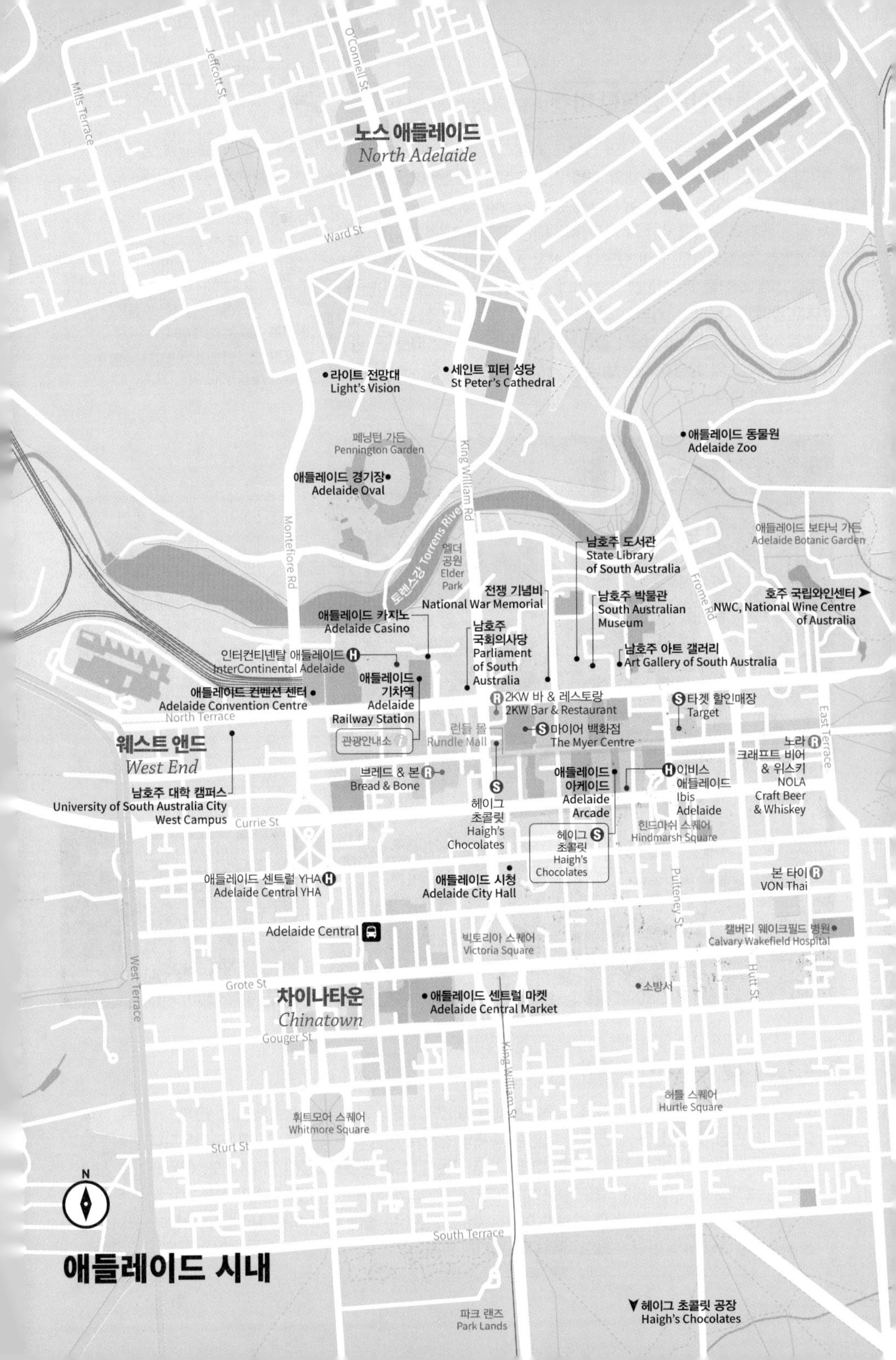

노스 애들레이드
North Adelaide
Mills Terrace
Jeffcott St
O'Connell St
Ward St
라이트 전망대
Light's Vision
세인트 피터 성당
St Peter's Cathedral
페닝턴 가든
Pennington Garden
애들레이드 경기장
Adelaide Oval
애들레이드 동물원
Adelaide Zoo
King William Rd
Montefiore Rd
토렌스강 Torrens River
엘더 공원
Elder Park
애들레이드 보타닉 가든
Adelaide Botanic Garden
남호주 도서관
State Library of South Australia
전쟁 기념비
National War Memorial
남호주 박물관
South Australian Museum
Frome Rd
호주 국립와인센터
NWC, National Wine Centre of Australia
애들레이드 카지노
Adelaide Casino
남호주 국회의사당
Parliament of South Australia
남호주 아트 갤러리
Art Gallery of South Australia
인터컨티넨탈 애들레이드
InterContinental Adelaide
애들레이드 기차역
Adelaide Railway Station
애들레이드 컨벤션 센터
Adelaide Convention Centre
North Terrace
2KW 바 & 레스토랑
2KW Bar & Restaurant
타겟 할인매장
Target
East Terrace
관광안내소
런들 몰
Rundle Mall
마이어 백화점
The Myer Centre
웨스트 앤드
West End
노라
크래프트 비어 & 위스키
NOLA Craft Beer & Whiskey
브레드 & 본
Bread & Bone
애들레이드 아케이드
Adelaide Arcade
이비스 애들레이드
Ibis Adelaide
남호주 대학 캠퍼스
University of South Australia City West Campus
Currie St
헤이그 초콜릿
Haigh's Chocolates
헤이그 초콜릿
Haigh's Chocolates
힌드마쉬 스퀘어
Hindmarsh Square
애들레이드 센트럴 YHA
Adelaide Central YHA
애들레이드 시청
Adelaide City Hall
Pulteney St
본 타이
VON Thai
Adelaide Central
빅토리아 스퀘어
Victoria Square
캘버리 웨이크필드 병원
Calvary Wakefield Hospital
West Terrace
Grote St
차이나타운
Chinatown
애들레이드 센트럴 마켓
Adelaide Central Market
소방서
Hutt St
Gouger St
King William St
허틀 스퀘어
Hurtle Square
휘트모어 스퀘어
Whitmore Square
Sturt St
N
South Terrace
파크 랜즈
Park Lands
헤이그 초콜릿 공장
Haigh's Chocolates

★★★

애들레이드 센트럴 마켓 Adelaide Central Market

GPS -34.929364, 138.597326

1869년 구거 스트리트Gouger St와 그로트 스트리트Grote St 사이에 처음 장이 선 이래로, 1900년에 현재의 벽돌 건물을 위한 주춧돌이 세워졌으며 이후 상품의 신선한 상태를 유지하기 위한 가스와 냉장고 등이 추가되면서 점점 현재의 모습을 갖추기 시작했다. 매년 9만 명 이상의 방문객이 찾는 명소로, 호주에서도 최대 규모의 농산물 시장으로 꼽히고 있다. 과일, 야채, 고기, 해산물 등 신선한 먹거리와 건강식품, 가공식품을 판매하며, 현지인들에게 사랑받는 카페와 식당도 모두 이곳에 자리 잡고 있다. 전체적으로 차분한 애들레이드에서 활기차고 시끄러운 몇 안 되는 곳 중 하나! '애들레이드의 심장'이라는 별명도 가지고 있는 센트럴 마켓은 꼭 한 번쯤 방문해 보자!

주소 44-60 Gouger St, Adelaide SA 5000
위치 시내 중앙
운영 화 07:00~17:30, 수·목 09:00~17:30, 금 07:00~21:00, 토 07:00~15:00(월·일요일 휴무, 수요일 상점마다 다름)
전화 08 8203 7494
홈피 adelaidecentralmarket.com.au

Tip | 센트럴 마켓 투어

센트럴 마켓 투어는 현지 전문가와 함께 1시간 30분 동안 시장을 둘러보며 서호주의 문화와 음식 등에 대해 배워볼 수 있는 좋은 기회이다. 서호주의 다양한 음식을 맛보는 것은 덤. 클래식 투어, 아침 투어, 점심 투어 등으로 나누어지며 가격은 A$98부터 시작한다. 예약 필요.

홈피 www.ausfoodtours.com/foodtours

more & more **빅토리아 스퀘어**

애들레이드 센트럴 마켓에서 조금 이동하면 애들레이드의 중앙에 위치한 빅토리아 스퀘어Victoria Square에 도착한다. 만남의 공간, 휴식의 장소, 다양한 축제의 장으로 이용되는 이곳을 원주민인 카우르나인들은 탄다냥가Tandanyangga라고 불렀다. '레드 캥거루가 꿈꾸는 장소'라는 뜻이다. 원주민에게도, 애들레이드 시민에게도, 그리고 여행자에게도 중요한 이 빅토리아 스퀘어의 중심에는 인자한 모습의 빅토리아 공주 동상이 서 있으며, '세 개의 강Three Rivers Fountain'이라는 이름의 분수는 밤에 더욱 아름다운 빛을 발한다. 크리스마스 시즌에는 24.5m 높이의 트리도 세워지니 놓치지 말자!

★★☆ GPS -34.920587, 138.603091

남호주 박물관 South Australian Museum

150년이 넘은 역사를 지닌 박물관으로, 호주의 자연과 문화유산을 엿볼 수 있어 호주에서 꼭 방문해봐야 하는 박물관 중 하나로 꼽히기도 했다. 고대 화석, 광물, 동물과 호주 애버리진과 태평양 문화에 대해 배울 수 있고, 음료와 브런치, 런치를 즐길 수 있는 카페와 기념품 숍도 위치해 있다. 평일 오전 11시에 매일 진행되는 무료 가이드 투어에 참여하면 박물관의 하이라이트를 전문 가이드의 설명과 함께 둘러볼 수 있다. 투어는 1시간 정도 소요되며 미리 예약할 필요는 없다.

주소 North Terrace, Adelaide SA 5000
위치 런들 몰에서 도보 약 6분
운영 10:00~17:00 (기념품 숍 ~16:45, 굿 프라이데이, 크리스마스 휴무)
요금 무료(특별전시회 제외)
전화 08 8207 7500
홈피 www.samuseum.sa.gov.au

★★☆ GPS -34.920607, 138.603944

남호주 아트 갤러리 AGSA, Art Gallery of South Australia

고풍스럽고 멋스러운 외관으로 눈길을 사로잡는 남호주 아트 갤러리는 약 4만 7,000여 점의 호주, 유럽, 북미 그리고 아시아 작품을 감상할 수 있는 애들레이드의 대표적인 갤러리이다. 남호주 박물관 바로 옆에 위치해 있어 함께 둘러보기 좋으며 매일 오전 11시, 오후 2시에는 무료 갤러리 투어가 진행되니 놓치지 말자. 특히 갤러리에 위치한 레스토랑은 신선한 현지 재료로 만든 브런치와 점심 식사를 즐길 수 있는 곳으로 인기가 많으니 시간이 된다면 들러보자.

주소 North Terrace, Adelaide SA 5000
위치 남호주 박물관 근처
운영 10:00~17:00(기념품 숍 ~16:45, 매달 첫 번째 금요일 ~21:00, 크리스마스 휴무)
요금 무료(특별 전시회 제외)
전화 08 8207 7000
홈피 www.artgallery.sa.gov.au

★★★

런들 몰 Rundle Mall

GPS -34.922748, 138.601924

런들 몰은 애들레이드의 대표적인 쇼핑 지역으로 애들레이드 프린지, 재즈 페스티벌, 필름 페스티벌 등 수많은 축제가 열리는 중심지이기도 하다. 길 양옆으로 다양한 상점이 늘어서 있으며 도로 중간중간에서는 거리 공연이 펼쳐지는 보행자 전용도로이다. 다양한 조형물도 만날 수 있는데, 그중 '스피어'라는 작품은 높이 4m에 이르는 두 개의 스테인리스 원형구가 맞닿아 쓰러질 듯하면서도 균형을 잡고 있는 모습으로 지나가는 이들의 눈길을 끈다. 런들 몰의 마스코트 돼지 4형제 동상도 잊지 말고 찾아보자. 서 있는 트러플스Truffles, 걸어가는 오거스타Augusta, 앉아 있는 호레이쇼Horatio, 쓰레기통을 뒤지고 있는 올리버Oliver로 각각 이름도 있다는 사실!

주소 Adelaide SA 5000 **위치** 센트럴 마켓에서 도보 약 15분
운영 월~목 09:00~17:30, 금 09:00~21:00, 토~일 09:00~17:00
홈피 www.rundlestreet.com.au

more & more 노스 테라스를 따라 즐기는 애들레이드 명소

에들레이드를 어떻게 돌아볼지 막막하다면? 노스 테라스에서부터 여행을 시작해 보자. 애들레이드 시내에는 재미있게도, 볼거리가 하나의 길에 모여 있다. 제대로 둘러보려면 그만큼 시간도 많이 걸리니 애들레이드 시내 여행 중 가장 많은 시간을 배분하는 것이 좋다.

애들레이드 컨벤션 센터
Adelaide Convention Centre
호주에서 박람회를 목적으로 지은 첫 번째 건물.

애들레이드 역
Adelaide Railway Station
애들레이드를 드나드는 대부분의 기차가 출발하고 도착하는 교통의 요지.

⇩

애들레이드 카지노
Adelaide Casino
유흥과 엔터테인먼트를 함께 즐길 수 있는 곳.

⇨

남호주 국회의사당
Parliament of South Australia
조용하지만 웅장해 보이는 청회색 외관의 건물로, 이곳에서 진행되는 많은 입법 행사가 남호주를 이끌어간다.

엘더 공원
Elder Park
현지인들의 사랑을 받는 조용한 공원.

전쟁 기념비
National War Memorial
제1차 세계대전에 참전한 이들을 기리기 위한 장소.

⇨

남호주 도서관
State Library of South Australia
단정하고 아름다운 건물로, 유리 돔이 있는 지붕이 특히 아름답다.

남호주 박물관
South Australian Museum
호주의 자연과 문화를 알 수 있는 곳.

애들레이드 보타닉 가든
Adelaide Botanic Garden
남반구에서 가장 큰 온실.

★★☆ GPS -34.917350, 138.609993

애들레이드 보타닉 가든 Adelaide Botanic Garden

365일 방문할 수 있는 애들레이드 보타닉 가든은 산책하며 여유를 즐기기에 좋다. '호주에서 가장 아름다운 정원' 중 하나인 이곳은 넓이가 무려 20ha나 된다. 공원을 둘러보기 전 관광정보 센터를 방문하면 지도를 얻을 수 있으니 참고하자. 보타닉 가든 내부에 위치한 바이센테니얼 온실은 남반구에서 가장 큰 온실로, 다양한 열대우림 식물을 구경할 수 있다. 매년 12월에서 2월 사이에는 보타닉 가든 내에서 영화 상영회인 '문라이트 시네마'가 열려 여름 밤 야외에서 영화를 감상하는 특별한 경험을 할 수 있다.

주소 North Terrace, Adelaide SA 5000
위치 남호주 아트 갤러리에서 도보 약 9분
운영 **12~3월** 07:15~20:00
4·9월 07:15~18:00
5~8월 07:15~17:30
10~11월 07:15~19:00, 토~일·공휴일 09:00~19:00
전화 08 8222 9311
홈피 botanicgardens.sa.gov.au

★☆☆

GPS -34.923277, 138.603851

애들레이드 아케이드 Adelaide Arcade

런들 몰에서 그리 멀지 않은 실내 아케이드. 노란색의 고풍스러워 보이는 건물에 호주의 상징 중 하나인 이뮤와 캥거루 문장으로 장식되어 있어 눈에 띈다. 유리 천장 덕에 맑은 날에는 햇빛이 비춰 좋고, 비나 눈이 오는 날에는 궂은 날씨를 피할 수 있으니 현지인과 여행자 모두에게 사랑받는 곳이다. 1885년 50개의 상점이 모여 지어졌던 이 건물에는 현재 100여 개가 넘는 건강, 뷰티, 주얼리 등 전문 상점들이 입주해 있다. 휴식을 취할 수 있는 카페도 많으므로, 잠깐 쉬고 싶다면 이곳에 들르자. 게이 아케이드Gay Arcade의 발코니 층에는 이곳의 역사를 기록한 작은 박물관도 있어, 무료로 관람할 수 있다.

주소 112/118 Grenfell St, Adelaide SA 5000
위치 그렌펠 스트리트와 런들 몰 사이
운영 월~목 09:00~18:00, 금 09:00~21:00, 토~일 09:00~17:00
전화 08 8223 5522
홈피 adelaidearcade.com.au

유리 천장 덕분에 언제 가도 안심!

Tip | 호주 기념품 추천!

호주에 왔다면 한 번쯤 먹어봐야 하는 고급 수제 초콜릿 헤이그Haigh's의 본점이 애들레이드에 있다. 비싼 편이긴 하지만, 달고 진한 맛이 인상적이다. 본점은 런들 몰에 있으며, 100여 년의 역사를 지닌 만큼 매장도 고풍스럽다. 애들레이드 아케이드에도 매장이 있으니 들려보자.

홈피 www.haighschocolates.com.au

★★☆ GPS -34.919562, 138.614012

호주 국립와인센터 NWC, National Wine Centre of Australia

시간이 없어 와이너리 방문이 어렵다면 시내에 위치한 국립와인센터를 방문해보자. 호주 와인 산업의 전반적인 이해를 도우며, 와인을 만드는 과정 등을 배울 수 있다. 와인드 바Wined Bar는 호주에서 가장 큰 와인 테이스팅룸으로, 120여 종의 호주산 와인을 시음 및 구입할 수 있으니 와인 애호가라면 꼭 들르자.

주소 Hackney Rd & Botanic Rd, Adelaide SA 5000
위치 애들레이드 보타닉 가든에서 도보 약 5분
운영 **와인 디스커버리 센터** Wine Discovery Centre
월~금 09:00~17:00, 공휴일 11:00~17:00 (마지막 입장 폐장 30분 전)
와인드 바 Wined Bar
월~목 08:30~17:00, 금 08:30~20:00, 토 09:00~18:00, 일 09:00~17:00, 공휴일 11:00~17:00 (1월 1일, 굿 프라이데이, 크리스마스, 박싱 데이 휴무)
요금 무료
전화 08 8313 3355
홈피 www.wineaustralia.com.au

★★☆ GPS -34.922001, 138.599629

웨스트 앤드 West End

남호주 대학 캠퍼스 주변인 웨스트 앤드에는 학생들이 자주 찾는 트렌디한 카페와 레스토랑들이 위치해 있다. 특히 밤에는 활기차고 생동감 넘치는 나이트 라이프를 즐길 수 있는 곳. 골목골목 세련된 바들이 최근 많이 생겨나고 있으며 특히 '2KW 바 & 레스토랑'의 루프톱 바는 애들레이드에서 최고로 분위기 있는 장소로 손꼽히니 잊지 말고 방문해 보자.

위치 애들레이드 시청에서 도보 약 6분

2KW 바 & 레스토랑
2KW Bar & Restaurant
주소 2 King William St, Adelaide SA 5000
운영 일~목 12:00~24:00, 금~토 12:00~02:00

GPS -34.922733, 138.610401

노라 크래프트 비어 & 위스키 NOLA Craft Beer & Whiskey

런들 스트리트를 따라 시내 동쪽 끝까지 걷다 보면 숨겨진 작은 골목이 나온다. 이런 곳에 식당이 있나 하는 생각이 들 때쯤 'NOLA'라고 쓰인 네온 간판을 발견할 수 있다. 2층으로 꾸며진 실내는 아담하면서도 현지 로컬 바 분위기가 물씬 난다. 10가지 이상의 수제맥주와 위스키가 주메뉴이며 와인도 물론 즐길 수 있다. 음식들도 대체적으로 만족스러운 편. 특히 테이블마다 놓인 이 집만의 특제 하바네로 소스는 계속 생각날 정도이다.

주소 28 Vardon Ave, Adelaide SA 5000
위치 런들 몰에서 도보 약 11분
운영 화~목 16:00~24:00, 금~토 12:00~02:00, 일 12:00~24:00(월요일 휴무)
요금 요리류 A$16~, 수제맥주 A$10~, 칵테일 A$22~
홈피 www.nolaadelaide.com

GPS -34.926214, 138.610400

본 타이 VON Thai

플린더스 스트리트에 태국 요리 전문 레스토랑으로 신선한 재료와 전통적인 조리법을 활용하여 다양한 태국 요리를 제공한다. 현대적인 인테리어와 편안한 분위기로 유명하며, 현지인과 관광객 모두에게 인기 있는 식사 장소이다.

주소 264 Flinders St, Adelaide SA 5000
운영 11:00~14:00, 17:00~21:00(월요일 휴무)
요금 팟타이 점심 $24~, 저녁 $28.8~
전화 08 7081 5878
홈피 www.vonthai.com.au

GPS -34.923622, 138.597998

브레드 & 본 Bread & Bone

장작을 이용한 그릴로 구운 버거가 메인이며, 스테이크와 립도 판매하고 있다. 이곳의 시그니처 메뉴는 B & B 버거로, 수제버거 본연의 맛을 느낄 수 있다. 버거와 함께 애들레이드 맥주인 쿠퍼스Coopers를 곁들여보자. 가격이 타 버거집에 비해 조금 비싸긴 하지만 그만큼 맛은 보장한다.

주소 15 Peel St, Adelaide SA 5000
위치 런들 몰에서 도보 약 5분
운영 11:30~21:00
요금 B & B 버거 A$27
전화 08 8231 8535
홈피 www.breadandbone.com.au

5성급 GPS -34.920661, 138.596522

인터컨티넨탈 애들레이드 InterContinental Adelaide

토렌스강변에 위치한 5성급 호텔로 모던하면서 럭셔리한 시설을 이용할 수 있다. 노스 테라스의 관광명소를 둘러보기에도 편리한 위치이며, 도보 1분 거리에 애들레이드 기차역이 있다. 특히 직원들이 친절해 만족도가 높은 편.

주소 North Terrace, Adelaide SA 5000
위치 애들레이드 기차역 근처, 노스 테라스에서 도보 약 10분
요금 클래식룸 A$270~, 프리미엄룸 A$477~
전화 08 8238 2400
홈피 www.ihg.com/intercontinental

4성급 GPS -34.923848, 138.604217

이비스 애들레이드 Ibis Adelaide

깔끔한 객실과 편리한 위치로 비즈니스 여행객과 일반 여행자 모두에게 적합하다. 런들 몰과 근접해 있으며 주변에 마트, 레스토랑 등 편의시설이 많다. 100% 금연 호텔이며 리셉션은 24시간 운영한다.

주소 122 Grenfell St, Adelaide SA 5000
위치 런들 몰에서 도보 약 4분, 노스 테라스에서 도보 약 7분
요금 스탠더드룸 A$210~, 슈피리어룸 A$240~
전화 08 8159 5588
홈피 www.ibisadelaide.com.au

백팩커 GPS -34.926125, 138.594501

애들레이드 센트럴 YHA Adelaide Central YHA

센트럴 마켓, 런들 몰에서 모두 멀지 않아 도보 이동이 가능하다. 근교인 애들레이드 힐, 글레넬그 비치 등을 방문하기에도 편리하며, 무엇보다도 깨끗한 시설에 비해 저렴한 금액이 장점이다. 주차장은 공간이 한정적이므로 사전 예약해야 이용이 가능하다. 리셉션은 24시간 운영한다.

주소 135 Waymouth St, Adelaide SA 5000
위치 런들 몰에서 도보 약 13분, 센트럴 마켓에서 도보 약 7분
요금 6~8인실 A$50~, 프라이빗룸 A$111~, 주차 1일 A$15
전화 08 8414 3010
홈피 www.yha.com.au

more & more **색다른 숙소를 원한다면 서던 오션 롯지** Southern Ocean Lodge

시내는 아니지만 눈여겨 볼 숙소를 소개한다. 캥거루 아일랜드에 위치한 7성급 럭셔리 숙소로, 40m 절벽 위에 위치한 단 21개의 스위트룸에서 캥거루 아일랜드와 남극해가 어우러진 환상적인 풍경을 감상할 수 있다. 현재 리노베이션 중으로 2023년 12월 재개장 예정이다.

애들레이드 근교

애들레이드에도 유명한 해변이 있다. 특히 시내에서 트램으로 쉽게 다녀올 수 있는 글레넬그 비치는 애들레이드를 방문하는 여행자라면 꼭 들려야 할 명소이다. 호주 동물들을 만나보고 싶다면 클리랜드 와일드라이프 공원을 방문해 보자. 코알라를 안아볼 수 있는, 전 세계에서 몇 안 되는 동물원 중 하나이다. 남호주의 대표적인 와이너리인 바로사 밸리, 독일 마을인 한도르프도 애들레이드 근교 여행지로 인기이다.

☑ to do list

1. 뭐니 뭐니 해도
   와인 투어는 필수!
2. 독일 마을에서
   독일 소시지와 맥주 한잔~
3. 캥거루 아일랜드에서
   바다사자 만나기

애들레이드 근교

N
바로사 밸리
Barossa Valley
골러
Gawler
버지니아
Virginia
마운트 크로우포드
Mt. Crawford
골든 그로브
Golden Grove
포트 애들레이드
Port Adelaide
캠벨타운
Campbelltown
애들레이드
Adelaide
세인트 빈센트 만
Saint Vincent Gulf
애들레이드 공항
Adelaide Airport
템테이션 세일링 A
(돌고래 수영 체험)
Temptation Sailing
글레넬그
Gleneg
글레넬그 비치
Gleneg Beach
클리랜드 와일드라이프 공원
Cleland Wildlife Park
한도르프
Hahndorf
R 독일 암스 호텔
German Arms Hotel
캥거루 아일랜드
Kangaroo Island

★★★

GPS -34.980863, 138.515520

글레넬그 비치 Gleneg Beach

시내에서 클래식한 분위기의 트램에 탑승해 약 30분간 이동 후 마지막 정류장에 하차하면 넓은 글레네그 비치가 반겨준다. 트램이 다니는 글레넬그의 메인 도로인 제티 로드Jetty Rd에는 호텔, 카페, 레스토랑, 부티크 숍, 기념품 숍 등이 있어 사람들이 항상 북적거린다. 애들레이드의 대표적인 해변인 만큼 수영복을 챙겨 물속으로 뛰어 들어가 보는 건 어떨까. 스쿠버다이빙이나 스노클링, 서핑, 돌고래와 함께 수영하는 특별한 액티비티도 가능하다. 붉게 물드는 글레네그 비치에서의 일몰도 놓치지 말아야 할 볼거리다. 시내에서 글레넬그로 이동하는 트램은 10~20분마다 운행하며, 운영 시간은 평일 06:00~24:00, 주말 07:00~24:00이다.

위치 애들레이드에서 14km 지점. 런들 몰 또는 빅토리아 스퀘어에서 글레네그행 트램으로 약 30분(10~20분 간격 운행)

Tip | 글레넬그 비치에서 즐길 수 있는 특별한 액티비티

글레넬그 비치는 남호주에서 처음으로 돌고래 수영 체험을 시작한 곳이다. 야생 돌고래와 함께 수영하는 이 특별한 투어는 오전 반나절 동안 진행되며 스노클링 장비, 웨트수트가 모두 포함되어 있다. 관찰자로도 참여가 가능하며, 특정 시즌에는 고래와 물개도 구경할 수 있다.

템테이션 세일링 Temptation Sailing
주소 10 Holdfast Promenade, Glenelg SA 5045
운영 월~목 09:00~17:00(금~일요일 휴무) **요금** A$123(관찰자 A$78)

more & more **'알아두면 쓸데없는 신기한' 글레네그의 역사**

아름답고 할 것도 많은 글레넬그이지만, 어린이들에게는 조금 아쉬울 뒷이야기가 하나 있다. 멜버른에서 테마파크인 루나 파크가 성공하면서 1930년, 이곳에도 루나 파크가 문을 열게 된다. 그러나 1934년, 글레네그의 루나 파크는 파산했고, 이곳에 있던 놀이기구 대부분은 시드니의 루나 파크로 넘어가게 되었다. 즉, 현재 시드니에 있는 놀이기구 대부분은 원래 글레넬그 것이라는 슬픈(?) 이야기이다.

★★☆

GPS -35.026087, 138.808247

한도르프 Hahndorf

애들레이드에서 남동쪽으로 약 28km 떨어진 한도르프는 호주 내에서 도 가장 오래된 이주민 정착지이다. 1947년까지 독일 북부 프러시아 주의 작은 마을에 살던 루터교인들이 종교적 박해를 피해 이주하기 시작하면서 형성되었다. 당시 이주민들이 타고 온 제브라 호의 선장 한Han의 이름에 독일어로 마을이라는 뜻의 도르프Dorf가 더해지며 한도르프라는 이름이 탄생했다.

마을 길가에는 독일 느낌이 물씬 나는 전통 정육점, 베이커리, 뻐꾸기시계 상점이 늘어서 있으며 주얼리, 수제 캔들, 초콜릿 숍 등 구경거리도 다양하다. 한도르프에서 가장 인기 있는 곳은 1839년에 지어진, 이 지역에서 가장 오래된 건물인 독일 암스 호텔German Arms Hotel이다. 고풍스런 호텔 펍에서 소시지, 슈니첼과 함께 독일 맥주를 즐겨보자.

한도르프는 애들레이드 시내에서 대중교통으로도 쉽게 다녀올 수 있으며 애들레이드 힐과 함께 오후 반나절 투어로도 방문할 수 있다.

위치 애들레이드에서 30km 지점. 차량으로 30분, 버스로 약 1시간
요금 **애들레이드 힐 & 한도르프 오후 반나절 투어** 성인 A$99, 아동 A$52
홈피 www.adelaidesightseeing.com.au

가장 '독일스러운' 경험을 원한다면 여기 독일 암스 호텔로~!

★☆☆

GPS -34.967207, 138.696306

클리랜드 와일드라이프 공원 Cleland Wildlife Park

약 10만 평이 넘는 부지에서 코알라, 캥거루, 웜뱃, 딩고, 야생 새, 파충류 등 약 130여 종의 호주 동물을 가까이서 만날 수 있다. 남반구에서 자이언트 판다를 볼 수 있는 유일한 곳이기도 하다. 캥거루 먹이 주기, 코알라 안기 등의 체험도 가능하다. 드넓은 공원을 둘러보려면 최소 2시간 이상으로 계획하는 것을 추천하며, 바비큐 시설과 피크닉 장소도 갖춰져 있으므로 하루 종일 피크닉을 즐기기에도 좋다.

주소 365 Mount Lofty Summit Rd, Crafers, Adelaide Hills SA 5152
위치 애들레이드에서 20km 지점. 차량으로 약 20분(시내에서 대중교통 이용 시 중간에 환승 필요)
운영 09:30~17:00 (마지막 입장 16:30, 크리스마스 휴무)
요금 성인 A$33.5, 4~15세 아동 A$17.5
전화 08 8339 2444
홈피 www.clelandwildlifepark.sa.gov.au

★☆☆

GPS -34.846167, 138.503991

포트 애들레이드 Port Adelaide

포트 애들레이드에 도착했다면 우선 관광안내 센터를 방문해 필요한 정보와 지도를 챙기자. 풍부한 문화와 역사를 간직한 포트 애들레이드에는 해양 박물관, 항공 박물관, 철도 박물관 등 볼거리도 많다. 매주 일요일 오전 9시부터 오후 5시까지는 피셔맨스 와프 마켓Fishermen's Wharf Markets으로도 불리는 일요마켓이 열린다. 마켓 바로 앞에는 야생 돌고래를 관찰할 수 있는 크루즈에 탑승할 수도 있다. 무료 자전거 대여도 가능하다.

위치 애들레이드 기차역에서 아우터 하버Outer Harbour행 기차로 약 30분

★★★

GPS -34.533155, 138.950086

바로사 밸리 Barossa Valley

남호주의 대표적인 와인 산지로, 호주에서 가장 오래된 와이너리이다. 호주에서 가장 다양하고 많은 품종으로 와인을 생산하고 있어 와인을 사랑하는 사람이라면 꼭 방문해야 하는 장소. 약 150개의 와이너리와 80여 개의 셀러 도어가 있으며, 빈티지 와인부터 새로운 부티크 와인까지 다양하게 만나볼 수 있다. 조금 높은 언덕에 올라가 시원하게 펼쳐진 포도밭을 보고 있노라면 이곳이 풍요롭고 축복받은 땅임을 실감하게 된다.
바로사 밸리의 유명한 와이너리로는 펜폴드Penfolds와 제이콥스 크릭Jacob's Creek, 헨쉬키Henschke 등이 있다. 특히 이곳은 레드 와인이 유명한데, 그중 쉬라즈라는 종이 가장 많은 비율을 차지하고 있다.
언제 방문해도 좋은 바로사 밸리지만 가장 특별한 때를 손꼽으라 한다면 2년에 1번, 4월 말에 열리는 바로사 밸리 빈티지 페스티벌Barossa Valley Vintage Festival 시기이다. 와인 산업의 활성화와 성공을 축하하기 위해 1947년 처음 열린, 호주에서 가장 오래된 와인 축제이기도 하다. 다양한 종류의 와인, 치즈, 올리브를 먹어보거나 구매할 수 있으니 이 기간을 놓치지 말자. 바로사 밸리는 숙박시설이 잘 되어 있으며, 훌륭한 음식과 와이너리 외에도 열기구, 사이클링, 승마 등 다양한 체험도 가능해서 현지인들이 가족 여행지로도 많이 찾는다.

위치 애들레이드에서 차량으로 약 1시간

Tip | 와이너리, 어떻게 선택해야 할까?

개인적으로 와이너리에서 와이너리로 이동하는 것은 쉽지 않을 뿐 아니라 양조장이 너무 많은 탓에 오히려 어느 곳에 가야할지 고민스러울 수도 있다. 이럴 때는 현지에서 운영하는 투어에 참여해 여행사에서 지정한 와이너리를 방문하자. 대부분의 여행사에서 고객의 취향을 심사숙고하여 유명한 곳 위주로 코스를 정한다. 점심 식사 또한 제공되므로 나쁘지 않은 선택이 될 것이다.

요금 바로사 밸리 와인 투어 A$179~
홈피 tastethebarossa.com.au

고품격 와인을 위해서 질 좋은 오크통은 필수!

Special Tour

호주 최대의 야생동물 서식지, 캥거루 아일랜드 Kangaroo Island

캥거루 아일랜드는 애들레이드 여행의 필수 코스. 이곳을 찾기 위해 애들레이드를 방문하는 사람도 많다. 섬의 3분의 1 이상이 국립공원으로 지정되어 있어 천혜의 자연환경이 잘 보존되어 있고, 많은 야생동물을 볼 수 있기 때문이다. 캥거루 아일랜드는 길이가 155km, 너비가 55km로 제주도보다 약 2배 가까이 큰 섬이다. 섬을 모두 돌아보려면 최소 일주일 정도가 소요될 정도. 애들레이드에 묵으며 하루만에 다녀올 순 있지만, 섬의 크기를 고려했을 땐 1박 이상 여행하는 것을 추천한다.

캥거루 아일랜드라는 이름이 붙은 이유는 여러 가지 설이 있는데, 섬의 모양이 캥거루를 닮아서 그렇다고도 하고, 1802년 영국인 탐험가 매튜 플린더스Matthew Flinders가 이곳을 처음 발견했을 때 캥거루가 많았고, 다른 탐험가들과 캥거루 몇 마리를 잡아 잔치를 벌였기 때문이라고도 한다. 이 가설 중 하나를 뒷받침해 주듯, 프로스펙트 힐Prospect Hill에 올라가 섬의 전경을 바라보면 섬이 진짜 캥거루처럼 보인다.

캥거루 아일랜드로 이동하기 위해서는 애들레이드 공항에서 30분 정도 비행기를 탑승하거나 시내에서 1시간 30분을 차로 달려 케이프 저비스 선착장으로 이동한 후, 페리로 45분 정도 더 이동하는 방법이 있다. 페리는 하루에 4편 정도가 운항하고, 사전 예약은 필수이다. 렌터카로 여행한다면 페리에 차량을 실을 수 있으며, 캥거루 아일랜드에서도 렌터카 대여가 가능하다. 뚜벅이 여행자라면 교통, 숙박, 투어가 모두 포함된 투어를 이용하는 것이 가장 편리하다. 투어는 보통 애들레이드에서 출도착한다.

위치 애들레이드에서 차량으로 약 1시간 30분 이동 후 페리로 다시 45분 또는 애들레이드 공항에서 항공으로 약 30분
요금 **페리** 왕복 A$59
투어 일일 투어 A$389~, 2박 3일 캠핑 투어 A$895~
홈피 www.sealink.com.au

Tip 지금 당장 캥거루 아일랜드로 떠나야 하는 5가지 이유

1 다양한 야생동물을 만날 수 있다.
2 섬을 둘러싸고 있는 해변이 아름답다.
3 북적거리지 않아 조용한 휴식을 보내기에 제격!
4 카약킹, 하이킹, 서핑, 스노클링 등 즐길 수 있는 액티비티가 매우 많다.
5 로컬 와인, 신선한 해산물 등 식도락 여행으로 딱~

☆ 캥거루 아일랜드에서 놓치지 말아야 할 것!

바다사자 만나기

멸종 위기에 처한 바다사자를 보호하고 있는 실 베이 보존 공원Seal Bay Conservation Park에서 가이드와 함께 바다사자 무리 옆을 지나가 보자. 해안 모래 위에 누워 일광욕을 하거나 바다에서 수영하는 바다사자들을 눈앞에서 볼 수 있다. 그 밖에도 섬 서쪽의 플린더스 체이스 국립공원에서는 수천 마리의 물개와 캥거루를 구경할 수 있고, 킹스 코트에서는 펭귄과 펠리컨, 한슨 베이에서는 코알라를 만날 수 있다.

아름다운 기암괴석

500만 년 동안 풍화, 침식작용이 이뤄져 독특한 모양을 하고 있는 리마커블 록스Remarkabel Rocks와 자연이 만든 신비한 바위 다리인 애드머럴 아치Admirals Arch도 빼놓을 수 없는 볼거리이다. 자연이 만들어낸 이 멋진 조각품은 매시간 다른 빛을 뿜어낸다. 특히 해 질 녘에는 붉은빛으로 물든 바위가 파란 바다와 대조를 이루며 매우 아름다운 풍경을 선사한다.

어드미럴 아치

리마커블 록스

하이킹

캥거루 아일랜드를 온몸으로 느끼기에는 하이킹만 한 게 없다. 캥거루 아일랜드 와일드니스 트레일Kangaroo Island Wilderness Trail은 총 61km 길이, 5일이 소요되는 트레킹 코스로 호주 그레이트 워크 중 하나이다.

맛있는 음식

식도락 여행 또한 빠질 수 없다. 바다가 보이는 레스토랑에 자리 잡고, 신선한 제철 해산물 요리와 함께 캥거루 아일랜드에서 자란 포도로 만든 와인을 즐겨 보자.

호주의 '톱 앤드' 다윈

DARWIN

07

'노던 테리토리'라고 하면 보통 붉은 땅인 울룰루를 먼저 떠올리지만, 이곳의 주도는 바로 다윈이다. 노던 테리토리 주에서 가장 많은 인구가 살고 있는 곳이지만, 도시 규모는 크지 않아 하루 이틀이면 충분히 둘러볼 수 있다. 다윈이라는 도시의 이름은 영국의 탐험가 존 클레멘트 위컴John Clements Wickham이 과거에 그와 여정을 함께했던 과학자 찰스 다윈Charles Darwin에게서 이름을 따와 지어졌다. 처음에는 포트 다윈Port Darwin이라 불렸지만 이후 이름이 파머스턴Palmerston으로 바뀌었고, 1911년에서야 비로소 다윈으로 확정되었다. 호주의 북쪽 끝이라고 해서 '톱 앤드Top End'라고 불리기도 한다.

다윈의 진정한 매력은 다윈 주변의 국립공원에 있다. 호주에서 가장 크고, 세계에서 세 번째로 큰 국립공원인 카카두 국립공원Kakadu National Park, 폭포와 열대우림이 가득한 리치필드 국립공원Litchfield National Park, 13개의 협곡으로 이루어진 캐서린 협곡Katherine National Park까지! 호주의 어느 지역과도 다른 자연환경이 여행자들을 기다리고 있다.

다윈 드나들기

✖ 다윈으로 이동하기

항공

다윈으로 가는 항공편은 많지 않다. 한국으로부터의 직항편은 없으므로 인천공항에서 싱가포르항공으로 출발하여 1회 경유하거나, 호주 내 다른 지역에 도착한 후 국내선으로 이동해야 한다. 1회 경유할 경우 총 13시간 정도의 시간이 소요된다.

호주 내 다른 도시에서는 콴타스항공(QF), 버진오스트레일리아(VA), 젯스타(JQ) 등 국내선을 타고 이동할 수 있다. 시드니에서 다윈까지 4시간 반~5시간 정도 소요되며, 한국 돈으로 편도 20만 원대의 금액으로 예약할 수 있다.

출발도시	도착 도시	소요 시간	항공사	요금
시드니	다윈	약 4시간 20분	콴타스항공(QF), 젯스타(JQ)	A$200~
멜버른		약 4시간 25분	콴타스항공(QF), 버진오스트레일리아(VA), 젯스타(JQ)	A$200~
브리즈번		약 4시간 15분		A$200~
퍼스		약 3시간 30분	콴타스항공(QF), 버진오스트레일리아(VA)	A$480~
앨리스 스프링스		약 2시간	콴타스항공(QF)	A$430~

홈피 **다윈 국제공항** www.darwinairport.com.au
콴타스항공 www.qantas.com
버진오스트레일리아 www.virginaustralia.com
젯스타 www.jetstar.com

버스

그레이하운드 버스를 타고 브룸이나 앨리스 스프링스에서 다윈까지 이동할 수 있다. 24시간 이상 소요되고 우기에는 길이 끊겨 운행하지 않기도 하므로 시간표를 잘 확인해야 한다.

요금 다윈-앨리스 스프링스 A$270~, 다윈-브룸 A$395~
홈피 그레이하운드 www.greyhound.com.au

기차

애들레이드에서 출발하는 기차인 더 간The Ghan이 일주일에 1~2회 운행한다. 고급 기차 여행을 위한 노선으로 애들레이드-다윈까지 2일이 소요되고, 편도 가격 역시 한국 돈으로 100만 원 이상이므로 단순 이동편으로는 적당하지 않다.

요금 다윈-앨리스 스프링스 A$1,790~
홈피 www.greatsouthernrail.com.au/trains/the-ghan

공항에서 시내로 이동하기

택시 & 우버

가장 편하고 빠르게 다윈 시내로 이동할 수 있는 방법이다. 톨비(A$4)는 탑승자가 부담해야 하며, 주말이나 심야 시간에는 추가 요금이 발생한다. 공항에서 다윈 시내로 나오는 버스도 있지만, 1시간 정도 소요되어서 추천하지 않는다.

요금 A$30~35(약 15분 소요)
홈피 **다윈 라디오 택시** www.darwinradiotaxis.com.au
블루 택시 www.bluetaxi.com.au
우버 www.uber.com

시내에서 이동하기

버스

다윈 시내와 근교는 도보 혹은 버스로 이동할 수 있다. 버스는 일회용 티켓이나 일주일권, 교통카드인 탭 앤 라이드Tap and Ride로 이용할 수 있으며, 모두 버스 안에서 현금으로 구입 가능하다. 역에 대한 방송이 따로 나오지 않기 때문에 내릴 역을 지나치지 않도록 신경을 쓰고 있는 것이 좋으며, 한국처럼 내리기 전 벨을 누르면 된다.

요금 싱글Single A$3, 하루 무제한Daily A$7, 일주일 무제한Weekly A$20

Tip | 다윈의 교통수단

다윈의 주요 교통수단은 버스이다. 관광객들이 주로 이용하게 되는 티켓은 싱글 티켓과 하루 동안 무제한으로 사용할 수 있는 데일리 티켓이다. 하지만 싱글 티켓 역시 구매한 시간을 기준으로 3시간 내에는 무제한 탑승이 가능하므로 시간을 잘 계산한다면 교통비를 아낄 수 있다. 싱글, 혹은 하루 무제한 티켓은 종이 영수증을 티켓으로 사용한다.

워터프런트 셔틀버스

워터프런트 근처에 무료 셔틀버스가 운행되기 때문에, 중심가를 빠르게 구경하고 싶다면 이를 이용하자. 셔틀버스는 인공 비치, 데크체어 영화관 등 주요 관광지를 경유한다. 오전 11시 30분~오후 2시, 오후 4시~오후 9시 사이에 이용할 수 있다.

렌터카

다윈을 여행한 후 울룰루 등으로 이동할 목적이라면 차량을 렌트해도 좋다. 카카두 국립공원 등 근교의 국립공원은 매우 크기 때문에 여행사를 이용해 일일 투어 등을 이용하는 것이 더 편리하지만, 호주 북부를 드라이브 하고 싶을 때 선택할 수 있다.

요금 24시간 A$90~

Tip | 렌터카

렌터카는 다윈 국제공항이나 시내에서 빌릴 수 있으며, 다른 지역에 반납할 수도 있다. 반납하는 지역에 따라 요금이나 수수료가 달라지니 차량을 빌리면서 미리 확인해보자. 울룰루 등 아웃백 지역에 갈 예정이라면 사륜구동차를 빌리는 것을 추천한다.

평균 기온과 옷차림

다윈은 열대사바나 기후로 크게 건기와 우기로 나뉜다. 건기는 5~10월로 따뜻하고 붉은 흙이 드러나며 건조한 편이다. 그중에서도 6~7월의 기온이 가장 낮지만 평균 14~15도를 유지한다. 따라서 여행하기 가장 좋은 시기도 건기인 5~10월 사이이다. 우기는 11~4월로 덥고 습도가 높으며 천둥번개를 동반한 많은 비가 온다. 엄청난 강우량과 함께 도시 짙푸른 색으로 변한다. 우기에는 폭우로 길이 끊겨 출입이 통제되는 지역도 발생하며 투어가 취소되기도 하므로 여행 계획을 세울 때 주의해야 한다. 하지만 우기의 푸르름은 다른 시즌에는 경험할 수 없기 때문에, 관광객들은 일부러 이 시기에 다윈을 찾아 해변가 레스토랑에서 뇌우를 감상하기도 한다.

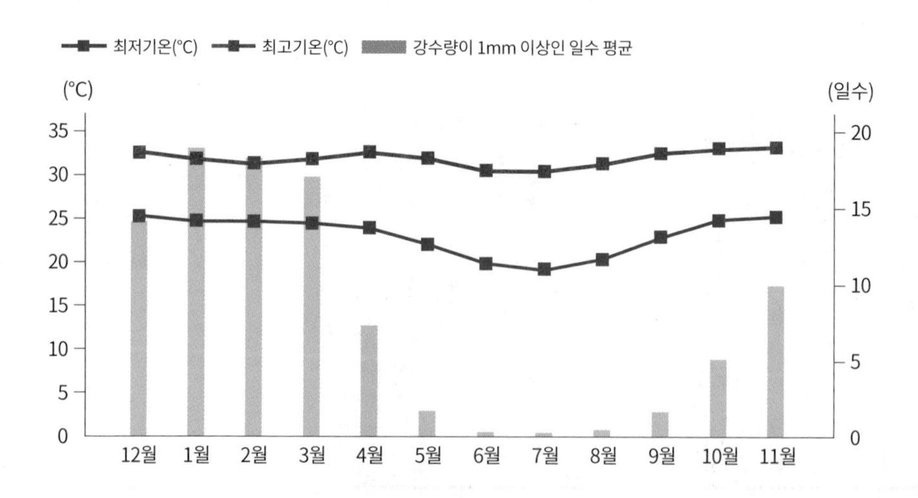

다윈 추천 코스

카카두 국립공원, 리치필드 국립공원 등 '톱 앤드' 여행으로의 관문 다윈. 근교의 여행지로 떠나기 전, 시내를 구경하며 여행 준비물을 구입하자. 벌레를 쫓는 약이나 선크림, 침낭도 A$20 정도로 구입할 수 있다.

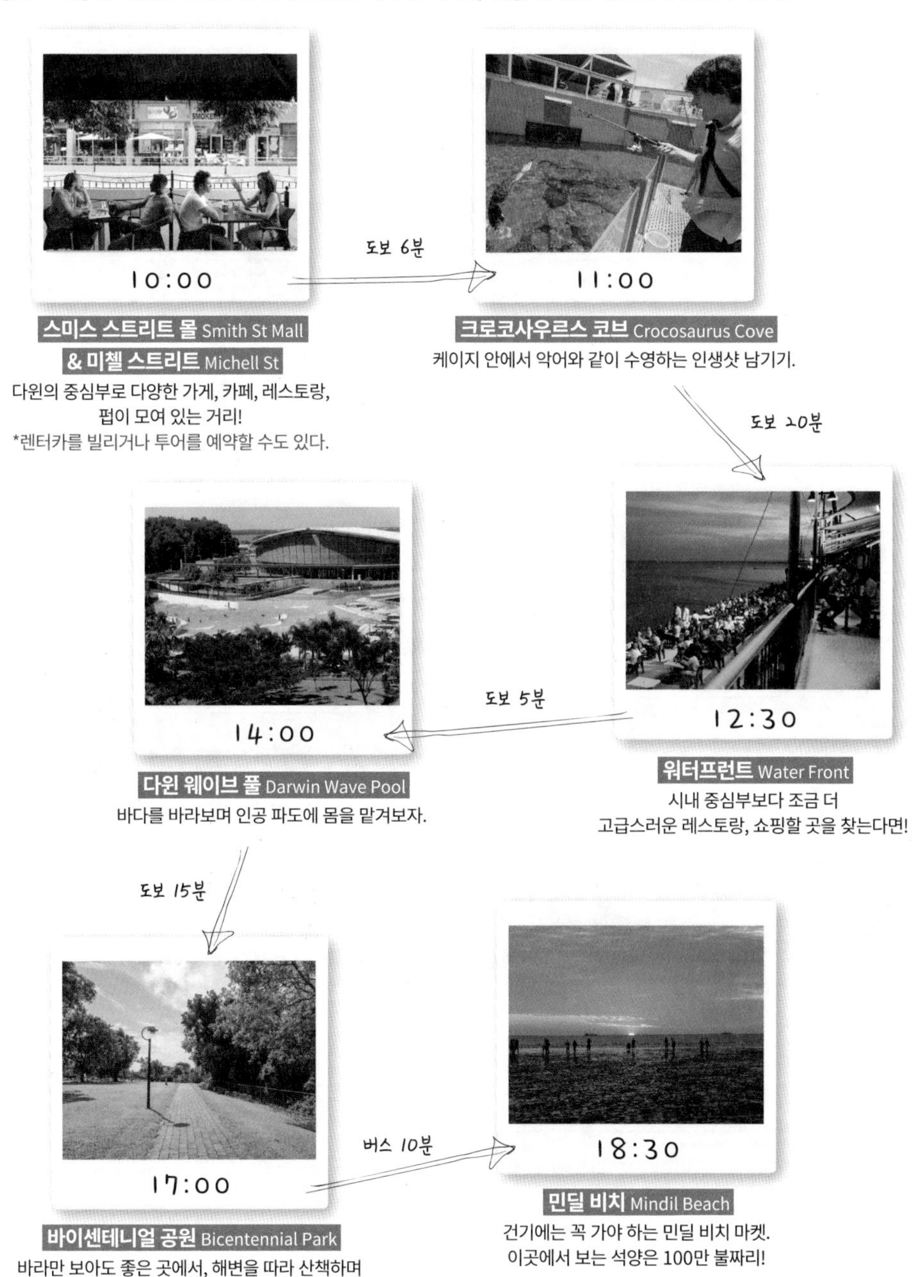

스미스 스트리트 몰 Smith St Mall **& 미첼 스트리트** Michell St
다윈의 중심부로 다양한 가게, 카페, 레스토랑, 펍이 모여 있는 거리!
*렌터카를 빌리거나 투어를 예약할 수도 있다.

크로코사우르스 코브 Crocosaurus Cove
케이지 안에서 악어와 같이 수영하는 인생샷 남기기.

워터프런트 Water Front
시내 중심부보다 조금 더 고급스러운 레스토랑, 쇼핑할 곳을 찾는다면!

다윈 웨이브 풀 Darwin Wave Pool
바다를 바라보며 인공 파도에 몸을 맡겨보자.

바이센테니얼 공원 Bicentennial Park
바라만 보아도 좋은 곳에서, 해변을 따라 산책하며 인도양을 감상하자.

민딜 비치 Mindil Beach
건기에는 꼭 가야 하는 민딜 비치 마켓. 이곳에서 보는 석양은 100만 불짜리!

다윈 시내

다윈 시내에 처음 들어서면 드는 느낌은 정말 작다는 것! 카카두 국립공원이나 리치필드 국립공원을 여행하기 위해 거치는 도시로 생각할 수도 있지만, 작은 도시의 여유로움을 만끽할 수 있는 곳이기도 하다. 각각 2km 거리의 스미스 스트리트와 미첼 스트리트가 다윈의 중심가. 이곳에서 필요한 물건을 쇼핑하거나 워터프런트를 산책하며 조용한 하루를 보내보자.

☑ to do list

1. 바이센터니얼 공원의 산책로 걷기
2. 민딜 비치 선셋 마켓에서 악어 고기에 도전!
3. 밤하늘 아래에서 영화 감상하기

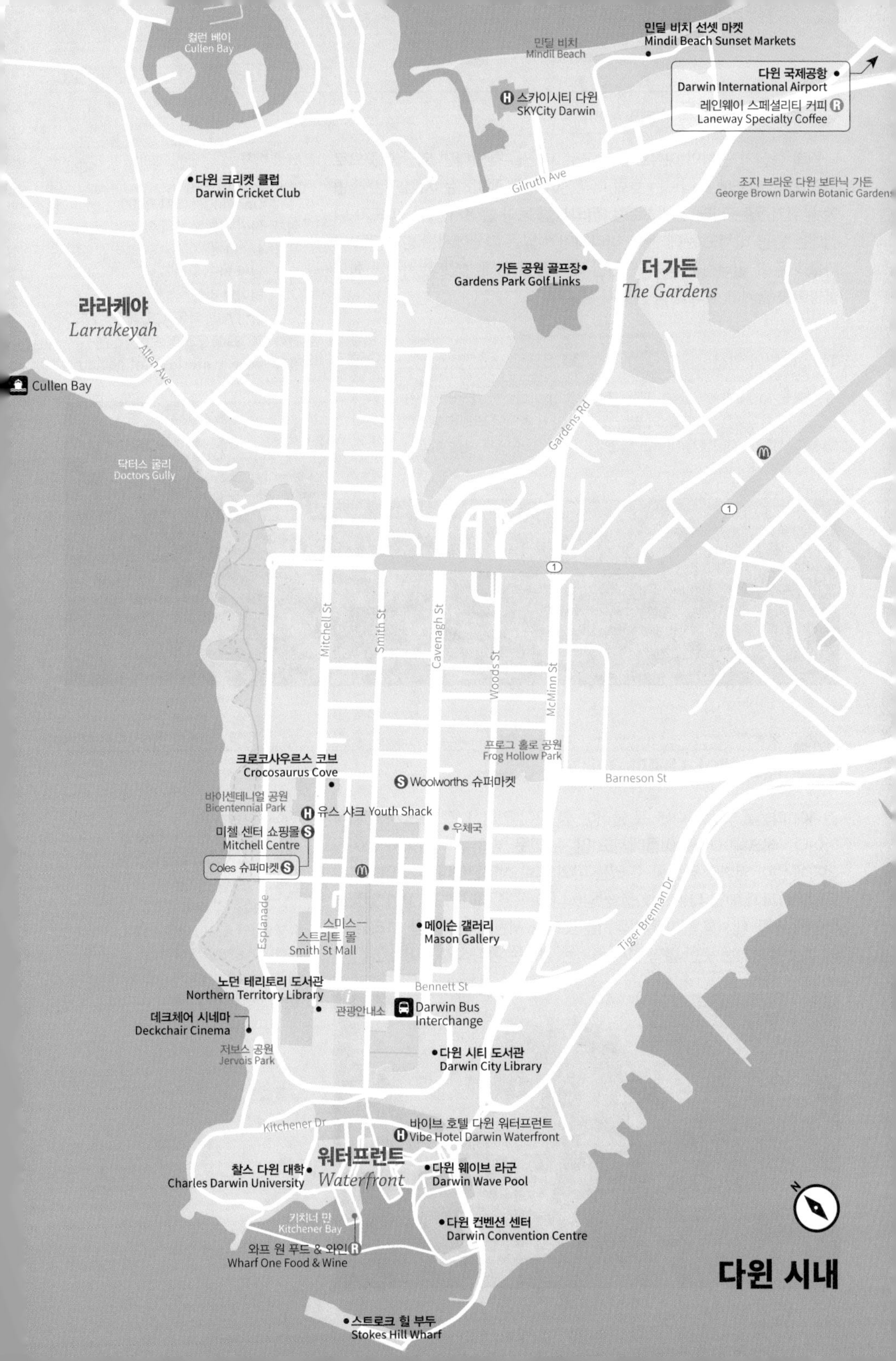

컬런 베이
Cullen Bay
민딜 비치
Mindil Beach
민딜 비치 선셋 마켓
Mindil Beach Sunset Markets
다윈 국제공항
Darwin International Airport
레인웨이 스페셜리티 커피
Laneway Specialty Coffee
스카이시티 다윈
SKYCity Darwin
다윈 크리켓 클럽
Darwin Cricket Club
Gilruth Ave
조지 브라운 다윈 보타닉 가든
George Brown Darwin Botanic Gardens
가든 공원 골프장
Gardens Park Golf Links
더 가든
The Gardens
라라케야
Larrakeyah
Allen Ave
Cullen Bay
Gardens Rd
닥터스 굴리
Doctors Gully
1
Mitchell St
Smith St
Cavenagh St
Woods St
McMinn St
프로그 홀로 공원
Frog Hollow Park
크로코사우르스 코브
Crocosaurus Cove
Woolworths 슈퍼마켓
Barneson St
바이센테니얼 공원
Bicentennial Park
유스 샤크 Youth Shack
미첼 센터 쇼핑몰
Mitchell Centre
우체국
Coles 슈퍼마켓
Esplanade
스미스 스트리트 몰
Smith St Mall
메이슨 갤러리
Mason Gallery
Tiger Brennan Dr
노던 테리토리 도서관
Northern Territory Library
Bennett St
관광안내소
Darwin Bus Interchange
데크체어 시네마
Deckchair Cinema
저보스 공원
Jervois Park
다윈 시티 도서관
Darwin City Library
Kitchener Dr
바이브 호텔 다윈 워터프런트
Vibe Hotel Darwin Waterfront
워터프런트
Waterfront
찰스 다윈 대학
Charles Darwin University
다윈 웨이브 라군
Darwin Wave Pool
키치너 만
Kitchener Bay
다윈 컨벤션 센터
Darwin Convention Centre
와프 원 푸드 & 와인
Wharf One Food & Wine
다윈 시내
스토크 힐 부두
Stokes Hill Wharf

★★★

GPS -12.466670, 130.847588

워터프런트 Waterfront

다원의 중심가 근처의 여유로운 항구로, 다윈을 찾았다면 일단 이곳으로 가면 된다. 다윈에 드나드는 호화 여객선이 주로 정박하는 지역으로, 주변에 분위기 있는 카페나 레스토랑, 편의시설 등이 들어서 있다. 파도가 넘실대는 인공 비치도 눈에 띈다. 바다악어가 많은 다윈에서는 방파제로 바다를 가두고 필터링을 통해 '안전한 바다'를 조성해 놓았다. 가족과 함께 물놀이를 즐기고 싶다면 꼭 들르자.

인공 비치

주소 Kitchener Dr,
Darwin City NT 0800

위치 다윈 컨벤션 센터 앞

운영 10:00~18:00

요금 **일반 라군** 무료
웨이브 라군
일반 A$8, 아동 A$6, 패밀리 A$25

전화 08 8941 7260

홈피 www.waterfront.nt.gov.au

Tip | 다윈의 역사

다윈은 제2차 세계대전으로 도시의 많은 부분이 파괴되어 재정비되었으나, 1974년 끔찍한 사이클론 트레이시의 영향으로 또 다시 엄청난 피해를 당했다. 하지만 그 힘든 시기를 지혜롭게 이겨낸 덕분에 다윈은 '호주에서 가장 젊고 용감한 도시'라고 불린다.

★★☆

GPS -12.467624, 130.842336

데크체어 시네마 Deckchair Cinema

건기에 다윈을 여행한다면 꼭 들러야 할 곳이 있다. 바로 데크체어 시네마이다. '데크체어'라는 이름에서도 알 수 있듯, 밤하늘 아래에서 접이식 의자에 앉아 영화를 감상할 수 있는 야외 영화 상영관이다. 상업영화부터 독립영화까지 매일 다른 영화를 상영하니 여행을 떠나기 전 상영 일정을 확인해 보자. 대사를 전부 알아듣지는 못해도 시원한 바닷바람, 그리고 머리 위로 쏟아지는 듯한 별과 함께 즐기는 영화는 환상적일 것이다.

주소 Jervois Rd,
Darwin City NT 0800

위치 저보스 공원 주차장 근처

운영 4~11월 18:00~
(12~3월 우기 휴무)

요금 성인 A$19, 아동 A$10

전화 08 8981 4377

메일 info@deckchaircinema.com

홈피 deckchaircinema.com

★★★ GPS -12.444834, 130.831614

민딜 비치 선셋 마켓 Mindil Beach Sunset Markets

민딜 비치는 시내에서 가까울 뿐 아니라, 석양을 감상하기에도 좋은 곳이다. 이곳에서 다윈의 건기인 4~10월에만 야시장이 열린다. 아시아와 가깝다는 지역의 특성상 태국이나 인도네시아 같은 동남아시아의 야시장 느낌이 가득해 현지인과 관광객 모두에게 인기가 많다. 의자, 돗자리 등을 챙겨 나와 해변에 자리를 잡고 일몰을 감상한 후 똠얌꿍, 사테, 스프링 롤, 버거, 피시 앤 칩스 등 다양한 문화의 음식을 즐겨보자. 캥거루 고기나 악어 고기도 맛볼 수 있으니 도전해 볼 것! 버스킹, 마술 같은 거리 공연도 펼쳐진다.

주소 Maria Liveris Dr, The Gardens NT 0820
위치 시내에서 4, 6, 11번 버스로 민딜 비치 역 이동 후 도보 약 5분
운영 **4~10월** 목·일 16:00~21:00 (11~3월, 월~수·금~토 휴무)
전화 08 8981 3454
메일 admin@mindil.com.au
홈피 mindil.com.au

Tip | 악어 조심!

다윈의 바다에는 바다악어는 물론 상어도 종종 출몰한다. 여행에서 중요한 건 첫째도 둘째도 안전인 만큼, 함부로 바다에 뛰어들지는 않도록 하자.

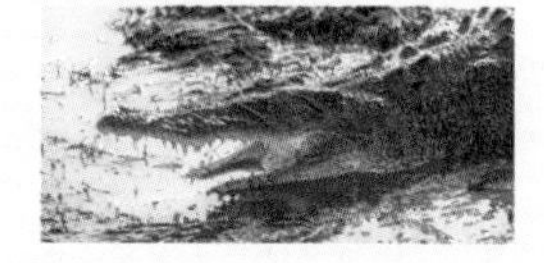

★★☆ GPS -12.462301, 130.839166

크로코사우르스 코브 Crocosaurus Cove

세상에서 가장 짜릿한 동물원이 아닐까. '세계에서 가장 큰 파충류'인 바다악어를 물속에서 직접 마주할 수 있다. 물론 맨몸은 아니고 커다란 아크릴 케이스인 일명 '죽음의 상자', 케이지 오브 데스Cage of Death에 들어가는 체험이다. 다른 곳에서는 하기 힘든 체험인 만큼 겁이 조금 나더라도 도전해보자. 물론 케이지 오브 데스 체험 없이 수족관만 관람할 수도 있다.

주소 58 Mitchell St, Darwin City NT 0800
위치 스미스 스트리트 몰에서 도보 약 10분
요금 **입장권** 성인 A$40, 아동 A$25, **케이지 오브 데스** A$195~
운영 09:00~18:00
전화 08 8981 7522
홈피 www.croccove.com

바다악어가 바로 내 눈앞에!

GPS -12.468502, 130.847397

와프 원 푸드 & 와인 Wharf One Food & Wine

일주일 내내 운영하는 곳으로 여행자에게 최적화된 식당이다. 워터프런트에 위치해서 아름다운 해변을 감상하면서 식사를 즐길 수 있다. 다윈 시티를 여행하다 들리기 좋으며 주말에는 런치 타임을 진행한다. 해피 아워는 4시부터로, 저녁 식사 전에 가볍게 한잔하면서 휴식을 취할 수 있다.

주소 19 Kitchener Drive Darwin Waterfront NT 0800
위치 워터프런트에 위치
운영 16:30~21:00
요금 디너 A$28~, 시푸드 플래터 A$150
전화 08 8941 0033
메일 functions@wharfone.com.au
홈피 wharfone.com.au

GPS -12.431853, 130.844667

레인웨이 스페셜리티 커피 Laneway Specialty Coffee

다윈 시내 중심가는 아니지만 차를 타고 10분이면 가는 곳에 위치하므로 시간이 된다면 꼭 추천하고 싶은 곳. 호주의 로컬 카페를 제대로 즐길 수 있다. 특히 주말이면 브런치를 즐기기 위해 온 현지인들로 붐비는 곳이다. 빨리 문을 닫는 호주 카페답게 오후 3시까지만 운영하니 늦은 시간에 간다면 놓칠 수 있다. 베이컨 에그롤, 핫케이크, 버거 등 간단한 음식과 커피를 맛볼 수 있다.

주소 4/1 Vickers St, Parap NT 0820
위치 파랍 빌리지 마켓 근처. 시내에서 차량으로 약 10분
운영 월~토 07:30~15:00, 일 07:30~14:30
요금 커피 A$4.5~, 올데이 메뉴 A$15~
전화 08 8941 4511
메일 eat@lanewaycoffee.com.au
홈피 www.lanewaycoffee.com.au

다윈 숙소 선택 Tip

대부분의 숙소가 다윈 도심을 중심으로 모여 있다. 도심 근처나 민딜 비치에도 럭셔리 리조트가 있으나 렌터카로 여행하는 경우에만 추천하며, 걸어서 이동하거나 투어를 이용할 예정이라면 시내에 숙박하는 것이 좋다. 또한 다윈은 건기와 우기의 숙박료가 거의 2배나 차이 나므로 예산 계획을 세울 때 참고하자. 대부분의 숙소에서 수영장을 이용할 수 있다.

4성급 GPS -12.466613, 130.846689

바이브 호텔 다윈 워터프런트
Vibe Hotel Darwin Waterfront

레스토랑, 카페, 바가 모여 있는 다윈 워터프런트에 있는 호텔. 깨끗하고 '있을 건 다 있는' 객실로, 가성비가 훌륭한 곳으로 꼽힌다. 워터프런트뷰룸에서는 다양한 열대해양생물을 볼 수 있는 스톡스 힐 부두Stokes Hill Wharf를 내다볼 수 있다. 잔디밭이 내려다보이는 카페에서 아침 식사를 즐길 수 있다.

주소 7 Kitchener Dr, Darwin City NT 0800
위치 웨이브 라군 근처
요금 건기 A$314~, 우기 A$210~ **전화** 08 8982 9999
홈피 vibehotels.com/hotel/darwin-waterfront

백패커 GPS -12.466667, 130.833333

유스 샤크 Youth Shack

다윈 시내 중심인 미첼 스트리트에서도 가장 중심이 되는 곳에 위치해 있어 항상 떠들썩하다. 콜스 슈퍼마켓이 바로 옆에 있어서 저렴한 숙소를 찾는 배낭여행자들에게 최고로 꼽히는 곳. 야외수영장이 있고 다양한 여행자와 어울리는 것을 좋아한다면 최고의 숙소이다. 성수기에는 투숙객이 정말 많아서 시끄러운 것을 감안해야 한다. 조용한 숙소를 찾는다면 다른 곳을 찾는 것이 좋다.

주소 69 Mitchell St, Darwin City NT 0800
위치 미첼 스트리트 중심
요금 A$30~ **전화** 08 8981 5221
홈피 www.youthshack.com.au

다윈 근교

사실 다윈을 찾는 사람들 중 99%는 다윈의 근교를 보기 위해서 오는 것이라고 해도 과언이 아니다. 푸르른 자연 속 트레킹, 2만 년 전 사람들이 그린 그림 감상, 시원한 폭포 수영 등 호주뿐 아니라 세계 그 어디서도 하기 힘든 특별한 경험을 할 수 있는 곳이다.

to do list

1. 세계에서 가장 오래된 원주민인 애버리진의 암각화 보기
2. 아름다운 폭포에서 헤엄을~
3. 카카두 국립공원에서 석양 감상하기

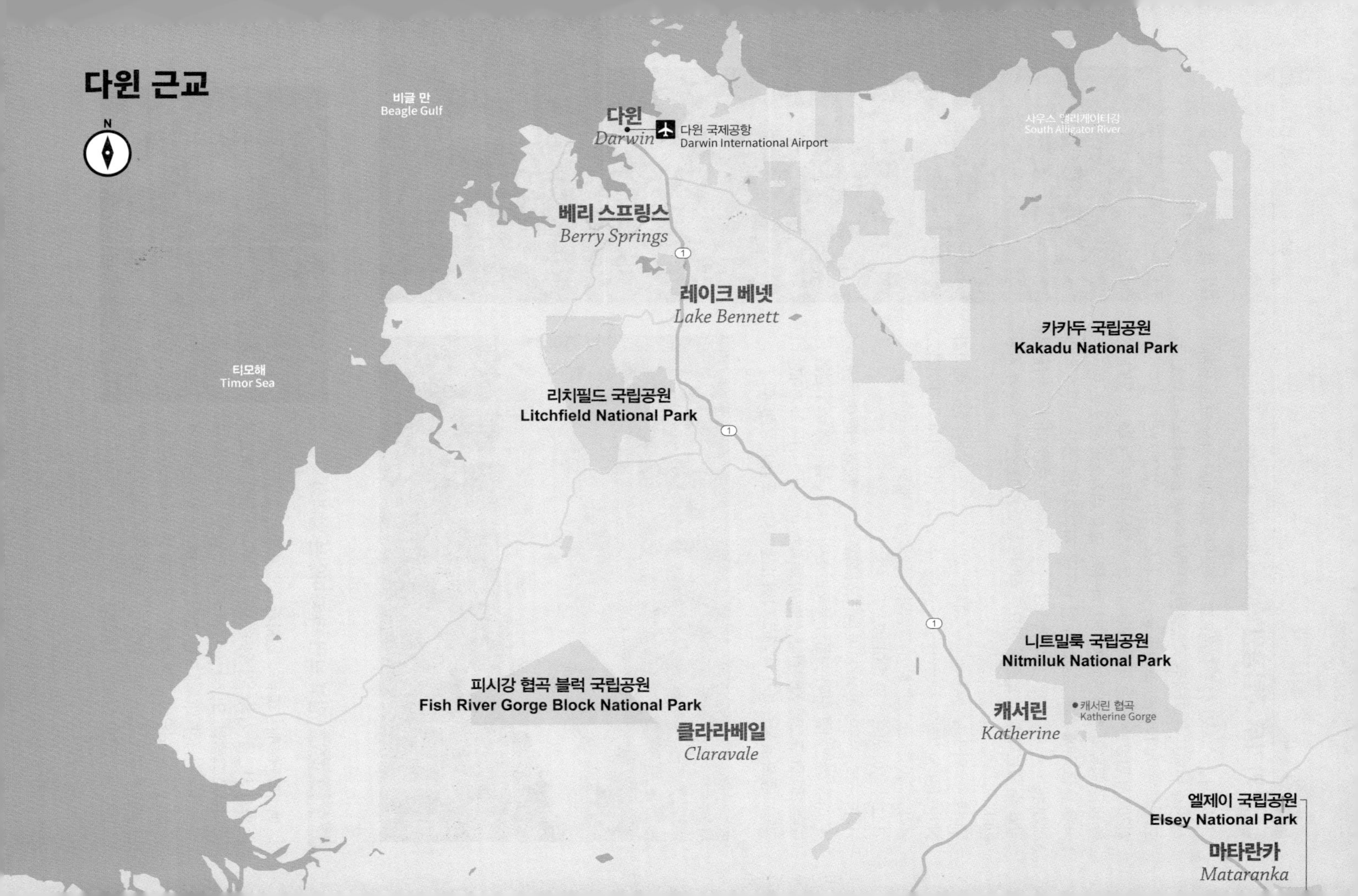

다윈 근교

N
비글 만
Beagle Gulf
다윈
Darwin
다윈 국제공항
Darwin International Airport
사우스 앨리게이터강
South Alligator River
베리 스프링스
Berry Springs
1
레이크 베넷
Lake Bennett
카카두 국립공원
Kakadu National Park
티모해
Timor Sea
리치필드 국립공원
Litchfield National Park
1
1
니트밀룩 국립공원
Nitmiluk National Park
피시강 협곡 블럭 국립공원
Fish River Gorge Block National Park
캐서린
Katherine
캐서린 협곡
Katherine Gorge
클라라베일
Claravale
엘제이 국립공원
Elsey National Park
마타란카
Mataranka

★★★

카카두 국립공원 Kakadu National Park

GPS -13.077533, 132.393870

다윈에서 2~3시간 정도 동쪽으로 이동하면 호주에서 가장 크고 세계에서는 세 번째로 큰 카카두 국립공원을 만날 수 있다. 무려 스위스의 반 정도나 되는 어마어마한 크기의 공원이다. 오염되지 않은 자연과 원주민의 과거까지 만날 수 있는 이곳은 유네스코 복합유산으로 등록되어 있다. 또한 많은 종류의 철새 서식지이자 희귀종, 멸종 위기종의 보고로, 람사르 국제습지조약에 의해 보호해야 할 습지로 지정되기도 했다. 사우스 엘리게이터강South Allagator River와 메리강Mary River에서는 수만 마리의 새를 관찰할 수 있는데 특히 호주가 봄으로 접어드는 9~10월경에 그 수가 가장 많다.

우비르Ubirr와 노우랜지Nourlangie에서는 2만 년 전 호주 원주민인 애버리진이 그린 암각화와 동굴벽화를 만나볼 수 있다. 일명 '번개 인간'이라고 불리는 라이팅 맨Lighting Man 그림이 가장 유명하며, 그 외에도 악어, 물고기 그림 등이 있으니 꼭 찾아보자.

카카두 국립공원의 하이라이트는 짐짐 폭포Jim Jim Falls와 쌍둥이 폭포Twin Falls이다. 계단처럼 보이는 짐짐 폭포는 높이 200m, 넓이 20m가 넘을 정도로 거대한 규모를 자랑한다. 쌍둥이 폭포는 이름처럼 위쪽의 거대한 바위를 기준으로 물줄기가 두 개로 나뉘어 떨어지는 모습이 장관이다.

위치 다윈에서 150km 지점. 차량으로 약 2시간 30분

계단 같은 형상의 짐짐 폭포

more & more 알고 보면 더 재미있는 암벽화

애버리진에게는 고유의 문자가 없었기 때문에 삶의 여러 가지 사건을 기록하기 위해, 또는 교육이나 역사, 종교적 이유로 그림을 그렸다. 이들은 드림 타임Dream time이라고 불리는 신성한 시대에 모든 것이 탄생했다고 믿었는데, '라이팅 맨'은 뇌우와 관련된 설화 속 인물 중 하나이다. 붉은색은 적철광, 노란색은 갈철광, 흰색은 백점토, 검은색은 목탄 등 다양한 원료를 사용했다.

라이팅 맨

★★★

GPS -13.293016, 130.845930

리치필드 국립공원 Litchfield National Park

다윈 남서쪽으로 약 100km 떨어진 곳에 위치한 리치필드 국립공원은 매년 25만 명 이상의 관광객이 찾는 명소이다. 자연이 만든 다양하고 신비로운 지형이 이곳의 특징.

가장 먼저 만나게 되는 마그네틱 터마이트 마운스Magnetic Termite Mounds는 흰개미가 만든 탑이다. 돌기둥처럼 단단한 데다가 그 높이가 성인 남성의 키를 훌쩍 넘기도 한다. 이 탑이 한두 개가 아니라는 점을 생각하면, 작은 개미의 근성에 놀라게 된다.

두 개의 폭포가 함께 떨어지며 짙은 푸른색의 웅덩이를 만드는 플로렌스 폭포Florence Falls는 다윈에서 폭포 수영을 할 수 있는 곳 중 가장 아름다운 장소이다. 더없이 맑은 물에서 다양한 물고기와 함께 놀 수 있으므로 수영을 좋아하는 사람이라면 꼭 수영복과 갈아입을 옷을 챙겨 차가운 물에 풍덩 빠져보자.

위치 다윈에서 100km 지점. 차량으로 약 1시간 20분

Tip | 자나 깨나 물 조심!

사실 어느곳을 여행해도 가장 기본적으로 체크해야 할 것이 물이다. 호주 대부분의 지역에서는 수돗물을 식수처럼 마실 수 있지만, 리치필드 국립공원 지역에서만큼은 물을 꼭 끓여 마셔야 한다. 물론 끓여먹는 게 힘든 경우가 많으니 생수를 여유롭게 준비하는 것이 가장 좋다.

플로렌스 폭포

마그네틱 터마운트 마운스

★★★

GPS -14.451815, 132.271541

캐서린 Katherine

다윈에서 동남쪽으로 320km, 노던 테리토리 주에서 네 번째로 큰 도시이지만 인구수는 그리 많지 않다. 하지만 건기가 되는 5월이면 시드니, 멜버른 등의 지역에서 겨울을 피해 은퇴자들이 찾아오며 활기를 찾기 시작한다. 캠핑카 또는 트레일러를 몰고 언제 어디로든 마음만 먹으면 훌쩍 떠날 수 있는 은퇴자들의 낭만이 시작되는 도시이다.

캐서린 지역에서 여행자들이 가장 많이 방문하는 곳은 바로 니트밀룩 국립공원Nitmiluk National Park의 캐서린 협곡Katherine Gorge이다. 13개의 협곡 사이를 캐서린강Katherine River이 흐르고 있으며 카누나 보트 투어로 강을 여행할 수 있다. 이런 곳들은 차량으로는 접근할 수 없고, 오직 카누를 이용해야만 갈 수 있으므로 숨겨진 비밀 장소를 찾아가는 듯한 즐거움을 느낄 수 있다. 다만 캐서린강에서는 악어도 만날 수 있는데, 사람을 공격하는 경우가 흔치 않지만 조심 또 조심하자.

위치 다윈에서 320km 지점. 차량으로 약 3시간 20분

Tip | 여행의 피로를 풀어주는 온천으로!

캐서린에서 남쪽으로 107km 떨어진 지점에 위치한 엘제이 국립공원Elsey National Park의 마타란카 온천은 아웃백 여행 중 만나는 숨은 보석이라고 할 수 있다. 항상 32~34℃를 유지하는 따뜻한 물에서 피로를 풀어도 좋고, 스노클 장비를 착용하고 수영해도 좋다. 유유히 떠도는 작은 물고기와 거북이를 만날 수도 있다.

more & more 카카두 국립공원 & 리치필드 국립공원 & 캐서린은 투어 업체로~

가장 큰 도시인 다윈과 거리가 있고 통신이 잘 터지지 않는 곳이 많기 때문에 렌터카로 각자 이동하기보다는 투어로 여행하는 사람이 특히 많은 지역이다. 카카두 국립공원, 리치필드 국립공원, 캐서린 투어는 모두 다윈에서 출발한다. 각각의 지역을 하루만에 돌아보고 다시 다윈에 돌아올 수도 있고, 캠핑을 하면서 2박 3일~3박 4일 동안 여행할 수도 있다. 투어는 모두 영어로 진행되며, 건기와 우기에 따라 금액이 달라진다. 우기 시즌에는 길이 끊기는 지역이 있으므로 2박 이상 투어의 경우 일정이 바뀌기도 한다.

같은 2박 3일 투어라도 방문하는 곳이 다르고, 캠핑/롯지 숙박 여부, 식사 등에 따라 가격이 다르니 꼭 가고 싶은 곳이 있다면 일정을 자세히 확인하자. 캠핑 투어의 경우 나이 제한이 있고, 하이킹 일정 등이 포함되어 있다. 캠핑이 부담스럽거나 아이와 함께 여행하는 경우 다윈에서 숙박하면서 일일 투어로 여행하는 게 좋다.

요금 **AAT Kings**
카카두 국립공원
성인 A$409, 아동 A$289
리치필드 국립공원
성인 A$249, 아동 A$175
캐서린 협곡+이디스 폭포
성인 A$329, 아동 A$229
Adventure Tours
카카두 국립공원
+리치필드 국립공원(2박 3일)
성인 A$842~

캐서린 여행자들이 가장 기대하는 액티비티 중 하나인 보트 투어

카카두 국립공원 트레킹

호주 원주민들의 신성한 땅 앨리스 스프링스 & 울룰루

ALICE SPRINGS & ULURU

08

호주의 중심부에 위치한 앨리스 스프링스와 울룰루Uluru는 붉은 빛을 띠는 모래로 이뤄진 사막으로, 레드 센터Red Centre라고도 불린다. 예전부터 호주 원주민인 애버리진이 신성한 땅으로 여겨온 곳으로, 현재까지도 그들의 삶의 터전이자 역사가 이어지는 공간이다.

아웃백의 상징적인 도시, 앨리스 스프링스는 풍부한 역사와 문화로 관광객들을 매료시킨다. 앨리스 스프링스에는 구 전신국, 방송학교, 안작 힐, 애버리진 아트센터 등의 볼거리가 있으며, 근교에는 독특한 자연 풍경이 펼쳐진 웨스트 맥도넬 국립공원West MacDonnell National Park이 있다.

호주 아웃백 여행의 하이라이트는 바로 울룰루이다. 지질학자들에 따르면, 높이 348m의 이 커다란 바위 덩어리는 550만 년 전부터 만들어지기 시작했다고 한다. 실제로 울룰루를 눈앞에 마주하면 그 거대함과 장엄함에 자신도 모르게 감탄하게 된다. 여러 개의 바위 덩어리가 모여 있는 카타추타는 울룰루와 함께 둘러봐야 하는 명소로 꼽힌다. 세계문화유산에도 등재되어 있는 울룰루-카타추타 국립공원을 탐험해 보자.

앨리스 스프링스 & 울룰루 드나들기

앨리스 스프링스 & 울룰루로 이동하기

항공

호주의 중심인 앨리스 스프링스와 울룰루로 이동하기 위해서는 항공을 이용하는 것이 가장 편리하다. 호주 주요 도시에서 국내선 항공으로 앨리스 스프링스 공항Alice Springs Airport 또는 울룰루의 에어즈 록 공항Ayers Rock Airport까지 이동할 수 있다. 각 구간별로 출발 요일이 다르며 시즌별로 스케줄이 변동되니 사전에 체크해서 계획을 세우는 것이 좋다. 시드니, 멜버른, 브리즈번, 케언스에서 출발한다면 앨리스 스프링스 공항보다는 저비용항공사인 젯스타(JQ)가 들어가는 에어즈 록 공항을 이용하는 편이 더 저렴하다.

출발 도시	도착 도시	소요 시간	항공사	요금
시드니	앨리스 스프링스	약 3시간 20분	콴타스항공(QF)	A$349~
브리즈번			콴타스항공(QF), 버진오스트레일리아(VA)	A$353~
멜버른		약 2시간 50분	콴타스항공(QF)	A$355~
애들레이드		약 2시간 10분	콴타스항공(QF), 버진오스트레일리아(VA)	A$239~
다윈			콴타스항공(QF)	A$433~
퍼스		약 2시간 30분	콴타스항공(QF), 에어노스(TL)	A$435~
시드니	울룰루	약 3시간 30분	콴타스항공(QF), 젯스타(JQ)	A$200~
멜버른		약 3시간	젯스타(JQ)	A$180~
브리즈번		약 3시간 30분		A$180~
케언스		약 2시간 50분	콴타스항공(QF)	A$636~

버스

그레이하운드 버스가 애들레이드와 다윈에서 앨리스 스프링스까지 운행한다. 앨리스 스프링스↔울룰루 구간은 투어 회사인 AAT Kings의 버스를 이용할 수 있다.

출발 도시	도착 도시	출발 시간	도착시간	요금
애들레이드	앨리스 스프링스	18:00	14:30+1	A$198~
다윈		21:55	07:35+1	A$300~
앨리스 스프링스	울룰루	07:00	13:00	A$199~
울룰루	앨리스 스프링스	12:30(10~3월), 13:00(4~9월)	19:00(10~3월), 19:30(4~9월)	A$199~

기차

애들레이드에서 앨리스 스프링스를 거쳐 다윈까지 호주 대륙을 횡단하는 기차 더 간The Ghan. 전체 구간은 2박 3일이 소요되며, 애들레이드에서 앨리스 스프링스까지는 1박 2일이 걸린다. 침대칸 숙박과 일정 중의 모든 식사와 음료가 요금에 포함되어 있는 럭셔리한 기차 여행으로, 이동 중 광활한 녹색지대와 아웃백 풍경을 창밖으로 즐길 수 있다.

요금 **애들레이드-앨리스 스프링스** A$1,790~

✿ 공항에서 시내로 이동하기

셔틀버스

· 앨리스 스프링스

앨리스 스프링스 공항에서 시내까지는 셔틀버스를 이용할 수 있다. 여러 명이 예약하면 저렴해지며, 비수기에는 온라인 예약이 있을 경우에만 운행한다. 미리 예약은 필수.

요금 A$20~
홈피 alicesilver.com.au

에어즈 록 공항의 셔틀버스 탑승 장소

· 울룰루

에어즈 록 공항에서 울룰루 에어즈 록 리조트 단지까지는 AAT Kings에서 무료 셔틀버스를 운행한다. 짐을 찾아 공항 밖으로 나온 후 각 숙소 이름이 쓰인 표지판 앞에서 버스를 탑승하면 된다. 미리 예약할 필요는 없으며 공항에서 리조트 단지까지는 10분 정도 소요된다.

✿ 시내에서 이동하기

앨리스 스프링스는 작은 도시이기 때문에 시내에서는 도보로 이동해도 충분하다. 근교 지역으로 나갈 경우에는 일일 투어를 이용하거나 렌터카를 빌리자. 울룰루의 경우, 별도의 교통수단이 없고 일일 투어를 이용하거나 렌터카로 직접 이동해야 한다. 울룰루-카타추타 국립공원에는 매점 등 편의시설 또한 없으니 숙소를 나서기 전 물이나 간식 등을 늘 든든하게 준비하는 것이 좋다.

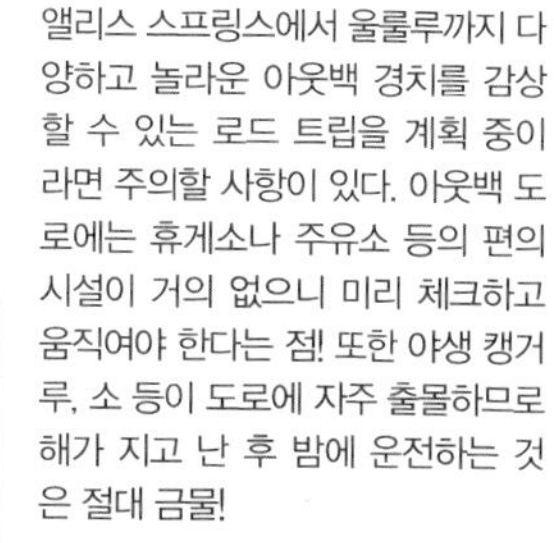

Tip | 아웃백 로드 트립 주의사항

앨리스 스프링스에서 울룰루까지 다양하고 놀라운 아웃백 경치를 감상할 수 있는 로드 트립을 계획 중이라면 주의할 사항이 있다. 아웃백 도로에는 휴게소나 주유소 등의 편의시설이 거의 없으니 미리 체크하고 움직여야 한다는 점! 또한 야생 캥거루, 소 등이 도로에 자주 출몰하므로 해가 지고 난 후 밤에 운전하는 것은 절대 금물!

✿ 평균 기온과 옷차림

연중 햇빛이 강하고, 뜨거운 날씨이기 때문에 선크림, 모자는 필수! 외부에서 머무는 시간이 많기 때문에 벌레 퇴치약을 미리 준비하는 것이 좋다. 여행하기엔 평균 기온이 가장 낮은 5~9월이 가장 좋다.

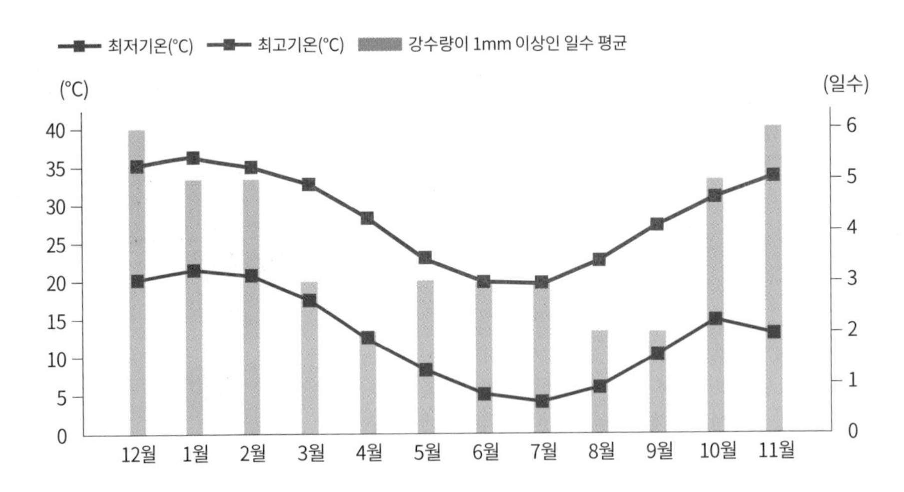

앨리스 스프링스 추천 코스

호주 종단 열차가 지나가는 기차역과 국내 주요 도시를 연결해 주는 공항이 위치한 앨리스 스프링스는 보통 울룰루 여행을 위해 잠시 거쳐 가는 도시이다. 대중교통이 발달해 있지 않아 도시 주변까지 구석구석 둘러보려면 렌터카나 투어를 이용하는 편이 수월하다. 뚜벅이 여행자라면 아래 도보 추천 코스를 참고해서 시내를 둘러보자.

올리브 핑크 보타닉 가든
Olive Pink Botanic Garden
호주 사막에서 살고 있는 다양한 식물들을 둘러보자. 카페에서는 차나 간단한 음식도 즐길 수 있다.

토드 몰 Todd Mall
앨리스 스프링스의 중심 거리. 각종 편의시설, 쇼핑센터, 레스토랑 등이 모두 모여 있다.

안작 힐 Anzac Hill
제1차 세계대전 기간 동안 목숨을 잃은 전사자들을 추모하는 탑. 앨리스 스프링스의 전경을 한눈에 내려다볼 수 있다.

울룰루 추천 코스

울룰루의 일출과 일몰, 카타추타, 킹스 캐니언까지 울룰루 여행의 하이라이트를 모두 즐기려면 최소 2박 3일 이상으로 계획하는 것이 좋다. 4일 이상의 여유로운 여행이 가능하다면 낙타 투어나 스카이다이빙 등의 특별한 액티비티나 다양한 트레킹 코스를 추가하자.

Day 1 울룰루의 일몰을!

15:00

울룰루 쿠니야 워크 Uluru Kuniya Walk

왕복 1km의 짧은 울룰루 트레킹 코스를 걸으며
울룰루 토착 원주민인 아나구Anagu의 흔적을 찾아보자.

18:00

울룰루 일몰 Uluru Sunset

와인 한잔과 함께 시시각각 색이 변하는
황홀한 울룰루의 선셋 감상하기!
울룰루의 밤을 좀 더 길게 즐기고 싶다면,
저녁 식사 옵션을 추가해 보자.

Day 2 킹스 캐니언 트레킹

08:00

킹스 캐니언 림 워크 Kings Canyon Rim Walk

바닷속 지각이 융기하여 형성된 킹스 캐니언을
6km 코스의 림 워크로 만나보자.

차량 3시간

18:00

필드 오브 라이트 Field of Light

울룰루를 배경으로 5만 개의 조명이 펼쳐진
환상적인 장소에서 저녁 식사를!

Day 3 울룰루의 일출과 카타추타까지!

06:30

울룰루 일출 Uluru Sunrise

고요한 새벽 사막의 평야에서 떠오르는 울룰루의 일출을 감상해 보자.
일몰과는 또 다른 매력을 느낄 수 있다.

차량 50분

08:00

카타추타 Kata Tjuta

울룰루와 더불어 또 하나의 랜드 마크인 카타추타.
36개의 기암이 모여 있는 카타추타를
다양한 트레킹 코스를 통해 즐겨보자.

앨리스 스프링스

호주의 중심인 노던 테리토리 준주의 거대하고도 황량한 붉은 사막이자 아웃백으로의 관문인 앨리스 스프링스.
원주민인 애버리진의 정신적 고향으로도 불리는 앨리스 스프링스는 실제로 주민의 약 20%가 애버리진으로, 호주의 다른 대도시에 비해 원주민과 쉽게 만날 수 있는 곳이다. 호주의 역사와 자연을 생생하게 느낄 수 있는 앨리스 스프링스를 만나보자.

to do list

1. 호주의 특별한 식물원에서 커피 마시기
2. 카멜 컵 참가하기!
3. 열기구를 타고 앨리스 스프링스의 풍경 내려다보기

앨리스 스프링스
N
우체국
앨리스 스프링스 구 전신국
Alice Springs Telegraph Statio
앨리스 스프링스 방송통신 학교
Alice Springs School of the Air
브레이틀링
Braitling
토드강 Todd River
스튜어트
Stuart
토드강 Todd River
세인트 필립 대학
St Philip's College
이스트 사이드
East Side
Ulpaya Rd
시콘
Ciccone
Smith St
안작 힐
Anzac Hill
Wills Terrace
앨리스 스프링스 사막공원
Alice Springs Desert Park
웨스트 맥도넬 국립공원
West MacDonnell National Park
Alice Springs
타겟 할인매장
Target
경찰서
아웃백 벌루닝
Outback Ballooning
(아웃백 열기구 투어)
우체국
앨리스 스프링스 YHA
Alice Springs YHA
토드 몰
Todd Mall
K마트
Bath St
Hartley St
센트럴 오스트레일리아 박물관
Museum of Central Australia
에필로그 라운지 & 루프톱 바
Epilogue Lounge & Rooftop Bar
앨리스 스프링스 랩타일 센터
Alice Springs Reptile Centre
Gregory Terrace
Stott Terrace
더 갭
The Gap
올리브 핑크 보타닉 가든
Olive Pink Botanic Garden
Leichhardt Terrace
길렌
Gillen
트레거 공원
Traeger Park
토드강 Todd River
데저트 스프링스
Desert Springs
Gap Rd
앨리스 스프링스 골프 클럽
Alice Springs Golf Club
더블 트리 바이 힐튼 앨리스 스프링스
Double Tree by Hilton Hotel Alice Springs
하누만 Hanuman
앨리스 스프링스 공항
Alice Springs Airport

★★☆

GPS -23.706179, 133.884366

올리브 핑크 보타닉 가든 Olive Pink Botanic Garden

남반구에서 최초로 만들어진 건조지대 식물원으로, 한국에서 평소에는 보기 힘든 식물이 대부분이다. 호주 원주민들의 권리를 위해 애쓰고, 인류학 발전에도 기여한 올리브 뮤리엘 핑크Olive Muriel Pink에 의해 1956년 설립되어 지금까지 전통을 이어오고 있다. 약 600여 종의 식물이 있으며 그중 145종은 바위 언덕에서 자생하고 있다. 황량하고 이국적인 분위기마저 특별한 공간이다. 산책로를 따라 식물들을 둘러볼 수 있으며 식사와 휴식을 취할 수 있는 카페도 있다.

주소 27 Tuncks Rd, Alice Springs NT 0870
위치 토드 몰에서 토드강을 건너 도보 약 20분
운영 08:00~18:00 (굿 프라이데이, 크리스마스 휴무)
요금 무료(기부금 입장)
전화 08 8952 2154
홈피 opbg.com.au

★★☆

GPS -23.694649, 133.882071

안작 힐 Anzac Hill

앨리스 스프링스 시내에서 도보로 20분 정도 거리인 안작 힐에 올라가 보자. 호주-뉴질랜드 연합군인 안작 전사자들을 추모하는 탑이 서 있다. 높지는 않지만 고층 빌딩이 없는 앨리스 스프링스의 풍경을 한눈에 내려다볼 수 있는 곳. 일반적으로 산에 올랐을 때 상상하는 풍경은 아니지만 탁 트인 광경이 속을 시원하게 한다. 해 질 녘의 석양이 특히 아름답다.

주소 Anzac Hill Rd, Alice Springs NT 0870
위치 토드 몰에서 도보 약 20분
전화 08 8950 0500

★☆☆

GPS -23.706139, 133.832685

앨리스 스프링스 사막공원 Alice Springs Desert Park

호주의 노던 테리토리 정부가 소유하고 있는 사막공원으로, 1997년에 개장한 이래 호주 사막의 동식물 보존에 힘쓰고 있다. 호주 사막의 자연환경을 둘러볼 수 있으며, 희귀종 또는 멸종위기에 처한 동물을 포함해 캥거루, 딩고 등을 만날 수 있다. 밤에 가이드와 함께 울타리 안으로 들어가 호주 멸종 위기 동물인 빌비Bilby, 에키드나Echidna, 말라Mala를 만날 수 있는 나이트 투어도 인기 있다.

주소 871 Larapinta Dr, Alice Springs NT 0871
위치 앨리스 스프링스 시내에서 차량으로 약 10분
운영 07:30~18:00(마지막 입장 16:30, 크리스마스 휴무)
요금 **입장료** 성인 A$39.5, 아동 A$20 **나이트 투어** 성인 A$42, 아동 A$21
전화 08 8951 8788
홈피 alicespringsdesertpark.com.au

Tip | 앨리스 스프링스에서는 되도록 낮에만!

여행자라면 어느 지역을 여행하든 밤에는 숙소에 있는 것이 좋지만, 앨리스 스프링스에서는 특히 더 그렇다. 대부분의 애버리진은 선량하지만, 간혹 무리를 지어 다니며 여행자들을 위협하는 경우가 있기 때문. 따라서 앨리스 스프링스에서는 되도록 해가 떠 있는 시간 안에 최대한 즐기자.

more & more 앨리스 스프링스에 낙타가 많은 이유?!

낙타는 호주 자생동물이 아니지만, 호주 아웃백을 여행하다 보면 '낙타 주의' 표지판을 볼 수 있고, 낙타 타기 체험도 할 수 있다. 왜 그럴까? 19~20세기, 호주로의 이주와 개척 과정에서 낙타가 도입되었고 특히 건조한 사막 지역인 내륙에서 산업 및 농사에 이용되었다. 이 중 무리에서 이탈하여 야생에서 번식하여 낙타 개체 수가 증가하게 되었다. 호주 기차 중 더 간the Ghan은 낙타를 이용한 걸 기려서 기차 로고에도 낙타가 들어간다.

★★☆ GPS -23.671479, 133.886841

앨리스 스프링스 구 전신국 Alice Springs Telegraph Station

앨리스 스프링스 시내에서 북쪽으로 4km 정도 떨어진 곳에 위치해 있는 이 전신국은 과거 앨리스 스프링스의 중심지였다. 다윈과 애들레이드 사이의 메시지를 전달하기 위해 1871년에 세워졌으며, 전신국이 설치되며 앨리스 스프링스는 본격적으로 도시로서 기능하게 되었다고 한다. 60여 년 동안 사용된 전신국은 현재는 옛 흔적을 느낄 수 있는 역사적인 장소로서 관광객의 발길을 끌어들이고 있다. 실제 사용했던 장비와 자료들을 잘 보존해 꽤 흥미롭게 둘러볼 수 있다.

주소 Herbert Heritage Dr, Stuart NT 0870
위치 앨리스 스프링스에서 차량으로 약 7분
운영 09:00~17:00
요금 성인 A$16.1, 아동 A$6.75
전화 08 8952 3993
홈피 alicespringstelegraphstation.com.au

★★☆ GPS -23.677869, 133.866180

앨리스 스프링스 방송통신 학교 ASSOA, Alice Springs School of the Air

학교에서 먼 거리에 살고 있는 아이들을 위해 지어진 방송학교로 1951년도에 설립되었다. 이 방송학교를 통해 중학교 교육과정까지 수업을 들을 수 있으며, 실제 수업받는 학생 중 이곳과 가장 멀리 떨어진 아동과의 거리는 약 1,700km로, '세계에서 가장 큰 교실'이라는 별명을 가지고 있다. 거리 때문에 정규수업을 듣고 싶어도 듣지 못했던 이들에게도 혜택이 돌아간다는 점에서 의미가 있다. 방문자들은 관련 영상과 방송 송출, 수업진행 방법 등에 대해 가이드 프리젠테이션을 들을 수 있으니 호주의 교육에 관심 있는 사람이라면 방문해도 좋다.

주소 80 Head St, Alice Springs NT 0870
위치 앨리스 스프링스에서 차량으로 약 5분
운영 월~금 09:00~15:00 (토~일요일 휴무)
요금 성인 A$14.5, 아동 A$11.5
전화 08 8951 6800
홈피 www.assoa.nt.edu.au

★★★

GPS -23.689804, 133.292989

웨스트 맥도넬 국립공원 West MacDonnell National Park

앨리스 스프링스에서 서쪽으로 약 161km 정도 떨어진 국립공원으로, 앨리스 스프링스의 근교 관광지로 유명하다. 1984년 문을 연 웨스트 맥도넬 국립공원은 정부의 보호 차원에서 국립공원으로 지정된 곳으로, 특정한 한 지역을 가리키는 것이 아니라 여러 공원과 협곡을 의미한다. 노던 테리토리 준주에서 가장 높은 산이기도 한 높이 1,531m의 마운트 제일Mt. Zeil을 포함한 이곳은 약 3억 5,000년 전에 형성되었으며, 숨 막힐 정도로 아름다운 틈새Gaps와 절벽이 곳곳에 숨겨진 보물 같은 장소이다.
레드 센터만의 독특한 협곡, 절벽 등 자연 경관을 감상할 수 있고, 수영을 즐길 수 있다. 또한 가볍게 걸을 수 있는 산책길부터 좀 더 모험적인 곳까지 트레킹 코스도 다양하다. 우뚝 솟은 절벽과 그 사이에 고여 있는 물웅덩이를 만날 수 있는 심슨스 갭Simpsons Gap, 신비하게 갈라진 바위틈인 스탠리 캐즘Standley Chasm도 꼭 한번 들러보자. 캐즘Chasm은 '깊게 갈라진 틈'이라는 의미로, 웅장한 바위 사이에 샛길이 있어 우기에는 빗물이 모인 계곡을 볼 수 있고, 건기에는 직접 건너가볼 수 있다. 이곳은 해의 위치에 따라 바위 색이 달라지는 것으로 유명하므로, 되도록 해가 지기 전에 도착해 다양한 모습을 감상하는 것이 좋다.
렌터카로 여행한다면 울룰루로 이동 전 들를 수 있고, 앨리스 스프링스에서 출발하는 일일 투어로도 다녀올 수 있다. 국립공원 내에 다양한 캠핑장도 마련되어 있다.

주소 5Q8M876V+35, Alice Springs NT 0870
위치 앨리스 스프링스에서 차량으로 약 1시간
전화 08 8956 7799
홈피 nt.gov.au/parks/find-a-park/tjoritja-west-macdonnell-national-park

GPS -23.698014, 133.880603

열기구 Hot-air Balloon

붉은 사막의 장엄한 광경이 눈앞에 펼쳐지는 경험은 그 어느 곳에서도 하기 힘들다. 사막의 고요한 날씨는 열기구를 즐기기에 아주 적합하다. 앨리스 스프링스의 각 숙소에서 픽업 가능하며, 30분 또는 1시간 중 선택할 수 있다. 열기구 탑승을 원치 않는 일행은 차량으로 열기구를 쫓아가며 구경하게 된다. 비행 후에는 열기구를 함께 정리하기 때문에 흰 옷이나 흰색 운동화는 피하는 게 좋다. 새벽에 출발하며, 탑승 후에는 샴페인과 간단한 스낵이 제공된다.

아웃백 벌루닝 Outback Ballooning

위치 앨리스 스프링스 각 숙소에서 픽업
요금 **30분**
성인 A$365, 아동 A$310
1시간
성인 A$440, 아동 A$374
전화 08 8952 8723
홈피 www.outbackballooning.com.au

GPS -23.715105, 133.879375

하누만 Hanuman

더블 트리 바이 힐튼 호텔에 위치한 인도 · 태국 레스토랑으로, 현지인들에게 앨리스 스프링스 맛집으로 유명하다. 지미 슈Jimmy Shu 셰프의 창의적인 오리엔탈 음식이 특징으로, 서비스도 훌륭하다. 비프 커리, 바라문디 요리, 버터 치킨이 대표적인 메뉴이다. 언제 가도 인기가 많지만 특히 저녁에는 대기해야 하는 경우도 있어 방문 전 미리 예약하는 것이 좋다.

주소 82 Barrett Dr, Desert Springs NT 0870
위치 더블 트리 바이 힐튼 호텔 내
운영 12:00~14:30, 18:00~22:00
요금 치킨 그린 커리 A$34, 나시고랭 A$20~
전화 08 8953 7188
홈피 www.hanuman.com.au

GPS -23.700328, 133.882350

에필로그 라운지 & 루프톱 바 Epilogue Lounge & Rooftop Bar

앨리스 스프링스의 중심지인 토드 몰에 위치한 활발한 바를 방문해 보자. 캐주얼한 분위기로 아침, 점심 식사를 즐기거나 저녁에 가볍게 맥주 한잔 마시기에 좋다. 토요일 저녁 8시에는 라이브 공연도 준비되어 있다.

주소 1/58 Todd St, Alice Springs NT 0870
위치 토드 몰의 여행자 관광정보 센터에서 도보 약 2분
운영 화 07:00~14:30, 수~목 07:00~23:00, 금 07:00~02:00, 토 07:30~02:00, 일 07:30~02:30(월요일 휴무)
요금 버거/피자류 A$23.9~
전화 0429 003 874
홈피 www.facebook.com/epiloguelounge

GPS -23.699803, 133.882700

토드 몰 Todd Mall

앨리스 스프링스의 메인 거리로 여행자 관광 정보 센터, 기념품 숍, 원주민 아트 숍 등이 모여 있다. 카페, 레스토랑 등 외식을 할 수 있는 곳도 모두 위치해 있어 관광객이라면 한번쯤 들르게 되는 장소이다. 매주 둘째 주, 넷째 주 일요일 오전 9시부터 오후 1시까지에만 열리는 마켓에서는 독특한 현지 공예품, 장신구, 서적 등을 구경할 수 있다.

주소 Todd Mall, Alice Springs NT 0870
위치 앨리스 스프링스 YHA 근처
홈피 www.toddmallmarkets.com.au

4성급

GPS -23.714994, 133.879151

더블 트리 바이 힐튼 앨리스 스프링스 Double Tree by Hilton Hotel Alice Springs

앨리스 스프링스 사막공원의 뷰를 즐길 수 있는 4성급 호텔. 체크인 시 더블 트리 호텔만의 수제 웰컴 쿠키가 제공된다. 24시간 헬스장, 야외 수영장이 있으며 호텔 바로 옆에는 앨리스 스프링스 골프클럽이 있다. 앨리스 스프링스 시내와는 조금 떨어져 있어 도보로 이동하기보다는 택시를 타는 것이 좋으며, 택시 이용 시 기본 요금이 나오는 5분 정도 소요된다.

주소 82 Barrett Dr, Alice Springs NT 0870
위치 앨리스 스프링스 공항에서 차량으로 약 15분
요금 더블룸 A$230~
전화 08 8950 8000

백패커

GPS -23.699359, 133.883930

앨리스 스프링스 YHA Alice Springs YHA

앨리스 스프링스 시내 중심가에 위치해 있으며, 울룰루 캠핑 투어에 참여하는 여행객이 투어 전후로 많이 숙박하는 저렴한 숙소이다. 근교 안작 힐이나 토드강 등을 모두 도보로 이동할 수 있으며, 편의시설도 가깝다. 공용 주방과 바비큐 시설, 실외 수영장 등을 이용할 수 있다.

주소 Cnr Parsons St and Leichhardt Terrace, Alice Springs NT 0870
위치 앨리스 스프링스 공항에서 차량으로 약 17분
요금 다인실 A$34~, 더블/트윈룸 A$111~
전화 08 8952 8855
홈피 www.yha.com.au/hostels/nt/central-australia/alice-springs-backpackers-hostel

울룰루

호주에서만 만날 수 있는 독특한 자연경관을 보고 싶다면 울룰루가 답이다. 자연의 경이로움을 느낄 수 있는 울룰루로 떠나보자. 어떤 방법으로 여행하든, 울룰루에 왔다면 꼭 봐야 하는 것은 바로 일출과 일몰이다. 해가 지기 시작함과 동시에 울룰루의 색도 3,000번 이상 색깔이 바뀌는데, 그 광경이 주는 감동은 말로 표현하기 어려울 정도이다.

to do list

1. 울룰루의 일출과 일몰 감상하기
2. 쏟아지는 듯한 별 보며 잠들기
3. 낙타를 타고 울룰루 근처의 사막 걸어보기

울룰루 근교

울룰루-카타추타 국립공원

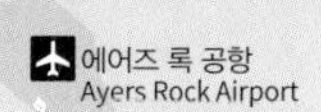

★★★ GPS -25.344306, 131.036842

울룰루(에어즈 록) Uluru(Ayers Rock)

높이 348m의 거대한 단일 바위 덩어리 울룰루. 자연의 다양한 지질 활동으로 수백만 년 전 형성되었으며 실제로 보면 그 장엄함과 신비함에 압도당하게 된다. 울룰루의 정식 명칭은 호주 초대 수상인 헨리 에어즈Henry Ayers의 이름을 딴 에어즈 록Ayers Rock이었지만, 현재는 '그늘이 지난 장소'라는 뜻의 원주민 본래 언어인 울룰루로 함께 불리고 있다. 울룰루 등반은 그 위험성과 울룰루를 신성시하는 원주민들의 반대로 2019년 10월 26일부로 전면 금지되었다. 대신 울룰루 주변 6개의 트레킹 코스를 통해 울룰루의 자연과 문화를 이해해볼 수 있다. 울룰루를 한 바퀴 트레킹하는 베이스 워크Base Walk는 약 3시간 30분이 소요되며, 왕복 약 2km의 비교적 짧은 말라 워크Mala Walk에서는 원주민들이 그린 벽화를 구경할 수도 있다. 일출과 일몰 시 햇빛의 각도에 따라 강렬한 붉은색과 오렌지색으로 변하는 모습은 울룰루 여행에서 놓치지 말아야 할 하이라이트이다.

위치 에어즈 록 리조트 단지에서 차량으로 약 20분
요금 **울룰루-카타추타 국립공원 3일권** 성인 A$38
전화 08 8956 1128
홈피 parksaustralia.gov.au/uluru

일출과 일몰 감상은 필수!

과거 애버리진 원주민들이 남겨놓은 벽화를 찾아볼 것!

Tip | 원주민이 신성시하는 땅, 울룰루

울룰루는 원주민들이 신성시하는 곳인 만큼 너무 시끄럽게 떠들거나 예의 없는 행동은 하지 말자. 울룰루 둘레길 중 몇 곳은 종교적인 이유로 사진 촬영이 불가능하다. 이때 몰래 찍는 대신 마음속으로 풍경을 간직하는 건 어떨까.

★★☆

GPS -25.300444, 130.737179

카타추타 Kata Tjuta

울룰루에서 서쪽으로 30km 떨어진 지점에 카타추타가 위치해 있다. 울룰루가 하나의 바위 덩어리라면 카타추타는 36개의 돔 모양 기암이 모여 있는 형태로, 원주민들의 언어로 '여러 개의 머리'라는 뜻의 올가스The Olagas라고도 불린다.

카타추타의 기암 중 가장 높은 포인트는 마운트 올가Mt. Olga이며, 해수면에서 1,066m, 지상에서는 546m나 솟아 있다. 울룰루보다 약 200m 더 높다. 카타추타는 울룰루와 비슷한 듯 보이지만 지질이 서로 달라서, 울룰루는 고운 입자들이 모여 있다면, 카타추타는 좀 더 큰 돌들이 모여서 형성됐다는 차이점이 있다. 이 훌륭한 자연의 조각품을 감상하는 방법은 여러 가지이다. 일정한 거리를 두고 자연의 큰 그림을 감상해도 좋고, 바위 곳곳에 새겨진 세월의 흔적을 살펴보는 것도 좋다. 그중에서도 한 발 한 발 카타추타를 직접 걸으며 만나는 트레킹을 추천한다.

카타추타 트레킹 코스는 왕복 1시간 정도의 왈파 협곡 워크Walpa Gorge Walk와 구간에 따라 1시간에서 4시간까지 소요되는 바람의 계곡 워크Valley of the Winds Walk가 대표적이다. 숨이 턱 끝까지 차오를 때도 있지만, 눈앞에 펼쳐지는 장관은 그 고통을 충분히 보상해 준다.

위치 에어즈 록 리조트 단지에서 차량으로 약 50분

요금 **울룰루-카타추타 국립공원 3일권** 성인 A$38

Tip | 일출은 카타추타, 일몰은 울룰루

카타추타는 울룰루와 함께 울룰루-카타추타 국립공원을 이루는 곳으로 두 곳 모두 일출과 일몰이 장관을 이룬다. 여유로운 일정으로 두 곳의 일출과 일몰을 모두 감상하면 가장 좋겠지만, 여행 기간이 짧다면 해의 위치와 거리를 고려해 카타추타에서 일출을, 울룰루에서 일몰을 보는 것을 추천한다.

★★☆ GPS -24.254459, 131.570395

킹스 캐니언 Kings Canyon

울룰루에서 차량으로 약 3시간 거리에 있는 킹스 캐니언은 광활한 사암 협곡으로, 숲이 울창해 물과 먹을 것을 찾아온 동물들의 안식처이기도 하다. 킹스 캐니언은 바닷속에서 지형을 이루고 있던 지각이 융기하여 형성된 곳으로 실제로 곳곳에서 조개 등의 화석을 발견할 수 있다. 오랜 시간 침식작용에 의한 독특한 형태의 협곡과 바위의 절경은 반드시 이곳을 방문해야 하는 이유이기도 하다.

지리적으로는 울룰루나 앨리스 스프링스에서 가깝지만, 이동 수단이 여의치 않아 투어 상품에 참여하거나 차량을 렌트해야만 갈 수 있는 곳이다. 킹스 캐니언을 가장 생생하게 즐길 수 있는 방법은 트레킹! 그중에서도 킹스 캐니언의 가장자리를 따라 트레킹하는 약 6km의 킹스 캐니언 림 워크Kings Canyon Rim Walk는 꼭 경험해 봐야 한다. 초반 20분가량의 오르막길을 제외하면 대체로 평탄한 편이므로 아이들도 함께 즐길 수 있다.

킹스 캐니언의 산등성이에 도착하면 고대 유적의 폐허 같은 '잃어버린 도시Lost City'를 만나게 된다. 아무것도 남아 있지 않은 곳에는 식물들만 군데군데 자라고 있는데, 이는 애버리진의 힘들고 고난했던 삶을 추측하게 한다. 그 뒤로 이어지는 장엄한 뷰는 킹스 캐니언의 하이라이트.

협곡을 따라 조금 더 내려가면 마치 천국 같은 '에덴동산Garden of Eden'이 펼쳐지며, 계곡 사이에는 자연 수영장이 형성되어 있다. 우기가 되면 물이 차올라 달궈진 몸을 식혀주는 고마운 곳이다. 림 워크 트레킹은 약 3~4시간 소요된다.

위치 앨리스 스프링스에서 차량으로 약 6시간, 울룰루에서 차량으로 약 4시간

Tip | 킹스 캐니언 여행의 필수 준비물

킹스 캐니언의 여름 기온은 보통 37도를 웃돌고, 가장 높을 때는 45도를 넘는 일도 있어 여행 시 탈수나 탈진, 열사병에 주의해야 한다. 여름철이 아니더라도 물을 항상 넉넉히 소지하고 다니면서 수시로 마시는 것이 좋다. 자외선 또한 높아서 모자, 선글라스, 선크림은 필수품이다. 특히 생각지도 못한 파리의 습격을 받을 수 있으니 벌레 퇴치용 스프레이나 파리망도 꼭 챙기자.

GPS -25.258134, 130.985492

낙타 투어 Camel Riding

호주에서 가장 큰 낙타 농장이 울룰루에 있다. 그런 만큼 이곳에서 낙타 라이딩을 즐겨보는 건 어떨까. 낙타에 올라탄 채 울룰루-카타추타 국립공원을 둘러볼 수 있고, 중간의 포토 스폿에서 사진도 찍을 수 있다. 낙타에 올라타 사막을 걸으며 울룰루의 일출 또는 일몰을 보는 경험은 정말이지 특별하다. 투어에는 울룰루 숙소 왕복 셔틀버스가 포함되어 있다.

울룰루 카멜 투어 Uluru Camel Tours
요금 A$148~
홈피 www.ulurucameltours.com.au

GPS -25.254815, 130.996770

필드 오브 라이트 Field of Light

울룰루를 배경으로 약 5만여 개의 전구가 빛나는 조명 전시회로, 세계적으로 유명한 예술가 브루스 먼로Bruce Munro의 작품이다. 축구장 7개가 넘는 공간에 일정한 시간을 두고 변하는 색색의 조명이 설치되어 있다. 이 불빛들은 울룰루의 밤을 더 아름답고 로맨틱하게 만들어준다. 입장권만 구매해서 둘러볼 수도 있고, 식사까지 포함된 투어로 즐길 수 있다. 기존 일정기간 동안만 진행 예정이었던 전시회는 지속적인 관심과 수요로 현재 무기한 연장된 상태. 입장권만 구매해서 둘러볼 수 있고, 식사까지 포함된 패키지로도 즐길 수 있다.

주소 177 Yulara Dr, Yulara NT 0872
위치 에어즈 록 리조트 단지에서 차량으로 약 5분
운영 17:00~22:00
요금 성인 A$49.5~, 아동 A$38~
홈피 www.ayersrockresort.com.au/experiences/field-of-light

Special Tour

아웃백을 여행하는 아주 특별한 방법

울룰루는 여행하는 방법에는 여러 가지가 있지만 크게 숙박이 포함된 투어 프로그램에 참가하는 법, 울룰루에 위치한 숙소에 머물며 일일 투어 혹은 반일 투어에 그때그때 참가하는 법, 렌터카를 이용해 자유 여행하는 법 등으로 나뉜다. 각각의 투어 프로그램과 장단점을 보고 나에게 꼭 맞는 여행법을 선택해 보자.

☆ 아웃백이란?

호주의 건조한 내륙부 사막을 중심으로, 면적은 넓고 인구는 희박한 지역을 가리킨다. 호주 인구의 90%는 전체 면적 중 약 5%에 해당하는 해안 지역에 집중되어 있으며, 내륙 지역의 인구 밀도는 1km²당 1명 이하이다. '해변을 바라보며 오지를 등지고 산다'는 뜻으로 이와 같이 부른다고 한다.

1. 오버나잇 캠핑 투어

울룰루 리조트 단지 숙박비는 대체로 비싼 편이므로 야외에서 숙박하고 식사까지 포함되어 있는 캠핑 투어를 이용하면 여행 경비를 줄일 수 있다. 다양한 나라에서 온 외국인 친구들과 함께 여행을 즐기면서 친분을 쌓을 수도 있고, 무엇보다 아웃백 밤하늘의 쏟아지는 별을 바라보며 잠드는 특별한 경험을 할 수 있다. 캠핑 투어이기 때문에 침낭은 필수이지만, 현장에서 대여 또는 구매도 가능하다. 보통 2박 3일 일정으로 울룰루, 카타추타, 킹스 캐니언을 모두 둘러볼 수 있다.

▶▶ 어드벤처 투어스 Adventure Tours

1박 2일부터 4박 5일까지 캠핑 투어가 있으며 울룰루 또는 앨리스 스프링스 출발로 선택 가능하다. 그룹당 최대 24명까지 참여하며, 가이드의 요청에 따라 식사를 준비하거나 장작 모으기 등의 활동을 함께 하기도 한다.

요금 1박 2일 캠핑 투어 A$595~ **전화** 07 5401 5555
홈피 www.adventuretours.com.au

Tip | 울룰루로 떠나기 전의 마음의 자세(?)

울룰루 여행에는 다양한 방법이 있지만, 저렴한 금액으로 여행하거나 진정한 야생을 체험하고 싶다면 마음의 준비를 단단히 하고 떠나는 것이 좋다. 바로 물이 부족한 아웃백에서 설거지나 샤워에 대처하는 마음가짐이다. 작은 대야 두 개로 수십 인분의 설거지를 끝내고, 정해진 시간 내에 빠르게 샤워를 마치지 않으면 전구 하나 켜지지 않은 아웃백에서 벌레들과 함께 남겨질 테니 말이다.

2. 울룰루에 숙박하며 투어 프로그램 이용하기

밖에서 자는 것이 부담스럽고, 여유 경비가 있다면 울룰루 에어즈 록 리조트 단지에 숙박하면서 반나절 투어나 일일 투어를 즐길 수 있다. 리조트 단지에는 백패커부터 3~5성급 호텔까지 다양한 숙소가 있다. 동급의 타 도시 숙소에 비해 금액은 비싼 편. 투어 회사인 AAT Kings에서 울룰루 일출–일몰 코스, 카타추타–킹스 캐니언 코스 등 다양한 일정으로 운영하고 있다.

홈피 **에어즈 록 리조트**
www.ayersrockresort.com.au
울룰루 투어
www.AAT Kings.com

3. 렌터카로 자유롭게 여행하기

좀 더 자유로운 일정으로 여행하길 원한다면 렌터카를 이용해 보자. 주유소나 편의시설이 드물기 때문에 장거리 이동 전에는 차에 미리 기름을 채우고, 충분한 물을 준비하는 것이 좋다. 해가 지고 난 후에 운전하는 것은 추천하지 않는다. 울룰루 공항에 에비스Avis, 허르츠Hertz, 트리프티Thrifty 등의 렌터카 업체가 있으며 원하는 차량을 이용하려면 여행 전 미리 예약하자.

홈피 www.avis.com.au/en/home
www.hertz.com.au/renta-car/reservation
www.thrifty.com.au

Tip | 밤에는 머물 수 없어요~

당연하지만(?) 해가 진 후에는 울룰루–카타추타 국립공원에 머물 수 없다. 여름철에는 저녁 9시, 겨울철에는 저녁 7시 30분 전에는 공원을 벗어나야 하므로 시간을 잘 계산해 이동하자.

GPS -25.243939, 130.984301

안굴리 그릴 & 레스토랑 Arnguli Grill & Restaurant

데저트 가든 호텔Desert Gardens Hotel에 위치한 레스토랑으로, 호주의 품질 좋은 로컬 재료를 이용한 음식을 제공한다. 리조트 단지 내에서 가장 인기 있는 레스토랑이므로 예약은 필수이다.

주소 1/67 Yulara Dr, Yulara NT 0872
위치 데저트 가든 호텔 내
운영 18:00~21:30
요금 안심 스테이크 A$70, 오늘의 생선요리 A$43
전화 02 8296 8010
홈피 www.ayersrockresort.com.au/around-the-resort/dining-and-bars/restaurants-and-bars

GPS -25.239942, 130.982938

타운 스퀘어 Town Square

에어즈 록 리조트 단지의 중심에 위치한 타운 스퀘어는 여행자 관광정보 센터, 기념품 숍, ANZ 은행 & 현금 인출기, IGA 슈퍼마켓, 미용실, 우체국 등의 각종 편의시설이 모여 있다. 울룰루 리조트 숙소에서 도보로 이동 가능하다.

주소 127 Yulara Dr, Yulara NT 0872
위치 세일즈 인 더 데저트와 에뮤 워크 아파트먼트에서 도보 약 5분, 데저트 가든 호텔에서 도보 약 10분, 아웃백 피어니어 호텔 & 롯지, 캠프 그라운드에서 도보 약 15분
전화 08 8956 2003
홈피 phs.com.au

3~5성급

GPS -25.240991, 130.986694

에어즈 록 리조트 단지 Ayers Rock Resort

울룰루-카타추타 국립공원 내에는 숙소나 캠핑할 곳이 없어 울룰루에서 약 20km 떨어진 에어즈 록 리조트에서 숙박해야 된다. 캠프 사이트부터 5성급 호텔까지 다양한 옵션이 있으며 모든 숙박객은 공항-숙소 간 셔틀버스와 리조트 내부 순환버스를 무료로 이용할 수 있다. 모든 숙소에서 무료 와이파이를 이용 가능하며, 리조트 안에는 슈퍼마켓, 은행, 카페, 상점 등 편의시설이 모여 있는 타운 스퀘어Town Square가 위치해 있다. 또한 에어즈 록 리조트에서는 다양한 이벤트도 개최하고 있다. 아웃백을 자신의 두 발로 직접 달려볼 수 있는 마라톤 프로그램, 울룰루의 장엄한 광경을 배경으로 한 오페라 갈라쇼 등 특별한 것이 많으니 이곳에 머물기로 했다면 어떤 이벤트가 있는지 미리 찾아볼 것!

주소 170 Yulara Dr, Yulara NT 0872
위치 울룰루 공항에서 차량으로 약 10분
홈피 www.ayersrockresort.com.au

Tip | 예약은 빨리!

매년 40~50만 명 이상의 관광객이 찾는 울룰루는 리조트 단지의 예약이 빨리 마감되는 편이다. 특히 성수기인 4~10월 사이에 여행할 계획이라면, 숙소는 일정이 정해지는 대로 가능한 한 빨리 예약하는 것이 좋다.

▶▶ 윈지리 위루 Wintjiri Wiru

2023년 5월 1일 새롭게 시작한 드론 쇼. 호주 원주민의 토착 이야기를 바탕으로 1,000개 이상의 드론이 불빛과 음악으로 울룰루를 빛나게 할 예정이다. 만 10세 이상부터 참여할 수 있다.

요금 성인 A$205, 아동 A$102.5
홈피 www.ayersrockresort.com.au/wintjiri-wiru

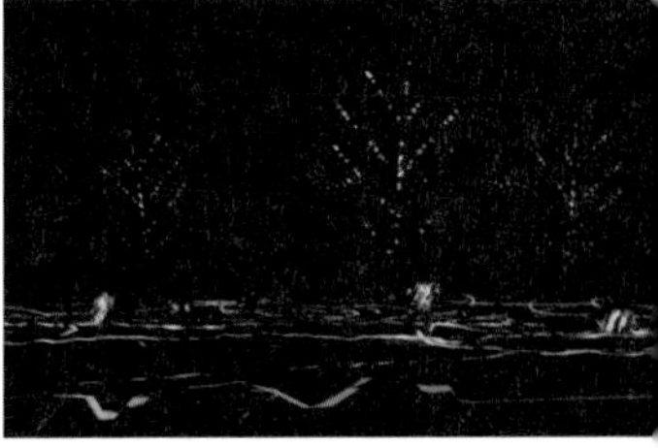

▶▶ 캠프그라운드 Camp Ground

렌터카나 캠핑카 여행자를 위한 캠핑장이다. 전기를 사용할 수 있는 파워 사이트와 그렇지 않은 일반 캠핑장으로 나뉘며, 에어컨이 설치된 캐빈 시설도 있다. 수영장, 놀이터, 바비큐장, 공용주방 시설 등을 이용할 수 있다.

요금 논 파워 사이트 A$30~, 파워 사이트 A$40~,
2베드룸 캐빈 A$195~

▶▶ 에뮤 워크 아파트먼트
Emu Walk Apartment

울룰루의 리조트 단지에서 유일하게 취사가 가능한 숙소이다. 슈퍼마켓이 위치한 타운 스퀘어와 근접해 있어 식료품을 사기에 편리하다. 1베드룸과 2베드룸 아파트가 있으며 2베드룸 아파트는 최대 6명까지 숙박 가능하여 가족 여행 숙소로 추천한다.

요금 1베드룸 아파트 A$500~,
2베드룸 아파트 A$700~

▶▶ 아웃백 호텔 & 롯지
Outback Hotel & Lodge

캠프 그라운드를 제외하고 울룰루에서 가장 저렴한 숙박시설이다. 배낭여행객들이 많이 이용하는 백패커 다인실 숙소부터 호텔룸까지 룸 타입도 다양하다. 저녁에는 고기, 소시지 등을 구입해 셀프로 구워 먹을 수 있는 바비큐 공간도 이용할 수 있다.

요금 20인실 A$38~, 4인실 A$46~, 버젯룸 A$210~ ,
호텔 스탠더드룸 A$350~

▶▶ 데저트 가든 호텔 Desert Garden Hotel

4.5성급의 호텔로 울룰루 전망이 보이는 록뷰룸이 있다는 것이 특징이다. 호텔에 2개의 레스토랑이 있으며 그중 안굴리Arnguli 레스토랑은 예약하지 않으면 이용하기가 어려울 정도로 인기가 많다.

요금 가든뷰룸 A$420

▶▶ 더 로스트 카멜 The Lost Camel

현대적이고 부티크한 스타일로 가장 최근에 지어진 숙박시설이다. 킹베드 1개 또는 싱글침대 2개로 구성되어 있어 2인이 숙박하기에 적합하다.

요금 스탠더드룸 A$330~

▶▶ 세일스 인 더 데저트 Sails in the Desert

5성급 호텔로 다른 숙소들에 비해 넓고 높은 로비를 자랑한다. 로비에 있는 물방울 모양의 조명은 필드 오브 라이트를 만든 예술가, 브루스 먼로의 작품이다.

요금 슈피리어룸 A$475~

▶▶ 롱티튜드 131 Longtitude 131

울룰루와 카타추타의 전망을 동시에 볼 수 있는 유일한 숙박시설. 자고 일어나면 울룰루가 눈앞에 펼쳐지는 럭셔리하면서도 특별한 경험이 가능하다. 단 15개의 파빌리온만 있어 조용하고 프라이빗한 휴식을 즐길 수 있다. 모든 식사와 프리미엄 와인, 샴페인 등의 음료가 포함되어 있는 올 인클루시브All Inclusive 숙소로, 아동은 만 10세 이상부터 숙박 가능하며 최소 2박 이상 머물러야 한다.

요금 익스클루시브 패키지 2박 A4,500~
홈피 longitude131.com.au/stay

서호주의 매력적인 도시 퍼스

PERTH

09

서호주의 주도이자 호주에서 네 번째로 큰 도시인 퍼스는 사막과 바다의 경계에 발달된 도시이다. 서호주는 호주 전체 면적의 3분의 1이나 차지할 정도로 매우 크지만, 인구는 245만 명 정도에 불과하며 그중 70% 정도는 주도인 퍼스와 그 인근에 거주하고 있다.

여행객들에게 주로 알려진 호주 동부와 지리적으로 먼 탓에 지금까지는 관광객들의 발길이 적었지만 자연친화적으로 잘 정비된 도심, 인도양의 멋진 해변들, 근교의 다양한 관광지로 점점 그 인기가 높아지고 있다.

도심 속 휴식처인 킹스 공원Kings Park은 산책을 즐기거나 시내 경치를 한눈에 감상하기 좋고, 다양한 펍과 레스토랑이 밀집되어 있는 노스브리지North Bridge에서는 자유롭고 캐주얼한 퍼스의 저녁 분위기를 즐길 수 있다. 근교의 때 묻지 않은 섬, 로트네스트 아일랜드에서는 스노클링, 스카이다이빙 등의 어드벤처를 즐기고 서호주에서만 서식하는 동물인 쿼카Quokka도 만날 수 있다. 신비한 사막의 돌기둥 피너클스Pinnacles와 파도가 굳어진 형상의 웨이브 록Wave Rock 등 아름다운 자연도 만날 수 있다.

노스 브리지
North Bridge
Railway Parade
Newcastle St
워터타운 브랜드 아웃렛 센터
Watertown Brand Outlet Centre
퍼스 아레나
Perth Arena
더블트리 바이 힐튼 퍼스 노스 브리지
Double Tree By Hilton Perth Northbridge
서호주 주립 도서관
State Library of Western Australia
Roe St
서호주 미술관
Art Gallery of Western Australia
머레이 스트리트 몰
Murray Street Mall
더 올드 천문대
The Old Observatory
해이 스트리트 몰
Hay Street Mall
캥거루 인
Kangaroo Inn
St Georges Terrace
엘리자베스 키
Elizabeth Quay
퍼스 박물관
Museum of Per
벨 타워
The Bell Tower
킹스 공원 & 보타닉 가든
Kings Park & Botanic Garden
올드 밀
Old Mill
퍼스 동물원
Perth Zoo
N
왕립 퍼스 골프 클럽
Royal Perth Golf Club
퍼스 전도

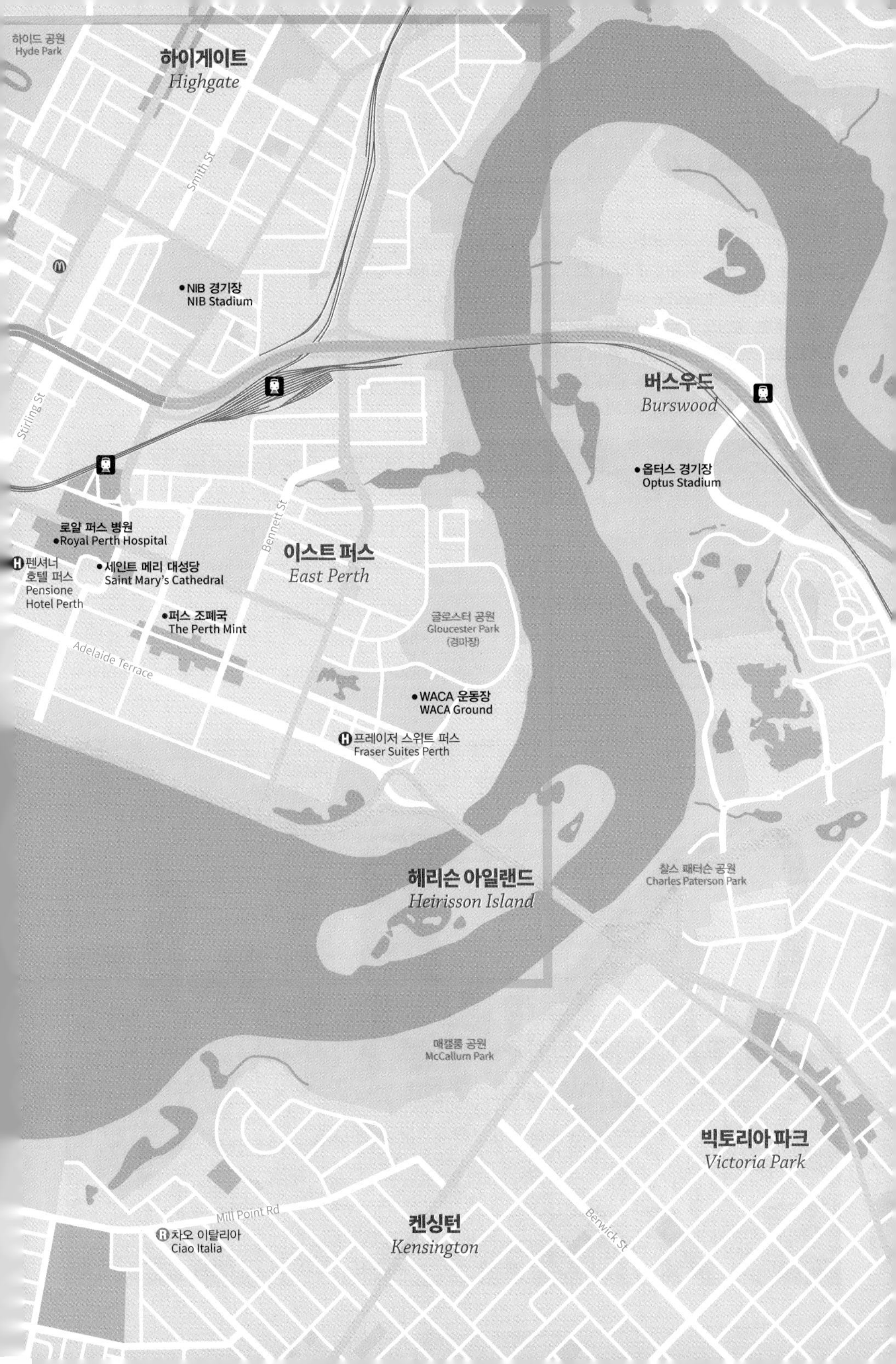

하이드 공원
Hyde Park
하이게이트
Highgate
Smith St
NIB 경기장
NIB Stadium
Stirling St
로얄 퍼스 병원
Royal Perth Hospital
펜셔너 호텔 퍼스
Pensione Hotel Perth
세인트 메리 대성당
Saint Mary's Cathedral
퍼스 조폐국
The Perth Mint
Adelaide Terrace
Bennett St
이스트 퍼스
East Perth
글로스터 공원
Gloucester Park
(경마장)
WACA 운동장
WACA Ground
프레이저 스위트 퍼스
Fraser Suites Perth
버스우드
Burswood
옵터스 경기장
Optus Stadium
헤리슨 아일랜드
Heirisson Island
찰스 패터슨 공원
Charles Paterson Park
매캘룸 공원
McCallum Park
빅토리아 파크
Victoria Park
Mill Point Rd
차오 이탈리아
Ciao Italia
켄싱턴
Kensington
Berwick St

퍼스 드나들기

퍼스로 이동하기

항공

한국에서 퍼스까지는 직항이 없어 홍콩, 싱가포르, 말레이시아, 방콕 등을 경유하는 항공편을 이용해야 하며 최소 13시간 이상 소요된다. 호주 주요 도시에서 국내선으로도 이동이 가능하며, 시드니에서 퍼스 공항Perth Airport까지는 항공으로 약 5시간이 소요된다.

퍼스는 호주의 다른 도시들과 멀리 떨어져 있다. 따라서 다른 도시들도 함께 여행할 예정이라면 퍼스 왕복 항공권을 예약하는 것보다는 여행 루트에 따라 인-아웃 도시를 다르게 정하는 것이 효율적이다.

출발도시	도착 도시	소요 시간	항공사	요금
시드니	퍼스	약 5시간	콴타스항공(QF), 버진오스트레일리아(VA), 젯스타(JQ)	A$200~
멜버른		약 4시간 10분	콴타스항공(QF), 버진오스트레일리아(VA), 젯스타(JQ)	A$214~
브리즈번		약 5시간 35분	콴타스항공(QF), 버진오스트레일리아(VA)	A$279~
골드코스트		약 5시간 30분	젯스타(JQ)	A$214~
케언스		약 5시간 10분	버진오스트레일리아(VA), 젯스타(JQ)	A$249~
애들레이드		약 3시간 20분	콴타스항공(QF), 버진오스트레일리아(VA), 젯스타(JQ)	A$174~

기차

시드니에서 퍼스까지 호주 대륙을 가로로 횡단하는 인디안 퍼시픽The Indian Pacific 기차는 호주의 3개 주를 지나며 총 이동 시간만 65시간이 소요된다. 3박 4일 동안 시드니 내륙의 아웃백, 애들레이드를 지나 퍼스까지 도착하는 약 4,352km의 여정에는 세계에서 제일 긴 직선철도구간으로도 꼽히는 광활한 눌라보 평원Nullarbor Plain도 포함되어 있다. 중간 경유지인 브로큰 힐Broken Hill과 애들레이드에서는 기차에 내려 주변을 둘러볼 시간도 주어지니 단순히 교통수단의 역할만은 아니다. 금전적, 시간적 여유가 있는 여행자들에게 추천하며, 요금이 부담스럽다면 시드니-애들레이드 또는 애들레이드-퍼스 일부 구간만도 예약이 가능하다.

일정 시드니 수요일 15:35 출발→퍼스 토요일 15:00 도착
요금 A$2,890~
홈피 www.journeybeyondrail.com.au/indian-pacific

공항에서 시내로 이동하기

버스

퍼스 공항에서 시내까지는 대중교통인 기차를 이용할 수 있다. 새로 생긴 기차, 에어포트 라인으로 퍼스역까지 이동 가능하다. 약 18분 소요된다(A$5).
902번 버스를 타도 퍼스 시내로 한 번에 갈 수 있지만, 1시간 정도 걸리고 비용도 트레인과 동일한 A$5이므로 기차를 추천한다.

요금 A$5.1
홈피 www.transperth.wa.gov.au

택시

버스에는 짐을 실을 수 있는 공간이 한정적이기 때문에 짐이 많다면 택시를 이용하자. 퍼스 공항의 모든 터미널 앞에 택시 승강장이 위치해 있으며 24시간 언제나 이용할 수 있다. 공항의 버스와 셔틀버스는 프리맨틀까지 이동하지 않으므로 프리맨틀에 숙박한다면 택시를 이용하는 것이 편리하다.

요금 **퍼스 공항→시내** A$50~(약 20분 소요)
퍼스 공항→프리맨틀 A$80~(약 35분 소요)
홈피 www.swantaxis.com.au

Tip | 퍼스에서 유용한 교통 어플

'트랜스퍼스Transperth'는 기차, 페리, 버스, 캣 버스 등 퍼스 대중교통수단의 운행 정보, 시간표 등 상세정보를 확인할 수 있는 교통 애플리케이션이다. 출발지와 목적지를 입력하면 도로 사정을 반영해 최단 거리 이동 방법과 요금을 확인할 수 있다. 뚜벅이 여행자라면 꼭 미리 다운받아 유용하게 사용하자.

시내에서 이동하기

무료 캣 버스

시내 관광정보 센터나 기차역에서 캣 버스 노선도, 시간표를 챙겨 운행 시간을 미리 체크하자. 캣 버스만 잘 이용해도 퍼스를 구석구석 둘러볼 수 있다. 크리스마스, 굿프라이데이, 안작 데이는 휴무이니 참고.

홈피 www.transperth.wa.gov.au/Timetables/CAT-Timetables#percat

버스

캣 버스는 오후 7시쯤 일찍 운행을 종료한다. 하지만 퍼스 시내 중심가는 FTZ(Free Transit Zone), 즉 무료 교통 존으로 버스 요금이 무료이다. 다만, 탑승 장소 혹은 하차 장소가 FTZ를 벗어난다면 전체 거리에 대한 요금을 내야 하니 정류장에 기재된 마크를 꼭 확인하자.

Tip | 교통카드 스마트 라이더

퍼스의 교통카드는 '스마트 라이더Smart Rider'로, 기차와 버스 등에서 사용할 수 있다. 이를 사용할 경우 일반 티켓보다 10% 정도 저렴하지만 카드 구입 비용(A$10)이 들기 때문에 장기 여행자들에게 추천한다.

기차

퍼스의 기차 노선은 시내를 중심으로 동서남북 펼쳐져 있는 형태로 주로 시내 외곽으로 이동할 때 이용한다. 티켓은 기차역의 자동판매기를 이용하면 되는데 거리에 따라 나눠진 존Zone으로 요금이 책정된다. 또 퍼스에서 기차는 문 옆에 위치한 버튼을 눌러야만 문이 열리니 내릴 때 주의하자.

평균 기온과 옷차림

호주에서 가장 일조량이 많은 도시로 연중 맑고 따뜻한 날씨를 보인다. 여름에는 자외선을 차단할 수 있는 선크림과 선글라스, 모자 등을 준비하고, 겨울에는 때때로 소나기나 많은 비가 내릴 때도 있다는 점을 참고하자. 온화한 날씨로 야생화가 만발하는 봄(9~11월)이 가장 여행하기에 좋다.

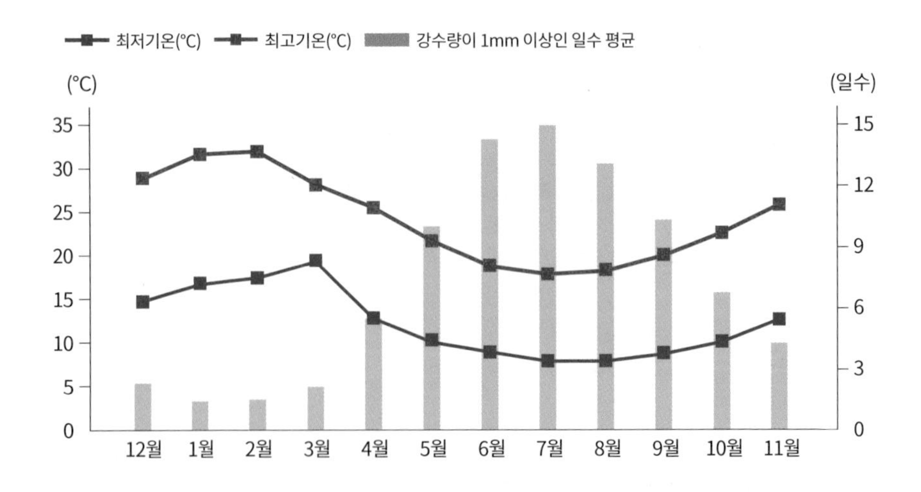

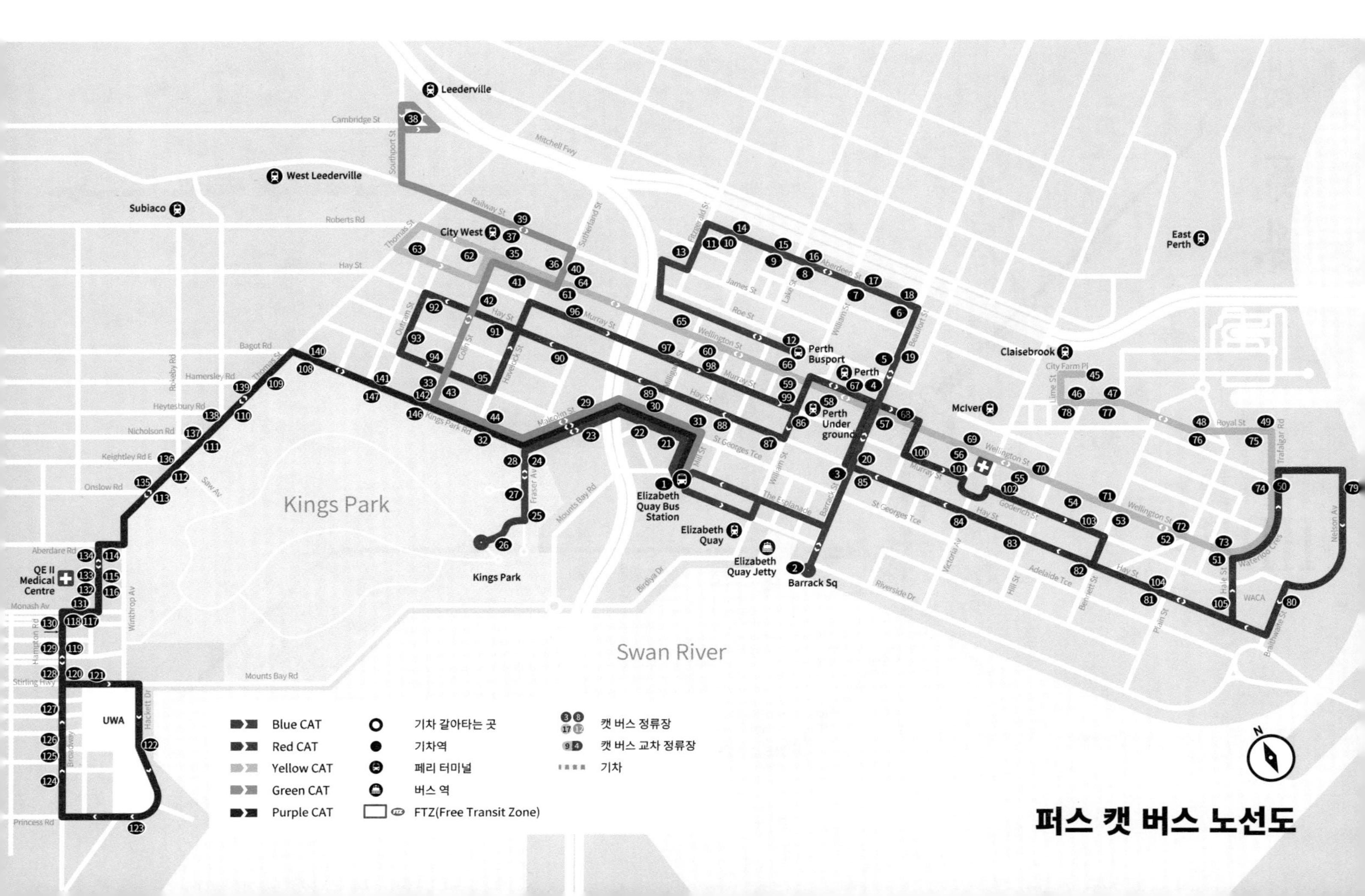
퍼스 캣 버스 노선도
Blue CAT
Red CAT
Yellow CAT
Green CAT
Purple CAT
기차 갈아타는 곳
기차역
페리 터미널
버스 역
FTZ(Free Transit Zone)
캣 버스 정류장
캣 버스 교차 정류장
기차
Leederville
West Leederville
Subiaco
City West
East Perth
Claisebrook
McIver
Perth
Perth Busport
Perth Underground
Elizabeth Quay Bus Station
Elizabeth Quay
Elizabeth Quay Jetty
Barrack Sq
Kings Park
Swan River
QE II Medical Centre
UWA
WACA
Cambridge St
Mitchell Fwy
Southport St
Railway St
Roberts Rd
Thomas St
Hay St
Sutherland St
Fitzgerald St
Aberdeen St
James St
Lake St
Roe St
William St
Wellington St
Murray St
Beaufort St
Bagot Rd
Hamersley Rd
Rokeby Rd
Heytesbury Rd
Nicholson Rd
Keightley Rd E
Onslow Rd
Saw Av
Kings Park Rd
Outram St
Colin St
Havelock St
Malcolm St
Milligan St
Mill St
St Georges Tce
Fraser Av
Mounts Bay Rd
The Esplanade
Barrack St
Victoria Av
Goderich St
Hill St
Adelaide Tce
Bennett St
Riverside Dr
Plain St
Hale St
Waterloo Cres
Royal St
Trafalgar Rd
Nelson Av
Braithwaite St
City Farm Pl
Lime St
Lord St
Aberdare Rd
Monash Av
Hampton Rd
Stirling Hwy
Winthrop Av
Hackett Dr
Broadway
Princess Rd
Birdiya Dr

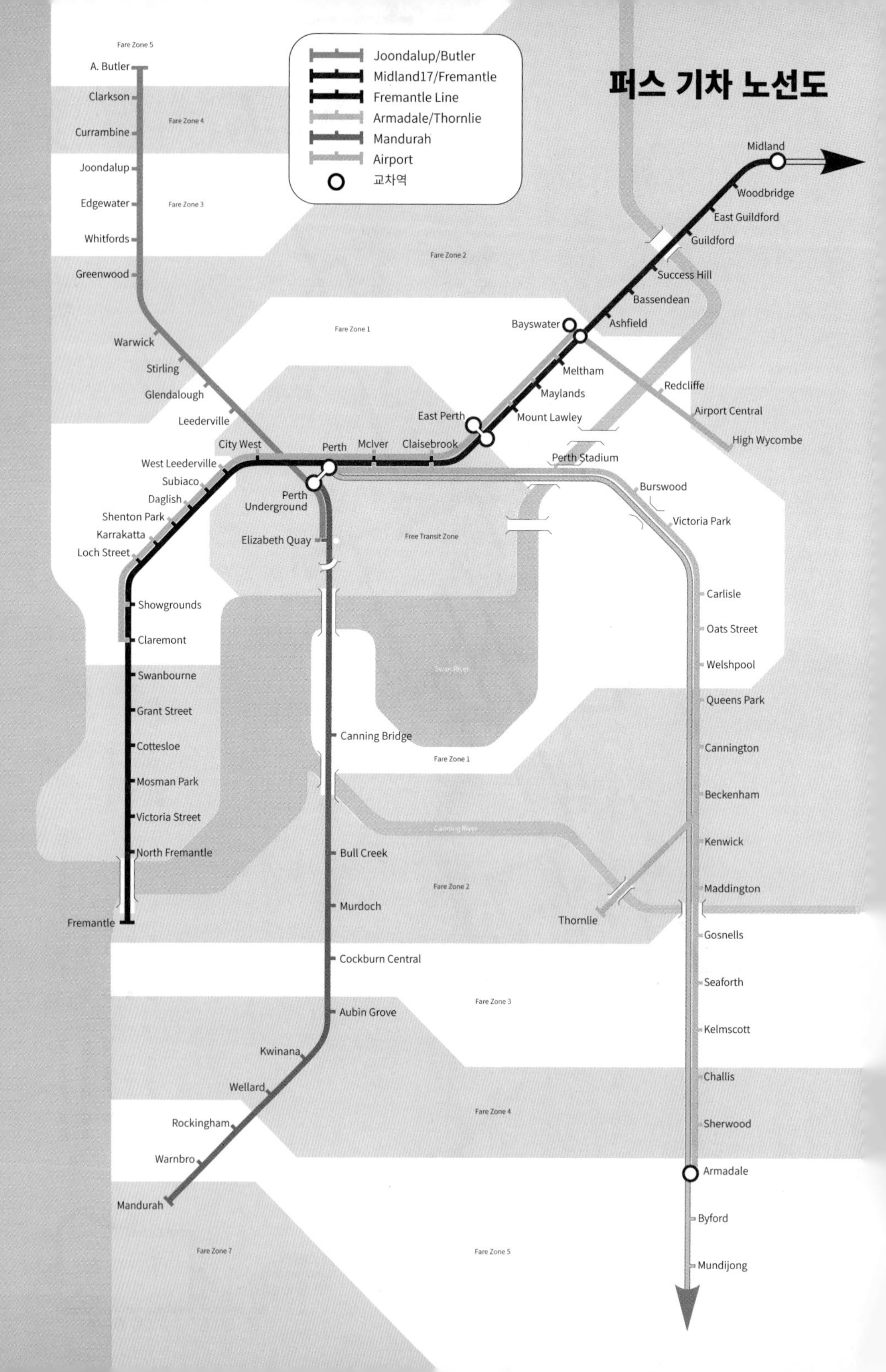

퍼스 기차 노선도
Joondalup/Butler
Midland17/Fremantle
Fremantle Line
Armadale/Thornlie
Mandurah
Airport
교차역
Fare Zone 5
A. Butler
Clarkson
Fare Zone 4
Currambine
Joondalup
Edgewater
Fare Zone 3
Whitfords
Greenwood
Fare Zone 2
Fare Zone 1
Warwick
Stirling
Glendalough
Leederville
City West
West Leederville
Subiaco
Daglish
Shenton Park
Karrakatta
Loch Street
Showgrounds
Claremont
Swanbourne
Grant Street
Cottesloe
Mosman Park
Victoria Street
North Fremantle
Fremantle
Perth
McIver
Claisebrook
East Perth
Perth Underground
Elizabeth Quay
Free Transit Zone
Midland
Woodbridge
East Guildford
Guildford
Success Hill
Bassendean
Ashfield
Bayswater
Meltham
Maylands
Mount Lawley
Redcliffe
Airport Central
High Wycombe
Perth Stadium
Burswood
Victoria Park
Carlisle
Oats Street
Welshpool
Queens Park
Cannington
Beckenham
Kenwick
Maddington
Thornlie
Gosnells
Seaforth
Kelmscott
Challis
Sherwood
Armadale
Byford
Mundijong
Canning Bridge
Fare Zone 1
Bull Creek
Fare Zone 2
Murdoch
Cockburn Central
Aubin Grove
Fare Zone 3
Kwinana
Wellard
Fare Zone 4
Rockingham
Warnbro
Mandurah
Fare Zone 7
Fare Zone 5

퍼스 추천 코스

퍼스 시내는 무료 교통수단이 잘 되어 있지만 천천히 도보로 둘러보면 또 다른 매력을 찾을 수 있는 도시이다. 엘리자베스 키에서 출발해 퍼스의 상징과도 같은 벨 타워, 독특한 건축미와 색다른 분위기를 느낄 수 있는 런던 코트 등을 방문하고, 저녁에는 젊은 층이 모여드는 노스 브리지에서 하루를 마무리하자! 도심을 둘러싸고 있는 스완강변에서 자연 속 여유를 즐기는 것도 잊지 말자.

벨 타워 Bell Tower
세계에서 가장 큰 악기로 불리는 벨 타워를 방문해 보자. 벨 타워의 역사를 배우고 직접 종을 울려보는 체험도 가능. 전망대에서는 퍼스 시내 스카이라인을 감상할 수 있다.

스완강 산책 Swan River
퍼스 로컬이 사랑하는 스완강. 퍼스 시내를 끼고 흐르는 스완강을 따라 산책하며 흑조도 만나보자.

랭글리 공원 Langley Park
과거 퍼스의 활주로로 이용되었던 장소로 현재는 공원으로 이용되고 있다.

퍼스 조폐국 Perth Mint
호주에서 가장 오래된 조폐국을 만나보자. 금괴를 만드는 과정을 볼 수 있고, 관련 기념품도 구입 가능하다.

세인트 조지 대성당 St George's Cathedral
목조 아치와 아름다운 스테인드글라스 창문, 붉은 벽돌의 조화로움을 감상해 보자.

런던 코트 London Court
독특한 건축양식과 매력적인 분위기의 런던 코트. 다양한 부티크 숍, 카페가 즐비하다.

서호주 미술관 Art Gallery of Western Australia
호주 예술가의 독특하고 흥미로운 작품을 감상해보자. 입장료 무료!

노스 브리지 North Bridge
활기찬 나이트 라이프를 즐길 수 있는 노스 브리지에서 골목골목 숨겨진 바를 방문해 보자.

퍼스 시내

깔끔하고 현대적인 퍼스 시내는 동부 해안의 대표 도시인 시드니와 비슷한 것 같으면서도 다른 모습을 보여준다. 그렇다면 퍼스 여행은 어디서부터 시작하면 될까? 퍼스 시내를 동서로 잇는 해이 스트리트 몰과 머레이 스트리트 몰이 바로 근처의 여러 아케이드와 함께 퍼스의 유행 중심지이다. 퍼스를 제대로 느끼고 싶다면 가장 먼저 이 길거리를 거닐어보자!

to do list

1. 세계에서 가장 큰 도심 공원 킹스 공원에서 오래된 바오밥나무 보기!
2. 독특하고 이국적인 런던 코트를 거닐며 시간 여행을~
3. 퍼스에서 가장 핫한 지역인 노스 브리지에서 쇼핑과 나이트라이프 즐기기

퍼스 시내
N
세이어스 시스터
Sayers Sister
Railway Parade
노스 브리지
North Bridge
버드우드 스퀘어
Birdwood Square
Newcastle St
러셀 스퀘어
Russell Square
NIB 경기장
Nib Stadium
Stirling St
하롤드 보아스 가든
Harold Boas Gardens
마이 바이욘
My Bayon
IGA 슈퍼마켓
SUPA IGA
워터타운 브랜드 아웃렛 센터
Watertown Brand Outlet Centre
퍼스 아레나
Perth Arena
Roe St
William St
서호주 주립 도서관
State Library of Western Australia
Graham Farmer Fwy
더블트리 바이 힐튼 퍼스 노스 브리지
Double Tree By Hilton Perth Northbridge
서호주 미술관
Art Gallery of Western Australia
Claisebrook
Railway Parade
Murray St
머레이 스트리트 몰
Murray Street Mall
Perth
McIver
Milligan St
Hay St
더 올드 천문대
The Old Observatory
피카델리 아케이드
Picadilly Arcade
Perth Underground
Bennett St
센트럴 공원
Central Park
캥거루 인
Kangaroo Inn
로얄 퍼스 병원
Royal Perth Hospital
해이 스트리트 몰
Hay Street Mall
런던 코트
London Court
세인트 메리 대성당
Saint Mary's Cathedral
퍼스 박물관
Museum of Perth
펜셔너 호텔 퍼스
Pensione Hotel Perth
St Georges Terrace
퍼스 컨벤션 센터
Perth Convention
and Exhibition Centre
엘리자베스 키
Elizabeth Quay
세인트
조지 대성당
St George's
Cathedral
Victoria Ave
퍼스 조폐국
The Perth Mint
글로스터 공원
Gloucester Park
(경마장)
이스트 퍼스
East Perth
벨 타워
The Bell
Tower
Elizabeth Quay
Adelaide Terrace
WACA 운동장
WACA Ground
킹스 공원 & 보타닉 가든
Kings Park & Botanic Garden
Rottnest
트리니티 대학
Trinity College
랭글리 공원
Langley Park
프레이저 스위트 퍼스
Fraser Suites Perth
DNA 타워
DNA Tower
스완강
Swan River

★★★ GPS -31.960318, 115.832282

킹스 공원 & 보타닉 가든 Kings Park & Botanic Garden

5만 평이 넘는, 세계에서 가장 큰 도심 공원으로 퍼스의 자랑이라고 할 만하다. 공원을 둘러보기 전, 먼저 관광정보 안내센터를 방문해 공원 지도를 살펴보는 것을 추천한다. 공원 산책로를 따라 750살이 넘은 바오밥나무를 비롯해 3,000여 가지 이상의 식물을 만날 수 있고, 잔잔하게 흐르는 스완강변의 전경도 즐길 수 있다. 퍼스 시내가 한눈에 내려다보이는 곳에 자리 잡고 여유로운 피크닉도 즐겨보자. 아이들을 위한 놀이터도 있어 가족 여행지로 꼭 한 번 방문해 볼 만하다.

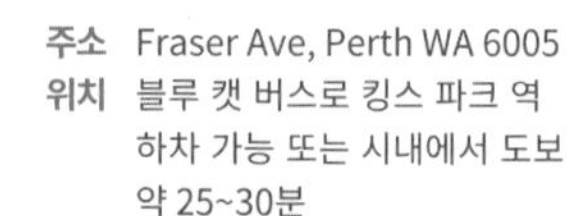

주소 Fraser Ave, Perth WA 6005
위치 블루 캣 버스로 킹스 파크 역 하차 가능 또는 시내에서 도보 약 25~30분
전화 08 9480 3600
메일 enquiries@bgpa.wa.gov.au
홈피 www.bgpa.wa.gov.au/kings-park

★★☆ GPS -31.956688, 115.869450

퍼스 조폐국 The Perth Mint

1899년에 완공된, 오래된 조폐국으로 금의 매력과 신비로움을 경험할 수 있는 곳이다. 무려 순금 1톤으로 만들어진 세계에서 제일 큰 동전을 만나볼 수 있고, 자신의 몸무게를 금으로 환산하면 얼마인지 당일 시세에 맞춰 알려주는 재미있는 체험도 할 수 있다. 호주에서 가장 많은 금을 산출하는 광산을 둘러본 후 금이 만들어지는 과정을 배우는 마인 투 민트Mine to Mint 투어도 있다.

주소 310 Hay St, Perth WA 6004
위치 레드 캣 버스를 타고 Hay St Perth Mint 정류장에서 하차
운영 09:00~17:00(1월 1일, 안작 데이, 굿 프라이데이, 크리스마스, 박싱 데이 휴무)
요금 성인 A$25, 아동 A$15
전화 08 9421 7222
홈피 www.perthmint.com

세계에서 가장 큰 동전으로 기네스북에도 올랐다!

★★☆ GPS -31.953933, 115.858606

해이 스트리트 몰 & 머레이 스트리트 몰 Hay Street Mall & Murray Street Mall

해이 스트리트 몰은 퍼스 시내 중심부에 위치한 쇼핑 거리로, 한국으로 치면 명동과 같은 곳이다. 백화점, 마트, 상점이 모여 있어 활기찬 퍼스의 모습을 느낄 수 있다. 쇼핑을 하다 휴식이 필요하면 길가의 야외 카페에 앉아 커피 한잔의 여유를 느껴보자.

바로 옆 골목인 머레이 스트리트 몰도 함께 둘러보기 좋은데, 주변의 아케이드(양쪽에 상점들이 늘어서 있는 아치형 통로)는 각자 다른 개성을 뽐내고 있으므로 각자의 차이를 중심으로 살펴보면 더욱 재미있을 것이다. 플라자 아케이드Plaza Acade는 퍼스에 처음으로 지어진 아르데코 형식의 극장이다. 극장은 현재 남아 있지 않지만, 당시의 건축적 요소를 아직 찾아볼 수 있다. 피커딜리 아케이드Piccadilly Arcade는 1938년에 오픈한 건물로, 플라자 아케이드처럼 과거에 영화관이 있었다.

주소 622 Hay St, Perth WA 6000
위치 엘리자베스 키에서 도보 약 7분

▶▶ 런던 코트 London Court

런던 코트는 트리니티 아케이드Trinity Arcade, 세인트 마틴스 아케이드St Martins Arcade 등과 함께 해이 스트리트와 남쪽의 세인트 조지 테라스St Georges Terrace를 연결하는 아케이드 중 하나. 튜더 양식을 본뜬 1930년대의 건물 덕분에 마치 런던의 한 골목길에 와 있는 기분을 느끼게 해주는 곳으로, 현지인과 관광객 모두에게 핫 스폿으로 손꼽힌다. 곳곳에 걸린 영국 국기와 영국에서 수입된 소품을 파는 가게, 빅 벤을 모방한 입구의 시계까지, 시간 여행을 떠나보자!

주소 647 Hay St, Perth WA 6000
운영 월~금 07:00~21:00, 토 07:00~17:00, 일 11:00~17:00
전화 08 6375 6000
홈피 www.londoncourt.com.au

★★☆

GPS -31.958677, 115.858225

벨 타워 The Bell Tower

1988년, 호주 200주년을 기념하여 영국의 세인트 마틴St.Martin에서 선물 받은 12개의 종과 영국의 도시들, 영국-호주 광산 회사, 서호주 정부로부터 수여받은 6개의 종을 합해 총 18개의 종으로 만들어졌다. 수~일요일 오후 12시~1시 사이에는 벨 타워의 아름다운 종소리를 들을 수 있다. 일반 입장권을 구매하면 벨 타워 내부를 둘러볼 수 있고, 6층 전망대에서 퍼스 시내 스카이라인과 스완강을 조망할 수 있다. 벨 타워 익스피리언스Experience 티켓을 구매하면 약 30분의 가이드 투어와 종 울리기 체험이 가능하고, 수료증이 주어진다.

주소 Barrack Square, Riverside Dr, Perth WA 6000
위치 엘리자베스 키에서 도보 약 4분, 버락 스트리트 Barrack st 페리 선착장 앞에 위치
운영 수~일 10:00~16:00
요금 **입장권** 성인 A$15, 아동 A$10, **익스피리언스 티켓** 성인 A$22, 아동 A$14
전화 08 6210 0444
메일 info@thebelltower.com.au
홈피 www.thebelltower.com.au

★★★

GPS -31.943114, 115.853725

노스 브리지 North Bridge

예술, 패션, 음식 그리고 활기찬 나이트 라이프를 경험하고 싶다면 노스 브리지로 가자. 퍼스 역에서 도보로 조금만 이동하면 노스 브리지에 도착한다. 퍼스의 최고 핫 플레이스인 만큼 쇼핑몰, 카페, 레스토랑, 펍 등이 매우 많다. 윌리엄 스트리트William St에서 젊고 감각적인 디자이너들의 숍과 빈티지 상점을 둘러보거나 차이나타운의 멋스런 카페에서 브런치를 즐겨보자. 근처에는 서호주 박물관과 미술관, 주립 대학교 등의 볼거리 또한 다양하다.

위치 퍼스 역에서 도보로 약 4분 또는 시내에서 블루 캣 버스를 타고 이동

★☆☆

GPS -31.955983, 115.861299

세인트 조지 대성당 St George's Cathedral

퍼스 시내 중심부에 위치한 세인트 조지 대성당은 1888년에 세워진 작지만 아름다운 성당이다. 수제 벽돌로 지어진 몇 안 되는 성당 중 하나로 서호주의 유산으로 지정되어 있다. 붉은 장미색 벽돌로 지어진 내부는 단순하지만 우아하다는 평가를 받고 있으며 오래된 파이프오르간과 눈길을 사로잡는 스테인드글라스가 인상적이다.

주소 38 St Georges Terrace, Perth WA 6000
위치 퍼스 조폐국에서 해이 스트리트로 도보 약 10분
운영 월~금 07:00~17:30, 토 07:00~17:00, 일 07:00~18:00
요금 무료
전화 08 9325 5766
홈피 www.perthcathedral.org

★☆☆

GPS -31.950258, 115.860503

서호주 미술관 AGWA, Art Gallery of Western Australia

1895년 지어진 미술관으로 1만 7,000점이 넘는 작품을 전시하고 있는 서호주 최대의 미술관이다. 호주 출신 작가들의 작품을 많이 전시하고 있으며, 원주민인 애버리진의 작품 전시실도 마련되어 있다. 오귀스트 로뎅의 〈아담Adam〉 등 이름을 들으면 익히 아는 유명 작가의 작품도 전시되어 있으니 시간이 된다면 둘러보자.

주소 Perth Cultural Centre Roe St, Perth WA 6000
위치 퍼스 역에서 도보 약 1분 이동
운영 수~월 10:00~17:00 (화요일 휴무)
요금 무료
전화 08 9492 6600
홈피 artgallery.wa.gov.au

오귀스트 로뎅의 〈아담〉

more & more 퍼스의 상징! 스완강

퍼스에 대해 이야기하며 빼놓을 수 없는 것이 바로 스완강이다. 스완 밸리에서 시작하는 강줄기는 퍼스 시내를 유유히 흘러 프리맨틀을 지나고, 인도양까지 흘러들어간다. 스완강 주변으로는 물을 좋아하는 호주인의 성향을 보여주듯 아파트와 고급 빌라, 주택이 모여 있으며, 산책로와 자전거도로, 공원도 잘 조성되어 있다.
산책로를 걷다 보면 강 위를 헤엄치는 블랙 스완 즉, 흑조 가족을 만날 수 있다. 지금은 스완강의 상징과도 같은 동물이지만, 처음에는 그 낯선 모습에 타락의 상징으로 여겨졌다고 한다.

GPS -31.945737, 115.861042

마이 바이욘 My Bayon

노스 브리지의 캄보디아 레스토랑으로 본인들은 퍼스 최고의 캄보디아 레스토랑이라고 하지만 호주 최고라고 해도 손색이 없는 곳! 맛있는 식사, 친절한 서비스, 적당한 가격까지 최고로 손꼽힌다. 시끌벅적한 분위기로 여행지에서의 즐거움을 풍성히 누릴 수 있다.

주소 313 William St, Northbridge WA 6003
위치 서호주 미술관에서 도보 7분
운영 목~화 16:00~21:00(수요일 휴무)
요금 치킨 커리 A$25.9, 팟타이 A$18.9~
전화 08-9227-1331 **홈피** mybayon.com.au

GPS -31.939703, 115.861602

세이어스 시스터 Sayers Sister

아침 식사와 브런치를 위한 인기 있는 장소 중 하나. 특히 신선한 베이커리 아이템과 맛있는 커피로 유명하다. 시간에 여유가 있다면 하이드 파크를 산책하면서 이곳에서 브런치를 즐겨보자.

주소 236 Lake St, Perth WA 6000 **위치** 하이드 파크 도보 2분
운영 06:30~14:30 **전화** 08 9227 7506
홈피 www.sayerssister.au

GPS -31.946759, 115.847382

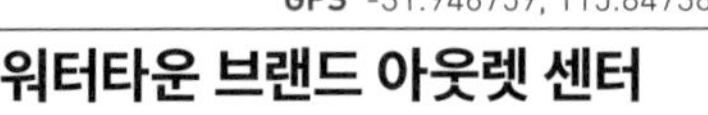

워터타운 브랜드 아웃렛 센터 Watertown Brand Outlet Centre

패션, 주얼리, 가정용품, 스포츠웨어, 기념품 등 다양한 매장이 2층짜리 건물에 모여 있는 퍼스의 대표적인 아웃렛이다. 넉넉한 주차 공간이 있으며, 쇼핑, 음식, 엔터테인먼트를 한 번에 즐길 수 있고, 매번 다양한 할인 행사가 진행된다.
늦게까지 운영하는 금요일이 쇼핑하기에 가장 좋으며, 퍼스 시내와 멀지 않아 도보로도 이동할 수 있다.

주소 840 Wellington St, Perth WA 6005
위치 퍼스 역에서 도보 약 16분
운영 월~목 09:00~17:30, 금 09:00~21:00, 토 09:00~17:00, 일 11:00~17:00(크리스마스, 굿 프라이데이, 안작 데이 휴무)
전화 08 9321 2282
홈피 www.watertownbrandoutlet.com.au

GPS -31.952358, 115.859313

트와일라잇 호커스 마켓 Twilight Hawkers Market

매년 11월부터 3월까지 여름 시즌, 그중에서도 금요일 밤에만 열리는 퍼스에서 가장 큰 길거리 음식 마켓이다. 머레이 스트리트 몰의 포레스트 플레이스Forrest Place에서 펼쳐지며, 생동감 넘치는 시장 상인들과 어디선가 들려오는 현지 음악은 여행자들을 한껏 설레게 한다. 세계 여러 나라의 음식을 맛볼 수 있는 만큼 여름밤에 가족, 친구, 연인과 함께 즐기기 좋다. 마켓이 열리는 기간은 매년 달라지니 홈페이지에서 미리 확인하는 것이 좋다.

주소 1/7 Forrest Pl, Perth WA 6000
위치 마이어Myer 백화점 옆
운영 **11~3월** 금 16:30~21:30
홈피 twilighthawkersmarket.com

퍼스 숙소 선택 Tip

숙소를 어디로 잡아야 할지 고민이라면 일단 노스 브리지 근처부터 알아보자. 도시를 여행 시 시내 중심가 숙소가 편리하지만, 퍼스에서만큼은 예외다. 저렴한 백패커 숙소와 호스텔부터 카페, 맛집, 그리고 나이트 라이프를 즐길 수 있는 펍과 클럽까지…. 퍼스 시내보다는 노스 브리지에서 더 다양한 문화를 즐길 수 있다.

5성급 **GPS** -31.960949, 115.876463

프레이저 스위트 퍼스 Fraser Suites Perth

스완강이 내려다보이는 뛰어난 전망의 럭셔리 아파트형 숙소. 커플이 사용하기 적합한 스튜디오룸부터 1베드룸, 2베드룸이 있으며 간이침대를 추가할 시 최대 5명까지 숙박이 가능하다. 실내 온수 수영장, 24시간 피트니트 센터를 이용할 수 있으며, 자전거 대여도 가능하다. 시내 중심지에서는 조금 떨어져 있으므로, 한적한 곳에서 완벽한 휴식을 보내고 싶은 이들에게 추천한다.

주소 10 Adelaide Terrace, Perth WA 6004
위치 퍼스 조폐국에서 도보 약 12분
요금 스튜디오룸 A$175~, 1베드룸 A$220~
전화 08 9261 0000
홈피 www.frasershospitality.com/en/australia/perth/fraser-suites-perth

3성급 **GPS** -31.954313, 115.862832

펜셔너 호텔 퍼스 Pensione Hotel Perth

클래식한 1960년대 건물에 위치한 부티크 호텔로 엘리자베스 키 근처에 있다. 호텔 맞은편에 무료 캣버스 정류장이 있고, 퍼스 기차역까지 도보 8분, 주요 관광 명소도 모두 도보로 이동이 가능해 여행자들에게 편리하다. 크기가 조금 작은 스탠더드룸은 여행 기간이 짧을 경우 추천하며, 좀 더 넓은 방을 원한다면 디럭스룸이나 프리미엄룸을 선택하자. 리셉션은 24시간 운영한다.

주소 70 Pier St, Cnr of Murray St, Perth WA 6000
위치 런던 코트에서 도보 약 6분
요금 쁘띠 퀸룸 A$209~, 디럭스 킹룸 A$239~
전화 08 9325 2133 **홈피** www.pensione.com.au

4성급 **GPS** -31.948295, 115.858342

더블트리 바이 힐튼 퍼스 노스 브리지 Double Tree By Hilton Perth Northbridge

퍼스의 문화 및 엔터테인먼트 중심지인 노스 브리지에 위치한 4성급 호텔로 시내 중심지와도 근접해 있다. 일부 객실에서는 탁 트인 도시의 전경을 감상할 수 있으며, 전 객실 금연이다. 직원들이 친절하다는 평가가 많아 위치 좋고 깔끔한 숙소를 찾는 커플 또는 가족 숙박객에게 추천한다.

주소 100 James St, Perth WA 6003
위치 퍼스 역에서 도보 약 5분
요금 게스트룸 A$180~ **전화** 08 6148 2000
홈피 www.hilton.com/en/hotels/perdtdi-doubletree-perth-northbridge

3성급 **GPS** -31.953764, 115.861654

캥거루 인 Kangaroo Inn

퍼스 시내에 위치한 가성비 좋은 숙소로 주요 관광지와 퍼스의 핫플레이스와 근접해 있다. '퍼스의 명동'인 머레이 스트리트 몰과도 도보 4분 거리! 공용 주방, 세탁, 영화방, 야외 바비큐 시설을 갖추고 있다. 예산에 따라 다인룸, 싱글룸, 패밀리룸 등을 선택할 수 있으며, 욕실은 공동이다.

주소 123 Murray St, Perth WA 6000
위치 런던 코트에서 도보 약 4분
요금 6인실 A$45~, 4인실 A$50~, 싱글룸 A$90~, 패밀리룸 A$170~
전화 08 9325 3508
메일 gday@kangarooinn.com.au
홈피 www.kangarooinn.com.au

퍼스 근교

퍼스에 도착해 시내를 둘러봤다면, 이제 본격적으로(?) 서호주를 즐기러 떠나보자. 활기찬 항구 도시인 프리맨틀, 장엄한 사막인 피너클스, 아름다운 해변이 펼쳐진 로트네스트 아일랜드 등 더욱 특별한 경험이 여행자들을 기다리고 있다.

to do list

1. 로트네스트 아일랜드에서 쿼카랑 셀피 찰칵!
2. 피너클스 사막의 별이 쏟아지는 밤하늘 감상하기
3. 항구도시 프리맨틀에서 여유롭게 산책하기

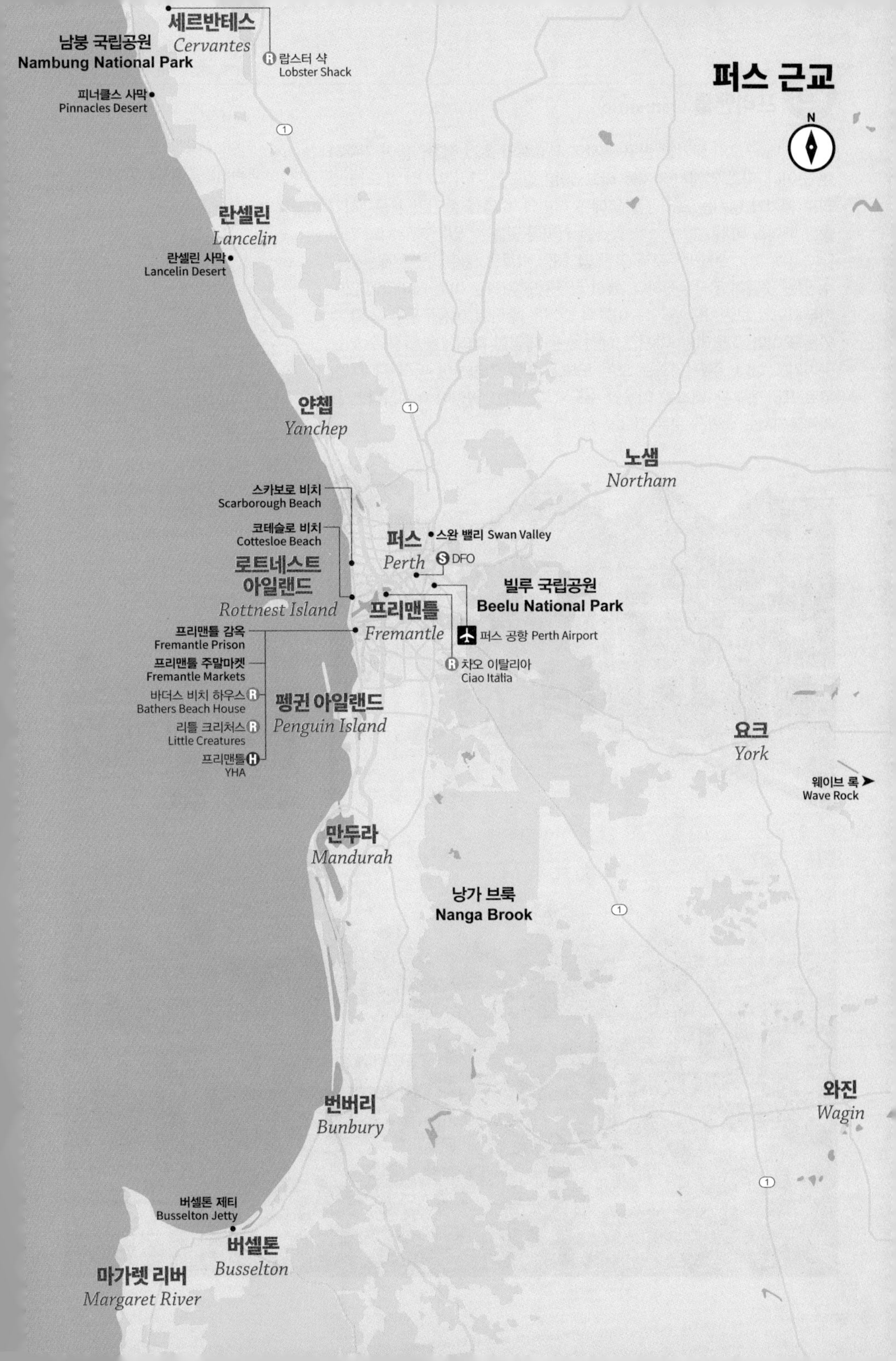

퍼스 근교
N
세르반테스
Cervantes
남붕 국립공원
Nambung National Park
랍스터 샥
Lobster Shack
피너클스 사막
Pinnacles Desert
1
란셀린
Lancelin
란셀린 사막
Lancelin Desert
얀쳅
Yanchep
1
노샘
Northam
스카보로 비치
Scarborough Beach
코테슬로 비치
Cottesloe Beach
퍼스
Perth
스완 밸리 Swan Valley
DFO
로트네스트 아일랜드
Rottnest Island
빌루 국립공원
Beelu National Park
프리맨틀
Fremantle
퍼스 공항 Perth Airport
프리맨틀 감옥
Fremantle Prison
프리맨틀 주말마켓
Fremantle Markets
차오 이탈리아
Ciao Italia
바더스 비치 하우스
Bathers Beach House
펭귄 아일랜드
Penguin Island
리틀 크리처스
Little Creatures
요크
York
프리맨틀
YHA
웨이브 록
Wave Rock
만두라
Mandurah
낭가 브룩
Nanga Brook
1
와진
Wagin
번버리
Bunbury
1
버셀톤 제티
Busselton Jetty
버셀톤
Busselton
마가렛 리버
Margaret River

★★☆

GPS -32.051820, 115.753996

프리맨틀 Frementle

퍼스 시내 근교의 활기찬 항구 도시로 서호주의 초기 정착민들이 거주하던 곳이다. 퍼스 역에서 기차를 타고 30분 정도면 거리 악사들의 노래 소리로 활기가 넘치는 프리맨틀 역에 도착한다. 수영을 즐기거나 산책하기 좋은 배더스 비치Bathers Beach, 향긋한 커피를 맛볼 수 있는 카푸치노 거리Cappuccino Strip, 수제맥주로 유명한 펍, 해양 박물관 등 프리맨틀에는 즐길 수 있는 것들이 무궁무진하다. 특히 카푸치노 거리는 야외 테이블에 앉아 카푸치노와 브런치를 즐기는 이들의 즐거운 수다로 여유로움을 느낄 수 있는 곳이며, 이탈리안, 아시안, 해산물 등 다양한 다이닝을 즐길 수 있는 곳이기도 하다. 주요 명소는 모두 도보로 이동 가능하며 퍼스 시내처럼 무료 프리맨틀 캣 버스를 이용할 수도 있다. 여행 일정이 여유롭다면 프리맨틀에서도 숙박해 보는 것을 추천한다.

위치 퍼스 역에서 프리맨틀행 기차로 약 30분

Tip 1 | 프리맨틀을 즐기는 3가지 방법

1 콜로니얼풍 건축물 따라 걷기
2 카푸치노 거리 만끽하기
3 주말 마켓 방문하기

Tip 2 | 프리맨틀을 둘러볼 땐 교통비 걱정 No!

프리멘틀에도 퍼스 시내와 마찬가지로 무료 버스인 캣 버스가 운영되고 있다. 프리맨틀 역에서 시작해 한 바퀴 도는 데 약 30분이 걸리며, 프리맨틀의 주요 명소에 정거장이 자리 잡고 있으므로 더욱 알차게 이용할 수 있다.

▶▶ 프리맨틀 감옥 Fremantle Prison

퍼스에서 세계유산으로 등재된 유일한 곳이 바로 프리맨틀 감옥이다. 1850년대부터 1991년까지 약 136년 동안 감옥으로 사용되다가 현재는 관광지로 개방되고 있다. 프리맨틀 감옥은 무료 관람 구역과 유료 관람 구역이 나뉘어 있으며, 유료 관람 구역에서는 재소자 투어, 감옥 20m 아래 터널로 내려가 보트 탐험하기, 감옥 나이트 투어 등 흥미로운 프로그램이 진행되고 있다. 한국어 오디오 가이드도 이용 가능.

주소 1 The Terrace, Fremantle WA 6160
위치 프리맨틀 마켓에서 도보 약 10분
운영 월~화·목·토~일 09:00~17:00, 수·금 09:00~21:00 (굿 프라이데이, 크리스마스 휴무)
요금 성인 A$29~, 4~15세 아동 A$19~
전화 08 9336 9200
메일 info@fremantleprison.com.au
홈피 www.fremantleprison.com.au

▶▶ 프리맨틀 주말마켓 Fremantle Markets

1897년에 세워졌으며 프리맨틀의 랜드 마크이자 서호주에서 가장 잘 알려진 주말마켓이다. 지역 농산물은 물론 젊은 디자이너들의 제품과 의류 및 액세서리 등을 파는 150여 개가 넘는 가판들이 밀집되어 있다. 소박하지만 활기찬 현지 분위기를 느끼고 싶다면 꼭 한 번쯤 들러보자.

주소 South Terrace &, Henderson St, Fremantle WA 6160
위치 프리맨틀 역에서 도보 약 8분
운영 금~일 09:00~18:00 (월~목요일 휴무)
전화 08 9335 2515
메일 info@fremantlemarkets.com.au
홈피 www.fremantlemarkets.com.au

★★★ GPS -30.591021, 115.160239

피너클스 사막 Pinnacles Desert

퍼스에서 북쪽으로 3시간쯤 달리면 남붕 국립공원Nambung National Park의 하이라이트인 피너클스 사막을 만날 수 있다. 석회암 바위들이 수백만 년에 걸친 모래바람의 풍화작용으로 인해 지금의 신비로운 돌기둥의 모양으로 존재하게 되었다. 피너클스Pinnacles의 사전적 의미는 '뾰족하게 솟은 것'으로, 크기가 제각각인 뾰족한 피너클스 돌기둥이 약 1만 5,000여 개가 넘는다. 이곳은 1960년대 후반까지는 일반인에게 공개되지 않았다가 뒤늦게 남붕 국립공원으로 추가되었기 때문에 오염되지 않은 자연의 모습을 그대로 느낄 수 있는 곳 중 하나이다. 특히 방문하기 좋은 시기는 바로 호주의 봄인 9~11월 사이. 야생화가 개화하는 시기로, 황량한 사막의 우뚝 솟은 피너클스와 야생화의 색다른 조화를 감상할 수 있다.

피너클스 사막은 대중교통으로는 갈 수 없고 렌터카 혹은 현지 투어업체를 통해 일일 투어로 다녀올 수 있다. 투어는 보통 인디안 오션 드라이브Indian Ocean Drive를 따라 이동하며, 하얀 모래의 란셀린Lancelin 사막에서 모래 썰매를 즐기는 일정이 포함되어 있어 알찬 하루를 보낼 수 있다. 오후에 출발해서 피너클스 사막의 아름다운 석양과 별까지 관찰할 수 있는 일몰 투어도 인기이다.

위치 퍼스에서 190km 지점. 차량으로 약 2시간 30분
홈피 parks.dpaw.wa.gov.au

Tip | 피너클스 투어

피너클스 4WD 투어
Austrlian Pinnacle Tours
요금 성인 A$250, 아동 A$145
홈피 www.australianpin-nacletours.com.au

피너클스 선셋 & 별 투어
Autopia Tours
요금 성인 A$185, 아동 A$167
홈피 www.autopiatours.com.au

하얀 모래 사막으로 유명한 란셀린 사막

★★☆ GPS -32.443514, 118.897434

웨이브 록 Wave Rock

이름 그대로 거대한 파도가 굳은 듯한 모습의 신비한 돌. 높이 15m, 길이 110m의 이 화강암 바위는 퍼스 시내에서 3~4시간 이동해야 만날 수 있다. 2만 7,000년이 넘는 세월 동안 자연의 풍화, 침식작용으로 형성되었으며, 매년 9~11월 시즌에는 주변에서 다양한 서호주의 야생화도 발견할 수 있다. 파도 위에서 서핑하는 듯한 포즈를 취하며 웨이브 록에서 사진을 남겨보자.

위치 퍼스에서 340km 지점. 차량으로 약 3시간 50분

Tip | 웨이브 록 투어

피너클스 투어
Austrlian Pinnacle Tours
요금 성인 A$250, 아동 A$145
홈피 www.australianpin-nacletours.com.au

★★★ GPS -32.305611, 115.690536

펭귄 아일랜드 Penguin Island

퍼스에서 남쪽으로 약 45분 떨어진 쇼얼워터Shoalwater에서 페리로 단 5분만 이동하면 세계에서 제일 작은 펭귄인 리틀 펭귄Little Penguin을 만날 수 있다. 바위틈 사이의 야생 펭귄들을 만날 수도 있고(오전에는 사냥을 떠나므로 보기 힘들다), 디스커버리 센터Discovery Centre에서 관리자가 먹이를 주는 모습을 구경하는 등 펭귄을 가까이서 관찰할 수 있다. 또한 펭귄 아일랜드는 야생 돌고래와 바다사자, 펠리컨 등 다양한 야생동물의 서식지이기도 하다. 하얀 모래사장과 맑은 바닷물로 둘러싸인 섬의 해변에서 수영을 즐겨보는 건 어떨까(펭귄이 새끼를 기르는 시기인 6월 초에서 9월 중순에는 문을 닫으니 참고).

위치 퍼스 역에서 록킹햄Rockingham 역까지 기차로 이동 후 버스를 타고 쇼얼워터 선착장에 내린다. 페리를 타고 5분간 이동. 약 1시간 30분
운영 08:30~16:30
요금 **왕복 페리+디스커버리 센터** 성인 A$35, 아동 A$25
전화 08 9591 1333
메일 info@penguinisland.com.au
홈피 www.penguinisland.com.au

★★★ GPS -33.961075, 115.073338

마가렛 리버 Margaret River

호주 프리미엄 와인의 25% 이상을 생산하는 퍼스의 대표적인 와인 산지로, 퍼스 시내에서 남쪽으로 3시간 30분 정도 떨어져 있다. 투어를 이용하면 와이너리와 함께 남반구에서 제일 긴 나무 부두인 버셀톤 제티 Busselton Jetty, 광대한 크기의 매머드 동굴Mammoth Cave, 케이프 르윈 등대 Cape Leeuwin Lighthouse 등 다양한 명소를 방문하기 때문에 와인을 좋아하지 않는 사람이라도 누구나 즐길 수 있다.

버셀톤 제티

매머드 동굴

위치 퍼스에서 270km 지점. 차량으로 약 3시간 30분

Tip 1 | 마가렛 리버 투어

마가렛 리버 일일 투어
Austrlian Pinnacle Tours

요금 성인 A$250, 아동 A$145
홈피 www.australianpinnacletours.com.au

Tip 2 | 애니메이션 속 그곳!

자그마치 2km나 되는 버셀톤 제티는 일본 애니메이션 〈센과 치히로의 행방불명〉 속 기찻길의 모티브가 된 곳이기도 하다. 애니메이션의 장면과 비교해 보는 재미도 놓치지 말자!

★★☆ GPS -31.833087, 116.003217

스완 밸리 Swan Valley

퍼스의 와이너리를 방문해보고 싶지만 마가렛 리버는 멀어서 부담스럽다면, 퍼스 시내에서 차로 25분이면 갈 수 있으며, 서호주에서 가장 오래된 와인 산지인 '스완 밸리'를 방문해 보자. 스완 밸리의 32km길이의 '푸드 & 와인 시닉 드라이브 코스'에는 150개가 넘는 와이너리, 양조장, 레스토랑, 카페, 상점, 숙박시설 등이 즐비해 있다. 개별적으로 렌터카로 방문하면 운전자는 와인을 마시지 못하는 단점(?)이 있으니, 다양한 와인을 맛보고 즐길 수 있는 스완 밸리 와인 크루즈를 추천한다. 퍼스 시내에서 출도착하며 와인 시음, 와이너리 투어, 식사가 모두 포함되어 있다.

위치 퍼스에서 30km지점. 차량으로 약 25분

Tip | 스완 밸리 크루즈 여행

와인 크루즈
Captain Cook Cruise

요금 성인 A$235
홈피 www.captaincook-cruises.com.au

★★☆

GPS -31.992582, 115.751278

코테슬로 비치 & 스카보로 비치 Cottesloe Beach & Scarborough Beach

코테슬로 비치는 퍼스 시내에서 대중교통으로 쉽게 갈 수 있는 곳으로, 퍼스 현지인들에게 가장 인기 있는 해변이다. 맑은 인도양에서 수영이나 스노클링을 즐기기에 좋다. 꼭 수영을 즐기지 않더라도 부드러운 모래사장을 거닐거나 소나무가 만든 그늘 밑에서 휴식을 만끽해 보자. 저녁이 되면 다양한 레스토랑 중 하나를 골라 식사하면서 아름다운 일몰을 감상해보는 건 어떨까. 매년 3월에 열리는 해변 조각전시회는 놓칠 수 없는 볼거리 중 하나이다.

코테슬로 비치에서 북쪽으로 12km 위에 위치한 스카로보 비치는 길게 늘어진 백사장을 자랑하는 곳이다. 파도가 좋아 특히 서퍼들에게 인기가 많으며 바람을 이용하는 윈드서핑을 할 수 있는 장소로도 유명하다. 최근에는 아이들과 함께 방문하기 좋은 지열 야외 수영장도 생겼다. 밤의 스카보로 비치는 많은 레스토랑과 카페로 생동감이 넘친다. 해변 근처에는 피크닉을 즐길 만한 넓은 잔디밭과 정자가 있으며, 무료 바비큐 시설도 이용할 수 있다.

코테슬로 비치

주소 Marine Parade, Cottesloe WA 6011

위치 퍼스 역에서 기차로 약 30분

스카보로 비치

주소 via West Coast Highway, Scarborough WA 6019

위치 퍼스 역 옆 버스포트Busport에서 990번 버스로 약 45분

Special Tour

서호주의 야생화 시즌 Wildflowers in Western Australia

서호주 여행 시기가 고민이 된다면 특별한 야생화들을 만날 수 있는 9~11월 사이로 계획해보는 건 어떨까. 서호주의 야생화는 개화 규모가 지구에서 가장 크다. 6~7월에 서호주 북부에서부터 야생화가 피기 시작하여, 9월이면 퍼스 근교에서 만나볼 수 있다. 이 시기에 무려 1만 2,000종이 넘는 야생화가 피는데, 그중 60% 이상이 다른 어느 곳에서도 볼 수 없는 꽃이라 하니 더욱 특별하지 않은가.
개화 시기가 시작되면 어디서나 야생화를 쉽게 발견할 수 있는데 퍼스 시내에서 야생화를 보러 가기에 가장 접근성 좋은 장소는 바로 킹스 공원Kings Park이다. 따라서 킹스 공원에서는 매년 9월마다 야생화 페스티벌이 열리고 있다.

☆ 주의

야생화를 감상할 때 특별히 주의해야 할 점이 있다. 야생화를 꺾거나 채취하는 행동은 서호주 법적으로 금지되어 있다는 것이다. 야생화를 채취하게 되면 2,000달러의 벌금이 부과되니 눈으로만 감상하자!

Tip | 본격적인 서호주 야생화 여행을 꿈꾼다면!

서호주에서는 야생화를 감상하기 좋은 산책로를 비롯해 다양한 트레일 코스를 자세히 안내하고 있다. 테마가 있는 서호주 야생화 산책로가 궁금하다면 서호주 트레일 정보 사이트를 참고하자.
홈피 trailswa.com.au/trails/experiences/wildflowers

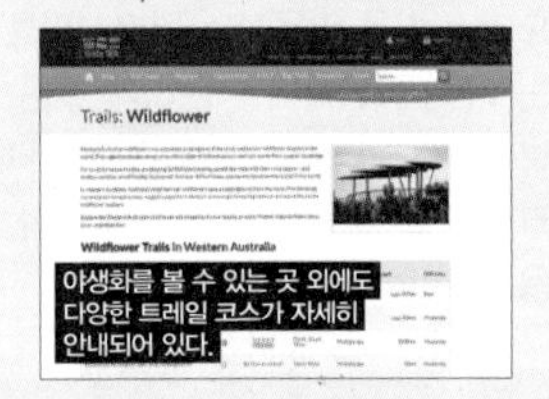

야생화를 볼 수 있는 곳 외에도 다양한 트레일 코스가 자세히 안내되어 있다.

Special Tour

쿼카 만나러 가자! 로트네스트 아일랜드 Rottnest Island

퍼스 또는 프리맨틀에서 페리로 쉽게 이동할 수 있는 로트네스트 아일랜드는 에메랄드빛 해변과 느긋한 분위기가 인상적인 곳으로, 현지인들도 스노클링, 낚시, 수영 등 각자의 방법대로 휴식을 취하기 위해 즐겨 찾는다. 원주민들은 '물을 건너는 장소'라는 뜻의 와제뭅Wadjemup이라고 부른다.

이 아름다운 섬은 과거에는 원주민들의 감옥으로 사용되었고, 전쟁 때는 군사적 방어 시스템으로 기능하는 등 역사적으로도 의미가 있는 곳이다. 섬 내에는 자동차가 다니지 않아 관광객은 주요 명소를 다니는 투어버스를 이용하거나 자전거를 빌려 섬을 한 바퀴 둘러보게 된다. 섬의 환상적인 뷰를 하늘에서 즐길 수 있는 짜릿한 스카이다이빙도 인기가 많다. 숙박시설과 글램핑을 할 수 있는 장소도 있어, 1박 이상 머물며 여유롭게 즐길 수도 있다.

특히 로트네스트 아일랜드는 귀여운 동물 쿼카Quokka와 함께 셀카를 찍을 수 있는 곳으로 SNS에서 잘 알려져 있다. 따라서 이곳에 왔다면 쿼카와 사진 찍기에 꼭 도전해 보자!

세상에서 가장 행복한 동물, 쿼카와 함께 Smile :D

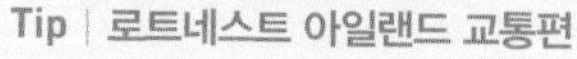

Tip | 로트네스트 아일랜드 교통편

시링크 로트네스트 아일랜드
Sealink Rottnest Island

요금 왕복 페리 티켓(프리맨틀 출도착)
성인 A$86.5~, 4~12세 아동 A$45~
홈피 www.sealinkrottnest.com.au

로트네스트 익스프레스 Rottnest Express

요금 왕복 페리 티켓(퍼스 출도착)
성인 A$125.5, 버스 투어 A$59,
자전거 대여 A$36,
스노클링 장비 대여 A$22
홈피 www.rottnestexpress.com.au

Special Tour

거친 자연 속으로, 서호주 북부 일주

진정한 서호주 여행을 꿈꾼다면 해안가를 따라 퍼스에서 브룸까지 북쪽으로 여행해 보자. 남붕 국립공원의 신비한 돌기둥이 가득한 피너클스 사막부터 수억 년의 역사를 간직한 칼바리 국립공원, 카리지니 국립공원의 장관은 말로 표현할 수 없을 정도로 압도적이다. 서호주 해안가를 따라 이동하다 보면 세계문화유산인 샤크 베이Shark Bay와 고래상어가 찾아오는 닝갈루 리프Ningaloo Reef, 야생 돌고래를 만날 수 있는 몽키 미아Monkey Mia 등 지나칠 수 없는 명소들을 만나게 된다. 브룸Broom은 '서호주의 진주'로 불리며 현지인들의 휴가지로도 유명하다.

어떻게 여행할까?

퍼스에서 브룸까지 편도 여행은 10~14일 정도로, 퍼스–브룸–퍼스 여정은 최소 14일 정도로 계획하는 게 좋다. 숙박을 해결할 수 있는 캠퍼밴이나 렌터카를 퍼스 픽업–브룸 반납 일정으로 빌려서 여행한 후, 브룸에서는 퍼스까지 국내선 항공으로 이동하면 시간을 단축할 수 있다. 운전을 못하는 여행자라면 투어 프로그램을 이용해 다른 나라 여행자들과 함께 특별한 추억을 만들 수 있다. 투어는 퍼스 출도착 또는 퍼스 출발–브룸 도착 중에 선택할 수 있다.

어드벤처 투어 Adventure Tours
(9박 10일 퍼스-브룸 오버랜드 투어)
요금 A$2,995
홈피 www.adventuretours.com.au

렌터카
홈피 www.thrifty.com.au
www.avis.com.au

캠퍼 밴
홈피 www.britz.com/au
www.apollocamper.com

서호주 홀리데이파크
홈피 www.waholidayguide.com.au

언제 여행할까?

퍼스는 대체적으로 기온이 온화하고 일조량이 많은 편이다. 하지만 퍼스의 북쪽은 10~3월 우기와 4~9월 건기의 차이가 크다. 우기에는 비가 자주 내려 사막 지형에 웅덩이가 생기는 경우가 많으므로 여행을 추천하지는 않는다.

란셀린 사막 Lancelin
흰 모래사막에서
모래 썰매를 즐겨보자!

남붕 국립공원
(피너클스 사막 Pinnacles)
황량한 사막에 늘어선 기암괴석에
자신도 모르게 마음을 빼앗기는 곳이다.

칼바리 국립공원
Kalbarri National Park
자연의 창Nature's Window,
Z 밴드Z-Bend 등
아름다운 산맥이 펼쳐져 있다.

샤크 베이 Shark Bay
호주에서 가장 먼저 유네스코
세계문화유산 지역으로 선정된 곳이자
세계에서 가장 큰 해초밭.

몽키 미아 Monkey Mia
맑고 시원한 인도양에서
야생 돌고래에게 먹이를 주는
특별한 체험을!

코랄 베이 Coral Bay
호주에서 가장 큰 산호군을
스노클링만으로도 볼 수 있다.
고래상어와 함께 헤엄치는
특별한 경험도 가능하다(3~6월).

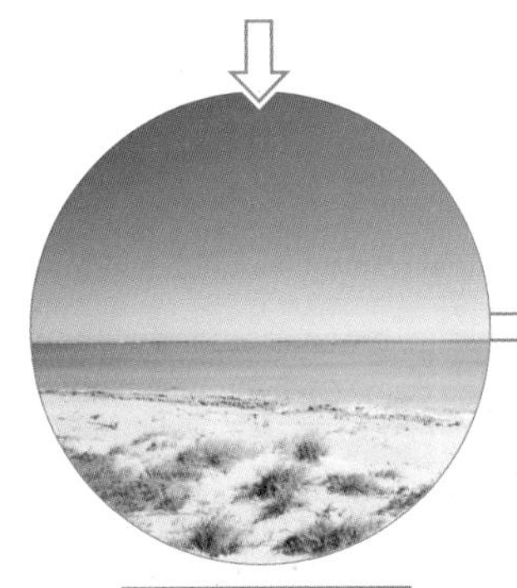

엑스마우스 Exmouth
터키석처럼 맑고 투명한
터콰이즈 베이Turquoise Bay가
가장 유명한 관광 도시.

카리지니 Karijini
서호주에서 두 번째로 큰 국립공원.
벙글벙글 산맥Bungle Bungle Range,
헨콕 협곡Hancock Gorge 등 태초의 자연을
만날 수 있다.

브룸 Broome
백사장이 길게 이어진
케이블 비치Cable Beach를
낙타를 타고 거닐자!
질 좋은 진주의 산지이기도 하다.

GPS -32.057428, 115.742020

바더스 비치 하우스 Bathers Beach House

프리맨틀 비치 프론트에 위치한 레스토랑 중 하나로, 해변에서 아름다운 풍경을 감상하며 식사를 즐길 수 있다. 특히 호주식 해산물 요리가 인기 메뉴. 그 외에 굴 플래터, 스테이크 등도 추천메뉴이며, 다양한 칵테일도 주문할 수 있다. 현지인들도 특별한 날 찾는 곳으로 인기가 높으며, 주차장이 협소하니 대중교통을 이용하도록 하자.

주소 47 Mews Road, Fremantle, WA 6160
위치 프리맨틀 해안가
운영 일~목 11:00~22:00, 금~토 11:00~24:00
요금 씨푸드 보드 A$99, 피쉬 & 칩스 A$28, 맥주 A$6~
전화 08 9335 2911
홈피 www.bathersbeachhouse.com.au

GPS -31.893968, 115.756798

랍스터 샥 Lobster Shack

호주는 랍스터 생산량이 많은 국가로 손꼽히는데, 특히 서호주에서 양식이 활발히 이루어진다. 피너클스로 가는 길에 있는 해안 마을 세르반테스에 있는 랍스터 샥은 랍스터 공장에 딸려 있는 레스토랑으로 랍스터 투어와 함께 신선한 랍스터 요리를 즐길 수 있다.

주소 37 Catalonia St, Cervantes WA 6511
운영 09:00~17:00
요금 랍스터 반 마리 A$40, 씨푸드 플래터 A$135
전화 08 9652 7010
홈피 www.lobstershack.com.au

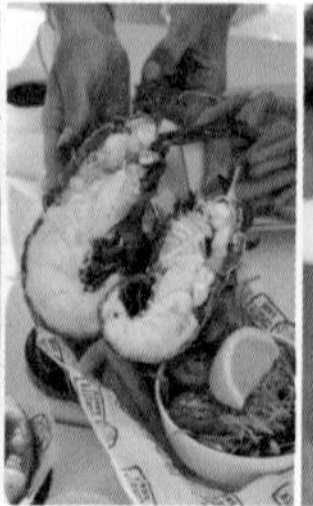

GPS -31.977713, 115.868861

차오 이탈리아 Ciao Italia

퍼스 사람들이라면 누구나 알만큼 유명한 이탈리안 레스토랑이다. 테이블마다 가득 찬 손님들과 바쁘게 일하면서도 미소를 잃지 않는 종업원들 덕분에 북적북적하면서 정겨운 식당 분위기를 느낄 수 있다. 메뉴 중 매콤한 토마토소스로 요리한 홍합요리가 한국인들 입맛에 잘 맞는다.

주소 273 Mill Point Rd, South Perth WA 6151
위치 엘리자베스 키Elizabeth Quay 버스 정류장에서 32번 버스로 약 20분
운영 17:00~21:30(화요일 휴무)
요금 파스타 A$25.5~, 피자 A$26.5~
전화 08 9368 5500 **홈피** ciaoitalia.com.au

GPS -32.059176, 115.744606

리틀 크리처스 Little Creatures

프리맨틀을 방문했다면 누구나 한번쯤 들르게 되는 리틀 크리처스 브루어리. 리틀 크리처스는 프리맨틀을 대표하는 수제맥주의 양조장이자 양조장 한가운데에 맥주를 마실 수 있는 펍을 만들어놓아 독특한 분위기를 느낄 수 있는 곳이다. 대표적인 맥주는 페일 에일Pale Ale이며, 다양한 맥주를 맛보고 싶다면 10가지 맥주를 시음해볼 수 있는 테이스팅 메뉴를 추천한다. 맥주와 어울리는 다양한 음식도 판매하고 있으며, 양조장 투어도 참여할 수 있다. 신분증을 확인하니 방문할 예정이라면 여권을 꼭 소지하도록 하자.

주소 40 Mews Rd, Fremantle WA 6160
위치 프리맨틀 역에서 도보 약 12분
운영 11:00~22:00
요금 수제맥주 A$6~, 피자 A$24~
전화 08 6215 1000
홈피 www.littlecreatures.com.au

GPS -31.938388, 115.948482

DFO

시드니, 멜버른, 브리즈번 등에도 있는 호주 대형 아웃렛으로 최근 퍼스에도 오픈했다. 총 110여 개의 다양한 브랜드, 식당 등이 입점해 있으며 최대 70%까지 할인된 금액으로 저렴하게 쇼핑을 즐길 수 있다. 퍼스 공항과 매우 가까워 여행 마지막 날 들르기에도 좋다. 무료 와이파이, 유료 락커 등의 시설을 이용할 수 있다.

주소 11 High St, Perth Airport WA 6105
위치 퍼스에서 902번 버스로 약 40분
운영 10:00~18:00
전화 08 6147 9500
홈피 www.dfo.com.au/perth

백패커

GPS -32.053901, 115.752562

프리맨틀 YHA Frementle YHA

1850년대에 건축되어 실제 감옥으로 사용되었던 곳을 숙박시설로 개조했다. 세계문화유산으로 지정된 역사적인 장소에서 숙박하는 독특한 경험을 할 수 있는 곳이다. 프리맨틀 교도소 전시관이 도보로 단 8분 거리에 가깝게 위치해 있으며 팬케이크 데이, 프리맨틀 마켓 데이, 와인 데이, 무비 데이 등 매일 다양한 무료 액티비티도 진행한다. 가족 여행이라면 화장실이 있는 4인실 숙소를 추천한다.

주소 6A The Terrace, Fremantle WA 6160
위치 프리맨틀 감옥에서 도보 약 8분, 프리맨틀 역에서 도보 약 14분
요금 4~6인실 A$52~, 2인실 A$120~, 4인실 A$230~
전화 08 9433 4305
메일 fremantle@yha.com.au
홈피 www.yha.com.au

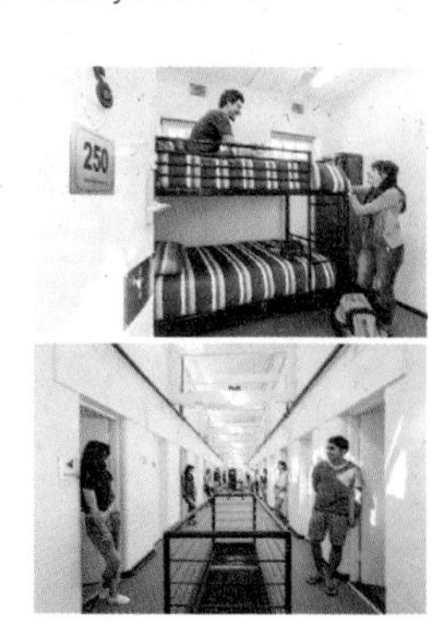

청정 자연과 호주 역사를 동시에 만나다 태즈메이니아

TASMANIA

10

호주 대륙 남쪽에 위치한 태즈메이니아 아일랜드는 광활한 호주 대륙과 비교하면 작은 섬으로 보이지만, 남한 영토의 반이 넘는 거대한 크기이다. 섬 대부분의 면적이 국립공원으로 지정되어 있으며, 인구는 50만 명에 불과해 조용하고 한적한 분위기에서 때 묻지 않은 자연을 만날 수 있다. 크래들 마운틴Mt. Cradle에서 트레킹을 하며 멋진 산의 경치를 감상하고, 프레이시넷 국립공원Freycinet National Park의 와인 잔을 닮은 와인글라스 베이Wineglass Bay에 발을 담가보자.

태즈메이니아는 시드니에 이어 호주에서 두 번째로 오래된 도시이기도 하다. 오랫동안 원주민이 살던 이곳에 1800년대 영국인이 정착하며 영국의 식민지가 되었고, 그 후 많은 죄수를 이곳으로 이주시켰다.

또한 태즈메이니아는 미식 여행을 떠나기에도 좋은 곳으로, 다양한 포도종으로 만든 와인을 맛볼 수 있는 와이너리와 시원한 맥주가 가득한 브루어리까지 현지의 신선한 재료를 사용해 만든 음식들을 맛볼 수 있다.

청정 자연 속에서 맛있는 음식을 즐기고, 역사를 배우며 힐링하고 싶은 여행자라면 태즈메이니아로 떠나보자!

킹 아일랜드
King Island

호주 본 섬 방향

퍼노 제도
Furneaux Group

헌터 아일랜즈
Hunter Islands

배스 해협
Bass Strait

데본포트
Devonport

론서스턴
Launceston

웨스트 코스트
West Coast

크레들 마운틴 국립공원
Cradle Mountain-Lake St Clair National Park

캠벨 타운
Campbell Town

비체노
Bicheno

스트라한
Strahan

프레이시넷
Freycinet

프랭클린-고든
와일드리버 국립공원
Franklin-Gordon
Wild Rivers National Park

마운트 필드
국립공원
Mt. Field
National Park

호바트
Hobart

포트 아서
Port Arthur

사우스웨스트 국립공원
Southwest National Park

태즈메이니아 전도

태즈메이니아 드나들기

태즈메이니아로 이동하기

항공

태즈메이니아로 직접 들어오는 국제선은 없으며 호주 본토에서 국내선인 콴타스항공(QA), 버진오스트레일리아(VA), 젯스타(JQ)로 태즈메이니아의 호바트 국제공항이나 론서스턴 국제공항까지 이동할 수 있다. 시드니, 멜버른, 브리즈번에서 태즈메이니아로의 국내선 직항편은 매일 운행한다.

출발 도시	도착 도시	소요 시간	항공사	요금
시드니	호바트	약 1시간 55분	콴타스항공(QA), 버진오스트레일리아(VA), 젯스타(JQ)	A$98~
	론서스턴	약 1시간 45분		A$67~
멜버른	호바트	약 1시간 15분		A$71~
	론서스턴	약 1시간 5분		A$55~
브리즈번	호바트	약 2시간 45분		A$153~
	론서스턴	약 2시간 40분		A$134~

홈피 **호바트 공항** hobartairport.com.au
론서스턴 공항 www.launcestonairport.com.au

선박

스피릿 오브 태즈메이니아에서 멜버른과 데번포트를 오가는 고속 페리를 운행한다. 페리에는 차량도 실을 수 있으며 일반좌석에서부터 침대가 있는 형태의 객실까지 선택 가능하다. 항공과 같이 요금은 날짜별로 다르며, 낮 시간에 이동하는 편과 밤 시간에 이동하는 편(오버나잇)이 있다. 이동 시간이 긴 편이고 요금도 저렴한 편은 아니지만, 일정이 여유롭고 크루즈 경험을 하고 싶은 여행자가 주로 이용한다. 선내에는 레스토랑, 바, 영화관, 오락실 등의 편의시설이 갖추어져 있다.

스피릿 오브 태즈메이니아의 고속 페리

요금 편도 A$99~
홈피 스피릿 오브 태즈메이니아 www.spiritoftasmania.com.au

버스

기존 레드라인에서 키네틱Kinetic으로 회사명이 바뀌었다. 호바트↔론서스턴까지 운영한다. 또한 데이 투어로 호바트에서 론서스턴까지 이동할 수 있으며 동부해안을 따라 유명한 프레이시넷 국립공원의 여러 워킹트랙과 와인글라스 베이를 방문한다.

운영 **키네틱** 하루 3~4회, 약 2시간 40분
홈피 cloud.itmprojects.com.au/shuttles/shuttles?CID=TRC&type=express
요금 키네틱 A$33.60, 데이 투어 A$205

✲ 공항에서 시내로 이동하기

셔틀버스

호바트 공항에서 시내까지 공항 셔틀버스인 스카이버스가 운행 중이다. 차량 내 무료 와이파이와 가족 여행객을 위한 가족 할인 티켓도 제공된다.

요금 **호바트 공항→시내** 편도 A$22, 왕복 A$44(약 30분 소요),
홈피 **스카이버스** www.skybus.com.au

Tip | 할인 코드

앨라호주 홈페이지에서 호바트 시내행 버스 티켓 예약 시 5% 할인을 받을 수 있다.
홈피 www.ellahoju.com

택시

짐이 많은 경우 등에는 택시를 추천한다. 호바트에는 '131008 Hobart' 등의 업체가 있으며 애플리케이션을 활용할 수도 있다.

요금 **호바트 공항→시내** A$40~65
(약 20분 소요)
론서스턴 공항→시내 A$35~38
(약 15~20분 소요)

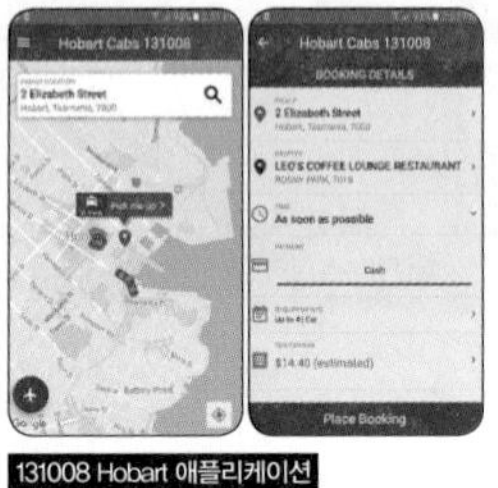

131008 Hobart 애플리케이션

✲ 평균 기온과 옷차림

태즈메이니아는 사계절이 뚜렷한 편이다. 1년 내내 화창한 편이지만 겨울에는 남극 지방에서 불어오는 바람으로 추워진다. 호주에서 애들레이드 다음으로 건조한 주이지만, 겨울에는 눈이 오기도 한다.

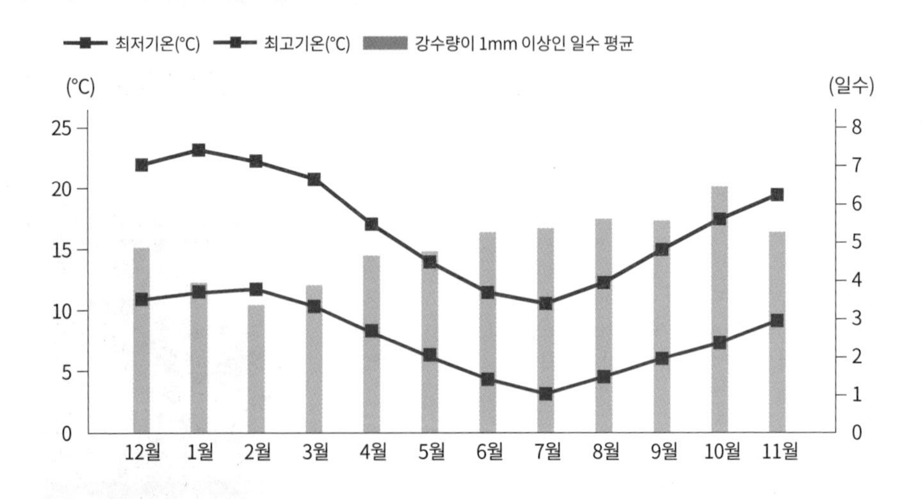

태즈메이니아 추천 코스

태즈메이니아 도시들은 작은 편이라 시내 역시 관광지가 많지는 않다. 근교 여행지로 떠나기 전의 하루 혹은 반나절 동안 빠르게 둘러보자!

호바트

론서스턴

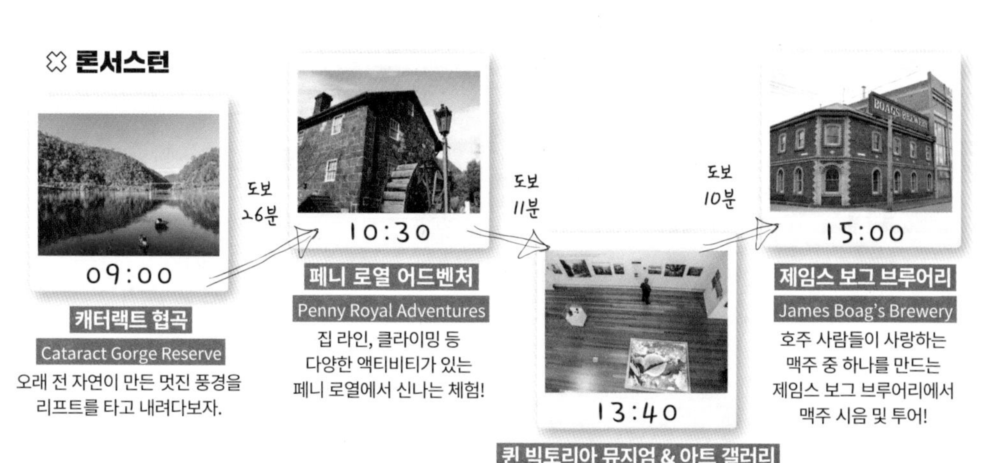

호바트 시내

태즈메이니아 주의 주도이자 호주에서 두 번째로 오래된 도시. 호주에서 가장 남쪽에 위치하고 있으며, 호주의 여덟 개 주 중에서 가장 작지만 가장 독립되어 있는 곳이다. 작지만 반듯하게 지어진 건물들은 가벼운 발걸음으로 둘러보기에 충분하다. 영국 식민지 시절의 흔적이 많이 남아 있는 도시 중 하나로 호주의 역사를 느낄 수 있으며, 아담하지만 깊이 있는 분위기가 매력적인 항구 도시이다.

to do list

1. 살라만카 마켓을 둘러보고, 배터리 포인트의 켈리의 계단 올라보기
2. 독특하고 현대적인 모나 예술 박물관 앞에서 기념사진 찍기
3. 로열 태즈메이니아 보타닉 가든 산책

호바트 시내
N
모나 예술 박물관
Museum of Old and New Art
로얄 태즈메이니아 보타닉 가든
Royal Tasmanian Botanical Gardens
호바트 국제공항
Hobart International Airport
도메인 육상 센터
Domain Athletic Centre
퀸즈 도메인
Queens Domain
노스 호바트
North Hobart
TCA 경기장
TCA Oval
Burnett St
Woolworths 슈퍼마켓
글레베
Glebe
Campbell St
Argyle St
데르웬트강
Derwent River
호바트 교도소
Hobart Convict Penitentiary
엘리자베스 대학
Elizabeth College
Elizabeth St
Bathurst St
Liverpool St
로얄 호바트 병원
Royal Hobart Hospital
Murray St
엘리자베스 스트리트 몰
Elizabeth Street Mall
농산물 직판장
Farm Gate Market
호바트 센트럴 YHA
Hobart Central YHA
호바트 도서관
Hobart Library
태즈메이니안 박물관 & 아트 갤러리
Tasmanian Museum & Art Gallery
Hill St
마이어 백화점
Myer
우체국
웨스트 호바트
West Hobart
태즈메이니아 해양 박물관
Maritime Museum of Tasmania
프랭클린 스퀘어
Franklin Square
센터포인트 호바트
Centrepoint Hobart
호바트 시청
Hobart City Council
더 캣 & 피들 아케이드
The Cat & Fiddle Arcade
세인트 데이비드 성당
St David's Anglican Cathedral Museum
Mona Brooke
트레블로지 호텔 호바트
Travelodge Hotel Hobart
호텔 퀘스트 워터프론트 서비스드 아파트먼츠
Quest Waterfront Serviced Apartments
Barrack St
세인트 데이비스 공원
St Davids Park
살라만카 플레이스
Salamanca Place
Castray Esplanade
Molle St
살라만카 마켓
Salamanca Market
켈리의 계단
Kelly's Steps
프린스 공원
Princes Park
Hampden Rd
나리나 민속 박물관
Narryna Heritage Museum
배터리 포인트
Battery Point
사우스 호바트
South Hobart
Georges Terrace
피츠로이 가든
Fitzroy Gardens

★★★

GPS -42.886687, 147.332536

살라만카 플레이스 Salamanca Place

설리반스 코브Sullivans Cove에 위치한 살라만카 플레이스는 호바트 역사, 예술, 문화 중심지로 부두 옆 야외 공간에 다양한 즐길 거리를 모아놓은 곳이다. 1830년대에는 상업 거래의 중심지였으나 현재는 갤러리, 공예품 상점, 의류 상점, 레스토랑, 카페, 바 등이 들어서 있으며 살라만카 아트센터Salamanca Arts Centre 부근에서는 야외 공연이 펼쳐지기도 한다. 활기찬 분위기의 광장에서 커피 한잔의 여유를 즐기고, 갤러리의 작품들을 감상하며 지역 예술가들의 공예품을 둘러보자.

매주 토요일에는 살라만카 마켓이 열리니 시간을 맞춰 방문하는 것을 추천한다. 과일, 채소 등 신선한 식재료부터 맛있는 길거리 음식과 음료, 예쁜 액세서리와 의류까지 다양한 종류의 물건을 파는 상점이 들어서 볼거리가 풍부하다.

주소 Salamanca Pl, Hobart TAS 7001

위치 엘리자베스 스트리트 페리 터미널에서 도보 약 5분

more & more 살라만카 마켓 Salamanka Market

토요일 아침 8시 30분부터 오후 3시까지 운영되는 스트리트 마켓이다. 각종 수공예품 상점과 기념품 상점이 늘어서 있어 쇼핑하기도 좋고, 간단한 먹거리도 함께 즐길 수 있다. 호바트만의 독특한 분위기를 느끼고 싶다면 가장 먼저 이곳으로 가자.

주소 Salamanca Pl, Hobart TAS 7000

운영 토 08:30~15:00 **전화** 03 6238 2430

홈피 www.salamancamarket.com.au

★★★

GPS -42.892788, 147.333286

배터리 포인트 Battery Point

절벽을 깎아 만든 켈리의 계단

살라만카 플레이스에 170년이 넘은 절벽을 깎아 만든 '켈리의 계단Kelly's Steps'이 있다. 이 계단을 오르면 배터리 포인트로 이어진다. 1800년대 영국 식민지 시절에 방어용 포대Gun Battery를 만들었던 곳이라 배터리 포인트라 이름 붙여진 이곳은 언덕 위에 예쁜 집들이 모여 있는 마을로, 호바트에 처음으로 생성된 주거 지역이다. 빅토리아 양식과 조지아 양식으로 지어진 오래된 건물들이 남아 있어, 호바트의 옛모습을 상상하게 한다. 독특한 펍과 갤러리, 상점들도 위치해 있다.

위치 살라만카 플레이스에서 도보 약 11분

more & more **태즈메이니아의 역사**

태즈메이니아는 본래 호주 대륙과 연결되어 있었으나 1만여 년 전의 빙하기 말, 해수면의 상승으로 분리되어 하나의 섬이 되었다. 호주 원주민인 애버리진이 오랫동안 살아온 이 땅은 1642년 네덜란드의 탐험가 아벨 태이즈만Abel Tasman에 의해 유럽인에게 최초로 알려졌다. 1803년 영국인의 정착이 본격적으로 시작되었고, 전염병과 학살로 인해 애버리진의 인구는 급격히 감소했다. 영국은 유죄 판결을 받은 죄수들을 이곳으로 이주시켰으며, 포트 아서를 비롯한 많은 감옥이 현재까지도 남아 그 처참한 역사를 보여준다.

★★☆ GPS -42.811677, 147.261155

모나 예술 박물관 MONA, Museum of Old and New Art

개인 소유의 대규모 박물관으로 독특한 외관이 눈에 띄며, 현대 작품과 고대 작품이 조화로운 전시로 유명하다. 박물관 내 모던한 분위기의 레스토랑과 와인 바 또한 인기가 많아 관람 후 식사하는 방문객도 많다. 호바트 시내에서 페리 또는 버스로 갈 수 있다.

주소 655 Main Rd, Berriedale TAS 7011
위치 시내에서 버스로 약 20분
운영 금~월 10:00~17:00(화~목요일, 크리스마스 휴무)
전화 03 6277 9900
요금 성인 A$39, 아동 A$17, 12세 미만 아동 무료
홈피 mona.net.au

★☆☆ GPS -42.889202, 147.331630

나리나 민속 박물관 Narryna Heritage Museum

태즈메이니안 박물관 & 아트 갤러리에서 걸어서 갈 수 있는 민속 박물관으로, 1837년부터 3년간 지어진 저택을 개조한 곳이다. 사암으로 지어진 조지아 양식의 건물과 정원이 아름다우며, 옛 상류층의 우아한 생활 모습을 엿볼 수 있다.

주소 103 Hampden Rd, Battery Point TAS 7000
위치 살라만카 플레이스에서 도보 약 6분
운영 화~토 10:00~16:00
(일~월요일, 태즈메이니아 주 공휴일 휴무)
전화 03 6234 2791
요금 성인 A$10, 아동 A$5
홈피 www.narryna.com.au

★★☆ GPS -42.881744, 147.332068

태즈메이니안 박물관 & 아트 갤러리 Tasmanian Museum & Art Gallery

호주에서 두 번째로 오래된 박물관으로, 식민지 시절의 유물과 태즈메이니아의 문화와 생태에 관해 전시한다. 군용 창고로 쓰이던 건물을 1808년 박물관으로 개조해 박물관 건물 자체에서도 호바트의 역사를 느낄 수 있다.

주소 Dunn Pl, Hobart TAS 7000
위치 살라만카 플레이스에서 도보 약 9분
운영 10:00~16:00
(4~12월의 월요일, 태즈메이니아 주 공휴일 휴무)
전화 03 6165 7000 요금 무료
홈피 www.tmag.tas.gov.au

★★☆ GPS -42.882535, 147.331668

태즈메이니아 해양 박물관 Maritime Museum of Tasmania

호주 원주민 애버리진의 해양 공예품, 호주 고래잡이 사업의 역사, 난파선의 흔적 등을 관람할 수 있다. 이 박물관은 1972년, 6명으로 이뤄진 '배를 좋아하는 사람들의 모임'에서 자신의 개인 소장품을 전시하고, 기부금을 모으며 시작되었다고 한다. 전시물에 대한 애정이 묻어 있는 만큼 작은 박물관이긴 하지만 알차게 구성되어 있다. 박물관 위쪽의 카네기 갤러리에서는 태즈메이니아의 예술품과 사진도 볼 수 있다.

주소 16 Argyle St, Hobart TAS 7000
위치 살라만카 플레이스에서 도보 약 7분
운영 09:00~17:00(크리스마스 휴무)
전화 03 6234 1427
요금 성인 A$16, 12세 미만 아동 무료
홈피 www.maritimetas.org

★★☆ GPS -42.865675, 147.331065

로열 태즈메이니아 보타닉 가든 Royal Tasmanian Botanical Gardens

호주에서 시드니 로열 보타닉 가든 다음으로 오래된 왕립 식물원으로, 다양한 종류의 식물로 꾸며져 있는 14ha의 거대하고 아름다운 정원이다. 정원의 가장 유명한 풍경이나 상징적인 식물들을 보고 싶다면 수련 연못과 오두막집을, 태즈메이니아의 자생 식물이 궁금하다면 태즈메이니아 식물 구역을 둘러보는 것을 추천한다. 일본식 정원과 벽돌담인 윌모트 월Wilmot Wall도 둘러볼 만하다.

주소 Lower Domain Rd, Hobart TAS 7000
위치 호바트 시청에서 도보 약 27분
운영 4~9월 08:00~17:00, 10~3월 08:00~18:30
전화 03 6166 0451
홈피 gardens.rtbg.tas.gov.au

★☆☆ GPS -42.877156, 147.327035

호바트 교도소 Hobart Convict Penitentiary

1830년대 초 죄수들의 예배당 건물로 사용하기 위해 지어졌다. 130년 이상 실제 교도소와 법원으로 사용되었으며 현재까지 그 원형이 잘 보존되어 있어 당시의 모습을 짐작하게 한다.

Tip | 추천 코스

호바트 시내는 도보로 여행하거나 시내버스인 메트로 버스를 이용하면 좋다. 살라만카 플레이스와 배터리 포인트, 박물관은 거리가 가까우니 함께 돌아보고, 여유가 된다면 모나 예술 박물관과 캐스케이드 브루어리까지 다녀오자.

주소 Campbell St & Brisbane St, Hobart TAS 7000
위치 호바트 시청에서 도보 약 9분
운영 수~일 10:00~15:00 (투어 시간 10:00·11:30·13:00·14:30, 월~화요일 휴무)
전화 03 6231 0911
요금 성인 A$35, 아동 A$20
홈피 www.nationaltrust.org.au/places/penitentiary

★★★ GPS -42.889936, 147.230013

마운트 웰링턴 Mt. Wellington

정상에서 도시와 더웬트 밸리Derwent Valley의 아름다운 경치를 볼 수 있는 산으로, 등산객이 많이 찾는다. 호바트 사람들은 그냥 '산The Mountain'이라고 부를 만큼 친근하고 자주 오르는 산이기도 하다. 구불구불한 산길은 관광버스도 올라갈 수 있을 만큼 잘 닦여 있지만, 현지인들은 주로 자전거나 도보로 등반한다. 쉽다면 쉽고 힘들다면 힘든 코스이지만, 정상에 오르면 볼 수 있는 360도로 펼쳐진 호바트의 시내 광경은 고생을 모두 잊게 해준다.

렌터카를 이용하거나 대중교통을 이용해 갈 수 있으며, 대중교통을 이용한다면 호바트 시내의 프랭클린 스퀘어Franklin Square에서 버스를 타고 펀 트리Fern Tree 역에서 내리면 된다. 개별적으로 하이킹하거나 여행사의 마운트 웰링턴 투어를 통해 가이드와 함께 산에 오를 수도 있다.

위치 호바트에서 차량으로 약 10분
홈피 www.wellingtonpark.org.au

GPS -42.882068, 147.327399

더 캣 & 피들 아케이드 The Cat & Fiddle Arcade

더 캣 & 피들 아케이드에는 여러 식당들이 모여 있어 호바트의 미식을 즐길 수 있다. 맛있는 것을 먹고 싶지만 딱히 떠오르는 음식이 없다면 일단 이곳으로 가 끌리는 곳에 들어가자. 쇼핑도 즐길 수 있다.

주소 51 Murray St, Hobart TAS 7000
위치 엘리자베스 스트리스 몰 옆 건물
운영 월~금 09:00~17:30, 토 09:00~17:00, 일 10:00~16:00
전화 03 6231 2088
홈피 www.catandfiddlearcade.com

GPS -42.881651, 147.327958

엘리자베스 스트리트 몰 Elizabeth Street Mall

호바트 시내 중심에는 호바트의 '3대 쇼핑몰'이 몰려 있다. 그중 엘리자베스 스트리트 몰은 24시간 개방되어 있어 호바트에서 밤에 갈 수 있는 몇 안 되는 곳 중 하나이다. 버스킹 명소로도 알려져 있다.

주소 50 Elizabeth St, Hobart TAS 7000
위치 호바트 시내 중심 **전화** 03 6238 4223

엘리자베스 스트리트 몰

더 캣 & 피들 아케이드

GPS -42.883159, 147.326548

센터포인트 호바트

Centrepoint Hobart

아침 일찍부터 문을 여는 것이 매력 포인트인 쇼핑센터. 일찍 일어나 움직일 예정인데, 호주식으로 간단하게 식사하고 싶다면 이곳을 먼저 방문하자. 이른 시간 커피와 함께 간단하게 먹을 음식점이 많이 있다.

주소 70 Murray St, Hobart TAS 7000
위치 엘리자베스 스트리스 몰에서 도보 약 2분
운영 월~금 09:00~17:30, 토 09:00~16:00, 일 10:00~16:00
전화 03 6234 3453
홈피 www.centrepointhobart.com.au

4성급 GPS -42.884459, 147.331015

호텔 퀘스트 워터프론트 서비스드 아파트먼츠

Quest Waterfront Serviced Apartments

집처럼 편안하고 깔끔한 숙박을 원한다면 아파트 스타일의 퀘스트 워터프론트를 추천한다. 숙소에서 취사가 가능해 여행 경비를 절약하기 좋다.

주소 3 Brooke St, Hobart TAS 7000
위치 엘리자베스 스트리스 몰에서 도보 약 3분
요금 A$210~
전화 03 6224 8630
홈피 questapartments.com.au/properties/tas/hobart/quest-waterfront

3성급 GPS -42.885494, 147.326182

트레블로지 호텔 호바트

Travelodge Hotel Hobart

호바트 시내 중심의 살라만카 마켓 근처에 있어 위치가 좋다. 3성급이지만 4성급에 가까운 시설을 자랑하는 호텔. 금액 대비 룸과 부대시설의 수준이 높으므로 가성비를 생각한다면 추천한다.

주소 167 Macquarie St, Hobart TAS 7000
위치 엘리자베스 스트리스 몰에서 도보 약 8분
요금 A$160~ **전화** 03 6220 7100
홈피 www.travelodge.com.au/book-accommodation/hobart/hotel-hobart/

백패커 GPS -42.881713, 147.330922

호바트 센트럴 YHA

Hobart Central YHA

호바트 시내 정중앙에 위치해 있으며, 시내 관광지와 가까워 이동이 편리하다. 호주와 뉴질랜드 전역에 있는 백패커 체인인 만큼 시설이 잘 관리되어 쾌적한 편이다. 돔 스타일룸에서 지내며 다른 국적의 여행자들과 친구가 되기도 좋다.

주소 9 Argyle St, Hobart TAS 7000
위치 태즈메이니안 박물관 & 아트 갤러리 앞 건물
요금 A$36~ **전화** 03 6231 2660
홈피 www.yha.com.au

호바트 근교

호바트의 근교에서 가장 유명한 것은 하이킹을 즐기기 좋은 마운트 필드 국립공원이다. 또한 호주에서 가장 큰 유배지인 포트 아서에서 아름다운 경치를 감상하면서 숙연한 감정에 빠질 수도 있고, 호주에서 가장 오래된 양조장인 캐스케이드 브루어리를 방문할 수도 있다.

to do list

1. 마운트 필드에서 트레킹 도전하기
2. 옛 유배지였던 포트 아서에서 호주 역사 배우기
3. 브루니 아일랜드에서 야생동물 만나기

호바트 근교

N

마운트 필드 국립공원
Mt. Field National Park

쿠링가 농장
Curringa Farm

리치몬드
Richmond

뉴 노퍽
New Norfolk

글레노키
Glenorchy

호바트 국제공항
Hobart International Airport

타이거 헤드 베이
Tiger Head Bay

마운트 웰링턴
Mt. Wellington

호바트
Hobart

캐스케이드 브루어리
Cascade Brewery

사우스웨스트 국립공원
Southwest National Park

브루니 아일랜드
Bruny Island

겟 석드
Get Shucked

포트 아서
Port Archur

★★★

GPS -42.663513, 146.649283

마운트 필드 국립공원 Mt. Field National Park

아름다운 자연 경관 속에서 하이킹을 즐기기 좋은 곳이다. 다양한 하이킹 코스가 있으며, 하이킹 중 만날 수 있는 러셀 폭포Russel Fall가 특히 유명하다. 태즈메이니아에서 가장 오래된 국립공원이며, 호바트에서 차량으로 약 1시간 30분 정도면 갈 수 있어 하루 일정으로 다녀오기 좋다. 국립공원을 가득 메우고 있는 유칼립투스 열대우림은 단거리, 중거리, 장거리로 나뉘어 있는 트레킹 코스를 통해 더욱 가깝게 만나볼 수 있다. 트레킹 코스를 따라 조금만 들어가 보면 높이를 짐작할 수 없을 만큼 큰 톨 트리Tall Tree를 자주 보게 되는데, 이들의 키는 평균 40m가 넘는다고 한다. 이중 호주에서 가장 크고 세계에서는 두 번째로 큰 톨 트리가 숨어 있으니 꼭 한번 찾아보자. 말굽 모양의 작은 폭포인 호스슈 폭포Horseshoe Falls, 2억만 년 전 자연이 만들어놓은 케이크 같은 러셀 폭포Russell Falls도 놓치지 말자. 캥거루와 왈라비, 그리고 왈라비 중에서도 작고 귀여운 패디멜런Pademelon도 만날 수 있다.

대중교통으로는 다녀오기 어려우므로 차량을 렌트하거나 일정 중 마운트 필드 방문이 포함된 투어 상품을 이용하면 된다.

주소 66 Lake Dobson Rd, National Park TAS 7140
위치 호바트에서 80km 지점. 차량으로 약 1시간 30분
전화 03 6288 1149
홈피 parks.tas.gov.au

Tip | 마운트 필드 국립공원에서 스키 타기

마운트 필드 국립공원은 아름다운 경관을 자랑할 뿐 아니라 겨울이 되면 하얀 눈으로 뒤덮이기 때문에 스키로도 유명하다. 활강 스키를 즐긴다면 돕슨 호수Dobson Lake 위로 뻗은 스키장을 이용하자. 크로스 컨트리 스키장Cross Country Skiing은 조금 떨어진 곳에 위치하고 있지만 스키를 즐기기에는 괜찮다.

호스슈 폭포 / 톨 트리

패디멜런

★★★

GPS -43.178076, 147.841687

포트 아서 Port Archur

호주에서 가장 큰 규모의 유배지로, 많은 죄수가 생을 마감한 감옥 건물과 유적을 볼 수 있다. 특히 이곳이 무서운 이유는 자연적으로 형성된 감옥이라는 것. 지금은 고속도로가 연결돼 누구나 찾기 편해졌지만, 과거에는 죄수들이 탈출은 꿈도 꾸지 못할 만큼 고립된 곳이었으며, 주변 바다에도 상어 떼가 우글우글했다고 한다. 포트 아서 안에 위치한 공동묘지인 사자의 섬Isle of the Dead에는 1,600기 이상의 무덤이 있는데, 슬픔과 동시에 오싹함이 느껴진다. 고요하고 아름다운 유적지의 모습과 슬프고도 힘든 죄수의 생활을 동시에 느낄 수 있는 역사적인 장소이다.

입장권을 구매하여 돌아볼 수 있으며, 여기에는 30개 이상의 역사 유적지(빌딩, 집, 정원, 산책로 등), 40분간의 가이드 투어, 25분간의 크루즈, 갤러리 입장권이 포함되어 있다. 용기가 있다면 매일 저녁 1시간 30분간 진행되는 고스트 투어에 참여해 볼 수도 있다.

주소 Port Archur, TAS 7182
위치 타지 링크의 호바트-포트 아서 버스로 약 2시간
운영 09:00~17:00
전화 03 6251 2310
요금 성인 A$48, 아동 A$23
홈피 portarthur.org.au

Tip | 고스트 투어

아픈 역사가 있는 장소인 만큼, 포트 아서에는 유령이 있다는 으스스한 전설이 전해진다. 고스트 투어는 가이드에게 유령에 대한 전설을 들으며 감옥 곳곳을 돌아다니는 이색 투어로, 시간이 있다면 참가해 보자.

포트 아서 죄수 유배지 안의 병원 부지

독방 수용소로 가는 길

★★☆

GPS -42.730997, 147.433208

리치몬드 Richmond

호바트 시내에서 차량으로 약 20분 거리에 있는 마을이다. 1823년 지어진, 호주에서 가장 오래된 다리 리치몬드 브리지Richmond Bridge와 역사 있는 맛집인 리치몬드 베이커리Richmond Bakery로 유명하다.

위치 타지 링크의 호바트-리치몬드 버스로 약 45분
요금 버스 편도 약 A$7.6
홈피 www.richmondvillage.com.au

★★★

GPS -42.551369, 146.793405

쿠링가 농장 Curringa Farm

750에이커에 달하는 농장 규모에 약 3,000마리의 양을 키우고 있는 쿠링가 농장은 팀Tim과 제인Jane 두 부부가 운영한다. 양털깎이, 양몰이 쇼 등 농장 투어뿐 아니라 편안하고 깔끔한 코티지(별장) 스타일의 숙박으로 팜스테이도 제공한다. 농장의 일부분은 태즈메이니아의 토종 새, 식물, 동물이 서식할 수 있는 숲으로 보존하고 있어 태즈메이니아의 자연도 함께 만끽할 수 있으며 맑은 공기, 밤하늘을 수 놓는 많은 별들은 쿠링가 농장의 보너스!

주소 5831 Lyell Hwy, Hamilton TAS 7140
위치 호바트에서 차량으로 약 1시간, 마운트 필드 국립공원과 가까움
운영 월~토 10:00~17:00, 일 10:00~15:00
전화 03 6286 3333
요금 **2시간 농장투어** 성인 A$75, 아동 A$35
홈피 curringafarm.com.au

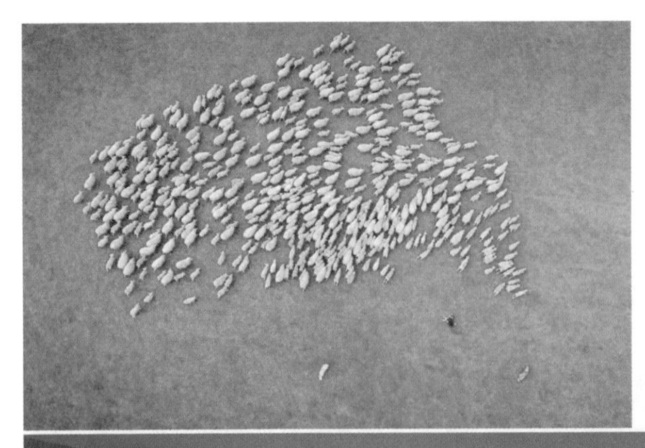

★★☆ GPS -42.895947, 147.292058

캐스케이드 브루어리 Cascade Brewery

호주에서 가장 오래된 양조장으로, 마운트 웰링턴으로부터 끌어온 태즈메이니아의 깨끗한 물로 맥주를 만든다. 투어에 참여하면 가이드와 함께 브루어리를 둘러보며 양조 과정을 배우고 맥주를 시음할 수 있다. 만 18세 이상부터 참여 가능하며 희망 날짜의 투어가 마감될 수 있으니 사전 예약하는 것을 추천한다. 투어에는 네 잔의 음료 시음권이 포함되어 있다(현장에서 맥주로 바꿀 수 있는 병뚜껑 코인을 준다). 투어 전 음주는 금지이며 긴팔 상의와 긴 바지를 입고 앞뒤가 막힌 신발을 신어야 한다.

주소 140 Cascade Rd, South Hobart TAS 7004
위치 호바트에서 버스 446, 447번으로 약 20분
운영 **브루어리 바** 일~화 12:00~17:00, 수~토 12:00~21:00
투어 월~일 11:00~17:00
전화 03 6212 7801
요금 성인 A$38
홈피 cascadebreweryco.com.au

Tip | 캐스케이드 맥주는?

태즈메이니아는 호주에서도 청정지역으로 유명한 만큼, 이곳에서 만들어진 캐스케이드 맥주 역시 부드럽고 깔끔한 맛이라는 평가이다.

★★★ GPS -43.390135, 147.264354

브루니 아일랜드 Bruny Island

호바트 근교의 섬으로 거리가 멀지 않아 하루 일정으로 다녀올 수 있다. 해안의 아름다운 절경과 야생동식물을 보고, 맛있고 신선한 음식을 즐기기 좋은 곳이다. 치즈 공장, 굴 농장, 초콜릿 공장 등을 방문해 음식을 맛보고, 야생동물 서식지에서 동물들을 관찰한 후 옵션으로 크루즈 탑승하는 등의 일정으로 투어가 진행된다. 포함 내역에 따라 다양한 투어가 있으니 취향대로 고르면 된다.

위치 호바트에서 85km 지점. 차량으로 약 1시간 50분
홈피 www.brunyisland.org.au

GPS -43.197167, 147.386886

겟 석드 Get Shucked

태즈메이니아에서도 유명한 굴 생산지 중 하나인 브루니 아일랜드에 위치해 있다. 요리된 굴을 먹을 수도, 살아 있는 생굴을 직접 까서 먹을 수도 있는 곳이다. 테이크아웃이 가능한 드라이브 스루도 있어 신선한 생굴을 구입해 야외에서도 즐길 수 있다.

주소 Lease 204, 1735 Bruny Island Main Rd, Great Bay, Bruny Island TAS 7150
위치 브루니 아일랜드 내
운영 09:30~16:30(박싱 데이, 크리스마스 휴무)
전화 0439 303 597
요금 굴 6개 A$17, 12개 A$29
홈피 www.getshucked.com.au

론서스턴 시내

론서스턴은 태즈메이니아에서 호바트 다음으로 큰 도시이다. 고풍스러운 건물과 도심을 흐르는 타마르강이 어우러져 여유로운 분위기를 풍긴다. 오래된 건물이 많이 남아 있으며, 고층 건물을 짓지 못하도록 금지하는 고도 제한을 하는 등 도시 특유의 분위기를 유지하기 위해 노력하고 있다.

to do list

1. 캐터렉트 협곡에서 리프트를 타고 경치 감상하기
2. 제임스 보그 브루어리에서 맥주 한잔!
3. 페니 로열 어드벤처에서 액티비티 즐기기

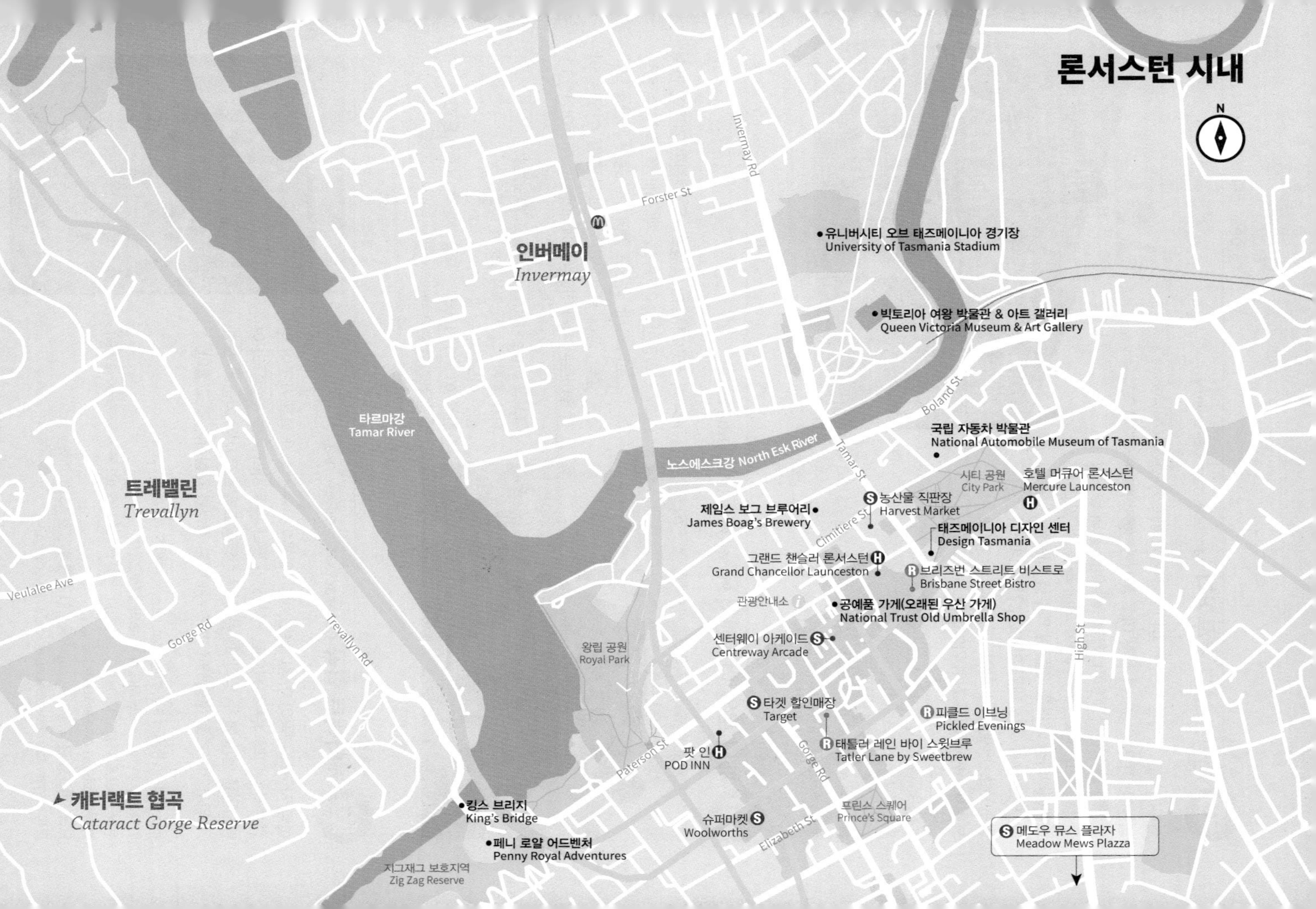

론서스턴 시내
N
유니버시티 오브 태즈메이니아 경기장
University of Tasmania Stadium
빅토리아 여왕 박물관 & 아트 갤러리
Queen Victoria Museum & Art Gallery
인버메이
Invermay
Forster St
Invermay Rd
타르마강
Tamar River
노스에스크강 North Esk River
Boland St
Tamar St
국립 자동차 박물관
National Automobile Museum of Tasmania
시티 공원
City Park
호텔 머큐어 론서스턴
Mercure Launceston
농산물 직판장
Harvest Market
제임스 보그 브루어리
James Boag's Brewery
Cimitiere St
태즈메이니아 디자인 센터
Design Tasmania
그랜드 챈슬러 론서스턴
Grand Chancellor Launceston
브리즈번 스트리트 비스트로
Brisbane Street Bistro
관광안내소
공예품 가게(오래된 우산 가게)
National Trust Old Umbrella Shop
센터웨이 아케이드
Centreway Arcade
High St
트레밸린
Trevallyn
Veulalee Ave
Gorge Rd
Trevallyn Rd
왕립 공원
Royal Park
타겟 할인매장
Target
피클드 이브닝
Pickled Evenings
팟 인
POD INN
태틀러 레인 바이 스윗브루
Tatler Lane by Sweetbrew
Paterson St
Gorge Rd
캐터랙트 협곡
Cataract Gorge Reserve
킹스 브리지
King's Bridge
페니 로얄 어드벤처
Penny Royal Adventures
지그재그 보호지역
Zig Zag Reserve
슈퍼마켓
Woolworths
Elizabeth St
프린스 스퀘어
Prince's Square
메도우 뮤스 플라자
Meadow Mews Plazza

★★☆ GPS -41.432761, 147.138695

제임스 보그 브루어리 James Boag's Brewery

호주에서는 제임스 보그의 프리미엄 라거 맥주가 유명한데, 이곳은 1981년 설립 이후 론서스턴을 기반으로 맥주를 생산하고 있다. 가이드 투어를 통해 양조장을 둘러보며 양조장의 역사에 대해 배울 수 있고, 태즈메이니아산 치즈를 곁들여 맥주를 시음할 수도 있다. 양조장 투어는 매일 약 90분간 운영되며 예약은 필수이다. 18세 이상 참여 가능하고, 5~17세 아동은 보호자 동반 시에만 참여 가능하다.

주소 39 William St, Launceston TAS 7250
위치 론서스턴 시청에서 도보 약 7분
운영 10:45~18:00(월요일 휴무)
전화 03 6332 6300 **요금** 성인 A$36.91, 아동 A$19.5
홈피 www.jamesboag.com.au

★★☆ GPS -41.441286, 147.127625

페니 로열 어드벤처 Penny Royal Adventures

19세기 식민지 시대 생활모습을 재현한 일종의 민속촌이다. 다양한 놀이기구와 액티비티를 즐길 수 있으며 레스토랑과 바, 숙소도 있어 하루 종일 시간을 보내기도 좋다. 페니 로열 어드벤처에서 즐길 수 있는 이색 투어로는 사라 아일랜드에서의 고스트 투어가 있다.

주소 1 Bridge Rd, Launceston TAS 7250
위치 론서스턴 시청에서 도보 약 15분
운영 **어드벤처** 토~일 09:30~16:00
전화 03 6332 1000 **요금** 성인 A$109, 아동 A$75
홈피 pennyroyallaunceston.com.au

★★★ GPS -41.446497, 147.120087

캐터랙트 협곡 Cataract Gorge Reserve

절벽 사이의 계곡이 아름다운 곳이다. 아름다운 수선화가 피고 새들이 평화롭게 날아다니는 공원으로, 산책하기 좋다. 운동하러 나온 주민들과 여행자들을 쉽게 볼 수 있다. 꽤 큰 공용 수영장도 무료로 이용 가능하다. 계곡 위로 리프트를 운행하니 리프트를 타고 경치를 감상하는 것도 좋다.

주소 74-90 Basin Rd, West Launceston TAS 7250
위치 페니 로열 어드벤처에서 도보 약 27분
운영 **리프트** 여름 09:00~17:30/18:00, 겨울 09:00~16:30, 봄·가을 09:00~17:00
전화 03 6331 5915(리프트)
요금 **리프트 편도** 성인 A$15, 아동 A$12, **왕복** 성인 A$20, 아동 A$15
홈피 www.launcestoncataractgorge.com.au

★★☆ **GPS** -41.427880, 147.140647

퀸 빅토리아 박물관 & 아트 갤러리 Queen Victoria Museum & Art Gallery

태즈메이니아의 역사를 볼 수 있는 박물관이다. 호주 원주민 애버리진의 예술품부터 태즈메이니아 동식물까지 광범위한 전시를 관람할 수 있다.

주소 2 Wellington St, Launceston TAS 7250
위치 론서스턴 시청에서 도보 약 20분
운영 10:00~16:00(12/23~26 운영 시간 다름)
전화 03 6323 3777
요금 무료
홈피 www.qvmag.tas.gov.au

★☆☆ **GPS** -41.435154, 147.139343

공예품 가게(오래된 우산 가게) National Trust Old Umbrella Shop

독특하고 아름다운 공예품을 판매하는 공예품 상점이다. 오래된 건물이라 빈티지한 느낌이 나며, 특색 있는 상품이 많아 인기 있는 곳이다. 이곳을 '관광명소'로 꼽는 이유는 1900년대 초 호주 소매점의 모습을 보여주는 몇 안 되는 곳이기 때문이다. 3대째 우산을 고치는 장인에 의해 운영되었으며, 현재는 다양한 종류의 우산과 함께 태즈메이니아에서 만들어진 기념품을 판매한다. 또한 희귀하고 오래된 우산들과 초기의 기념품들을 작게 전시하고 있다. 다른 곳에서 찾기 힘든 디자인의 공예품을 여행 온 기념으로 하나 구입하는 것도 좋지 않을까.

주소 60 George St, Launceston TAS 7250
위치 론서스턴 시청에서 도보 약 3분
운영 월~금 09:00~17:00, 토 09:00~12:00(일요일 휴무)
전화 03 6331 9248
홈피 www.nationaltrust.org.au/places/old-umbrella-shop

★☆☆ **GPS** -41.431484, 147.142765

국립 자동차 박물관 National Automobile Museum of Tasmania

시대별, 유형별로 다양한 자동차가 전시되어 있다. 지금은 보기 힘든 아주 오래된 모델부터 최신 모델까지 둘러볼 수 있어 자동차를 좋아한다면 흥미롭게 구경할 만한 곳이다. 기념품 숍에서 독특한 자동차 관련 엽서, 액세서리 등을 구매할 수 있다.

주소 84 Lindsay St, Invermay TAS 7248
위치 론서스턴 시청에서 도보 약 8분
운영 **여름** 09:00~17:00, **겨울** 10:00~16:00
전화 03 6334 8888
요금 성인 A$18, 16세 미만 아동 A$9
홈피 www.namt.com.au

★☆☆ **GPS** -41.433996, 147.142382

태즈메이니아 디자인 센터 Design Tasmania

세계 각국 디자이너들의 공예품을 관람할 수 있는 곳이다. 현지 예술가들이 손수 만든 특색 있는 가구가 주로 전시되어 있으며, 문화 차이가 느껴지는 재미있는 가구 작품들 또한 볼 수 있다. 젊은 태즈메이니아 예술가들의 작품 세계가 궁금하다면 들러보자.

주소 Corner of Brisbane and, Tamar St, Launceston TAS 7250
위치 론서스턴 시청에서 도보 약 6분
운영 수~토 10:00~15:00, 일 10:00~14:00 (월~화요일, 공휴일 휴무)
전화 03 6331 5506
요금 무료
홈피 designtasmania.com.au

GPS -41.437826, 147.1423337

피클드 이브닝 Pickled Evenings

다른 인도 식당과는 다른 현대 인도 펀자브 요리를 표방하는 곳으로, 인도 향신료를 사용한 정통 인도 음식을 표방한다. 테이크아웃도 가능하며 태즈메이니아 베스트 아시안 레스토랑으로도 뽑힌 곳이다.

주소 135 George St, Launceston TAS 7250
위치 시티 공원에서 도보 약 10분
운영 화~일 17:30~21:00(월요일 휴무)
전화 03 6331 0110
요금 커리 A$25.2~

GPS -41.434759, 147.141947

브리즈번 스트리트 비스트로 Brisbane Street Bistro

고색창연한 건물에 위치한 아담하지만 클래식한 내부가 빛나는 레스토랑이다. 전통적인 프랑스 요리에 현대적인 호주 미감이 감미된 메뉴들을 맛볼 수 있다. 예산에 여유가 있다면 테이스팅 코스 메뉴를 선택하는 것도 추천한다. 화요일부터 토요일에는 오후 6시부터 늦게까지 영업을 하며 월요일과 일요일은 예약 상황에 따라 영업하니 미리 확인하자.

주소 24 Brisbane St, Brisbane St, Launceston TAS 7250
위치 시티 공원에서 도보 약 3분
운영 화~토 17:30~22:00(일~월요일 휴무)
전화 03 6333 0888
요금 스테이크 A$48
홈피 www.brisbanestreetbistro.com

GPS -41.437543, 147.140535

태틀러 레인 바이 스윗브루 Tatler Lane by Sweetbrew

고품질의 커피와 디저트를 판매하는 카페. 이른 아침 오픈해서 일찍 출발하는 사람들도 간단한 아침 식사를 즐길 수 있다.

주소 5/74-82 St John St, Launceston TAS 7250
위치 시티 공원에서 도보 약 10분
운영 월~금 07:30~15:00, 토~일 07:30~14:30
전화 03 6310 8555
요금 팬케이크 A$23.5, 커피 A$4~
홈피 www.sweetbrew.com.au

GPS -41.436057, 147.139105

센터웨이 아케이드 Centreway Arcade

시내 중심에 위치해 있으며 보수 공사가 완료되어 고풍스러운 외부에 비해 내부는 현대적인 모습이다. 수집 욕구를 불러일으키는 선물용 상품부터 달콤한 간식까지 다양한 상점이 있어 쇼핑하기 좋고, 맛있는 음식을 파는 레스토랑도 있다.

주소 17/19 Paterson St, Launceston TAS 7250
위치 시티 공원에서 도보 약 8분
운영 월~금 09:00~17:30, 토 09:00~14:30
(일요일은 12월만 운영 09:00~14:30)
전화 03 6334 1288

GPS -41.466939, 147.158891

메도우 뮤스 플라자 Meadow Mews Plazza

사우스 론서스턴에 위치한 로컬 중심의 쇼핑센터이다. 작지만 슈퍼마켓부터 옷가게, 미용실 등 있을 건 다 있다! 현지인들이 주로 가는 쇼핑센터를 엿보고 싶다면, 또는 급하게 필요한 것이 있다면 이곳으로 가자.

주소 102-106 Hobart Rd, Kings Meadows TAS 7249
위치 호바트에서 40·50·55번 버스로 약 30분
운영 월~목 09:00~17:30, 금 09:00~20:00,
토 09:00~17:00, 일 10:00~16:00
전화 03 6333 7888
홈피 www.meadowmews.com.au

4성급 GPS -41.432571, 147.145757

머큐어 론서스턴
Mercure Launceston

노스에스크강이 내려다보이는 론서스턴 시내의 호텔이다. 대규모 호텔 체인인 아코르Accore의 브랜드답게 깔끔하고 세련된 인테리어로 꾸며져 있다. 전망이 좋은 객실을 원한다면 파크뷰로 예약하는 것을 추천. 보그스 브루어리 등 관광명소에도 걸어갈 수 있는 거리이며, 론서스턴 공항까지 셔틀버스 서비스도 제공한다(유료).

주소 3 Brisbane St, Launceston TAS 7250
위치 시티 공원 근처 **요금** A$170~
전화 03 6331 2055 **홈피** all.accor.com

3성급 GPS -41.434440, 147.140601

그랜드 챈슬러 론서스턴
Grand Chancellor Launceston

론서스턴 시내에 위치해 이동이 편하고, 저렴한 요금으로 전망이 좋은 객실을 예약할 수 있는 호텔이다. 2박 이상 예약하면 할인이 적용되는 프로모션을 진행하는 경우도 있다. 가족 여행 시 더블침대 2개가 있는 쿼드룸을 이용하면 경제적이다. 무료 와이파이, 주차, 24시간 리셉션, 세탁, 드라이클리닝 등의 서비스를 이용할 수 있다. 디럭스, 수페리어, 이그제큐티브 등의 룸이 있다.

주소 29 Cameron St, Launceston TAS 7250
위치 시티 공원 근처
요금 A$135~
전화 03 6334 3434
홈피 www.grandchancellorhotels.com/hotel-grand-chancellor-launceston

3성급 GPS -41.440774, 147.130295

레저 인 페니 로열 호텔 앤 아파트먼츠 Leisure Inn Penny Royal Hotel and Apartments

페니 로열 어드벤처에 있는 호텔이다. 오래됐지만 전체적으로 크고 깨끗한 편이고, 시내의 주요 관광지를 도보로 걸어갈 수 있는 거리에 있다. 아파트 형태의 숙소도 있어서 직접 식사를 만들어 먹으며 경비를 아끼고 싶은 사람에게도 추천한다. 주차장이 있어서 렌터카를 빌렸을 경우에도 괜찮다.

주소 147 Paterson St, Launceston TAS 7250
위치 페니 로열 어드벤처 내
요금 A$121~ **전화** 03 6335 6600
홈피 leisureinnpennyroyal.com.au

백패커 GPS -41.438468, 147.135448

팟 인 POD INN

론서스턴에 있는 캡슐 호텔로 깨끗하고 편안한 객실을 저렴한 가격에 사용할 수 있다. 중심가에 위치하고 있어 호텔 근처에 쇼핑센터, 맛있는 식당이 많다. 싱글, 더블베드가 있으며, 여러 개를 예약하면 할인도 가능하다.

주소 17-19 Wellington St, Launceston TAS 7250
위치 퀸 빅토리아 박물관에서 도보 약 2분
요금 싱글베드 A$49~
전화 03 6311 1519
홈피 www.podinn.com.au

론서스턴 근교

론서스턴과 호바트의 중간쯤에 위치한 프레이시넷 국립공원의 와인글래스 베이에서 아름다운 에메랄드빛 바다를 볼 수 있다. 태즈메이니아의 대표 여행지인 웅장한 산악지대, 크래들 마운틴도 론서스턴에서 당일로 다녀오기 좋은 여행지이다.

☑ to do list

1. 와인글라스 베이를 걷기
2. 크래들 마운틴 트레킹에 도전!
3. 비체노에서 블로우 홀과 펭귄 보기

★★★

GPS -42.130495, 148.312328

프레이시넷 국립공원 Freycinet National Park

해안 마을 비체노Bicheno에서 차량으로 1시간 정도 북동쪽으로 더 올라가면 프레이시넷 국립공원에 도착한다. 아름다운 바다와 산, 모두를 볼 수 있는 국립공원으로, 프랑스의 탐험가 루이 드 프레이시넷Louis De Freycinet의 이름을 땄다. 1916년 국립공원으로 지정되어 태즈메이니아에서 가장 오래된 국립공원이기도 하다.

프레이시넷 국립공원이 위치한 프레이시넷 반도는 태즈메이니아에서도 가장 따뜻한 곳으로, 짙은 청록빛부터 에메랄드빛까지 다양한 바다의 색깔을 동시에 보여준다.

프레이시넷 국립공원의 입구라 할 수 있는 스완지Swange는 많은 이가 그냥 지나치는 곳이지만, 잔잔하게 부서지는 파도를 보며 커피 한잔의 여유를 즐기기에 딱 좋은 곳이다. 다양한 등산 코스가 있어 본인의 체력에 맞게 등산 및 산책을 즐길 수 있다. 숲속을 걸으며 아름다운 산과 바다의 경치를 한껏 즐겨보자.

주소 Coles Bay Rd, Coles Bay TAS 7215
위치 론서스턴에서 200km 지점. 차량으로 2시간 30분
운영 09:00~16:00

Tip | 프레이시넷을 즐기는 다양한 방법

렌터카를 이용할 경우 대부분 호바트 또는 론서스턴에서 출발하므로 비체노에서 1박을 하며 프레이시넷 국립공원과 와인글라스 베이를 둘러보는 것이 좋다. 비체노는 펭귄 서식지이자 블로우 홀로 유명해서 그 자체로도 가볼 만한 곳이기 때문이다. 와인글라스 베이와 하자드를 보려면 마운트 아모스를 올라야 하므로 시간을 넉넉하게 잡는 것이 좋다.

뚜벅이 여행자라면 호바트 또는 론서스턴에서 출발해 2박 3일간 태즈메이니아 동부 해안을 둘러보는 다국적 배낭여행 프로그램에 참여해 보자.

GPS -42.127967, 148.288679

★★★

콜스 베이 & 와인글라스 베이 Coles Bay & Wineglass Bay

프레이시넷 국립공원에는 콜스 베이와 와인글라스 베이라는 두 개의 만이 있다. 와인글라스 베이 전망대를 기준으로 양 옆에 위치해 있는 두 만은 눈부시게 아름다운 에메랄드빛 바다색을 뽐내는 곳이다. 와인글라스 베이는 바다와 어우러지는 만의 모습이 와인 잔에 담긴 푸른 칵테일 같다고 하여 이와 같은 이름을 갖게 되었다. 와인글라스 베이까지 가려면 바위로 뒤덮인 마운트 아모스Mt. Amos를 넘어야 하지만 산길을 걸으며 자연 그대로의 모습을 간직한 동식물을 만날 수 있고, 정상에 올랐을 때는 충분한 보상이 따르니 포기하지 말자. 전망대에서 와인글라스 베이를 내려다볼 수 있고, 직접 바다 앞까지 가서 감상할 수도 있다.

위치 론서스턴에서 약 175km. 차량으로 2시간, 버스로 3시간 30분 소요
요금 버스 편도 A$35.6
홈피 www.wineglassbay.com

Tip | 와인글라스 베이를 즐기는 법

호바트 또는 론서스턴에서 출발하는 일일 투어를 이용하거나 대중 교통을 이용해 하루 일정으로 다녀올 수 있다. 출발하는 지역에 따라 운영하는 여행사가 다르므로 잘 확인하고 예약하자.

홈피 칼로우스 코치(론서스턴-와인글라스 베이) www.calowscoaches.com.au

▶▶ 하자드 비치 Hazards Beach

와인글라스 베이에서 하이킹 코스를 통해 갈 수 있는 해변으로, 넓고 조용해 편안히 휴식을 취하거나 물놀이하기에 좋다. 붉은 화강암이 바다와 어울리며 독특하고 이국적인 풍경을 선사한다.

more & more **지오그래프 레스토랑 & 에스프레소 바** Geographe Restaurant & Espresso Bar

와인글라스 베이 전망대에서 약 3.3Km 떨어진 콜스 베이의 중심에 전망이 아름다운 신선한 해산물과 피자, 그리고 에스프레소 커피 전문점이 있다. 이곳은 영국인 이전에 호주와 태즈메이니아를 탐험하고 '뉴 홀랜드'라고 명명했던 프랑스의 탐험가인 지오그래프를 기리기 위해 그의 이름을 사용하고 있다. 매일 아침 7시 30분부터 저녁 8시까지 아침 메뉴부터 브런치, 점심, 저녁 메뉴를 선보인다.

주소 6 Garnet Ave, Coles Bay, Freycinet TAS 7215
운영 수~일 08:00~14:30, 17:00~20:00(월~화요일 휴무)
전화 03 6257 0124 **요금** 치즈버거 A$20, 커피 A$6
홈피 www.geographerestaurant.com.au

Special Tour

태즈메이니아 한 바퀴 5박 6일 코스

태즈메이니아는 시간을 어떻게 배분하느냐에 따라 한없이 많은 시간을 보낼 수 있는 곳이다. 호주에 여러 번 방문했고, 이번 기회에 태즈메이니아를 완전 정복하고 싶다면, 태즈메이니아를 5박 6일 동안 한 바퀴 둘러보는 여행에 도전해 보자! 청정 자연 속에서 몸과 마음이 행복해지는 여행이 될 것이다. 아래는 투어 회사인 언더다운 언더에서 진행하는 코스이다. 요금은 A$995~.

홈피 **언더다운 언더** underdownunder.com.au/tour

1일차 포트 아서

호바트 출발 → 리치몬드 → 포트 아서 → 호바트 숙박

2일차 호바트 – 스트라한

호바트 출발 → 러셀 폭포 → 마운트 필드 국립공원 → 세인트 클레어 호수 → 프랭클린–고든 와일드리버 국립공원 Franklin-Gordon Wild Rivers National Park **→ 스트라한 숙박**

3일차 웨스트 코스트

스트라한 출발 → 헨티 모래언덕 Henty Dunes **→ 타킨 레인포레스트**Tarkine Rainforest **→ 몬테수마 폭포**Montezuma Falls → (고든강 크루즈) → **스트라한 숙박**

4일차 크래들 마운틴 – 론서스턴

스트라한 출발 → 크래들 마운틴 → 도브 호수 서킷 워크(2시간)**/마리온 전망대 워크**(3시간) **→ 셰필드 벽화 마을**Sheffield **→ 론서스턴 숙박**

5일차 론서스턴 – 비체노

론서스턴 출발 → 베이 오브 파이어 Bay of Fires **→ 시닉 코스탈 드라이브** → (태즈메이니안 데빌, 리틀 펭귄 만나기) → **비체노 숙박**

6일차 프레이시넷 국립공원 – 호바트

비체노 출발 → 와인글라스 베이 → 비치에서 휴식/비치 워크 → 호바트 도착

Special Tour

대자연에 도전! 크래들 마운틴 트레킹

세계유산으로 등재된 크래들 마운틴-세인트 클레어 호수 국립공원Mt. Cradle - Lake St Clair National Park은 호주 야생의 청정 자연을 볼 수 있는 곳으로, 태즈메이니아 여행의 최고점을 찍어줄 하이라이트라고 해도 과언이 아니다. 울창한 유칼립투스 숲, 시원하게 흐르는 계곡, 우렁찬 폭포, 태즈메이니아에서 가장 높은 마운트 오사Mt. Ossa를 지나 맑고 깊은 호수까지. 걸으면 걸을수록 매력에 빠져들게 되는 공원은 호주에서도 유명한 트레킹 코스인 오버랜드 트랙Overland Track이 시작되고 끝나는 곳이기도 하다. 겹겹이 쌓인 바위와 가파른 등산길로 유명한 크래들 마운틴Mt. Cradle의 입구에는 캠핑과 트레킹을 즐기는 이들을 위한 리조트가 위치하고 있다. 친환경적으로 지어진 크래들 마운틴 롯지를 지나면 등반의 시작을 알리는 도브 호수Dove Lake가 나타난다. 병풍처럼 펼쳐진 크래들 마운틴 중간에 자리 잡은 이 호수는 산 정상에 가까워질수록 그 장엄한 모습으로 진가를 발휘한다.

오버랜드 트랙의 끝자락에 위치한 세인트 클레어 호수Lake St Clair는 호주에서 가장 깊은 호수이다. 시원한 바람 냄새, 비를 머금은 구름 냄새, 습기를 머금은 나무 냄새를 맡으며 가슴속까지 자연의 공기를 들이마셔보자.

일일 투어 프로그램, 대중교통, 렌터카로 방문할 수 있으며, 트레킹 코스가 잘 닦여 있는 만큼 며칠 동안의 트레킹에 도전해 보는 것도 좋다.

위치 론서스턴에서 소도시 셰필드까지 이동 후 크래들 마운틴 북쪽 입구 도착 또는 호바트에서 세인트 클레어 호수 국립공원까지 이동 후 Derwent Bridge 남쪽 입구

홈피 parks.tas.gov.au/explore-our-parks/cradle-mountain

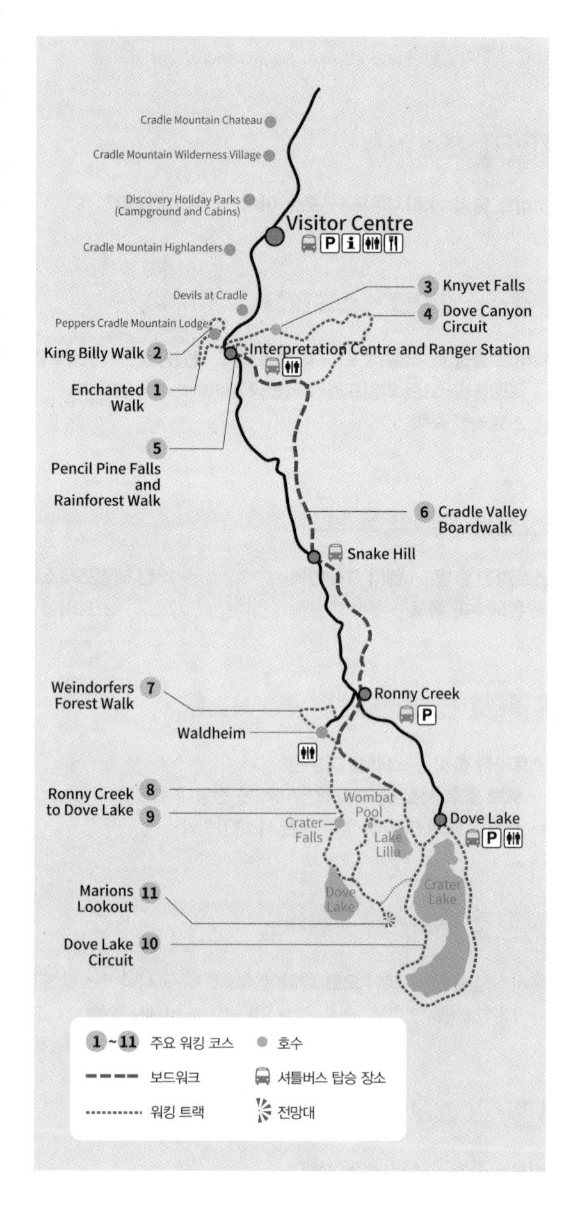

☆ 3박4일 크래들 마운틴 트레킹 일정

크래들 마운틴을 즐기는 방법은 10시간짜리 일일 투어부터 7박 8일에 이르는 투어, 나이트 투어까지, 그 종류와 내용이 매우 다양하다. 일일 투어의 경우 숙소인 헛을 이용할 수 없다는 점 등 크래들 마운틴의 진가를 보기에는 짧은 시간이다. 5박 6일 오버랜드 코스가 시그니처 코스이며, 3박 4일 코스로 그 일부를 걸어볼 수도 있다. 여기에서는 3박 4일 코스를 소개한다. 발트하임부터 리버 밸리에 이르는 코스이다.

1일차

발트하임 – 반 블러프 헛 Waldheim-Barn Bluff Hut

(12km, 7시간 트레킹, 전 일정 중 가장 가파른 코스 포함)

론서스턴에서 출발해 본격적으로 트레킹 시작

→ 트레킹 베이스에서 전문 현지인 트레킹 가이드 미팅, 브리핑

→ 전용 차량으로 발트하임Waldheim까지 약 2시간 이동

→ 1,250m 높이의 마리온 전망대까지 약 1시간 트레킹

→ 마리온 전망대에서 크래들 마운틴과 도브 호수Dove Lake의 장관이 펼쳐진 전망 감상

→ 크래들 마운틴 베이스에서 빙하 협곡을 지나 워터폴 밸리Waterfall Valley로 이동

→ 반 블러프Barn Bluff 산봉우리 밑에 위치한 프라이빗 숙소인 반 블러프 헛Barn Bluff Hut 도착

2일차

반 블러프 헛 – 파인 포레스트 무어 헛 Barn Bluff Hut-Pine Forest Moor Hut

(12km, 6시간 트레킹 코스)

빙하가 있던 버튼그라스 평원과 황야를 따라 트레킹

→ 태즈메이니아의 독특한 나무인 펜슬 파인Pencil Pine이 둘러싸고 있는 호수에 도착
→ 크래들 마운틴과 반 블러프의 정점인 마운트 펠리온 웨스트Mt. Pelion West으로 이동
→ 펜슬 파인이 껴안고 있는 모습의 호수인 윌 호수Lake Will에서 사이드 트립
→ 파인 포레스트 무어 헛Pine Forest Moor Hut 도착 후 마운트 오클리Mt. Oakleigh 전망을 감상하며 야외 저녁 식사

3일차

파인 포레스트 무어 헛 – 펠리온 헛 Pine Forest Moor Hut-Pelion Hut

(10km, 5시간 트레킹 코스, 가장 고도가 낮은 일정)

호주의 상록수 열대우림을 내려가며 트레킹

→ 포스강Forth River 산책
→ 포스강 옆의 프로그 플랫Frog Flat에서 휴식
→ 유칼립투스 숲을 뒤로 하고 펠리온 플레인Pelion Plains으로 올라가며 트레킹
→ 마운트 오클리 전망 감상
→ 펠리온 플레인의 수영 홀과 구리 광산 감상
→ 숙소 펠리온 플레인 헛Pelion Plains Hut 도착 후 휴식

Tip | 숙소 '헛'

크래들 마운틴 트레킹 코스는 숙소인 헛Hut을 기점으로 하루 일정이 짜여 있다. 헛은 오두막을 뜻하는 단어로 실제로 아담한 산장의 모습이다. 이곳에 머물면 가장 좋은 것은 웅장한 자연 속에 홀로 남겨진 기분이 든다는 것! 주변에 조명이 적어 더욱 아름다운 밤하늘을 볼 수도 있다. 다만 화장실 등은 외부에 있는 경우가 많다.

4일차

펠리온 헛 – 암 리버 밸리 Pelion Hut-Arm River Valley

(14km, 6시간 트레킹 코스)

펠리온 평야를 가로질러 에어 호수를 따라 트레킹

→ 유칼립투스 숲, 버튼그라스 평야를 지나 이네스 트랙Innes Track 트레킹

→ 우라가라 크릭Wurragarra Creek 주변에서 점심 식사

→ 마운트 필링저Mt. Pillinger의 전망 감상

→ 프린스 호수Lake Prince를 지나 암강Arm River 근처의 머지 계곡Mersey Valley 트레킹

→ 차량으로 몰 크리크 카르스트 국립공원Mole Creek Karst National Park과 델로레인 마을Deloraine을 지나 퀨비 에스테이트Quamby Estate로 귀환

more & more 안전한 트레킹을 위해서 이것만은 꼭~!

트레킹 시에는 안전을 위해 적절한 복장을 착용하는 것이 중요하다. 유의사항을 확인하여 꼼꼼하게 준비하자.

1. **짐은 최소한으로 쌀 것** 트레킹 일정이 아주 길지 않다면, 낮에 입을 옷 세트와 밤에 입을 옷 세트를 각각 하나씩 두 세트면 충분하다!
2. **잘 마르는 옷을 준비하자** 땀이 많이 나므로 수분 흡수가 느리고 빨리 마르지 않는 데님, 솜 소재의 의류는 적합하지 않다. 세탁 시설이 없을 수 있으니 처음부터 잘 오염되지 않고 쉽게 건조되는 옷을 준비한다.
3. **여러 벌의 옷을 겹쳐 입자** 비가 오면 우비를, 기온이 떨어지면 두꺼운 옷을 겹쳐 입었다가 기온이 올라가면 옷을 한 겹 벗는 식으로 체온을 조절한다.
4. **전문 트레킹화를 준비하자** 물집으로 인한 부상을 방지하고 트레킹 일정을 제대로 소화하려면 발목 아래까지 오는 트레킹 부츠, 워킹화, 런닝화, 가죽부츠 등은 적절하지 않다.

3

✖

Step to Australia

쉽고 빠르게 끝내는 여행 준비

Step to Australia 1
호주 여행 기본 정보

※ 기본 정보
국가명: 호주 Australia
수도: 캔버라 Canberra
면적 및 인구: 7억 7,412만 2,000ha / 약 2,700만 명
언어: 영어

※ 시차
호주 동부 표준시(AEST), 호주 중부 표준시(ACST), 호주 서부 표준시(AWST)로 나뉘어 있다. AEST는 한국과 1시간 차이로 퀸즐랜드, 뉴사우스웨일스, 빅토리아, 태즈메이니아 주, 호주 수도 특별구에서 사용한다. ACST는 노던 테리토리, 남호주에서 사용하며 한국과 시차는 30분 차이가 난다. AWST는 서호주에서 사용하며 한국보다 1시간 느리다.

예) **한국이 09:00일 경우**

AEST(시드니, 브리즈번) 10:00 | **ACST**(애들레이드, 앨리스 스프링스) 09:30 | **AWST**(퍼스) 08:00

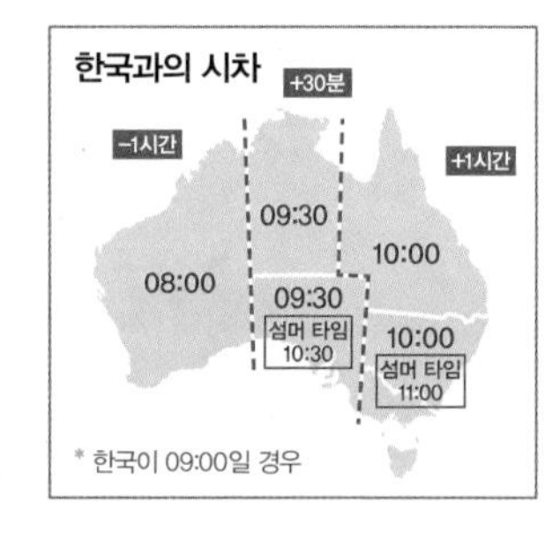

일광절약제

여름인 10월 첫 번째 일요일부터 4월 첫 번째 월요일까지 일광절약제 Daylight Saving Time, DST를 실시한다. 평소보다 1시간 빨라지며 뉴사우스웨일스, 빅토리아, 남호주, 태즈메이니아 주, 호주 수도 특별구에서만 적용된다. 퀸즐랜드, 노던 테리토리, 서호주 주는 일광절약제를 실시하지 않는다. 따라서 일광절약제가 적용되지 않을 때는 시드니가 있는 뉴사우스웨일스와 골드코스트가 있는 퀸즐랜드의 시간이 같으나, 일광절약제가 시작되면 퀸즐랜드의 시간이 1시간 빨라지는 시차가 발생하므로 주의하자. 휴대전화를 로밍할 경우 시간이 자동으로 바뀐다.

예) **한국이 09:00일 경우**

AEST(시드니) 11:00, (브리즈번) 10:00 | **ACST**(앨리스 스프링스) 09:30, (애들레이드) 10:30 | **AWST**(퍼스) 08:00

※ 전압
220~240V, 50Hz를 사용한다. 한국 콘센트 모양과 달라서 변환 어댑터가 필수이다. 한국에서는 5,000원 미만으로 구입이 가능하나 호주에서는 훨씬 비싸니 미리 준비할 것.

✖ 통화

호주 달러(AUD, A$)를 사용하며, 'A$'로 표시한다. A$1달러는 약 923원(2025년 4월 기준)이다. A$5, A$10, A$20, A$50, A$100 단위 지폐와 5¢(센트), 10¢, 20¢, 50¢, A$1, A$2 동전이 있다. 호주의 지폐는 종이가 아니라 플라스틱인 폴리머 소재로 만들어져 있는데, 위조지폐를 만들기 어렵게 하기 위해 호주에서 최초로 개발한 것이다. 소재 특성상 물에 젖거나 구겨지지 않고 잘 찢어지지도 않는다. 사용 기간이 지나면 재활용하여 플라스틱 제품을 만든다.

Tip | 호주 지폐에는 무엇이?

호주의 지폐에는 시인, 인권운동가, 정치인, 사업가 등 호주의 대표적인 인물이 그려져 있다. 엘리자베스 여왕이 그려진 A$5 지폐를 제외한 모든 지폐의 앞면에는 남성 위인, 뒷면에는 여성 위인이 존재한다.
또한 모든 동전의 앞면에는 엘리자베스 여왕의 얼굴이, 반대쪽 면에는 오리너구리, 캥거루, 금조 등 대표 동물과 애버리진이 그려져 있다. 호주의 50¢ 동전은 세계에서 통용되는 동전 중 가장 큰 동전이라고! 기념주화가 발행되면 동전의 디자인이 조금씩 달라진다.

✖ 환전

한국에서 한화를 호주달러로 환전해 가는 것이 가장 환율이 좋다. 호주는 빠르면 2025년 캐시리스 사회로 진입할 거라는 예측이 있을 정도로 카드 사용이 보편화되어 있다. 여행 기간이 짧은 경우 카드만 사용도 가능하다. 하지만 현금만 받는 곳도 아직 남아있고, 카드 결제 시 카드 수수료를 손님에게 추가로 받는 것이 보편적이어서 여행이 긴 경우에는 현금과 카드를 적절히 섞어 사용하는 게 좋다.

한국에서 환전하기

호주달러는 한국 대부분의 은행에서 환전이 가능하다. 은행에 따라 여행자 보험 가입이나 주거래 은행 환율 우대 등의 이벤트를 진행하므로 비교해보고 환전하자. 각 은행의 모바일 애플리케이션에서 환전 신청 후 공항에서 수령하는 것도 가능하니 꼼꼼히 체크해 보자.

호주에서 환전하기

호주 내에서는 은행, 공항 및 시내 환전소에서 환전이 가능하다. 시내 환전소는 접근성이 가장 좋지만 환율은 가장 나쁘므로 사용하지 않는 게 낫다. 시내에서는 ATM을 쉽게 찾아볼 수 있으며, 일정 금액 이상 출금 시 수수료를 고려하더라도 시내 환전소보다 환율이 좋은 편이다. 따라서 해외 인출이 가능한 카드를 챙기도록 하자.

※ 신용카드

비자VISA, 마스터카드MasterCard, 아메리칸 익스프레스American Express, 다이너스 클럽Diners Club 등이 일반적으로 사용 그중에서도 비자, 마스터카드가 주로 사용된다. 소액(A$10 이하)인 경우 신용카드를 받지 않기도 하고, 가게에 따라 카드 수수료를 사용자에게 부담시키기도 하니 현금을 꼭 소지하는 게 좋다. 카드 수수료는 1.5~2.5%이며 최대 5%까지 부과하기도 한다. 호주 ATM에서 출금할 경우, 신용카드 출금은 '현금시비스'로 들어간다. 따라서 해외 사용이 가능한 체크카드도 준비하자.

※ 은행

호주의 대표적인 은행은 호주 국립 은행National Bank of Australia, ANZ Australia New Zealand Bank, 호주 커먼웰스 은행Commonwealth Bank of Australia, 웨스트팩 은행Westpac Banking Corporation이 있다. 영업 시간은 월~금요일 오전 9시 30분부터 오후 5시까지이며 지점에 따라 다를 수 있다.

※ 여행자수표

여행자수표는 일반적으로 사용되지 않으며, 우체국에서 호주달러로 환전 후 사용해야 한다.

※ 팁

호주에서 팁은 필수가 아니다. 서비스가 매우 맘에 드는 경우, 혹은 고급 레스토랑에서 10% 정도의 팁을 주기도 한다.

※ 호주에서 운전하기

지역이 매우 넓은 호주에서는 렌터카를 빌려 직접 운전하는 경우가 많다. 가장 고려해야 할 점은 좌측통행이라는 것! 운전석도 차의 우측에 있다. 7세 미만의 아동이 있는 경우 카시트가 필수이며, 과속, 음주운전 등 교통 법규 위반 시 벌금이 몇십만 원에 이를 정도로 높으므로 주의해야 한다.
각 도시의 시내나 큰 도시 근교에서는 별 어려움이 없으나, 아웃백을 여행할 경우 비포장 도로도 많고, 통신 신호가 잘 잡히지 않을 수 있으므로 출발 전 계획을 잘 세워야 한다. 위성전화 등을 임대하는 것도 방법이다. 보통 고속도로의 경우 80~100km마다 휴게소가 있다.
때에 따라 산불, 홍수 등으로 도로에 진입이 불가능한 경우가 발생할 수 있으니 이동 중 기상 상황을 잘 체크해야 하며 야생동물 로드 킬의 위험이 크니 불빛이 많지 않은 외진 지역에서의 야간 운전은 자제하는 것이 좋다.
일반 차량의 10대 정도 길이로 일명 '로드 트레인'이라고 불리는 트레일러트럭을 만날 경우도 주의하자. 좌우로 흔들릴 수 있으므로 추월하기 전 충분한 여유 공간을 두어야 하고, 큰 차 쪽으로 잡아 당겨지는 듯한 '윈드러시' 현상이 일어날 수 있기 때문에 미리 대비해야 한다.

Tip | ATM에서 출금하기

1 카드를 넣는다. 한국어 선택이 가능한 ATM 기기도 있다.
2 **Enter PIN** : 비밀번호를 입력하고 OK 또는 Enter 버튼을 누른다.
3 **Withdrawal** : '출금하기'를 선택한다.
4 **Credit** : 사용하는 계좌 종류를 선택한다. Cheque, Savings, Credit이 있는데, 한국 신용카드의 경우 'Credit'을 선택한다.
5 출금할 금액을 선택한다. 호주 ATM은 최소 A$20 이상, A$20 또는 A$50 지폐만 출금 가능하니 참고하자.
6 **Would you like a receipt?** : 영수증을 받을지 받지 않을지 선택한다.
7 **Save Transaction** : 출금 관련 내역을 저장할지 묻는다. No를 선택한다.
8 돈과 카드를 챙기면 끝!

국제운전면허증

호주에서 운전하기 위해서는 국제운전면허증을 지참해야 한다. 한국운전면허증을 호주운전면허증으로 교체할 수도 있지만 영문공증을 받아야 하는 등 복잡한 절차가 있어 교체 비용 및 시간을 생각한다면 국제운전면허증이 경제적이다. 각 지역의 경찰서, 도로교통공단운전면허시험장 등을 방문해 직접 신청해야 하며 8,500원의 수수료가 있다.

준비물 운전면허증, 여권용사진(3.5cmX4.5cm) 1매, 여권
홈피 www.gov.kr

> **Tip | 영문 운전면허증**
>
> 2019년 9월부터 전국 경찰서와 운전면허 시험장에서 발급한 새 운전면허증을 가지고 있다면, 호주에서 별도의 국제운전면허증을 발급받지 않아도 운전이 가능하다. 뒷면에 이름, 주소, 생년월일 등 면허정보가 영문으로 기재되며, 오토바이, 승용차 등 운전 가능 차종도 국제기준에 맞는 기호로 표시되어 있다.

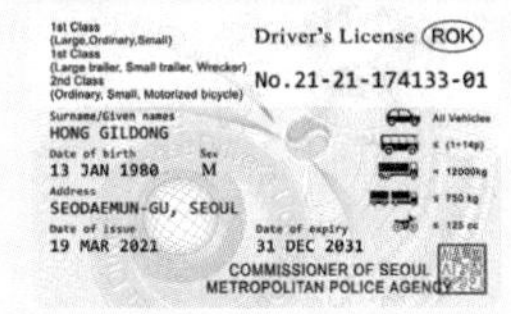

호주 렌터카

한국 운전면허증, 국제운전면허증, 여권, 신용카드를 지참해야 차량 렌트가 가능하다. 렌터카는 차량 브랜드, 픽업 및 반납 장소와 시간, 시즌에 따라 금액이 달라진다. 공항 등 특수지역에서 픽업하는 경우, 픽업-반납 장소가 다른 경우에는 요금이 높아진다. 차량이 커질수록 유류비가 많이 드는 것도 예상하자. 잘 알려지지 않은 렌터카 브랜드의 경우 렌트 시간과 장소에 제한이 있거나 보험 문제가 발생하는 경우도 있으니 금액이 조금 더 비싸더라도 잘 알려진 브랜드를 선택하는 걸 추천한다.

more & more 추천 렌터카

여행 인원과 가격에 따라 추천하는 대표 차량을 소개한다. 아래 요금은 풀보험 등이 포함되지 않은 순수 차량 렌트 비용이다.

❶ **이코노미**ECAR 소형차로 뒷좌석이 좁은 편. 일정이 짧을 때만 추천(현대 i20 등).

추천 인원 성인 2+아동 1
요금 A$115~

❷ **콤팩트**CCAR 가장 많이 선택하는 차량 중 하나. 1~3일 정도 일정에 추천(도요타 코롤라 등).

추천 인원 성인 2+아동 2
요금 A$120~

❸ **중급**Intermediate ICAR 역시 가장 많이 선택하는 차량 중 하나(현대 i30 등).

추천인원 성인 2+아동 2
요금 A$125~

❹ **스탠더드**SCAR 세단 차량으로 좌석이 넓은 편이다(현대 소나타 등).

추천 인원 성인 3+아동 1
요금 A$139~

❺ **풀사이즈**FCAR 차량 내부는 넓지만 캐리어는 3개 정도만 가능하다(도요타 캠리 등).

추천 인원 성인 3+아동 1
가격 A$147~

❻ **SUV** 성인 4명에 캐리어가 총 4개 이상 또는 아웃백 여행 시 추천(미츠비시 아웃랜더 등).

추천인원 성인 4
가격 A$160~

❼ **피플 무버**People Mover 국제면허증으로 빌릴 수 있는 최대 크기인 8인승 차량(기아 카니발 등).

추천인원 성인 5명~
가격 A$230~

✖ 유용한 사이트와 애플리케이션

스카이스캐너 Skyscanner

저렴한 항공권을 찾을 때 가장 많이 활용하는 사이트이자 애플리케이션. 날짜와 장소를 지정하면 각 항공사의 항공권을 저렴한 순서대로 보여준다.

> **Tip | Everywhere**
>
> 스카이스캐너의 좋은 기능 중 하나는 항공권이 저렴한 기간을 눈으로 볼 수 있다는 점이다. 여행 일정이 아직 정해지지 않았다면 항공권 요금을 줄이는 데 아주 유용하다. 또한 '도착지'에 'Everywhere'을 입력하면 현재를 기준으로 지역과 상관없이 가장 저렴한 항공권부터 보여준다.

구글 맵스 Google Maps

해외에 나가면 가장 많이 사용하게 되는 길 찾기 애플리케이션! 각 장소마다 이용자들의 평가도 볼 수 있어 음식점 등을 선택할 때도 도움된다.

우버 Uber, **디디** Didi

시드니 등에서 활발히 이용되는 승차 공유 애플리케이션. 이동 거리와 요금 등을 미리 알 수 있으므로 편리하다. 공항에서는 우버 픽업 존에서 탑승할 수 있다.

트립뷰 Tripview

교통 정보 애플리케이션. 목적지까지 도착하는 가장 빠른 교통편을 알 수 있다.

트립뷰 애플리케이션

네이버 클라우드,
구글 포토 Google Photo

휴대전화나 카메라가 고장 났을 때 사진만이라도 건지고 싶다면? 사진, 동영상 등을 웹클라우드에 미리 저장하자. 네이버 클라우드와 구글 포토가 대표적인 서비스이다.

웨이즈 Waze

운전을 할 때 구글맵의 내비게이션 기능은 너무 단순해서 보기 힘들다면? 웨이즈는 한국말을 지원하고, 유료도로 우회, 경찰 단속 등의 추가 정보를 제공해서 렌터카나 캠핑카를 이용한 여행객에게 추천한다.

웹젯 Webjet

스카이스캐너 같은 항공권, 호텔을 비교 검색하고 예약할 수 있다. 호주 국내선을 예약해야 한다면 반드시 확인해야 하는 사이트. 시간, 가격을 쉽게 확인할 수 있다. 웹젯 사이트에서 예약할 경우 예약 수수료가 발생하므로, 가격 확인만 하고 예약은 항공사 사이트에서 하기를 추천한다.

숍풀리 ShopFully

콜스, 울월스 등 대형 마트뿐 아니라 프라이스라인 등 약국 체인까지! 내 주변의 근처 가게들의 전단지와 위치를 한 번에 볼 수 있다. 한국으로 돌아가기 전 기념선물을 조금이라도 저렴하게 살 수 있어서 추천.

우버 잇츠 Uber Eats,
딜리버루 Deliveroo

호주의 배달의 민족, 쿠팡 잇츠 같은 배달 애플리케이션. 보통은 식당에서 먹겠지만, 나가서 사 먹기 어려울 때 한 번쯤 이용해도 좋을 듯. 애플리케이션에 따라 등록된 레스토랑, 프로모션 등이 다르다.

※ 전화

호주 국가코드는 61이며, 각 주별로 지역번호가 있다.

뉴사우스웨일스, 호주 수도 주 02 **빅토리아, 태즈메이니아** 03
퀸즐랜드 07 **서호주, 남호주, 노던 테리토리** 08

호주로 전화하기

02-6270-4100(주호주 대한민국대사관), +61-2-6270-4100
한국 → 호주 → 멜버른 내 → 시드니, 캔버라 내 02-6270-4100
6270-4100
※ 휴대전화에서 전화를 걸 경우 지역번호를 항상 입력해야 한다. +는 숫자 0을 길게 누르면 된다.

한국으로 전화하기

유선전화 02-123-4567 → +82-2-123-4567 or 0011-2-123-4567
휴대전화 010-1234-5678 → +82-10-1234-5678 or 0011-10-1234-5678

> **Tip | 호주의 우체국**
>
> 호주의 우체국은 단순 우편 업무뿐 아니라 은행 업무, 보험 가입, 사무용품과 문구류 구입, 휴대전화 개통까지 이뤄지는 곳이다. 보통 평일 오전 9시부터 오후 5시까지 운영하지만 지점에 따라 운영 시간 및 요일이 매우 다르므로 방문 전 확인하는 것이 좋다. 호주에서 한국으로 편지를 보낼 경우 도착까지 보름 정도 소요되며 요금은 A$3정도이다.
>
> **홈피** auspost.com.au

※ 긴급연락처

긴급전화 통합번호 000

경찰, 소방, 구급차 지원이 가능하며 전화를 할 수 없는 경우 106으로 문자를 보낼 수도 있다. 영어에 능숙하지 않다면 131-450(전화 통역 서비스)로 먼저 전화해서 구급차 등을 요청할 수 있다.

대사관 & 영사관

주호주 대한민국대사관 주소 113 Empire Circuit, Yarralumla ACT 2600
전화 02-6270-4100(근무 시간 외 0408-815-922)

주시드니 대한민국총영사관 주소 Level 10, 44 Market St, Sydney NSW 2000
전화 02-9210-0200(근무 시간 외 0403-546-058)

주멜버른 분관 주소 Level 10, 636 St Kilda Rd, Melbourne VIC 3004
전화 03-9533-3800(근무 시간 외 0418-435-915)

주브리즈번 출장소 주소 Level 1, 102 Adelaide St, Brisbane QLD 4000
전화 07-3221-1440(근무 시간 외 0432-112-705)

> **Tip | 한국에서 심카드 구입하기**
>
> 한국에서 호주 심카드를 미리 구입할 수 있다. 홍콩 등 제3국의 심카드를 호주에서 해외 로밍으로 사용할 수 있게 판매하는 경우가 많다. 특히 장기 여행인 경우 꼭 '호주 현지 전화번호'가 나오는 심카드인지 확인하고 구입하자.

※ 휴대전화 사용하기

호주에서 지도를 보거나 메신저 등을 사용하려면 4G 데이터나 와이파이가 필요하다. 가장 간편한 것은 심Sim 카드를 구입해 교체하는 것이다. 보다폰Vodafone, 쓰리Three, 옵터스Optus 등의 업체가 있으며 한국에서 미리 혹은 호주 현지 공항 등에서 구입할 수 있다. 보통 30일 이용에 A$30 정도이다. '와이파이 도시락' 등 와이파이 변환 장치를 사용할 수도 있다.

Step to Australia 2
호주의 역사

※ 애버리진의 땅

호주는 750만km²의, 지구에서 가장 작은 대륙으로 이루어진 나라이다. 최소 5만 년 전 지금보다 해수면이 낮았을 때, 인도네시아 등에서 배를 타고 호주에 도착한 원주민들이 살고 있었다. 이들을 '애버리진'이라고 부르는데 정확한 용어는 오스트레일리아 원주민Australian Aborigine이다. 유럽인이 호주 지역을 개척하기 전까지 30~100만 명의 원주민이 수렵채집을 하며 이곳에 거주했다. 500여 개의 부족이었으며, 700여 개의 언어를 사용했다. 4만 년 이상 호주에 거주한 원주민에게는 소유의 개념이 없었고, 따라서 영국인들은 이후 땅을 빼앗기 위해 전쟁하거나 돈을 낼 필요도 없었다. 이마가 튀어나와 있는 외형적 특징 때문에 초기 영국인들은 애버리진을 '인간과 비슷한 유인원'으로 분류했다.

※ 대항해시대

이 시기에 호주가 유럽의 탐험가들에게 발견됐다. 1770년 영국의 제임스 쿡 선장이 호주 동부를 둘러보고는 호주를 영국의 영토로 주장하기 시작했다. 특히 독립전쟁으로 인해 미국을 더 이상 영국의 유형지(죄인을 가두는 곳)로 활용할 수 없게 된 영국인들은 호주를 새로운 유형지로 선택했다. 1788년, 759명을 시작으로 1868년까지 16만 명 이상의 죄수를 이전시켰다.

영국인들은 호주로 이전하면서 애버리진을 동물로 생각하고 사냥했다. 이 학살로 태즈메이니아의 애버리진의 수가 급격히 줄어들기 시작했고, 1876년 마지막 원주민이 죽으면서 태즈메이니아 원주민은 완전히 사라졌다. 땅을 빼앗기고, 유럽에서 온 질병으로 사망하면서 애버리진의 고유문화는 거의 파괴되었다.

애버리진의 암각화

알제논 탈메이지, 〈호주의 성립(1937)〉

찰스 힐, 〈서호주의 선포(1836)〉

✖ 죄수들의 땅

초기 죄수들은 매우 가혹한 삶을 살았다. 그중에서도 태즈메이니아의 포트 아서는 절대 탈출이 불가능하며, 죽어야 나갈 수 있는 감옥으로 알려졌다. 주로 태즈메이니아의 임목을 벌채해 필요한 곳으로 보내는 일을 했는데, 종교적인 이유로 자살을 하지 않는 아일랜드인들을 주로 보낼 정도였다. 태즈메이니아의 감옥을 탈출하는 과정을 그린 영화 〈Van Diemen's Land(태즈메이니아의 옛 이름)〉를 보면 이 시기 죄인들이 어떤 삶을 살았는지 엿볼 수 있다.

절대 벗어날 수 없는 무시무시한 감옥이었던 태즈메이니아

✖ 이민의 시작

1820년대에 유럽에서 온 군인과 해방된 재소자들이 땅을 개간하기 시작했고, 이 소식이 전해지면서 영국의 일반인들도 이민을 오기 시작했다. 1825년, 군인 및 범죄자 집단이 브리즈번 근처에 정착했고 1829년, 영국의 신사들이 퍼스에 살기 시작했다. 1835년에는 무단 거주자들이 멜버른을 선택했고, 범죄자와 연계되지 않는 것을 자랑스럽게 생각하는 영국 유한회사는 애들레이드에 정착했다. 1851년 뉴사우스웨일스, 빅토리아 주에서 금이 발견되면서 더 많은 사람이 몰려들었다.

✖ 현재

1901년 1월 1일, 단일 헌법 아래 호주라는 국가가 수립되었고, 제1차, 제2차 세계대전에 참전하여 연합군의 승리에 크게 기여했다. 제2차 세계대전 이후 유럽과 중동 등 다양한 나라에서도 이민자들이 유입되며 진정한 '이민자들의 나라'가 되었다.

Step to Australia 3
호주의 축제와 국경일

호주의 국경일은 특정 날짜가 아닌 해당 월의 첫 번째 월요일, 마지막 월요일 등 요일별로 지정되는 경우가 많아 해마다 날짜가 변경된다. 예를 들어 4월 첫째 주 월요일이라고 하면 4월의 첫 월요일에 쉰다는 뜻이다. 여왕 탄신일 등은 주별로 다른 날짜가 공휴일로 지정되니 여행 전 미리 확인하자. 축제 기간에는 특별한 경험을 할 수 있지만, 숙소 등을 빨리 예약해야 한다는 사실을 잊지 말자!

✽ 국경일

1월 1일 새해New Year's Day
1월 26일 호주의 날Australia Day
3월 말~4월 초 부활절(굿 프라이데이Good Friday~부활절 월요일)
4월 25일 안작 데이Anzac Day
12월 25일 크리스마스Christmas
12월 26일 박싱 데이Boxing Day

✽ 주요 이벤트 & 스포츠 경기

1월 시드니 페스티벌Sydney Festival
멜버른 호주 오픈Australia Open 테니스 선수권 대회
2~3월 애들레이드 페스티벌Adelaide Festival
퍼스 국제 예술제Perth International Arts Festival
3월 시드니 게이 앤 레즈비언 마디 그라Sydney Gay and Lesbian Mardi Gras
캔버라 열기구 축제Canberra Balloon Spectacular
멜버른 국제 코미디 축제Melbourne International Comedy Festival
3~4월 시드니 로열 이스터 쇼Sydney Royal Easter Show
멜버른 F1 그랑프리Melbourne Formula One Grand Prix
5~6월 비비드 시드니Vivid Sydney
8월 다윈 페스티벌Darwin Festival
9~10월 브리즈번 페스티벌Brisbane Festival
10월 멜버른 국제 예술제Melbourne International Arts Festival
11월 멜버른 컵 카니발Melbourne Cup Carnival
12월 산타 마을 꾸미기 대회Christmas Lighting Competition
도시별 새해 불꽃놀이Fire Light Festival
12~1월 태즈메이니아 미각 페스티벌Tasmania Taste Festival

※ 각 주별 공휴일

호주 수도 특별구

3월 둘째 주 월요일 캔버라 데이Canberra Day
6월 둘째 주 월요일 왕 탄신일King's Birthday
10월 첫째 주 월요일 노동자의 날Labour Day/May Day

뉴사우스웨일스

6월 둘째 주 월요일 여왕 탄신일
10월 5일 월요일 노동자의 날

노던 테리토리

5월 첫째 주 월요일 메이 데이May Day
6월 둘째 주 월요일 여왕 탄신일
8월 첫째 주 월요일 피크닉 데이Picnic Day

남호주

6월 둘째 주 월요일 여왕 탄신일
10월 첫째 주 월요일 노동자의 날
12월 24일 크리스마스이브Christmas Eve
12월 31일 새해 전야New Year's Day Eve

태즈메이니아

4월 첫째~둘째 주 화요일 부활절 화요일Easter Tuesday
11월 첫째 주 월요일 레크리에이션 데이Recreation Day

빅토리아

6월 둘째 주 월요일 여왕 탄신일
11월 첫째 주 화요일 멜버른 컵 데이Melbourne Cup Day

서호주

3월 첫째 주 월요일 노동자의 날
6월 첫째 주 월요일 서호주의 날Western Australia Day
9월 마지막 주 월요일 여왕 탄신일

Tip | 2022년 즉위한 찰스 3세의 생일은 11월 14일! 그런데 왜 Public Holiday인 왕 탄신일King's Birthday는 6월일까?

그레이트 브리튼의 왕이자 1760년부터 재위 기간이 장장 59년 3개월이었던 조지 3세의 생일을 King's Birthday로 기념했고, 날짜는 그대로인 채로 엘리자베스 여왕 재위 시절 Queen's Birthday로 명칭만 변경했다. 그러다 찰스 3세가 즉위하면서 2023년, King's Birthday로 변경되었다.
호주는 주별로 공휴일을 지정할 수 있는데, 서호주의 날Western Australia Day이 제정되면서 휴일을 겹치지 않게 하기 위해(!) 서호주만 Queen's Birthday를 9월로 옮겼다.

Step to Australia 4
호주 여행 계획 및 출입국 방법

✽ 여권 발급

해외여행을 할 때 모든 여행자는 여권을 항상 휴대해야 한다. 또한 항공권을 구입하거나 비자를 받기 위해서는 여권의 유효기간이 6개월 이상 남아 있어야 한다. 외교부 여권 안내 홈페이지(www.passport.go.kr)에서 발급 수수료 및 접수처를 확인하자.

여권 발급 시 필요한 서류

1) 여권 사진 1매
2) 주민등록증 등 신분증
3) 병역 관련 서류(병역의무자의 경우),
   여권 발급 동의서(미성년자의 경우)

✽ 항공권 구입

한국에서 호주로 가는 직항은 대한항공(KE), 아시아나(OZ), 콴타스(QF), 젯스타(JQ), 티웨이(TW)가 있다. 시드니, 브리즈번으로 들어가는 항공의 소요 시간은 10시간 내외. 저렴한 항공권을 찾는다면 아시아를 경유하는 항공편을 이용하면 된다. 중국남방항공(CZ), 중국동방항공(MU), 말레이시아항공(MH), 케세이퍼시픽(CX), 중화항공(CI), 중국국제항공(CA), 싱가포르항공(SQ), 베트남항공(VN), 타이항공(TG)과 대표적인 저비용 항공사인 에어아시아(AK) 등이 있다.

Tip | 호주 한국 직항

코로나 이후 2022년 인천-시드니 직항 노선을 운항하는 항공사가 다섯 곳으로 늘었고, 2023년 4월부터 대한항공이 브리즈번 직항을 재개했다.
특히 저비용 항공사를 이용할 경우 특가 아니어도 60만 원대로 직항을 이용할 수 있으니 주의깊게 살펴보자.

홈피 **젯스타** www.jetstar.com
티웨이 www.twayair.com

✽ 비자 신청하기

인터넷에서 바로 ETA 신청을 할 수 있고 수수료는 A$20이다. 코로나 이전에는 여행사를 통한 신청도 가능했으나, 이제는 AustralianETA 애플리케이션으로 신청이 가능하다. 여권에 삽입된 칩을 스캔해야 하고, 안면 인식까지 진행해야 한다. 비자를 신청하면서 90% 이상이 12시간 이내에 승인되지만, 형사상 유죄 판결을 받거나 비자 발급이 거부되는 경우 등에는 대사관으로 문의해야 하니 빨리 준비하는 것이 좋다. 비자를 발급받더라도 여행일 기준 여권 만료일이 6개월 이상 남아 있어야 한다.

홈피 immi.homeaffairs.gov.au/visas/getting-a-visa/visa-listing/electronic-travel-authority-601

짐 싸기

여행 준비물 리스트를 미리 정리해 보자. 보통 비행기에는 **수하물** 1인당 20kg 내외, 기내용 10kg 내외의 짐을 가지고 탈 수 있다. 현지에서 쇼핑을 계획하고 있다면 짐을 적게 가지고 가는 것이 좋다. 특히 호주 국내선의 경우 수하물 무게가 오버되면 1kg당 A$100의 수수료를 추가로 내야 한다. 각 항공사마다 규정이 다르니 짐을 싸기 전 수하물 규정을 꼭 확인하자.

지역별로 기온차가 크기 때문에 여러 지역을 여행할 경우 **얇게 겹쳐 입을 옷**을 준비하는 것이 좋다. 아침 일찍 떠나는 투어에 참여하거나 사막 등을 여행할 경우, 일교차도 생각해야 한다.

호주 **음식물** 반입이 까다로우므로 되도록 음식은 현지에서 구입하자. 국제선이 들어가는 큰 도시에는 대부분 한인마트가 있으며 물건의 가격도 한국과 차이가 크지 않다.

호텔에 숙박할 경우 대부분의 세면도구가 제공되지만 **칫솔과 치약**은 제공하지 않는 곳이 많다. 또한 에어비앤비나 백패커에 숙박할 경우, **수건**을 준비해야 할 수 있다. 물놀이를 한다면 **비치타올**도 하나 정도 챙겨가자. 짐이 많다면 호주 마트에서 세면도구나 선크림을 구입해도 된다.

여행자 보험은 공항에서도 가입 가능하지만 인터넷이 더 저렴하니 미리 준비하자.

여행 준비물 체크리스트

기본 준비물	여권, 항공권, 여권 복사본 & 여권 사진(여권 분실 대비용), 숙소 및 투어 바우처, 여행 경비, 신용카드(2장)
의류	양말, 상하의, 잠옷, 속옷, 슬리퍼, 수영복, 선글라스, 운동화, 모자
세면도구	샴푸, 린스, 보디워시, 치약 & 칫솔, 수건
의약품	소화제, 진통제, 감기약, 밴드, 연고, 위생용품
기타	가이드북, 필기도구, 충전기, 지퍼백, 물티슈, 멀티어댑터, 보조배터리, 카메라(메모리카드)

한국 출국하기

공항 도착 전 정확한 여객터미널을 확인하자. 인천 국제공항 제2여객터미널이 문을 열면서 터미널을 혼동하는 경우가 있다. 다른 터미널에 도착했다면 공항철도나 터미널 간 무료 셔틀버스를 타고 이동할 수 있다(이동 시간 약 15~20분 소요). 공항에 도착하면 전광판에서 카운터 번호를 확인하자. 보통 3시간 전부터 체크인이 가능하다.

출국 절차

공항 도착 → 항공사 카운터 확인 → 탑승 수속 → 보안 검색 → 탑승 게이트 이동 → 탑승

✽ 호주 입국하기

입국신고서 작성

호주 도착하기 전 기내에서 입국신고서를 나눠준다. 이름, 여권번호, 호주 내 체류 주소 등을 영어로 작성해야 한다. 직항 비행기의 경우 한국어로 된 입국신고서를 나눠주기도 하지만, 다른 나라를 경유하는 경우에는 그렇지 않으니 호주 공항에 도착한 후 입국심사 카운터 앞에 배치되어 있는 한국어 입국신고서를 사용해도 된다.

특히 주의해야 할 것은 6, 7, 8번 항목으로 육류, 열매, 채소, 식물, 동물 등에 대한 질문이다. 확실하지 않으면 네(YES)에 체크하자. 짐 검사 시 신고하지 않은 물품이 발견되면 벌금을 내야 하기 때문이다. 특히 담배의 경우 신고하지 않으면 벌금이 몇백만 원이 나올 정도로 비싸다. 호주 내에서는 담배 가격이 높은 편이라 한국 면세점에서 구입 후 세금을 내더라도 호주에서 구입하는 것보다 저렴하다.

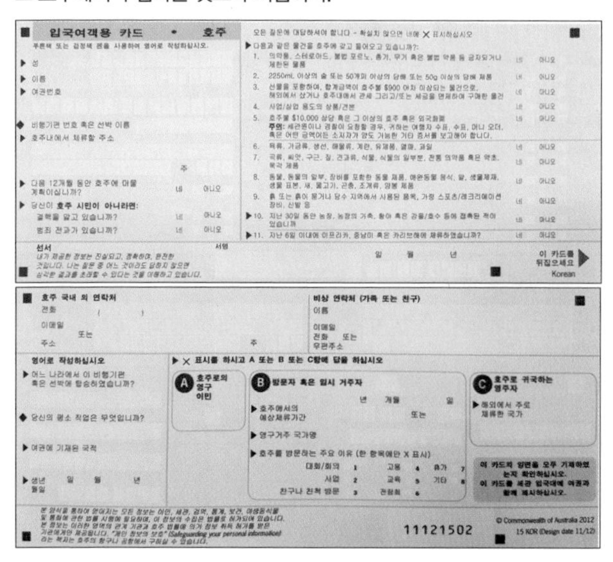

입국여객용 카드 • 호주

푸른색 또는 검정색 펜을 사용하여 영어로 작성하십시오.

▶ 성

▶ 이름

▶ 여권번호

◆ 비행기편 번호 혹은 선박 이름

▶ 호주내에서 체류할 주소

주

▶ 다음 12개월 동안 호주에 머물 계획이십니까? 네 아니오

▶ 당신이 **호주 시민이 아니라면:**

결핵을 앓고 있습니까? 네 아니오

범죄 전과가 있습니까? 네 아니오

모든 질문에 대답하셔야 합니다 - 확실치 않으면 네에 X 표시하십시오

▶ 다음과 같은 물건을 호주에 갖고 들어오고 있습니까?:

1.	의약품, 스테로이드, 불법 포르노, 총기, 무기 혹은 불법 약품 등 금지되거나 제한된 물품	네	아니오
2.	2250mL 이상의 술 또는 50개피 이상의 담배 또는 50g 이상의 담배 제품	네	아니오
3.	선물을 포함하여, 합계금액이 호주불 $900 어치 이상되는 물건으로, 해외에서 샀거나 호주내에서 관세 그리고/또는 세금을 면제하여 구매한 물건	네	아니오
4.	사업/상업 용도의 상품/견본	네	아니오
5.	호주불 $10,000 상당 혹은 그 이상의 호주 혹은 외국화폐 **주의:** 세관원이나 경찰이 요청할 경우, 귀하는 여행자 수표, 수표, 머니 오더, 혹은 어떤 금액이든 소지자가 양도 가능한 기타 증서를 보고해야 합니다.	네	아니오
6.	육류, 가금류, 생선, 해물류, 계란, 유제품, 열매, 과일	네	아니오
7.	곡류, 씨앗, 구근, 짚, 견과류, 식물, 식물의 일부분, 전통 의약품 혹은 약초, 목각 제품	네	아니오
8.	동물, 동물의 일부, 장비를 포함한 동물 제품, 애완동물 음식, 알, 생물제재, 생물 표본, 새, 물고기, 곤충, 조개류, 양봉 제품	네	아니오
9.	흙 또는 흙이 묻거나 담수 지역에서 사용된 품목, 가령 스포츠/레크리에이션 장비, 신발 등	네	아니오
▶10.	지난 30일 동안 농장, 농장의 가축, 황야 혹은 강물/호수 등에 접촉된 적이 있습니까	네	아니오
▶11.	지난 6일 이내에 아프리카, 중남미 혹은 카리브해에 체류하였습니까?	네	아니오

선서

내가 제공한 정보는 진실되고, 정확하며, 완전한 것입니다. 나는 질문 중 어느 것이라도 답하지 않으면 심각한 결과를 초래할 수 있다는 것을 이해하고 있습니다.

서명 일 월 년

이 카드를 뒤집으세요 ▶

Korean

호주 국내 의 연락처

전화 ( )

이메일 또는

주소 주

비상 연락처 (가족 또는 친구)

이름

이메일

전화 또는

우편주소

영어로 작성하십시오

▶ 어느 나라에서 이 비행기편 혹은 선박에 탑승하였습니까?

◆ 당신의 평소 직업은 무엇입니까?

▶ 여권에 기재된 국적

▶ 생년월일 일 월 년

▶ X 표시를 하시고 A 또는 B 또는 C항에 답을 하십시오

A 호주로의 영구 이민

B 방문자 혹은 임시 거주자

▶ 호주에서의 예상체류기간 년 개월 또는 일

▶ 영구거주 국가명

▶ 호주를 방문하는 주요 이유 (한 항목에만 X 표시)

대회/회의	1	고용	4	휴가	7
사업	2	교육	5	기타	8
친구나 친척 방문	3	전람회	6		

C 호주로 귀국하는 영주자

▶ 해외에서 주로 체류한 국가

이 카드의 양면을 모두 기재하였는지 확인하십시오. 이 카드를 세관 입국대에 여권과 함께 제시하십시오.

본 양식을 통하여 얻어지는 모든 정보는 이민, 세관, 검역, 통계, 보건, 야생동식물 및 통화에 관한 법률 시행에 필요하며, 이 정보의 수집은 법률로 허가되어 있습니다. 본 정보는 이러한 영역의 관계 기관과 호주 법률에 의거 정보 취득 허가를 받은 기관에게만 제공됩니다. "개인 정보의 보호" (Safeguarding your personal information) 라는 책자는 호주의 항구나 공항에서 구하실 수 있습니다.

11121502

© Commonwealth of Australia 2012

15 KOR (Design date 11/12)

> **Tip | 입국 심사 영어**
>
> **Q** What's your pupose of your visit?(왓츠 유어 퍼포스 오브 유어 비짓?)
> 방문 목적이 무엇입니까?
>
> **A** Sightseeing(싸잇씽).
> 관광입니다.
>
> **Q** How long are you staying?(하우 롱 아유 스테잉?)
> 얼마나 머무시나요?
>
> **A** For 7 days(포 세븐 데이즈).
> 7일입니다.
>
> **Q** Where are you staying(웨어 아 유 스테잉)?
> 숙소는 어디서 머무십니까?
>
> **A** At the OOO Hotel(엣 더 OOO 호텔).
> OOO 호텔입니다.

면세 가능 품목

1) 일반 물품: 성인 1인당 A$900 상당, 미성년자 및 어린이 1인당 A$450 상당의 물품.
2) 주류: 성인 1인당 최대 2.25L
3) 담배: 성인 1인당 25개비

공항 도착 후

입국심사대에서 간단한 입국심사를 받게 된다. 이때 미리 작성했던 입국심사서를 제출하면 된다. 영어에 자신이 없다면 비행기 항공권, 호텔 바우처 등을 미리 준비했다가 보여주자. 이후 수화물 찾는 곳Baggage Claim에서 짐을 찾는다.

자동입국심사를 위한 키오스크KIOSK. 한국어가 지원되며, 16세 이상 누구나 이용할 수 있다.

호주 출국하기

세금 환급 GST Refund

호주에는 10%의 부가가치세(GST)가 있다. 한 사업장에서 A$300 이상의 금액을 사용했을 경우, 호주를 떠나기 60일 이내에 구매한 물건에 적용된 GST에 대한 환불을 신청할 수 있다. 세금 환급을 위한 TRS 사무실은 호주 내 각 공항에 있다. 아래 준비물을 가지고 항공 출발 30분 전까지 TRS 사무실에서 직원에게 청구하면 된다.

이때 필요한 것이 세금 환급에 필요한 정보가 모두 명시되어 있는 영수증인 택스 인보이스Tax Invoice. 가격만 표시된 영수증은 유효하지 않으니 물건 구매 시 꼭 택스 인보이스를 요청하자. 판매 상점의 사업자 등록번호, 지불된 세금, 구매 가격, 물품 내역, 공급자 이름, 구매 날짜가 표시되어 있다. 구매한 물품을 보여주지 못할 경우 환급이 되지 않으니 체크인 전에 짐을 붙이지 않은 상태에서 사무실에 방문하자. TRS 사무실은 환급을 받고자 하는 사람의 줄이 항상 긴 편이라 탑승 시간에 지장이 없으려면 시간을 넉넉하게 잡고 가는 것이 좋다. 청구 후 약 15일 이내에 지불이 완료된다.

Tip | TRS 애플리케이션 이용하기

세금 환급 시간을 단축하고 싶다면 TRS 애플리케이션을 사용하자. 여권번호, 출국일자, 택스 인보이스 관련 사항을 미리 등록해놓고, 구매한 물품, 영수증, 여권, 항공권과 QR코드를 보여주면 처리 끝!

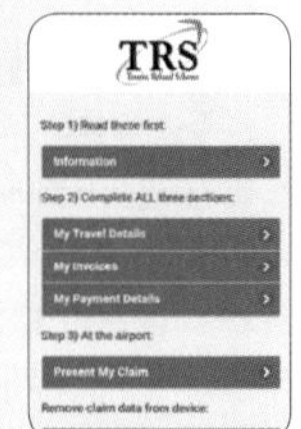

세금 환급 시 필요한 준비물

1) 여권
2) 택스 인보이스Tax Invoice
3) 국제 항공 탑승권
4) 구입한 물건의 실물
5) 지불수단(신용카드 또는 호주계좌)

호주에서 한국으로 택배 보내기

여행 기간이 긴 경우 늘어난 짐을 감당하기 어려울 수 있다. 이럴 때 호주에서 한국으로 택배를 보낼 수 있다. 인천으로 직항이 있는 시드니의 경우 1kg에 A$13 정도이며 5kg은 A$45 내외, 10kg은 A$58 내외로 많이 보낼수록 요금이 저렴해진다. 택배 접수는 시내 한인마트에서 대부분 가능하다. 또 시내에 있는 면세점에서 물건을 구입할 경우, 한국으로 택배를 보내주는 서비스도 있으니 참고하자.

Step to Australia 5
호주 쇼핑과 세일 기간

해외여행의 즐거움 중 빠뜨릴 수 없는 것이 바로 쇼핑! 물가가 싼 편은 아니나 호주에서만 구매할 수 있는 물건도 많고, 세일 기간에는 할인 폭이 큰 편이니 쇼핑 전 참고하자.

✽ 박싱 데이

호주는 여름, 겨울에 한 번씩 총 두 번 큰 세일이 있다. 특히 회계연도가 마감되는 6월에, 마감 전 재고를 정리하기 위해 큰 세일을 한다. 할인율이 무려 40~70%! 가장 큰 세일 기간은 박싱 데이Boxing day로 크리스마스 다음날인 12월 26일이다. 중세 유럽에서 크리스마스에 영주들이 농노들에게 박스 가득 물건을 나눠주던 전통에서 유래된 이름이지만 지금은 세일 기간을 지칭하는 말로 사용된다. 백화점뿐만 아니라 일반 상점들도 70~80%의 할인을 하며 러쉬, 판도라 등 인기 있는 브랜드는 물건을 사기 위해 상점 밖까지 길게 줄을 선다. 박싱 데이 전에 물건을 찜해두고 쇼핑센터 밖에서 노숙을 하는 사람들도 있다. 보통 오후 5~6시면 문을 닫는 호주 상점들이지만 박싱 데이에는 밤 12시까지 운영하는 경우도 많다. 하지만 늦은 시간에는 보통 물건이 거의 다 빠지므로 일찍 둘러보는 것이 좋다. 미국의 영향으로 블랙 프라이데이에 할인을 하는 브랜드도 생기기 시작했으나 아직은 박싱 데이가 가장 큰 세일 기간이다.

Tip | 쇼핑 데이

지역에 따라 약간의 차이는 있지만 보통 호주의 상점은 평일은 오후 5~6시까지만 운영하고, 주말은 더 일찍 문을 닫는다. 하지만 목요일은 '쇼핑 데이'로 밤 9~10시까지 운영! 호주는 월급제가 아닌 주급제인데, 목요일이 바로 급여일이기 때문이다. 그래서 할인도 많이 하는 편. 한국에서는 아무 때나 쇼핑하는 게 익숙하지만 호주에서 쇼핑하는 날로 하루를 잡는다면 목요일을 추천한다.

치수표

호주는 영국과 동일한 단위를 사용한다. 서양인과 동양인의 체형이 많이 다르므로 속옷 같은 경우에는 착용해 보고 구입하는 것이 좋다.

옷

• 여성

한국		호주	가슴둘레(cm)	허리둘레(cm)	엉덩이둘레(cm)
44	85	6	74~78	58~62	84~88
			78~82	58~62	84~88
55	90	8	82~86	62~66	88~92
66	95	12	86~90	66~70	92~96
		14	90~94	70~74	96~100
77	100	16	94~98	74~78	100~104
		18	98~102	78~82	104~108
88	105	20	102~106	82~86	108~112
		22	106~110	86~90	112~116

• 남성

한국	미국	호주
85~90	XS	44~46
90~95	S	46
95~100	M	48
100~105	L	50
105~110	XL	52
110~	XXL	54

신발

• 여성

한국	220	225	230	235	240	245	250	255	260	265	270	275	280	285	290
호주	3	3.5	4	4.5	5	5.5	6	6.5	7	7.5	8	8.5	9	9.5	10

• 남성

한국	245	250	255	260	265	270	275	280	285	290	295	300
호주	5.5	6	6.5	7	7.5	8	8.5	9	9.5	10	10.5	11

more & more 귀엽거나 우아하거나~ 놓치면 안 될 호주 브랜드

써니라이프 Sunnylife

SNS에서 커다란 플라밍고 튜브를 타고 물놀이하는 사진을 본 적 있는지. 그 플라밍고 튜브가 바로 써니라이프의 대표 상품이다. 해변에서 사용하면 좋을 다양한 제품들을 판매하는데 대체적으로 화려한 색깔과 사랑스러운 디자인으로 눈길을 사로잡는다. 톡톡 튀는 디자인의 써니라이프 제품과 함께라면 어디서나 시선 집중! 매장이 따로 있지는 않고 쇼핑센터 편집숍 등에 입점해 있다.

홈피 www.sunnylife.com.au

헬렌 카민스키 Helen Kaminski

1983년 만들어진 럭셔리 브랜드. 챙이 넓은 여름 모자인 '라피아 모자'로 유명해졌으며 지금은 가방, 스카프, 의류 등을 모두 취급하는 라이프 스타일 브랜드로 확장되었다. 한국에도 정식으로 수입되고 있지만 호주에 비해 가격이 비싼 편. 평소 좋아하는 브랜드였다면 이 기회를 놓치지 말 것!

홈피 www.helenkaminski.com.au

속옷

• 여성 속옷 상의 사이즈

밑가슴 둘레	63~67	68~72	73~77	78~82	83~87	88~92	93~97	98~102	103~107	108~112	113~117	118~121
보디 사이즈	8	10	12	14	16	18	20	22	24	26	28	30
AA	75~77	80~82	90~92	95~97	100~102							
A	75~79	80~82	87~89	92~24	97~99	102~104	112~114					
B	79~81	82~84	87~89	92~24	99~101	104~106	109~111	114~116	119~121	124~126	129~131	134~136
C	81~83	86~88	91~93	96~98	101~103	106~108	111~113	116~118	121~123	126~128	131~134	138~140
D	83~85	88~90	93~95	98~100	103~105	108~110	113~115	118~120	123~125	128~130	133~135	138~140

• 여성 속옷 하의 사이즈

공통	XXS	XS	S	M	L	XL	XXL
한국	85	90	95	100	105	1110	115
호주	6	8	10	12	14	16	18
허리둘레	58	63	73	73	78	83	88
엉덩이둘레	83	88	93	98	103	108	113

• 남성 속옷 하의 사이즈

한국	90–95	95–100	100–105	105–110
호주	S	M	L	XL

more & more 호주의 주요 쇼핑몰 & 아웃렛

여행의 끝을 럭셔리한 쇼핑으로 끝내고 싶다면! 절대 놓치지 말아야 할 주요 아웃렛과 쇼핑센터를 모았다.

시드니

버켄헤드 포인트 아웃렛
Birkenhead Point Brand Outlet

시드니 시내에서 버스로 10여 분 거리에 위치해 있어 가까우며, 서큘러 키와 달링 하버에서 페리를 타고 갈 수도 있다(p.119).

주소 19 Roseby St, Drummoyne NSW 2047
운영 월~수·금 10:00~17:30, 목 10:00~19:30, 토 09:00~18:00, 일 10:00~18:00
홈피 www.birkenheadpoint.com.au

브리즈번

스카이게이트 Skygate

브리즈번 공항 근처의 쇼핑몰로 아웃렛 매장, 주류 매장, 드러그 스토어 등이 모여 있다. 중저가의 스포츠 용품 등을 저렴하게 구매할 수 있다(p.207).

주소 11 The Circuit, Brisbane Airport QLD 4008
운영 05:00~22:00 (상점에 따라 오픈 시간 다름)
홈피 skygate.com.au

골드코스트

하버 타운 Harbour Town

호주에서 가장 큰 아웃렛. 240개 이상의 매장을 둘러보는 재미가 쏠쏠하다(p.237).

주소 147-189 Brisbane Rd, Biggera Waters QLD 4216
운영 월~수·금~토 09:00~17:30, 목 09:00~19:00, 일 10:00~17:00
홈피 www.harbourtown.com.au

✽ 물가

버스 A$3~
물 A$2~
커피 A$4.5~
패스트푸드 햄버거 세트 A$15~
점심 쌀국수, 한식 A$15~
한국 라면 A$1~
소주 A$13~
와인 A$10~20
분위기 있는 식사(스테이크+와인 1잔) A$70~

✽ 마트

호주 마트의 양대산맥은 콜스Coles와 울월스Woolworth로, 대부분의 도시에 지점이 있다. 에어비앤비나 백패커, 아파트먼트 등 식사를 해먹을 수 있는 숙소에 묵으면 방문할 일이 특히 많다. 같은 제품이라도 정가가 다르고(호주는 정찰제가 아니다!) 세일 품목이 다르기 때문에 주변에 여러 가게가 있다면 값을 비교해 보고 구입하는 게 좋다.
이곳에서 선물용으로 호주에서 유명한 과자나 초콜릿 등을 구입해도 좋다. '악마의 초콜릿'이라고 불리는 '팀탐'의 경우, 할인하지 않아도 공항 면세점의 반값 정도의 가격이다.

✽ 드러그스토어 Drugstore

호주의 대표적인 드러그스토어는 프라이스라인Priceline과 케미스트웨어하우스Chemistwarehouse이다. 약과 함께 메이크업 용품, 향수, 스킨케어, 화장품, 비타민 등 건강식품을 판매하는 전문점으로 한국의 '올리브영' 같은 곳이다. 프라이스라인이 좀 더 화장품 중심이라면 케미스트웨어하우스는 건강식품이 더 많다.

✽ 보틀 숍 Bottle Shop

호주에서 술을 사려면 마트에 간다? No. 호주에서는 술을 전문적으로 파는 리쿼 숍Liquor Shop에서 술을 구매해야 한다. 브랜드로는 BWS, 리쿼랜드Liquorland, 댄 머피Dan Murphy's 등이 있다. 술을 길거리에서 마시는 것도 불법! 꼭 허가된 장소나 실내에서 마셔야 한다. 누가 봐도 미성년자가 아니어도 신분증을 요구하는 경우가 많으니 여권을 꼭 지참하자. 음주는 만 18세 이상부터 가능하다.

리쿼 숍

Step to Australia 6
호주의 숙소

※ 호텔

호주에는 많은 호텔이 있으며 세계적인 브랜드의 럭셔리한 호텔부터 부티크 호텔, 경제적인 중급 호텔까지 그 종류도 다양하다. 렌터카 여행이 아니라면 각 도시 중심에 있는 호텔을 선택하자.

※ 백패커 & 호스텔

호주에는 백패커Backpacker라는 숙소가 있는데, 한국의 게스트 하우스, 유럽의 호스텔을 생각하면 된다. 보통 4~8인실(도미토리Dormitory)에서 숙박하게 되는데 가격이 저렴하며, 여러 나라에서 온 배낭여행객과 교류할 수 있다. 침대는 각자 사용하지만 화장실, 식당 등은 공용 공간이다. 각 숙소에서 진행하는 무료 투어 프로그램도 있으니 숙소에 도착하면 잘 살펴보자.

각 지역별로 소규모 백패커가 있지만 큰 브랜드는 베이스Base, 노매즈Nomad 계열과 YHA로 나눌 수 있다. 브랜드 백패커는 대부분 시내 요지에 위치하고 있으므로, 위치 때문에 고민할 일은 없다. 베이스와 노매즈는 한 회사로, 베이스가 가격이 조금 더 높고 깨끗한 편이다. YHA는 국제 유스 호스텔 연맹으로 깔끔하지만 가격대는 가장 높다. 각 브랜드에는 멤버십이 있어 투어나 버스 등을 할인받을 수 있다.

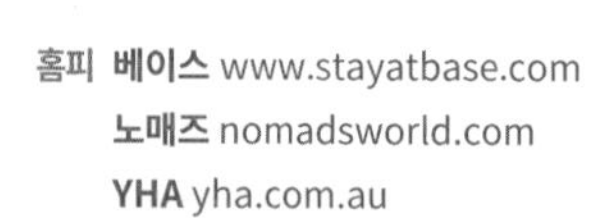

홈피 **베이스** www.stayatbase.com
노매즈 nomadsworld.com
YHA yha.com.au

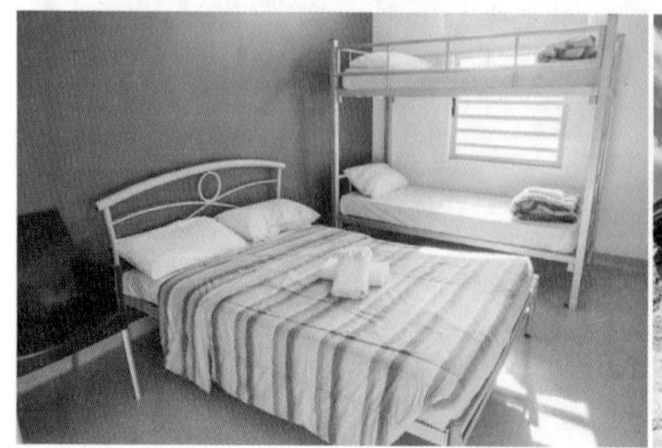

✖ 아파트먼트 Apartment

한국의 콘도 형식의 숙소로 주방 시설이 딸려 있다. 주방과 분리되어 있지 않은 원룸 형태의 숙소는 스튜디오Studio라고 부르기도 한다. 마트에서 장을 봐서 직접 음식을 해먹으면 경비를 절약할 수 있다. 호텔에 아파트 스타일의 방이 있기도 하지만, 오크스Oaks, 메리튼Meriton, 만트라Mantra, 아디나Adina 등 전문 브랜드도 있다.

✖ 롯지

롯지Lodge를 검색하면 오두막이라는 뜻이 나와서 굉장히 저렴한 숙소를 떠올리기 쉽지만, 호주의 롯지는 전통 농가, 숲속 캠프뿐 아니라 해변에 있는 럭셔리 스타일의 숙소를 포함한다. 즉, 소규모 인원만 숙박 가능한 자연 친화적인 환경에서 호주식 서비스를 받으며 완전한 휴식 시간을 보낼 수 있는 곳이다. 그레이트 배리어 리프로 둘러싸인 해밀턴 아일랜드의 퀄리아Qualia, 블루 마운틴 숲속의 에미레이트 원 & 온리 울간 밸리Emirates One & Only Wolgan Valley, 울룰루의 최고급 글램핑 장소인 롱티튜드 131°Longitude 131° 등이 대표적이다.

✖ 한인민박 & 에어비앤비

호주에는 유럽처럼 한인민박이 많지 않다. 한인민박이 없는 지역이 대부분이나, 성수기인 경우(특히 연말의 시드니) 저렴한 가격에 숙소를 구할 수 있다는 장점이 있다. 하지만 시내에서 기차나 버스를 타고 이동해야 하는 경우가 많으니 미리 위치를 체크하자.

more & more **팜 스테이** Farm Stay

단순히 잠자는 곳이라기보다는 외곽에 있는 농장주들이 식사와 숙소, 농장 체험 서비스를 제공하는 체험형 프로그램의 성격이 강하다. 복잡한 관광지를 떠나 진짜 호주인들의 리얼 라이프를 경험할 수 있다. 농장주 중에는 주업인 농장일을 하면서 다양한 사람을 만나기 위해 팜 스테이를 운영하는 경우가 많다. '다운언더 팜스테이'는 호주 전역에 있는 600여 개의 팜스테이를 연결해주는 업체로, 가족 여행, 단체 여행 등 여행의 성격과 일정에 맞는 농장을 찾아준다. 한국어 문의도 가능하다.

홈피 www.downunderfarmstays.com.au/ko/farms

Step to Australia 7
서바이벌 영어회화

호주 영어는 영국식 영어와 미국식 영어의 중간 정도라고 많이 표현한다. 특유의 억양(인토네이션)이 있으며, 지역별로도 분위기와 성조가 많이 다른 편이다. 특히 호주에서만 쓰는 독특한 단어들이 있으므로 미리 알아두면 편리하다.

※ 호주에서 자주 쓰이는 단어

친구	Mate
호주인	Aussie, OZ
샌들(일명 '쪼리')	Thongs
아메리카노	Long Black
에스프레소	Short Black
주유	Petrol
고속도로	Motorway
우편	Post
수돗물	Tap water
1층 / 2층	Ground floor / First floor

※ 인사

안녕하세요.	How are you? / G'day(지데이 아니고 굿데이).
감사합니다.	Thank you / Ta!
천만에요, 괜찮아요, 좋아요.	No worries.

※ 공항 & 비행기에서

ASIANA 카운터가 어디 있습니까?	Excuse me, Where is the ASIANA counter?
창가 좌석을 주세요.	Please give me a window seat.
담요 좀 주세요.	Can I get a blanket?
소고기로 주세요.	Beef please.

※ 교통수단 이용 시 & 길 찾을 때

(교통카드 사용 시) A$20 충전해 주세요.	A$20 Top up, please.
기차를 어디서 탈 수 있나요?	Where can I take the train?
이 주소로 어떻게 가나요?	How do I get to this address?
오페라 하우스에 가려면 어디서 내려야 하나요?	Where do I get off for Opera House?

※ 음식점 & 카페에서

음식을 추천해주세요.	Could you recommend for me?
이걸로 할게요.	This one, please
매장에서 드실 건가요, 테이크아웃인가요?	Having here or take away?
테이크아웃할게요.	Take away please.
계산서를 주세요.	Bill, please.
VB 맥주 한 잔 주세요(약 500mL).	Can I have a pint of VB, please.
남은 음식을 포장해 가도 될까요?	Can I have a take away box?

※ 쇼핑할 때

그냥 구경하는 중입니다.	I'm just looking around.
입어봐도 되나요?	May I try this on?
더 작은 / 큰 것 없나요?	Do you have a smaller / bigger one?
금액이 얼마인가요?	How much is this?
이것을 사겠습니다.	I think I'll take this one.
환불 부탁드립니다.	Can I get a refund?
영수증을 주세요.	Give me a receipt.

※ 호텔에서

예약 확인 좀 해주세요.	Please check my reservation.
짐을 맡길 수 있나요?	Can I check my luggage?
맡긴 짐을 찾고 싶어요.	May I have my baggage?

INDEX

시드니

멜버른

브리즈번

골드코스트

케언스

애들레이드

다윈

앨리스 스프링스 & 울룰루

PHOTO CREDIT

Pages: **094** 시드니 센트럴 역(©Wikimedia Hpeterswald, CC-BY-SA-3.0) **126** 마이키카드(©Wikimedia MDRX, CC-BY-SA-4.0)(©Wikimedia Fiveapu, CC-BYSA-4.0) **137** 구 멜버른 감옥(©Wikimedia Bidgee, CC-BY-SA-2.5-AU) **139** 빅토리아주립 도서관(©Wikimedia Adam.J.W.C., CC-BY-SA-2.5)(©Wikimedia Diliff, CC-BY-SA-4.0) **158** 크라운 카지노(©Wikimedia Jamesbehave, CC-BYSA-3.0) **169** 필립 아일랜드(©Wikimedia JJ Harrison, CC-BY-SA-3.0) **174** 십렉 워크(©Wikimedia Mark McIntosh, CC-BY-SA-3.0) **179** 브리즈번 공항(©Wikimedia Kgbo, CC-BY-SA-3.0)(©Wikimedia Orderinchaos, CC-BYSA-3.0) **180** 시티호퍼(©Wikimedia Kgbo, CC-BY-SA-3.0) **188** 브리즈번 시청(©Wikimedia Kgbo, CC-BY-SA-3.0) **192** 사우스 뱅크 콜렉티브 마켓(©Wikimedia Kgbo, CC-BY-SA-3.0), 퀸 스트리트 몰(©Wikimedia Kgbo, CC-BY-SA-3.0) **207** 스카이게이트(©Wikimedia Kgbo, CC-BY-SA-3.0) **255** 쿠란다 마켓(©Wikimedia Bahnfrend, CC-BY-SA-4.0) **273** 남호주 박물관(©South Australia Tourism), 남호주 아트 갤러리(©South Australia Tourism) **274** 런들 몰(©South Australia Tourism) **275** 애들레이드 보타닉 가든(©South Australia Tourism)(©Wikimedia Peripitus CC-BYSA-3.0) **276** 애들레이드 아케이드(©South Australia Tourism) **277** 호주 국립와인센터(©South Australia Tourism) **278** 노라 크래프트 비어 & 위스키(©South Australia Tourism), 브레드 & 본(©South Australia Tourism) **279** 이비스 애들레이드(©South Australia Tourism), 인터컨티넨탈 애들레이드(©South Australia Tourism) **282** 글레넬그 비치(©South Australia Tourism) **285** 바로사 밸리(©South Australia Tourism) 286~287 캥거루 아일랜드(©South Australia Tourism) **290** 버스(©Wikimedia Taketsuka20050, CC-BY-SA-4.0) **329** 윈지리 위루 Wintjiri Wiru(©Wintjiri Wiru) **315** 앨리스 스프링스 사막공원(©Wikimedia Stefan Buda, CC-BY-SA-3.0), 카멜컵(©Wikimedia Toby Hudson, CC-BY-SA-3.0) **344** 퍼스 조폐국(©Wikimedia GordonMakryllos, CC-BY-SA-4.0) **347** 세인트 조지 대성당(©Wikimedia Michal Lewi, CC-BY-SA-4.0), 서호주 미술관(©Wikimedia Joyofmuseums, CC-BY-SA-4.0)(©Wikimedia Nachoman-au, CC-BY-SA-3.0) **361** 칼바리 국립공원(©Wikimedia Bojan von Känel, CC-BY-SA-4.0) **374** 태즈메이니안 박물관 & 아트 갤러리(©Wikimedia JTdale, CC-BY-SA-3.0)

* 출처 표기가 필요한 사진을 우선으로 기재했으며, 이외 호주관광청 등에서 사진을 제공받았습니다.

RIGHT ON
BRISBANE'S DOORSTEP!

세계에서 세번째로 큰 모래섬, 브리즈번에서 전용 페리로 75분

WWW.TANGALOOMA.COM

koala sanctuary
PORT STEPHENS
Spend an hour or a night immersed in an idyllic natural koala habitat!
Support the long-term rehabilitation, preservation and conservation of koala in the wild.
Buy Tickets Online
SCAN ME
Book Now Online
SCAN ME
562 Gan Gan Road, NSW, One Mile, 2316
portstephenskoalasanctuary.com.au
+61 2 4988 0800
MU
SEA
UM
AUSTRALIAN NATIONAL MARITIME MUSEUM
Climb aboard
드니 달링하버에 위치하고 있는 내셔널 마리타임 뮤지엄은 호주 해군의 함대인
수함과 구축함, 역사적인 제임스 쿡 선장의 목선인HMB 엔데버와 호주 최초의
러피안 톨쉽인 도위프칸 (Duyfken)등을 직접 승선하는 경험을 선사해 드립니다.
물관 내부의 6개의 상설 전시관과 시즌별 특별 전시관에서는 호주와 바다의
거와 현재의 깊은 연결고리를 생생하게 선보이고 있습니다.
링 하버의 워터프론트 뷰가 펼쳐지는 박물관 내 카페, 리플스 (RIPPLES)에서는
단한 런치와 커피등의 음료를 즐기시며 휴식을 취하실 수 있습니다.
Open daily
Darling Harbour
www.sea.museum